공간 속의 시간

**도시사연구회**
2005년 가을 한국사 · 동양사 · 서양사 분야의 도시사 전공 신진연구자들과 도시사에 관심을 가진 중진연구자들이 정보교환과 공동연구를 위해 구성한 연구단체이다. 도시사 연구의 활성화를 위한 다양한 활동을 하고 있으며 해외 주요 도시사 연구소 및 연구그룹과 네트워크를 형성하고 있다. 한국도시사학회 창립을 준비 중이다.

강일휴: 고려대 박사. 수원대 사학과 교수.
김경현: 런던대 박사. 고려대 역사연구소 연구교수.
김백영: 서울대 박사. 서울대 사회발전연구소 선임연구원.
민유기: 파리 사회과학고등연구원 박사. 고려대 아세아문제연구소 연구교수.
박진빈: 펜실베니아대 박사. 경희대 사학과 조교수.
박진한: 교토대 박사. 인천대 일어일문학과 전임강사.
배영수: 하버드대 박사. 서울대 서양사학과 교수.
설혜심: 캘리포니아(얼바인)대 박사. 연세대 사학과 부교수.
최용찬: 베를린기술대 박사. 연세대 강사.
유해암: 천진사회과학원 연구교수
K. 스테이플턴: 하버드대 박사. 켄터키대 사학과 교수.

도시사 연구 총서 ❶

공간 속의 시간
유럽, 미국, 동북아 도시사 연구 현황과 전망

초판 1쇄 발행일 2007년 12월 25일

엮은이 | 도시사연구회
발행인 | 최원필
발행처 | 심산출판사
등록번호 | 제1-2114호(1996년 11월 28일)
주소 | 서울시 은평구 갈현동 463-3 동원빌딩 4층
전화 | 0502-324-6280, 02-357-0633
팩시밀리 | 02-357-0631
E-mail | simsan@korea.com
ISBN 978-89721-73-4 94900

도시사 연구 총서 ❶

# 공간 속의 시간

## 유럽, 미국, 동북아 도시사 연구 현황과 전망

도시사연구회 엮음

| 강일휴 | 김경현 | 김백영 | 민유기 | 박진빈 | 박진한 |

| 배영수 | 설혜심 | 최용찬 | 유해암 & K.스테이플턴 |

심산

## | 서문 |

### 1. 도시사 연구 총서를 발간하며

"도시는 시간의 저장고"이다. 인류문명은 도시로부터 기원하였으며, 민주주의는 고대 그리스의 폴리스에서 싹을 틔웠다. 로마 역시 도시를 기반으로 정치적, 행정적, 군사적, 문화적 제국을 유지하였다. 로마제국의 몰락과 함께 쇠락한 서유럽의 도시들은 중세의 안정기에 다시 부흥하여 자본주의를 잉태했다. 중세도시는 봉건적 질서와 공존하면서도 정치적 자치를 유지하였고, 도시민 공동체의 삶을 위한 다양한 사회적 실천들을 수행했다. 또한 중세도시는 경제활동의 자유를 확립해 간 부르주아 계급을 탄생시켰고, 결국 "도시의 공기가 자유를 낳는다."라는 말처럼 봉건적 체제를 무너뜨리는 장강의 시원지로 기능을 했다. 근대 절대왕정은 도시의 정치적 자치권을 약화시켰으나 도시로부터 유래한 자본주의가 성장하도록 도왔으며, 결국 도시의 힘은 시민혁명의 다양한 근원 가운데 중요한 자리를 차지한다. 근대도시에서의 삶은 더욱더 치열해져 갔다. 생산과 소비의 근거지이자, 새로운 사상과 의사소통 행위의 중심지로서 근대도시는 권력, 자본,

시민이라는 다양한 행위주체들의 힘겨루기 속에서 사회적 문화적 삶의 방식들을 구성하고, 파괴하고, 재구성하기를 되풀이했다. 오늘날의 도시가 갖춘 사회적 공공 서비스와 문화적 공간들은 기나긴 역사 속에서 도시공간을 매개로 다양한 사회집단 간에 전개된 투쟁과 화해의 변증법적 성과물이다. 따라서 오늘날의 도시가 내포한 여러 문제를 올바로 인식하고, 보다 바람직한 미래의 도시를 상상하고 구상하고 실천적으로 만들어가려면 도시사에 대한 체계적인 연구가 절실히 요구된다.

서구 주요국가에서 도시와 공간, 사회적 문화적 공동체의 환경에 대한 인문사회과학적 관심은 일찍이 시작되었다. 미국에서 발달한 도시학(Urban Studies)은 도시설계와 계획학, 도시공학, 건축공학, 토목공학 등 기능적 공간 조직과 관련된 공학적 차원보다 철학, 역사학, 인류학, 사회학, 지리학, 행정학, 문화학 등 인문적 사회과학적 차원의 접근을 중시한다. 하지만 우리 사회에서는 도시 공간과 환경에 대한 인문적 사회과학적 시각의 중요성과 필요성에 대한 인식론적 기초가 아직 형성되지 못하고 있다.

도시 공간은 시간의 흐름과 더불어, 즉 역사과정과 함께 형성되고 변화한다. 시공간의 차원은 동전의 양면이고, 양날의 칼과 같다. 역사적 맥락 속에서 도시공간이 파악될 때에 비로소 공간 형태를 만들어 낸 정치적, 경제적, 사회적, 문화적 구조와 주체적 실천행위들을 이해할 수 있게 되고, 공간의 기호적, 상징적, 표상적 의미를 분석할 수 있게 된다. 이것이 바로 도시사 연구의 목적이다. 도시사가들은 지금껏 역사학이 시간에 집중하면서 상대적으로 간과한 공간적 차원을 중시하면서 공간 속의 배어 있는 시간의 숨결들에 천착하고자 한다. 도시사는 서구 주요 국가들에서는 20세기 중반 이래 중요한 학문 영역으로 위상을 확고히 했다. 하지만 우리 학계에서는 도시사란 생소한 영역이거나 기껏해야 특정 도시의 기원, 성장, 변화를 다루는 도시발달사나 공간의 변천사쯤으로 치부된다.

이런 상황에서 국내 도시사 연구자들은 도시사 연구의 저변 확대와 학문적 위상 확립을 위하여 '도시사 연구총서'를 발간하기로 결정했다. 앞으로 매년 한두 권씩 발간할 예정인 도시사 연구총서를 통해 우리 학계에 도시사의 학문적 중요성, 교육적 필요성, 사회적 적실성에 대한 공감대가 확장되기를 기대한다. 또한 도시공간의 역사적 맥락을 기반으로 철학, 문학, 여러 사회과학 분야를 유기적으로 종합하는 '도시인문학' 담론이 활성화되어 도시의 자치행정, 각종 인프라 망 구축, 도시사회운동, 참여와 연대를 기초로 한 공동체적 도시문화, 도시 공공미술 등과 관련된 여러 논의 속에 인문적 가치들이 녹아들기를 희망한다.

## 2. '공간 속의 시간'의 기획 배경과 구성

'공간 속의 시간'이란 타이틀 아래 출간하는 도시사 연구총서의 제1권은 영국, 프랑스, 독일, 미국, 한국, 중국, 일본에서의 도시사 연구가 어떻게 진행되어왔는지, 이들 국가에서 진행해 온 도시사 연구의 특성이 무엇인지, 최근의 주요 동향이 무엇인지를 사학사적 측면에서 점검하고 앞으로 도시사 연구의 방향에 대해 전망하고자 하는 목적을 지닌다. 우리는 모든 학문적 글쓰기의 시발점이 이제까지의 학문적 성과를 올바르게 이해하고 평가하고 비판적으로 재검토하는 것이라고 믿는다. 학문 활동의 좌표를 확인하는 것, 연구의 지형도를 파악하고 작성하는 것은 학문의 세계에 먼저 발을 들여놓은 학자들의 지적 성과물을 계승하면서 새로운 성과물을 도출하기 위해 필수적인 작업이다.

이 책을 기획한 '도시사연구회'는 지난 2005년 9월에 결성되어 그간 두 차례 공동 프로젝트를 기획하였으나 아쉽게도 연구지원을 받지 못하였다. 하지만 그 과정에서 우선적으로, 도시사가 발달한 주요 국가에서의 연구 현황, 주요 도시사 잡지에 실린 연구 성과물들을 분석하는 작업을 수행하였다. 이를 기초로 2007년 1월 고려대에서 '도시사란 무엇인가? 동서양 도시사 연구의 현황과 전망' 이란 도시사 특강을 실시하였다. 또한 2007년 6월 전국 역사학 대회에 '도시화와 사회갈등' 이란 주제로 도시사 섹션을 구성하기도 했다. 앞으로도 연구모임을 지속시키고, 지적 교류 관계를 맺고 있는 국외 주요 도시사연구소나 연구 집단, 개별 연구자들과의 네트워크를 확대 강화하면서 다양한 공동연구를 기획할 것이다. 아울러 도시사연구회의 그간의 작업을 기초로 조만간 '한국도시사학회' 를 출범시킬 예정이다.

이번에 발간하는 도시사의 현황과 전망에 관한 연구서는 지난 2년간 수행한 국내외 주요 국가에서의 도시사 연구 현황에 대한 토론과 2007년 1월 고려대에서 실시한 특강 내용들을 기초로 쓰인 논고들을 일부 수정 첨삭하여 한 권의 책으로 묶어내는 것이다. 책의 기획의도에 충실하고자 연구회에 참여하는 연구자가 새롭게 쓴 글도 있다. 여기에 연구회가 기존 도시사 관련 연구 성과를 정리하면서 함께 읽었던 논문들 가운데 책의 기획의도에 맞다고 생각되는 논고 몇 편이 더해졌다. 이들 논고의 저자들은 아직 도시사연구회 모임에 직접 참여하고 있지는 않지만 도시사연구회가 기획한 연구서의 발간에 흔쾌히 동의를 표해 주었다. 도시사연구회는 폐쇄적 연구모임이 아니라 도시사에 관심이 있고, 관련 연구 활동을 해왔고 해나갈 여러 연구자에게 열린 공간이자 소통의 공간이다. 앞으로의 연구총서에서도 매 권의 기획 주제와 관련된 연구를 수행해왔고 진행하고 있는 모든 연구자들과 함께할 것이다.

'공간 속의 시간' 은 크게 4부 12장으로 구성되었다. 제1부는 유럽에서의 도시사 연구 현황과 전망으로 고대도시, 중세도시, 근현대 도시에 대한 영국, 프랑스, 독일의 연구들을 정리한 것이다.

1장은 고려대 역사학연구소 김경현 연구교수의 글로 브리튼의 고대도시에 대한 전통적 견해와 수정주의적 견해를 소개한다. 브리튼의 고대도시들이 로마화 과정에서 식민도시로서 등장했다는 견해는 전적으로 부정되지는 않더라도 일정 부분 수정되어야 함을, 즉 고대도시의 기원과 건설에 로마의 식민도시 건설과 직접적으로 관계 맺지 않는 독자적이고 다양한 흐름이 존재했음을 보여준다. 문화전이를 상정하고 있는 브리튼 고대도시의 로마적 기원에 대한 비판적 접근은 도시사의 구체적 연구가 역사학의 일반화된 전통적 견해들을 재검토하게 해줄 수 있음을 시사한다. 『韓國史學報』 19호(2005년 3월)에 발표된 「브리튼에서의 로마화 – 로마도시의 기원과 건설을 중심으로」를 일부 수정한 것이다.

2장은 수원대 사학과 강일휴 교수의 글로 프랑스를 중심으로 중세도시의 개념, 다양한 기원, 성격 등에 대한 기존 연구 성과들을 체계적으로 정리하고 있다. 또한 중세도시에 대한 도식화된 이해와 해석을 벗어나 다양성과 유연적 접근이 필요함을 역설하고 있다. 예를 들어 마르크스가 정식화한 도시와 농촌의 대립이라는 도식적 테제는 '도시와 농촌의 공생'이란 역사적 경험 속에서 재고찰되어야 함을 명확히 제시하고 있다. 강일휴 교수님은 우리 학계에서 오래전부터 중세도시에 관한 활발한 연구 활동을 해오신 터라 행간에서 학문적 깊이와 중세도시에 대한 성찰적 힘이 자연스럽게 읽힌다. 『史叢』 65호(2007년 9월)에 실린 「서양 중세 도시사연구의 시각과 쟁점 –프랑스를 중심으로」를 일부 수정한 것이다.

연세대 사학과 설혜심 교수는 3장에서 중세 말 근대 초 도시의 쇠퇴에 대한 영국 도시사학계의 논쟁을 소개하며 영국의 대표적 온천도시 바스의 사례를 1차 사료에 기초해 실증적으로 분석하며 수정주의적 입장을 옹호한다. 즉, 16세기 중엽 소위 튜더 중기의 위기 이후 영국의 모든 도시들이 쇠퇴하여갔다는 전통적 주장에 반론을 제기한다. 3장에서는 중세 말의 위기를 맞아 서비스를 도시의 주산업으로 내세워 생존 내지는 부흥을 꾀한 대표적 도시인 바스의 변화가 명확히 드러난다. 중세 말 근대 초 위기에 직면한 많은 도시가 생존을 위해 구조적 탈바꿈을 모색해 나갔음에 주목하는 이 글은 오늘과 내일의 도시에 대해 고민하는 이들에게 도시사 연구가 여러 실천적 가능성을 제공해줄 수 있음을 잘 보여준다. 1999년에 나온『영국 연구』 3호에 게재된 논고「중세 말 근대 초 도시의 쇠퇴: 바스시를 통해 다시 검토하는 영국 도시사의 쟁점」을 일부 첨삭한 것이다.

고려대 아세아문제연구소 연구교수 민유기가 쓴 4장은 20세기 중반 이후 프랑스의 근현대 도시사 연구의 경향, 주로 18세기부터 20세기 전반 시기의 도시사회와 도시문화에 관련된 도시사 연구가 어떻게 수행되어왔는가를 소개한다. 1960년대 말과 70년대 초에 사회경제사적 위기와 더불어 사회사의 대안으로 제시된 도시사 연구의 성과물들, 문화사적 혹은 역사인류학적 도시사 연구의 등장배경과 주요 성과물들을 프랑스 역사학계의 일반적 동향과 함께 서술하고 있다. 또한 최근 프랑스에서 주목받는 도시사의 주요 주제들을 언급하면서 도시 이미지나 정체성에 대한 연구, 환경생태사적 도시사 연구가 보다 활성화될 것임을 전망한다.『史叢』 65호(2007년 9월)에 게재된「프랑스 근현대 도시사연구의 발전과정과 특성」을 일부 보완한 것이다.

5장은 연세대 사학과 강사 최용찬의 글로 가장 최근 독일에서의 도시사 연구 현황을 다룬다. '도시의 쇠락'과 '도시 르네상스' 담론을 소개한 이후에 독일에서 사회사적 도시사 연구가 문화사적 도시사 연구로 중심이동하고 있음을 진단하고 있다. 또한 도시를 하나의 매체로 간주하며 매체사적 시각에서 도시공간을 분석하는 경향, 환경사적 시각에서 도시공간을 분석하는 경향, 2000년 이후 새롭게 구성된 도시사연구소 등을 체계적으로 서술하고 있다. 전체적으로 유럽의 다른 나라들과 비슷한 연구 흐름을 보이지만 통일 이후 도시환경의 재조성 열기, 문화 창의산업에 대한 관심 같은 독일적 상황이 도시문화사, 환경사적 도시사 연구를 부각시키고 있다는 점을 깨닫게 해준다.

제2부는 미국에서의 도시사 연구에 관한 두 개의 글을 싣고 있다. 먼저 6장은 서울대 서양사학과 배영수 교수의 글로 앙리 르페브르, 마뉴엘 카스

텔, 데이비드 하비 등 20세기 중후반 도시사회학자나 역사지리학자들의 공간에 대한 새로운 시각 제시를 소개하며, 이런 공간에 대한 다양한 논의를 수용하면서 발전해 온 도시사 연구가 역사적 맥락 속에서의 공간에 대한 이해임을 분석하고 있다. 특히 도시사 연구가 공간이 어떻게 그 물리적 속성을 통해서 사회적 상호작용을 가능케 하고 혹은 저해하는지를 이해하는 데 도움을 줄 것이라고 강조한다. 1995년에 나온 『서양사연구』 17호에 실린 「도시사의 최근 동향: 역사의 공간적 차원」을 일부 수정한 글이다. 우리 학계에서 최초로 근현대 도시사 연구에 대한 이론적, 방법론적 소개를 했던 논고로 도시사연구회 모임에 적극적인 신진 연구자들은 모두 이 글의 가치를 높게 평가하며, 10여 년 전에 발표된 글임에도 불구하고 여전히 많은 시사점을 주는 글이라고 생각한다.

7장은 경희대 사학과 교수 박진빈이 쓴 것으로 미국에서 도시사가 어떻게 시작되어 오늘날에 이르렀는가를 고찰한다. 특히 식민지 시대, 건국에서 내전까지, 19세기 말부터 2차대전까지, 2차대전 이후 시기 등 네 시기로 구분하여 시기별로 어떤 주제들이 도시사 연구에서 집중적으로 다루어졌는가를 자세히 서술하고 있다. 미국 도시사의 특징은 미국사 일반의 전개과정이 보여준 특성 등을 잘 반영하고 있음을 알 수 있다. 다른 여러 국가에서의 도시사 연구와 마찬가지로 도시사회의 각종 갈등과 도시문화에 대한 연구뿐 아니라 이민, 인종문제, 교외화, 지역사적 도시사 등 미국 도시사 분야에서 특히 발달한 연구 주제들이 무엇인지 잘 드러나는 글이다. 『史叢』 64호(2007년 3월)에 게재된 「미국 도시사 연구의 특성과 논점」을 일부 첨삭한 것이다.

제3부는 동북아시아의 세 나라, 한국, 중국, 일본에서의 도시사 연구 현황에 관한 글들이다. 먼저 8장은 민유기의 글로 서울 정도 600주년 이후 현재까지 약 10여 년 동안 하나둘씩 축적되고 있는 한국의 도시사 연구 성과물들을 서울과 개항장을 비롯한 지방도시로 구분하여 비평하고 있다. 한국

의 도시사 연구가 걸음마 수준이라고 진단하는 이 글은 우리 학계에 도시사 연구가 크게 발달하지 못한 원인을 제시하고 개항기부터 일제강점기에 집중된 기존 도시사 관련 연구들의 성과를 높게 평가하는 동시에 아쉬운 점을 지적한다. 마지막으로 한국 도시사 연구의 활성화를 바라며 이를 위해 필요한 몇 가지 조건들을 제시한다. 『史叢』 64호(2007년 3월)에 게재된 논고 「한국 도시사 연구에 대한 비평과 전망」을 일부 보완한 것이다.

9장은 천진사회과학원 연구교수 유해암과 켄터키대학 사학과 교수 스테이플턴(K. Stapleton)이 함께 쓴 영어 논문으로 2006년에 발간된 *China Information* 20-3호에 실린 "Chinese Urban History: State of the field"를 고려대 아세아문제연구소 연구교수 박상수가 번역한 것이다. 잡지와 저작권 계약을 통해 한국어 출간 권리를 얻었다. 이 글에서는 미국과 중국에서 수행된 중국 도시사 연구들 가운데 청 말기에서 현대까지의 도시에 대한 일반적 연구 경향과 주요 성과들이 체계적으로 소개되어 있다. 특히 지역 혹은 구역 도시사와 도시망, 도시의 유형, 도시사회와 문화, 새로운 정치적 공적 공간의 근거지로서의 도시에 대한 연구 동향이 잘 드러난다.

인천대 일어일문과 박진한 전임강사가 쓴 10장은 일본의 전국시대 말기부터 근세 초기에 집중적으로 건설된 성곽도시인 '조카마치(城下町)'를 중심으로 공간구조, 주체, 사회적 문화적 환경 등을 고찰한다. 조카마치에 대한 기존 연구 경향들을 독자적 문제의식을 가지고 비판적으로 검토하면서 향후 일본 근세 도시사 연구의 방향을 제시하고 있다. 16세기 후반 전국시대라는 당시 일본의 정치 사회적 발전 단계에 조응하면서 만들어진 도시였던 조카마치는 일본이 조선과 중국의 문화적 영향력에서 벗어나 독자적인 발걸음을 내딛기 시작하던 시기에 건설되었으며, 이러한 독자성은 비단 도시건설에서뿐만 아니라 일본문화 전반에 걸친 움직임을 반영한 것이었다. 2007년에 나온 『東方學志』 139호에 게재된 「일본 근세 도시사 연구의 전개와 과제」를 일부 수정한 것이다.

제4부는 비교도시사 연구를 위한 이론적 검토와 프랑스와 미국에서의 비교도시사 연구의 현황을 고찰한다. 먼저 11장은 서울대 사회발전연구소 선임연구원 김백영의 글로 식민지 도시의 비교사적 연구를 위한 이론과 방법론을 도출해낸다. 식민도시를 연구하는 역사사회학자인 그는 근대화론, 세계체제론, 탈근대론, 공간사회학의 논의 등을 망라하는 기존의 식민도시 연구 경향들을 체계적으로 소개한다. 이어 유럽 제국주의 국가들이 식민지에 건설한 주요 도시들에 대한 연구 성과들을 소개하면서 식민권력이 도시공간을 매개로 전개한 정치적, 사회적, 문화적 지배양상들을 검토한다. 이를 통해 동아시아 식민도시 연구에 유용한 새로운 방법론을 모색한다. 2006년에 나온 『사회와 역사』 72집에 실린 「식민지 도시성에 대한 이론적 탐색: 공간사회학적 문제설정」을 일부 수정한 것이다.

12장은 민유기와 박진빈이 공동으로 쓴 글로 비교도시사 연구의 중요성과 필요성, 프랑스와 미국에서의 비교도시사 연구의 현황을 다룬다. 프랑스에서 최근에 나온 유럽도시사에 대한 연구 성과는 유럽통합의 진전 속에 유럽 각국의 국민국가적 정체성과는 다른 유럽 지역 차원의 정체성을 확인하는 작업이 비교도시사를 통해 가능함을 보여준다. 유럽의 도시들이 고대부터 현대까지 사회적이고 문화적인 공간으로 기능했음을 밝히면서 사회적 문화적 유럽의 오늘과 내일을 어제와 연결시킨다. 미국에서의 비교도시사는 한편으로는 남부도시, 서부도시 등 지역사적 특성을 파악하는 과정에서 수행되고 있으며, 다른 한편에서는 세계사적 시각에서 수행되고 있다. 비교도시사 연구는 지구지역화(Glocalization) 흐름 속에서 민족사 위주의 역사학이 간과하기 쉬운 국민국가 내부의 지역사적 측면, 국민국가 간의 광의의 지역공동체적 측면, 세계사적 측면에서의 역사서술 및 연구에 부응하는 것이다. 2007년 3월에 발간된 『서양사론』 92호에 실린 민유기와 박진빈의 프랑스와 미국의 최근 도시사 연구서에 대한 서평을 기초로 다시 쓰인 글이다.

'공간 속의 시간' 은 유럽의 고대와 중세 도시사 뿐 아니라 근현대 유럽, 미국, 동아시아 도시사 연구 현황을 망라한다. 조금 아쉬운 점은 근대 초 이탈리아 도시사, 현대 러시아(소련) 도시사, 중남미 도시사 연구 현황이 빠진 점이다. 우리 학계에 이들 국가나 지역의 도시사 연구 현황에 관한 글을 쓸 연구자가 없었으며, 외국 학계에서도 이 책의 기획의도에 맞는 글을 쓴 연구자를 찾지 못했다.

'공간 속의 시간' 은 다양한 독자들을 염두에 두고 기획되었다. 먼저 역사학자들, 역사학을 전공하는 대학원생과 학부생들이 사학사적 차원에서, 그리고 역사연구의 방법론적 차원에서 도시사에 대한 이해를 심화시킬 책이 되길 희망한다. 2007년 전국 역사학대회 도시사 자유패널의 발표 이후 여러 대학과 대학원에서 공부하는 학생들이 도시사연구회 모임에 참여해 도시사를 공부하고 싶다는 연락을 해왔다. 도시사연구회가 학문 후속세대들을 위한 지속적인 세미나를 운영하지 못하는 실정에서 이들이 이 책을 통해서 도시사의 영토에 발을 들여 놓을 수 있으면 좋겠다. 다음으로 인문사회과학 여러 분과학문의 틀 내에서 도시에 대한 연구를 진행해왔거나 계획 중인 연구자들에게, 도시계획과 설계학, 건축학 등 공학적인 차원에서 도시공간을 탐구하는 연구자들에게 이 책이 시공간을 종합적으로 파악하고자 하는 도시사 연구의 현황을 소개하는 매체가 되기를 바란다.

이 책의 공동 집필자들은 역사학자들, 역사학자의 길에 들어서고자 하는 학문 후속세대들, 도시공간에 관심이 있는 인문 사회과학자들, 도시 관련 공학자들의 애정 어린 비평을 겸허히 받아들일 것이다. 또한 앞으로 인문적 가치가 녹아든 사회문화적, 공공미학적 도시 구조와 문화를 갖춘 살고 싶은 도시들을 만들어 나가기 위한, '도시에서의 권리' 를 확대하기 위한 학문적 실천적 공동작업과 연대행위에 적극적으로 임할 것이다.

## 3. 감사의 마음을 전하며

이 책이 나오기까지 많은 분의 도움이 있었다. 앞에서 언급한대로 여기에 실린 많은 글은 도시사연구회의 모임을 통해 정보가 교환되고 토론된 것들이다. 2005년부터 지금까지 도시사연구회 모임에 참여한 여러 연구자 가운데 특히 영국사 전공의 박찬영, 염운옥, 독일사 전공의 이대헌, 미국사 전공의 박현숙, 한국사 전공의 김윤희, 박은숙, 이헌주, 일본사 전공의 방광석, 중국사 전공의 박상수, 신규환, 중국 남경대학의 윤은자 교수님들께 감사의 말을 전하고 싶다. 2007년 1월 '도시사란 무엇인가' 특강에서 발표를 해주신 수원대 강일휴 교수님, 같은 특강에서 중국 도시사 연구 현황을 소개해 주신 아주대 김태승 교수님, 도시사연구회 모임에서 러시아 도시사 연구 현황을 소개해 주신 고려대 민경현 교수님께도 감사의 말을 드려야 마땅하다. '공간 속의 시간'의 기획의도에 반가워하시며 옥고를 주신 서울대 배영수 교수님, 연세대 설혜심 교수님께도 마찬가지이다.

그동안 우리 학계에 하나둘씩 축적된 도시사 관련 연구 성과물들은 도시사연구회의 신진연구자들에게 큰 자극이 되었다. 위에서 감사드린 교수님들 이외에도 유럽 주요국가의 수도 발달과정 연구 프로젝트를 진행한 서울대 최갑수 교수님, 서양 고대사 분야의 고려대 김경현 교수님, 서양 중세사 분야의 안동대 안상준 교수님, 서울대의 박홍식 교수님과 박용진, 성백용 선생님, 영국사 분야의 광주대 이영석 교수님, 프랑스 도시들의 사회적 공간에 대해 관심을 갖고 계신 해군사관학교 이학수 교수님과 서울대 노서경 선생님, 독일사 분야의 고려대 한해정 선생님과 부산교대 전진성 교수님, 미국사 전공 여러 교수님들의 글들이 있다. 또한 오랫동안 중국 도시사를 연구해 온 성신여대 임상범 교수님, 인천대 전인갑 교수님, 전남대 이병인 교수님, 동의대 김형열 교수님, 충남대 정순모 교수님의 연구들에, 일일이 언급하기 어려운 한국 도시사 관련 연구를 해 오신 여러 교수님들과 연구자들의 연구 성과에 도시사연구회의 신진 연구자들이 많은 영향을 받았음을 밝힌다.

마지막으로 도시사 연구총서 발간을 맡아주신 심산출판사의 최원필 사장님과 편집진에게 고마운 마음을 전한다. 2008년 하반기에 나올 도시사 연구총서 2권의 주제는 '도시화와 사회갈등' 이다. 2008년 8월 31일까지 글을 모집하며 수합된 글은 도시사연구회의 토론을 거쳐 총서 2권에 포함 여부가 결정될 것이다. 도시사연구회는 이 주제에 부합하는 여러 연구자들의 글을 환영한다.

2007년 12월 서울에서

도시사연구회의 뜻을 모아

민유기

# 차례

## 2부 미국의 도시사 연구



## 3부 동북아시아의 도시사 연구

1부

# 유럽의 도시사 연구

Warwick
Stratford
Banbury
Towcester
Buckingham
Woodstock
Aylesbury
Northampton
Bedford
Hitchin
Moreton
GLOCESTER
OXFORD
Uxbridge
Cirencester
Abingdon
Maidenhead
Newnham
Reading
Newbury
Basingstoke
Marlborough
BRISTOL
BATH
Wells
Andover

1장

# 고대도시의 기원과 건설

– 브리튼의 로마 도시를 중심으로

| 김경현 |

## 1. 로마화를 다시 생각하기

율리우스 카이사르(Julius Caesar)는 기원전 55년과 54년 두 차례에 걸쳐 브리튼 원정을 감행하였다. 그러나 카이사르는 원정을 철저하게 준비하지 못했을 뿐만 아니라 마침 갈리아(Gaul) 지방에서 감돌고 있던 전운 때문에, 일련의 전투에서 거둔 승리를 항구적인 정복으로 발전시키지는 못했다.[1) ] 이후 아우구스투스(Augustus)와 칼리굴라(Caligula)도 브리튼 원정을 계획하였지만 결국 실행으로 옮기지 못했는데,[2)] 칼리굴라가 살해되고 클라우디

1) 카이사르의 브리튼 원정에 관해서는 그의 『갈리아 전기(*Bellum Gallicum*)』를 참조. 기원전 55년 첫 브리튼 원정에서 실패하였던 카이사르는 이듬해 원로원의 승인 아래 대규모 원정대를 이끌고 다시 브리튼에 상륙하였다. 그는 브리튼 부족들의 지도자인 카시벨라우누스(Cassivellaunus)에게 승리하였지만, 갈리아 지방의 문제로 말미암아 조공과 인질을 제공한다는 약속만을 받고서 서둘러 귀환해야만 했다.

우스(Claudius)가 군대에 의해 황제로 추대되면서 원정이 다시 결정되었다.[3] 브리튼의 남동부 지역에서 세력을 확대시키고 있던 카투벨라우니(Catuvellauni) 부족을 두려워한 다른 부족들이 원조를 요청했기 때문이다. 그렇지만 한편으로는 황제가 되기 전에 얼간이로 놀림 받던 클라우디우스에게도 나름의 이유가 있었던 것 같다. 다시 말해서 그는 자신을 옹립한 군대에 보상하고 자신에 대해 원로원과 인민이 갖고 있던 편견을 불식시키고자 카이사르 이후 미완의 숙제로 남아있던 브리튼 원정을 정치적 카드로 활용할 필요가 있었을 것이다.[4] 그는 43년 판노니아(Pannonia: 지금의 헝가리 지역)의 총독이었던 아울루스 플라우티우스(Aulus Plautius)를 4만의 군대와 함께 브리튼에 먼저 파견하였으며,[5] 자신도 3개월 후 템즈 강변에서 자신을 기다리던 군대와 합류하였다. 그는 카투벨리우니 부족의 수도라 할 수 있는 카물로두눔(Camulodunum: 지금의 콜체스터 Colchester)을 함락시킨 후 로마로 귀환하여 웅장한 개선식을 거행하였다.[6]

---

2) 아우구스투스는 기원전 34년, 28년, 27년 세 차례에 걸쳐 원정을 계획하였지만 다른 문제들로 인해 취소하였다. 또 칼리굴라는 40년 브리튼 원정군을 불로뉴(Boulogne)에서 소집하였으나, 군대에서의 폭동 때문에 원정을 포기하였다. 그러나 아우구스투스의 뒤를 이은 티베리우스(Tiberius) 황제는 군사적 정복보다는 외교적 전략을 더 선호하였기 때문에, 브리튼 원정을 계획하지는 않은 것 같다.

3) 클라우디우스의 원정에 관해서는 카시우스 디오(Cassius Dio)의 설명 60.19–22를 참조.

4) 현대의 학자들이 주장하고 있는 원정의 이유들은 다양하다. 그것들에 관해서는 T. W. Potter, C. Jones, *Roman Britain* (Berkeley & Los Angeles, 1992), p. 39. J. Wacher, "Britain 43 BC to AD 69", *Cambridge Ancient History*, X (1996), pp. 506–507을 참조.

5) 대략 5,000명씩으로 구성된 4개의 정규군단과 동수의 보조군단이 함께 파견된 것으로 추정된다.

6) 클라우디우스의 승전을 기념하려고 로마에 세워졌던 개선문의 박공벽에서 발견된 비문은 비록 많이 훼손되었지만, 그것에 의하면 클라우디우스는 11명의 브리튼 왕들로부터 항복을 받아냈다고 한다. *Corpus Inscriptionum Latinarum Pars Prima (CIL)*, vi, 920. 클라우디우스 황제의 브리튼 정복을 묘사하고 있는 조각품이 1980년 터키 남서부의 아프로디시아스(Aphrodisias)에서도 발견되었다.

물론 브리튼 부족들의 저항이 완전히 멈춘 것은 아니었다. 로마의 침입 때 웨일즈 지방으로 도주했던 카투벨라우니 부족의 왕자인 카라타쿠스(Caratacus)가 47년에 다시 군대를 규합하여 저항하였으며,[7] 60년에는 이케니(Iceni) 부족의 여왕 부디카(Boudicca)가 대규모 저항을 지휘했다.[8] 그럼에도 불구하고 49년 콜체스터에 브리튼 최초의 식민도시가 건설되었던 사실이 암시하듯이, 이후 브리튼은 로마 제국의 속주(provincia)로 편입되었으며, 로마의 군대가 브리튼에서 마지막으로 철수하는 5세기 초까지 로마의 지배 아래 놓이게 되었다.

브리튼이 로마 제국 내로 편입됨으로써, 브리튼에서 문화적 변화가 시작된 것은 당연한 논리적 귀결일 것이다. 브리튼은 라틴어를 포함하여 로마식 제도와 문화들을 받아들였으며, 그 결과 로마 제국의 영속적인 특징들 — 도시의 발달, 경제적 성장, 발전한 행정체계 등 — 을 경험하게 되었다. 바꿔 말해서 브리튼에서 로마 문화가 확산되기 시작하였을 뿐만 아니라 로마 정복 이전 브리튼의 고유문화가 경시되거나 로마 문화에 의해 대체되기 시작하였다.

이런 형태의 문화적 변화과정을 보통 '로마화(Romanization)'라고 부른다. 물론 이 용어에 대해서 새로운 견해들이 제시되고 있지만,[9] 그것은 여전히 비로마적인 것을 희생시키면서 로마적인 것을 확산시키는 일종의 진보적인 문화운동으로 간주되고 있다. 그러나 이런 인식은 제국주의의 문화적 편견에 기초하고 있기 때문에, 로마 문화와 브리튼 문화의 '문화변용(cultural acculturation)'을, 즉 로마지배 하 브리튼에서의 문화적 변화를 올바르게 이해하는 데 방해가 된다. 따라서 필자는 서양학계에서 오래전에

---

7) Tacitus, *Annales*, 12.36.

8) Tacitus, *Annales*, 14.29-39.

9) P, W. M, Freeman, "Romanisation and Roman material culture", *Journal of Roman Archaeology*, 6 (1993), pp. 438-445.

대두하였지만 아직도 활발한 논쟁의 대상이 되고 있는 '브리튼에서의 로마화' 를 '로마 도시(Roman town)' 를 통해 다시금 검토해보고자 한다.

식민지시대의 역사적 경험을 갖고 있는 우리에게 이런 논의는 결코 무관한 주제가 아닐 것이다. 이 글에서 필자는 우선 '로마화' 에 대한 논의들을 간략하게 정리함으로써 로마화에 대한 인식의 방향을 제시하고자 한다. 다음에는 로마화 과정의 가장 두드러진 증거로 간주되어 왔던 로마 도시들이[10] 어떻게 건설되었으며, 어떤 모습들을 띠고 있는지를 검토함으로써 문화변용을 설명하고자 한다. 이를 통해 로마화에 대한 역사적 재검토 뿐 아니라 다양한 고대도시의 기원과 건설에 대한 전통적 시각과 새로운 시각을 제시하여 도시사 연구의 활성화에 기여하고자 한다.

## 2. 로마화의 개념과 용어의 효용성

로마화의 의미는 고전기 라틴문학에 구체화하여 있는 설명들에 많이 기초하고 있지만, 로마화란 용어 자체는 현대학자들에 의해 사용된 개념들을 포함하고 있다. 또 그것들의 발전은 로마 제국주의에 관한 논의들과 밀접하게 연결되어 있다. 따라서 로마화에 대한 논의들은 로마 제국주의에 관한 그것들과 마찬가지로 오랜 역사를 가지고 있으며, 그런 까닭에 과거 학자들이 제시하였던 해석들의 변천과정을 간단하게 회고할 필요가 있다.[11]

---

10) 그런 입장은 T. W. Potter, C. Johns, Roman Britain. J. Wacher, *The towns of Roman Britain* (London, 1995) 에서도 발견되고 있다.

11) 기존 해석들에 대한 간단한 정리는 G. Woolf, G. 1995, "Beyond Romans and natives", *World Archaeology*, 28 (1995), pp. 339-341. D. J. Mattingly, "Introduction", D. J. Mattingly, ed., *Dialogues in Roman Imperialism: Power, discourse, and discrepant experience in the roman Empire* (Portsmouth, 1997), pp. 7-24를 참조.

고고학적 자료들을 통해서 로마화를 구체적으로 논의하고 그것의 정의를 시도했던 최초의 학자는 20세기 초에 활동했던 프란시스 헤이버필드(Francis Haverfield)이다.[12] '방어적 제국주의(Defensive Imperialism)' 의 이론적 창시자였던 독일의 역사가 테오도르 몸젠(Theodor Mommsen)의[13] 영향을 받은 것이 분명한 그에게 "로마화란 로마와 속주 사이의 차이를 없애는 것이었다."[14] 다시 말해서 로마의 정복자들과 지배자들에 의해서 속주민들이 자신들의 고유한 생활방식에 집착하지 않고 로마의 생활양식을 받아들이게 됨으로써, 속주민들은 로마의 진정한 가치를 이해하고 결국 로마에 대한 본래의 적대감을 버리고 심지어 자신들 스스로를 로마인으로 부른다는 것이다.[15] 이처럼 헤이버필드에게 있어서 로마화란 '비로마적인 것' 을 대신하여 '로마적인 것' 을 확대시켜가는 문화적 동화현상을 의미하였으며 동시에 로마의 정치적 지배를 보장해주는 수단이었다. 아울러 로마화는 서구화(westernization) 또는 근대화(modernization)에 비유될 수 있는 것으로 궁극적으로 피정복 지역들의 공동체와 개인들에게 한층 발전한 단계의 문명을 누릴 수 있는 기회를 제공하였다. 즉 로마화는 로마 제국 팽창의 역사적 사명이었던 것이다.

이러한 로마 중심적, 제국주의적 관점이 아직도 영향력을 발휘하고 있긴 하지만, 제2차 세계대전이 끝나고 난 뒤 제국의 착취와 실정에 대한 자성과

---

12) P. W. M. Freeman, "Mommsen to Haverfield: the origins of studies of Romanization in late 19th-c. Britain", D. J. Mattingly, ed., *Dialogues*, pp. 27-50.

13) 로마 제국의 팽창은 일련의 사건들의 우연적인 결과라고 주장하고 있는 '방어적 제국주의' 는 1978년 윌리엄 해리스(William V. Harris)에 의해 강력한 공격을 받게 되었다. 이후 서양의 학계는 크게 방어론과 공격론으로 양분되어 있다고 할 수 있다. 로마 공화정기 제국주의에 관한 논쟁들과 참고문헌은 신미숙, 「공화정기 로마의 제국주의」, 『서양고대사강의』(한울아카데미, 1996), 353-395쪽.

14) F. Haverfield, *The Romanization of Roman Britain* (Oxford, 1923), p. 22.

15) S. Frere, *Britannia: A History of Roman Britain* (London, 1987), p. 296.

함께 제국주의를 바라보는 대한 태도가 변한 것도 엄연한 사실이다. 특히 1970년대부터는 수정주의적 견해들이 본격적으로 대두하기 시작하여, 로마 정복 이전의 브리튼에서도 상당한 사회 · 경제적 발전이 있었음을 강조하거나[16] 또는 로마 제국이 로마화와 관련된 지속적이고 장기적 전략을 가지고 있었음을 부인하고 있다.[17]

그중에서도 마틴 밀레(Martin Millett)는 로마화를 토착 엘리트들이 제국의 열매를 공유하고 자신들의 지배를 계속 보장받기 위해서 이용하는 전략으로 간주하여 브리튼의 자발적인 로마화를 주장하고 있다.[18] 물론 그의 견해는 그동안 로마화에 관한 논의에서 배제됐던 피지배자의 관점에서 로마화를 설명하려 했다는 의의를 가지고 있지만, 그것도 브리튼의 토착 엘리트에게 국한되었을 뿐만 아니라 종래 제국주의의 사회 · 정치적 관념을 단순하게 전도시킨 것에 불과하다. 게다가 그는 자신이 비판하고 있는 전통적인 설명들과 결국은 동일한 가정을, 즉 '로마적인 것' 이 '브리튼적인 것' 보다 상위문화라는 선입관을 가지고 있다.

지금까지 살펴본 것처럼, 로마화에 관한 정통론이나 그에 대한 반발로 나타났던 수정론 모두 단선적이고 정적이란 비판을 면하기는 어렵다. 따라서 로마화에 대한 새로운 개념의 정립이 무엇보다도 더 절실하다. 사실 필자는 존 베레트(John C. Barrett)처럼,[19] 로마화에 관한 개념들이 로마 지배 브리튼에서 발생했던 문화적 변화들을 이해하는 데 적절한 준거 틀이 될 수 있는지에 대해 다소 회의적이다. 첫째, 로마화란 용어는 로마 문화의 우위와 그 문화의 일방적인 이양을 암시할 뿐만 아니라 일반화(또는 단순화)

---

16) M. Millett, *The Romanization of Britain* (Cambridge, 1990), pp. 9–39.

17) N. J. E. Austin, N. B. Rankov, *Exploratio: military and political intelligence in the Roman world* (London, 1995).

18) M. Millett, *The Romanization of Britain*, pp. 90–101.

19) D. J. Mattingly, ed., *Dialogues*, pp. 51–64.

를 암묵적으로 강요하고 있다.[20] 둘째, '브리튼적인 것'과 '로마적인 것'이 무엇인지에 대해서 정확하게 정의를 내릴 수 없다. 로마의 정복 이전부터 계속 발전하고 있었던 브리튼의 공동체들 사이에 어떤 분명한 정체성을 부과할 수는 없다. 또 '로마적인 것'도 획일적인 사회적 이미지가 결코 아니다. 주지하듯이, 로마의 문화는 로마의 순수 토착문화라기보다는 다양한 기원들로부터 비롯된 영향들이 용해된 문화이다. 셋째, 로마화에 대한 논의가 19세기 말 20세기 초 제국주의적 팽창을 옹호하고 정당화하기 위한 시대적 산물로서 출발하였음을 고려한다면,[21] 이런 용어의 선택과 사용은 세심한 주의가 필요하다. 마지막으로, 로마화는 로마와 피지배자 즉 브리튼 사이의 관계를 전제하고 있기 때문에, 상위문화와 하위문화 간의 경쟁과 충돌이라는 종래의 단순한 이분법적인 사고의 틀을 계속 강요하고 있다.

그러므로 브리튼에서 실제로 무슨 일이 있었는지를 분명하게 이해하기 위해서는 로마화란 개념이 설정하고 있는 이분법적인 사고를 극복해야 한다. 지배자와 피지배자, 즉 로마 제국과 브리튼의 상호관계는 보통 상상하는 것보다 훨씬 더 복잡하고 다양한 모습을 드러내며, 그런 다양성의 폭은 다른 사회 · 정치 · 경제적, 지리적 요인들에 의해 더욱 커지게 된다. 따라서 이 글에서 살펴보고자 하는 것은 브리튼의 도시들에서 나타나는 공통된 특징들이 아니라 다양한 모습들이다.

## 3. 로마 도시(Roman town)의 기원

주지하듯이 고대 지중해 문명의 기반은 도시라 할 수 있다. 로마인들도

20) *Ibid.*, pp. 8-9.
21) *Ibid.*, pp. 27-50.

정치 · 경제 · 문화의 중심지는 도시이며, 도시를 지배하는 자만이 주변 지역을 지배할 수 있다고 믿고 있었다. 따라서 정복 지역을 안전하고 효율적으로 통치하기 위해서 도시건설은 필수적이었다.[22] 반면에 로마 정복 이전의 브리튼은 정치 · 경제적 중심지로서 오피둠(oppidum)과 같은 정착지를 보유하고 있었지만, 로마나 동부지중해 지역에서 발달한 것과 같은 종류의 도시들과 도시생활을 발전시키지는 못했다. 그러나 브리튼에서도 로마의 지배 아래 놓이면서 도시들이 건설되게 되었다. 이들 도시들은 그 도시의 거주자들에게 부여되었던 시민권에 따라 보통 세 가지 ─ 식민도시(colonia), 자치도시(municipium), 키비타스의 주도(civitas capital 또는 civitas peregrina) ─ 로 구분된다.[23]

브리튼에서는 49년 콜체스터에 식민도시가 처음으로 건설된 이후, 런던,[24] 링컨(Lincoln), 글로스터(Gloucester), 요크(York)라는 네 개가 더 건설되어 모두 5개의 식민도시가 건설되었다. 이런 식민도시의 건설은 로마 정부 중심의 계획적인 정책을 반영한다고 할 수 있을는지 모른다. 사실 로마는 공화정 기부터 새로 정복한 지역에 새로운 공동체, 즉 성곽으로 둘러싸인 중심도시가 있는 식민도시를 건설하였으며, 이런 관행은 제정기에도 계속되었다.[25] 식민도시는 처음에는 합병된 지역의 안보를 위한 군사적 동기

---

22) Vergilus, *Georgics* 2.155–7. R. G. Collingwood, J. N. L. Myres, *Roman Britain and the English Settlements* (Oxford, 1937), p. 186.

23) 보통 학자들에 의해 받아들여지는 세 가지 범주의 도시들 사이에 존재하는 계서제에 대해 토드(M. Todd), "The cities of Roman Britain: after Wheeler", S. Greep, ed., *Roman Towns: The Wheeler Inheritance*, CBA Res. Report, 93 (1993), p. 6은 회의를 제기하고 있다.

24) 런던의 법적 지위를 가르쳐주는 문헌상의 증거들이 발견된 것은 아니지만, 런던의 지리적 · 경제적 중요성을 고려해 볼 때 런던이 식민도시로 승격되는 것은 놀라운 일이 아닐 것이다. J. Wacher, *The towns of Roman Britain*, p. 16.

25) E. T. Salmon, *Roman Colonization under the Republic* (London, 1969).

와 토지를 잃은 농민들을 구제하기 위한 경제적 동기에 의해서 주로 건설되었지만, 제정기에 와서는 장기간의 군 복무를 마치고 제대하는 퇴역군인들에게 토지를 지급하여 그들을 일반 민간인으로 정착시키기 위한 것이었다.[26]

또 식민도시는 로마에서 통과된 '식민도시에 관한 법(lex colonia)'에 따라 건설되었으며, 건설과 관련된, 특히 건설의 장소, 시기, 규모 등을 결정하는 문제들도 모두 중앙정부에서 결정하였다. 로마는 식민도시를 건설하기 위해서 먼저 3명으로 구성된 위원회와 그 보좌관들을 파견하여 토지를 측량하고 구획하였으며, 새로운 식민도시에 정착시킬 식민자(coloni)들을 명부에 올렸다. 그러면 그들은 군기를 앞세우고 군사대형으로 식민도시로 진군하여 점을 치고 제사를 지내고 나서 추첨을 통해서 토지를 분배받았다. 이처럼 식민도시 건설의 모든 과정에 정부가 깊게 관여하고 있었다. 따라서 로마정부는 로마식 도시건설의 많은 부분을 주관하였으며, 그것을 통해 토착민들을 지배하고 로마식 도시의 위대함을 과시할 수 있었을 것이다. 그러므로 2세기 중엽에 활동했던 작가 아울루스 겔리우스(Aulus Gellius)가 식민도시는 로마의 축소판이었다고 언급하고 있는 것은 과장이 아닐 것이다.[27]

식민도시가 로마와 로마의 제도들을 모방하고 있음은 어쩌면 당연한 일이다. 사실 식민도시의 정부형태도 로마 공화정의 정체를 모델로 하고 있다. 식민도시는 도시민이면서 일정량의 재산이 있는 100명의 데쿠리온(decurion)으로 구성되는 도시 위원회 또는 원로원(ordo)에 의해 통치되었

26) G. Watson, *The Roman Soldier* (London, 1969), pp. 147-148. 그러나 제정기 식민도시의 건설에서 군사적 동기가 배제되었음을 주장하는 것은 아니다. 제정기의 역사가 타키투스(Tacitus)도 분명히 하고 있는 것처럼 콜체스터의 건설의 목적은 주변 지역들의 봉기를 막는 것이었다. Tacitus, *Annales*, 12.32.

27) Tacitus, *Annales*, 16.13.9.

다.[28] 또 로마의 콘술에 해당하는 행정관들(duoviri iuridicundo)이 있는데, 그 명칭은 법의 집행을 암시하지만, 그 외에도 원로원 회의를 주재하고 종교적인 축제를 관장하였던 것 같다. 그리고 그들은 각각 두 명씩 선출되었던 아이딜리스(aedilis)와 콰이스토르(quaestor)의 도움을 받아 공공건물, 도로 등의 유지와 보수를 관장하였으며 세금을 징수하였다.

지금까지 살펴본 바로는, 로마는 군사적 · 행정적 중심시인 식민도시를 건설하고 자치정부를 수립하는데 로마의 관례와 제도들을 그대로 적용하고 있었다. 이는 로마의 주도적 역할을 분명하게 암시하고 있다. 더군다나 건설 초기에는 주위의 위협으로부터 안전하지 못했기 때문에, 또 도시가 제구실을 하기 위해서, 계속해서 로마의 원조를 절실하게 필요로 하였을 것이다. 그러나 이 사실만으로 브리튼에서의 도시건설을 설명할 수는 없다. 사실 이런 범주에 속하는 브리튼의 도시는 5개에 불과하다. 뿐만 아니라 런던은 군사적인 요충지보다 무역의 거점으로서 성장하였음을 암시하는 증거들이 더 많이 발견되고 있다. 또 식민도시들이 건설된 시기도 각각 다르다는 점을 기억할 필요가 있다. 49년에 콜체스터에 식민도시가 건설된 이후 1세기 말엽에 링컨[29]과 글로스터[30]에 식민도시가 건설되었다. 게다가 런던은 60년경 부디카의 반란으로 콜체스터가 파괴되었을 때 식민도시로 승격되었던 것 같으며, 요크도 동일한 방식으로 3세기 초에 승격되었던 것 같다.[31] 이는 로마가 브리튼에서 식민도시를 계속 건설한다는 장기적인 계

---

28) 식민도시의 도시민들은 대부분 로마시민권 보유자들이었으며, 이들은 퇴역 시 많은 토지를 분배받았기 때문에 식민도시에서 행정관으로 활동할 수 있는 재산자격을 갖추게 되었다.

29) *CIL* XII. 6679 링컨은 아마도 90년에서 96년 사이에 건설된 듯하다.

30) *CIL* VI. 3346 글로스터의 다른 이름인 Colonia Nervia Glevensis에서 글로스터는 네르바(Nerva) 황제 치세(96~98)에 건설되었을 가능성이 크다.

31) J. Wacher, *The towns of Roman Britain*, pp. 17-18.

획이 없었음을 또는 계획은 있었다 할지라도 실행할 수 있는 여력이 없었음을 암시할는지 모른다. 링컨과 글로스터에서 식민도시임을 암시하는 공공건물들이 발견되지 않는 것은 우연이 아닐 것이다.

따라서 중심도시의 건설은 로마 제국 정부의 정책과 지원보다는 오히려 토착 엘리트 계층의 적극적인 참여에 의존하고 있었다는 밀레의 주장이 설득력이 있어 보인다. 사실 로마는 정복과 직접적인 지배가 토착민들에게 가져다줄 충격과 반감을 잘 알고 있었기 때문에, 군대를 동원해 직접 지배하기보다는 기존 체제를 최대한 존중하고 토착 지배층과의 협조를 통해서 지배하는 방법을 더 선호하였다. 뿐만 아니라 피정복 지역의 엘리트들도 자신들의 부족에 대한 과거의 통제권과 경제적 부를 계속 유지하기 위해서, 또 공직보유의 기회를 잡기 위해서 로마에 협조하지 않을 수 없었다. 이는 자치도시와 키비타스 주도의 건설과 운영에서 잘 반영되고 있다.

자치도시는 원래 참정권이 없는 시민권을 부여받은 이탈리아 공동체를 의미하였다. 이들 도시는 로마 정복 시 로마에 협조하였기 때문에 외교문제만을 제외하고는 완전한 자치를 허용받았다. 이런 장치는 제정기에 와서는 속주 공동체들에도 확대되었다. 자연스런 발달과정을 통해 규모나 질적인 측면에서 로마 양식의 도시들에 근접한 토착의 도시들은 로마 정부로부터 자치도시의 특허장과 같은 특전을 부여받았다. 이렇게 자치도시로 승격한 도시들도 식민도시처럼 도시와 주변 지역으로 구성된 자체의 영역(territorium)을 그리고 식민도시와 동일한 정부형태를 보유하고 있었다. 도시의 거주민들은 로마 시민권 또는 보통은 라틴 시민권을 보유하고 있었다. 그러나 브리튼에서 자치도시로 법적 지위가 상승한 도시는 베룰라미움(Verulamium: 현재의 세인트 알반스 St. Albans) 뿐이다.[32)]

---

32) Tacitus, *Annales*, 14.3에 의하면, 베룰라미움은 60년 부디카의 반란 때 이미 자치도시의 지위를 가지고 있었다. 그러나 타키투스의 언급은 시대착오적이다. 아마도 베룰라

반면에 키비타스의 주도는 로마의 브리튼 정복 이전 철기시대(Iron Age)부터 이미 존재하고 있었던 부족 또는 부족국가(civitas)의 행정적 중심지에 기원을 두고 있다. 로마 지배하의 브리튼에는 23개의 부족이 있었는데, 그 중 적어도 16개의 부족이 군사적 통제에서 벗어났으며, 따라서 동수만큼의 키비타스 주도가 행정적 중심지로 발전하였을 것이다. 그러나 분명한 것은 없다. 이 지역들에 로마 군대가 주둔하였다는 사실에 주목하고 있는 전통적인 견해들은 이 도시들이 로마 군대에 의해 건설되고 발전하였다고 주장하고 있다.[33] 물론 로마 군대의 주둔이 그 지역의 경제를 활성화시킨 것은 분명하지만, 이 지역들 역시 로마에 의해 정복되기 전부터 경제적 중심지로 성장하고 있었음을 간과해서는 안 된다. 이 도시들도 콰이스토르의 직책만을 제외하고는 식민도시나 자치도시와 동일한 정부형태를 채택하고 있었으며, 원로원 의원과 행정관들은 토착계급으로부터 충원되었다.[34] 이는 로마가 토착 엘리트들의 참여를 강요하려는 것이었음을 암시할 수도 있겠지만, 반대로 토착 엘리트들이 스스로 자신들의 부족을 통치하기 위한 권력과 부를 유지하기 위해 로마식의 정부형태를 자발적으로 받아들였음을 의미할 수도 있다.

그러나 필자가 정통론과 수정론의 입장을 단순하게 접목하여, 브리튼에서 도시는 로마의 공적인 관여와 토착 엘리트들의 협조에 의해서 건설되었다고 주장하려는 것은 결코 아니다. 물론 두 이론의 적절한 종합이 도시건설에 대한 보다 더 나은 이해를 제공할 수도 있다. 그렇지만 동시에 정확한 이해를 방해할 수도 있다. 사실 지금까지 언급되었던 도시들은 브리튼에서

---

미움은 베스파시아누스(Vespasianus) 황제의 치세에 자치도시로 승격되었을 것이다. 이 논의를 위해서는 A. L. F. Rivet, *Town and Country in Roman Britain* (London, 1964), p. 65를 참조.

33) S. Frere, *Britannia: A History of Roman Britain*, p. 230.

34) *Ibid*,, p. 195, p. 204.

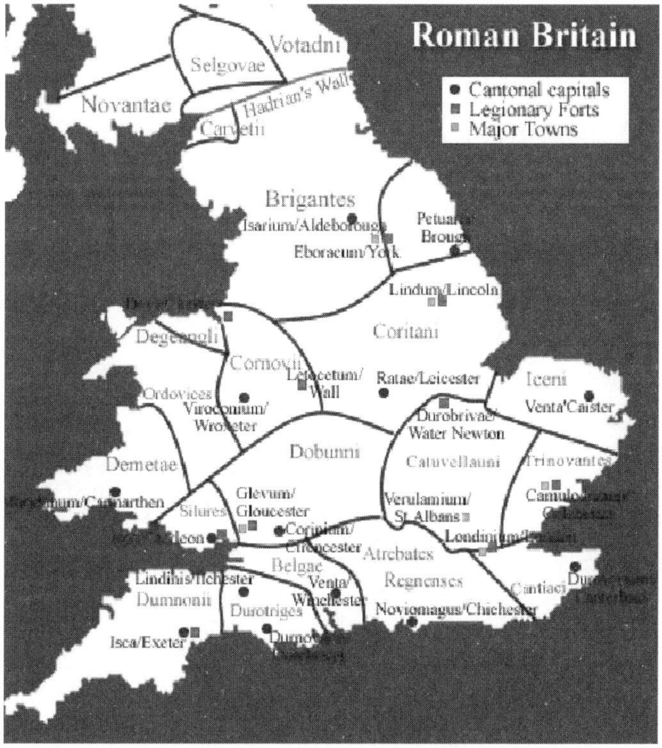


〈지도 1〉 브리튼의 주요 도시들.

건설되었던 많은 도시들 중의 일부분에 불과하다. 브리튼에는 위에서 언급했던 도시들과 다른 형태의 이른바 소도시들(small towns)이 80개 이상 존재하고 있었다.[35] 이들 도시는 공식적인 지위 및 행정 중심지로서의 특징을 가지고 있지 않았다. 그래서인지 균형 잡힌 도시발전의 모습을 결여하고

---

35) 소도시란 명칭이 암시하듯이, 도시들의 규모는 대체로 작지만 안카스터(Ancaster)와 맨세터(Mancetter)처럼 키비타스 주도들보다 크거나 비슷한 소도시들도 있다. 소도시들에 대한 전반적인 논의는 M. Todd, "The Small Towns of Roman Britain", *Britannia*, 1 (1970), pp. 114-130. R. Hingley, "Resistance and domination in Roman Britain", D. J. Mattingly, ed., *Dialogues*, p. 91. G. De la Bedoyere, *Roman Towns in Britain* (Stroud, 2003), pp. 142-146을 참조.

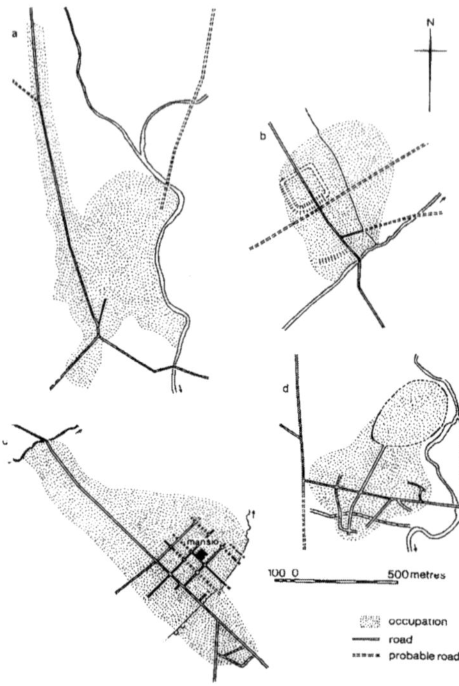


〈지도 2〉 소도시(small town)들의 도로형태.

있었다. 이 도시들은 규칙적인 도로망에 근거한 도시계획에 의해 건설되지 않았기 때문에, 다양한 형태를 취하고 있다(지도 2를 참조). 그리하여 소도시들의 거리들은 중세의 마을이나 도시들처럼 구부러져 있으며, 건물들은 무계획적으로 도시의 발달에 따라 부차적으로 지어졌다. 또한 이들 소도시들에서는 로마 양식의 공공건물이나 중심이 되는 건물을 발견하기가 어렵다.

월(Wall), 캐터릭(Catterick)과 같은 몇몇 소도시들은 원래 요새 주변에서 발전하였지만, 이들 요새가 전통적인 거주지와 매우 근접해 있었음을 고려한다면, 대부분의 소도시가 로마정복 이전 지역에 기반을 두고 있었던 듯하다.[36] 그리고 이들 도시는 여러 가지 복합적인 요인들 때문에 발전하였다. 대체로 군사적 위험이 남아 있던 북부 지역에서는 군대와의 연관성이 여전히 강조될 수 있겠지만,[37] 반면에 경제적 · 종교적 원인 또는 지리적 위치 등으로 인해 도시들이 발달하기도 했다.[38] 브리튼의 주요 도로에 위치하거나 제국의 우편 정거장이 있는 지역, 그리고 특정의 산업이 발달한 지역들이 소도시의 경제적 중심지가 되었던 것이 분명하다.[39] 특히 당시 브리튼에서는 교통이나 무역이 계절에 의해 영향을 받았기 때문에, 장거리여행이 거의 불가능한 겨울철 때는 가까운 지역들 사이의 소규모 무역이 더욱 절실하였을 것이다.

소도시들은 대부분 1세기 말부터 존재하고 있었고, 그 발전 속도도 느렸지만, 2세기 후반부터 크게 번성하기 시작했다. 그리하여 어떤 경우에는 키비타스 주도보다 더 큰 규모를 자랑하기도 하였다. 이들 도시의 성장이 키비타스 주도의 팽창이 중단되는 시기와 일치하고 있다는 사실과 이들 소도시가 키비타스의 경계나 가까운 지역에서 발전하고 있다는 사실은 소도시들과 키비타스 주도 사이에 어떤 상관관계가 있음을 암시한다. 바꿔 말해서 소도시들은 각 키비타스에 거주하는 사람들이 통제의 중심에서 벗어나 살기를 결정하면서 발전하였을 것이다. 이를 반로마적인 현상으로 간주할 수는 없겠지만, 적어도 로마 주도의 또는 토착 엘리트 중심의 도시화 정책과 다른 맥락에서도 도시가 건설되고 발전하고 있었음을 엿볼 수 있다.[40]

---

36) G. De la Bedoyere, *Roman Towns in Britain*, p. 143.

37) 이들 지역에서도 도시가 발달할 수 있는 다른 요인들이 있었다. S. Frere, *Britannia: A History of Roman Britain*, p. 231.

38) 온천이나 성지가 있는 지역의 주변에서도 도시들이 발달하였다. 바스(Bath), 스프링헤드(Springhead) 등을 그 예로 들 수 있다.

39) 예를 들어 브람프톤(Brampton)에서는 도자기와 철이, 드로이트위치(Droitwich)에서는 소금과 관련한 산업들이 발달하였다.

40) W. S. Hanson, "Administration, urbanisation and acculturation in the Roman west", D. C. Braund, ed., *The administration of the Roman Empire 241 BC-AD 193* (Exeter, 1988), pp. 53-68. R. Hingley, "Resistance and domination in Roman Britain", D. J., Mattingly, ed., *Dialogues*, p. 91.

## 4. 로마 도시(Roman town)의 건설

로마는 새로운 지역들을 정복한 후, 그 지역 내의 기존 중심지들을 재조직하거나 확장하였으며 새로운 중심지들을 건설하였다. 이런 형태의 도시화 과정은 브리튼에서도 예외는 아니었다. 다시 말해서 브리튼에서도 로마적 특징이라 할 수 있는 사각형의 격자무늬를 만드는 거리와 기념비적인 공공건물들을 갖춘 도시들이 등장하였다. 행정적 중심지로서의 도시를 건설하기 위한 첫 번째 단계는 도로의 설계이다. 남북방향과 동서방향으로 흐르는 두 개의 주요 도로를 건설하고 그 도로들이 만나는 지역을 보통 도시의 중심으로 정한다. 그리고 그 지역에는 전체 도시를 위한 집회 장소이자 시장의 기능을 담당하는 포룸(forum)과 도시의 기록들과 기금을 보관하는 등 공적인 사무를 보는 공공건물 바실리카(basilica)가 들어섰다. 행정적인 건물 외에도, 도시민들이 여가를 즐길 수 있는 편의시설들, 예를 들어

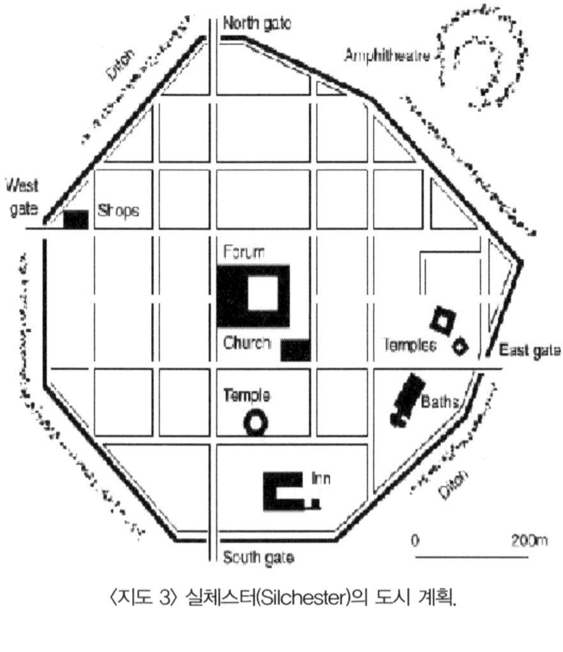


〈지도 3〉 실체스터(Silchester)의 도시 계획.

극장이나 공중목욕탕 등이 건설되었다. 마지막으로 도시의 외곽에는 도시의 안전을 위해 성채가 축조되었으며, 두 주요 도로의 끝에는 도시로의 출입을 통제하기 위한 성문들이 있었다(도시의 형태를 위해서 지도 3과 지도 4를 참조).

이런 형태의 외관을 갖춘 도시들의 계획과 그에 따른 대규모 토목공사는 철저한 사전준비와 국가의 상당한 기술적 · 재정적 지원을 전제로 한다. 사실 클라우디우스 황제의 승전 이후에도 정복이 완전히 마무리된 것은 아니기 때문에, 로마는 브리튼에서의 확고한 지배를 위해서 재정적, 기술적, 군사적 지원을 계속하지 않을 수 없을 것이다. 대부분 황제들이 식민도시 건설이나 속주정책에서 아우구스투스를 모방하려고 하였음을 기억할 필요가 있다.[41] 네로 이후의 혼란을 수습하였던 베스파시아누스(Vespasianus) 황제도 율리우스 아그리콜라(Cn. Julius Agricola)를 브리튼에 총독으로 파견하는 등, 제국의 국방과 속주의 행정을 튼튼히 하는 데 주력하였다.[42] 실제로 아그리콜라는 브리튼 인들이 신전, 포룸, 좋은 가옥을 건설하도록 개인적인 격려를 하거나 공식적인 지원을 하였다.[43] 이후 하드리아누스(Hadrianus) 황제나 안토니누스 피우스(Antoninus Pius) 황제도 제국의 속주에 대해 많은 관심이 있었으며, 지금도 볼 수 있는 그들의 장성(長城)들이 암시하는 것처럼 대토목공사에는 막대한 재원을 투입하였을 것이다.[44]

---

41) 아우구스투스는 자신의 업적록에서 자신의 생애 동안 모두 28개의 식민도시를 건설했음을 자랑하고 있다. Augustus, *Res Gestae*, 28.2.

42) 베스파시아누스 황제는 아그리콜라 외에도 게르마니아에서 키빌리스(Civilis)를 격파한 『페틸리우스 케레알리스(Petilius Cerealis)와 전술학』과 『수로들에 관하여』를 저술한 율리우스 프론티누스(Julius Frontinus)를 파견하였다. 전자는 브리간테스(Brigantes) 족의 영향력을 축소시켰으며, 브리튼 북부에서 정복사업을 수행하였다. 후자는 속주 총독으로 파견되어 실루레스(Silures) 족을 굴복시켰다.

43) Tacitus, *Agricola*, 21. 이 기사를 전하고 있는 타키투스는 아그리콜라의 사위이기 때문에, 이 기사의 신빙성이 자주 의문시되지만, 아그리콜라가 도시건설을 격려하거나 무슨 형태인지는 확실치 않더라도 재정적인 혜택을 부여하였을 것으로 짐작된다.

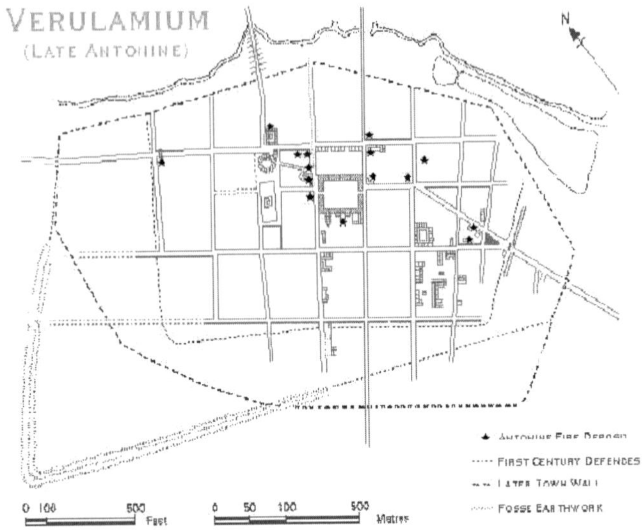

〈지도 4〉 안토니누스 피우스 황제 시대 베룰라미움의 도시계획.

그러나 황제들이 위에서 보여주었던 행동들이 체계적이고 지속적인 로마의 지원이 있었음을 의미하는 것은 아니다. 오히려 그들의 지원은 다소 즉흥적이고 임시적이었다고 할 수 있다. 따라서 속주정부는 피보호 왕들이나 토착 엘리트들을 도시건설 사업으로 유도할 필요가 있었으며, 엘리트들도 도시 건설의 사업을 통해서 자신들의 지위를 과시하고 지배를 공고히 할 수 있었기 때문에 자발적으로 참여하였던 것 같다. 예를 들어 실체스터(Silchester)에서는 대략 50년대쯤 공중목욕탕과 원형 경기장이 그리고 얼마 뒤 거대한 목조건물이 건설된 것으로 추정된다. 그러나 공적 기능을 담당하는 바실리카가 없는 것으로 보아, 이 시기에 실체스터는 아직 자치적인 행정도시가 아니었다고 추론할 수 있다. 이 지역이 로마에 우호적인 레기

44) 카이스토르 바이 노르위치(Caistor by Norwich)의 포룸과 공공 목욕탕은 아마도 안토니누스 피우스 황제의 지원 아래에서 건설된 것 같다.

니(Regini) 족이 지배하는 지역이었음을 감안하면, 실체스터에서의 공공건물들의 건축은 아마도 그 부족의 지도자인 코기듑누스(Cogidubnus)의 적극적인 지원 아래에서 이루어졌을 것이다.[45)]

로마정부의 주도와 토착 엘리트들의 기여가 도시건설의 중요 부분을 차지하고 있음을 부인할 수는 없다. 그러나 이런 결론은 위의 논의에서도 밝혔듯이 브리튼 도시들 자체의 역사와 특성을 설명하지 못하는 문제점을 내포하고 있다. 로마의 정책과 토착 엘리트들의 참여는 시기와 도시마다 일정하지 않으며, 그런 차이는 각 지역의 사회적 · 경제적 · 문화적 상황에 영향을 미치거나 또는 역으로 그것에 의해 초래될 수 있다. 따라서 이제 브리튼 도시들에 관한 논의의 방향은 브리튼의 도시들이 지중해 지역의 도시들과 얼마나 유사한 특성들을 공유하고 있었는가보다는 어떤 상이점들을 가지고 있었는가에 대한 논의로 변해야 한다. 이런 차이점들은 로마적 특징을 나타낸다고 간주하였던 공공건물 · 도시 주택(town house) · 성벽들의 건설과 형태에서도 분명하게 드러난다. 이들 세 가지를 간략하게 살펴보자.

### 1) 포룸(forum)과 바실리카(basilica)

플라비우스(Flavius) 시대 갈리아 지방에 건설된 포룸은 긴 타원형의 형태를 취하고 있는 반면, 브리튼의 그것은 보통 정사각형 또는 직사각형의 모습을 하고 있다. 포룸은 한 면은 바실리카, 그리고 다른 세 면은 현관과 지붕이 있는 방들로 둘러싸여져 있는데, 공간 사용과 외형적인 모습에 있어서의 기본적인 형태는 변하지 않아 다른 지역의 포룸보다 세련되지 못하였던 것 같다.[46)] 로마와 제국의 다른 지역에서의 포룸들은 제정이 공화정을

---

45) S. Frere, *Britannia: A History of Roman Britain*, pp. 232-233.

46) 포룸의 조야함은 여러 가지를 의미하지만, 분명한 것은 없다. 그것은 국외에서 들어온

대신하면서부터 형태와 기능에 있어서 상당한 변화를 경험하였기 때문이다. 새로운 포룸에서는 시장이나 다른 세속적인 기능들이 사라졌으며, 반면 정치적 · 종교적 기능이 더욱 강조되었다. 특히 제국종교의 중요성이 점점 더 증가함으로써 사원은 포룸에서 가장 두드러진 건축물이 되어갔다. 그러나 브리튼의 포룸들에서는 배타성과 종교적 측면을 나타내는 특징들이 나타나지 않는다.[47] 브리튼의 포룸들은 여전히 시장으로서 상업적 기능을 담당하고 있었다.[48] 더욱 놀라운 것은 제국의 포룸에서는 가장 중요한 신전과 제단이 없다는 사실이다. 아마도 부디카의 반란 때 콜체스터에 있던 클라우디우스의 신전이 가져왔던 반감을 고려해서인지, 도시들이 건설되는 시기 동안 로마의 공식 종교를 강요하지는 않았던 것 같다.[49]

### 2) 도시 주택(town house)

무역과 상업이 상당히 발달하였던 제국의 시대에도 토지가 여전히 부의 원천이었기 때문에, 귀족들은 농촌에 대저택을 소유하고 있었다. 그렇지만 한편으로는 도시에서 정치적 지위를 유지하고 영향력을 지속적으로 행사하기 위해서 도시에도 주택을 보유하지 않을 수 없었다. 그러나 브리튼에서는 토착 엘리트들의 도시 주택들이 크게 발전하지 않았다. 켄터베리(Canterbury)에서 석조로 지은 가옥은 100년이 지나야 나타났으며, 실체스터에

---

기술자가 아닌 군대에 배속된 기술자가 디자인하였음을, 또는 포룸의 건설에 필요한 경제적 부가 상대적으로 적었음을, 아니면 포룸을 세련되게 디자인할 수 있는 아이디어가 부족했음을 암시할는지 모른다.

47) S. Altekamp, "The spread of monumental architecture and the romanization of Britain", *Bar International Series*, 921 (2001), pp. 4-6.

48) T. W. Potter, C. Johns. *Roman Britain*, p. 100.

49) De la Bedoyere, G. *op. cit.*, pp. 51-52 예외적으로 베룰라미움의 포룸에는 신전이 건축되어 있다.

서 발견된 가옥들도 아주 단순하고 그 규모가 작았다. 심지어 베룰라미움에서는 2세기 중엽에 가서야 비로소 화려한 가옥들을 발견할 수가 있다. 이런 고고학적 발견들은 토착 엘리트들이 도시의 생활에 순응하는데 실제로 오랜 시일이 걸렸음을 시사한다. 이들은 보통 도시 내의 행정적인 문제들을 논의하는 시기에만 도시 내에 거주하였으며 생활의 상당 부분은 도시 밖의 농촌에서 보냈던 것 같다.

### 3) 성벽

브리튼 도시들의 성벽의 역사는 제국의 다른 지역들의 그것보다 더 오래되었다. 비용이 많이 드는 성벽의 축조는 공공건물의 건축에서 나타났던 제한적인 관심과는 대조적인 특징이라 할 수 있다.[50] 성벽의 축조는 특허장을 받은 도시들만이 가지고 있는 특권이었기 때문에, 초기에는 콜체스터를 비롯한 몇몇 도시들만이 성벽을 가지고 있었던 것 같다. 이는 성벽이 있는 도시들이 반항의 거점으로 이용될 가능성에 대한 로마인들의 기우를 반영한다. 물론 실체스터, 치체스터(Chichester), 윈체스터(Winchester) 들은 이미 1세기에 성벽을 가지고 있었는데, 이들 도시가 모두 로마에 우호적이었던 레기니(Regini) 부족의 영토에 있었다는 사실이 그 예외적인 상황을 설명한다. 이후 2세기 중엽부터 3세기에 걸쳐 성벽들이 본격적으로 축조되었다. 그러나 이것이 제국정부 정책의 결과였는지, 아니면 토착 귀족들 사이 경쟁의 결과였는지는 분명하지 않다. 184년경 북부 변경 지방에서 발생했던 혼란에 대한 예방적 조치였을 수도 있다.[51]

50) S. Altekamp, S. "The spread of monumental architecture", p. 8.

51) G. De la Bedoyere, *Roman Towns in Britain*, pp. 94-102.

## 5. 고대도시의 사회 경제 문화적 맥락 이해의 필요성

현재 브리튼의 많은 도시의 이름이 라틴어에서 유래하고 있는 것처럼, 브리튼에서의 도시화는 로마와 밀접하게 연결되어 있음을 알 수 있다. 이는 브리튼에서의 도시건설에 대한 올바른 이미지를 제공하기도 하였지만 동시에 왜곡하기도 하였다. 물론 브리튼의 도시화(urbanism)에 로마의 중앙정부가 큰 영향을 미쳤음을 부인할 수는 없다. 라틴어를 사용하지 않는 사람에게서 시민권을 박탈했던 클라우디우스 황제의 조처가 암시하듯이,[52] 로마는 브리튼에서 군사적 · 경제적 이익을 추구하고 브리튼 사회에 로마의 제도, 언어와 문화 등을 전파하기 위한 전초기지로서 도시를 건설하였다. 그러나 일방적인 문화전이를 상정하고 있는 이 설명은 도시들 각각의 특징들을 설명하지 못하고 브리튼적인 요소를 간과하는 문제점을 내포하고 있다. 뿐만 아니라 로마가 도시화와 관련해서 장기적이고 구체적인 정책을 입안하고 실시할 수 있었는지도 매우 의심스럽다.

따라서 1970년대부터 지배자의 관점이 아닌 피지배자의 관점에서 설명을 시도하는 수정주의적 견해들이 등장하는 것은 놀라운 일이 아니다. 사실 로마 정복 이전의 브리튼에서도 도시들이 건설될 수 있는 사회 · 경제적 조건들이 이미 조성되고 있었다. 또 토착 엘리트들 자신들도 도시건설에 적극적으로 참여할 이유가 있었다. 왜냐하면 그들은 로마의 제도와 문화의 수용을 토착 하층계급에 대한 자신들의 지배권을 유지하기 위한 또는 로마인들과 정복의 열매를 공유하기 위한 수단으로 파악하고 있었기 때문이다. 그러나 이런 설명들도, 대부분의 수정주의적 견해들이 그런 것처럼, 기존의 설명을 완전하게 대신하기보다는 그것을 단순하게 전도시킨 것에 불과하였다. 뿐만 아니라 그들이 공격하고자 하였던 전통주의적 견해들과 동일

52) Suetonius, *Claudius*, 25.3. Cassius Dio, 60.17.4f.

한, 즉 로마적인 것이 비로마적인 것보다는 우수하다는, 문화적 편견을 공유하고 있다는 한계를 드러내고 있다.

그러므로 우리는 로마화에 대한 종래의 제국주의적 · 식민주의적 사관이 강요하는 단순한 이분법적인 사고의 틀에서 벗어나야 한다. 바꿔 말해서 브리튼에서의 문화변용을 로마적 — 브리튼적 요소와 지배자 — 피지배자의 대립과 투쟁이란 맥락에서만 설명하려는 시도들은 지양되어야만 한다. 아울러 문화의 일방적인 전파와 단순한 일반화를 암묵적으로 강요하는 로마화란 용어의 사용과 그 개념에 대해서도 문제가 제기되어야만 한다. 실제로 브리튼의 도시들은 그 자체의 역사를 가진 유기체라 할 수 있다. 위에서도 언급하였듯이, 브리튼 내에서의 소도시들의 등장과 발전 그리고 각 도시의 외향적 특징들은 매우 다양하였다. 이제는 통일성(unity)이 아닌 다양성(diversity)에 대해 주목해야만 한다. 브리튼 도시들의 기원과 발전을 올바르게 이해하기 위해서는, 로마 문화와 브리튼 문화 사이의 상호작용뿐만 아니라 그것에 영향을 주기도 하고 받을 수 있는 브리튼 도시들 자체의 사회 · 경제 · 문화적 맥락도 함께 고려되어야만 한다.

2장

# 중세 도시사 연구의 시각과 쟁점

– 프랑스를 중심으로

| 강일휴 |

## 1. 중세도시 개념에 대한 논의: 다양화와 유연화

프랑스에서 중세도시에 대한 연구는 티에리(A. Thierry), 기조(F. Guizot), 미슐레(J. Michelet) 등 19세기 자유주의자들에 의해 시작되었다. 혁명을 지지하던 그들은 부르주아의 기원, 더 나아가 근대적 자유의 기원을 중세도시에서 찾고자 했다.[1] 그들 가운데 티에리는 이후 오랫동안 중세도시 연구에 많은 영향을 끼친 인물로서,[2] 특히 북프랑스의 코뮌이 자유와 자치의 요람이었다고 주장했다.[3]

---

1) F. Vercauteren, "Concepts et Methodes de l'histoire urbaine médièvale", *Cahiers bruxellois*, 12 (1967).

2) 예를 들면 티에리가 중세 프랑스 도시를 세 종류(남부의 콩술라 도시, 중부의 프레보 도시, 북부의 코뮌 도시)로 분류한 것은 지금도 일부 도시사 개설서들에서 그대로 채택되고 있으며, 마르크스가 중세 도시를 파악할 때도 그의 저서에 많이 의존한 것으로 알려져 있다.

이러한 자유주의적 관점을 일부 계승하면서 경제적 요소를 강조한 역사가가 벨기에의 피렌(H. Pirenne)이다.[4] 피렌은 중세도시 성립과정에서 원거리 무역의 부활 및 이에 종사하는 상인들의 역할을 강조했고, 중세도시의 본질적 기능은 상공업에 있다고 보았다. 그리고 중세도시의 특징으로 자유와 자치를 제시했다. 그의 학설은 많은 역사가들에 의해 광범위하게 받아들여졌고, 그의 '추종자들(헨트학파)'에 의해 서유럽 도처의 도시들에 적용되었다.[5] 한편 독일의 플라니츠(H. Planitz)도 기본적으로 피렌의 학설을 계승하여 센 강과 라인 강 사이의 지역을 대상으로 도시사를 썼다. 그는 중세도시사를 10, 11세기의 "도시영주 시대"와 그 이후의 "도시공동체 시대"로 구분하고, 후자에서 법적 의미의 중세도시가 출현했다고 보았다. 서양 중세도시에 관한 국내 최초의 논문은 바로 피렌과 플라니츠에 이르는 중세도시 성립론을 정리하여 소개한 것이다.[6]

20세기 후반기부터 피렌의 이론에서 탈피하고 자유주의적 관점을 비판하는 연구들이 쏟아져 나왔다. 중세도시 형성의 다양한 요소들이 지적되었

---

3) A. Thierry, *Essai sur l' histoire de la formation et des progrès du Tieres Etast* (Paris, 1853), pp. 231-235.

4) 앙리 피렌느, 강일휴 옮김, 『중세 유럽의 도시』 (신서원, 1997).

5) 20세기 전반기의 대표적인 도시사가들이 피렌의 학설에 입각한 도시사를 썼다. 예컨대 베르코트랑(Vercauteren)은 프랑스 북부지역에, 강쇼프(Ganshof)는 루아르 강과 라인 강 사이의 지역에, 에스피나(Espinas)는 플랑드르에, 스티븐슨(Stephenson)은 영국에 그의 학설을 적용하여 도시사를 썼다: F. Vercauteren, *Etude sur les "civitates" de la Belgique seconde: Contribution à l' histoire urbaine du Nord de la France de la fin du III$^{e}$ à la fin du XI$^{e}$ siècle* (Bruxelles, 1934). F. L. Ganshof, *Etude sur le dévelopement des villes entre Loire et Rhin au Moyen Age* (Paris-Bruxelles, 1943). G. Espinas, "Les origines urbaines en Flandre", *Le Moyen Age*, t. LXV (1948), pp.37-56. C. Stephenson, *Borough and Town: Study of Urban Origins in England* (Cambridge, Mass, 1933).

6) 고성환, 『중세독일도시성립고』, 『서양사론』, 3 (1962). 그 외에 중세도시 성립에 대한 여러 학설을 소개한 다음 논문도 참조할 것. 고성환, 『서양중세도시 성립에 관하여』, 『인문과학』, 32 (1974).

고, 도시를 농촌과 대비시키는 관점 역시 비판받았으며, 중세도시의 '자유와 자치'를 비판적으로 고찰하는 연구들도 많이 나왔다. 최근 우리나라 학자들이 쓴 도시사 논문들에서도 이런 점이 확연히 드러난다.[7)]

이 글은 20세기 후반부 이후의 서양 중세 도시사의 연구 동향과 쟁점을 피렌의 학설과 비교하면서 정리한 것이다. 필자는 1990년에 연구동향을 간략하게 정리한 글을 쓴 적이 있다.[8)] 그러나 그 후 국내외에서 새로운 연구들이 많이 나왔기에 많은 보완과 수정이 필요해졌다. 이런 사정에 따라 쓴 이 글에서 필자는 주제를 한정하여 개인적으로 관심이 있었던 문제들인 중세도시의 개념, 중세도시의 기원, 중세도시의 성격에 국한하여 서술할 것이다.[9)]

---

7) 대표적인 예를 들면, 곽차섭은 서양도시의 자유가 민주주의의 선구자로 이야기되는 '자유도시관'을 비판하였고, 비슷한 맥락에서 강철구는 중세도시의 자유라는 이데올로기에 내포된 유럽중심주의와 허구성을 비판하였다. 곽차섭, 「자유도시의 신화와 도시 이데올로기」, 『제40회 전국 역사학 대회 발표문』 (1997). 강철구, 「유럽의 중세도시와 자유」, 『이대사학연구』, 30 (2003). 한편, 김병용은 기존 연구가 도시민을 농민과 이질적 존재로 구분하는 관점의 문제점을 지적하였다. 김병용, 「독일 마르크 브란덴브르크 농촌사회에서의 농민과 도시민의 관계(12~14세기)」, 『서양사론』, 60 (1999년 6월). 최근에 안상준은 독일 내 코뮌 운동의 대표적 사례로 언급되는 쾰른의 경우를 검토하면서 코뮌 운동의 본질을 자유주의적 관점과 다르게 해석하고 있다. 이 논문을 고성환의 논문과 비교해보면 두 학자의 관점 차이가 크다는 것을 쉽게 확인할 수 있을 것이다. 안상준, 「코뮌과 도시영주: 쾰른 코뮌 형성기 쾰른 대주교와 유력자들(Melieros)」, 『서양중세사연구』, 15 (2005). 그 외에 성백용과 박용진의 다음 학위논문에도 새로운 연구동향이 반영되어 있다. 성백용, 『14세기 후반~15세기 초 프랑스 왕정과 북부 도시들의 반란』, 서울대 박사학위논문 (2002). 박용진, 『아미엥을 통해서 본 코뮌의 변화: 도시와 왕권의 관계를 중심으로』, 서울대 박사학위논문 (2003).

8) 강일휴, 「서양 중세 도시사의 새로운 연구동향」, 『수원대학 논문집』, 8 (1990). 그리고 강일휴, 「중세 프랑스 도시의 자치 및 농촌과의 관계」, 『서양중세사연구』, 7 (2000)에서도 중세도시의 자치 및 도시와 농촌의 관계에 관련된 학설을 소개한 적이 있다.

9) 이렇게 서술 범위를 한정해도 필자에게는 여전히 정보가 크게 부족했고, 이를 보충하는데 장 뤽 피놀(Jean Pinol)의 책임하에 출판된 다음 책이 도움이 되었다. Jean-Luc Pinol, dir., *Histoire de l'Europe urbaine. t. I, De La l'Antiquite au XVIII$^{e}$ siècle*,

중세도시를 정의하기는 쉽지 않다. 사료에 등장하는 용어들(civitas, oppidum, villa, castrum, portus, emporium 등)은 군사적 측면이라든가 상업적 기능 등 어떤 취락의 특정 성격을 강조하는 표현에 불과하고, 그것이 도시를 지칭하는 것인지 아닌지 판단하기 어렵다. 게다가 중세인들은 다양한 취락들 가운데 굳이 도시를 구별할 필요를 느끼지 못했을 수도 있다. 오늘날 도시의 기준으로 삼는 인구도 중세의 경우에는 그리 유용하지 못한 듯하다. 도시가 촌락에 비해 큰 인구집단을 이루고 인구밀도가 높은 것은 분명하지만, 중세에 특정 취락의 인구를 알기도 어렵거니와 몇 명을 기준으로 정하느냐 하는 문제도 있다. 오늘날도 국가에 따라 도시인구의 기준을 250~300명에서 5만 명 등으로 정하는 등, 도시인구의 기준은 국가에 따라 크게 다르다. 게다가 인구를 기준으로 도시를 정하는 것은 다분히 행정적 필요에 의한 것이기도 하다.

피렌은 중세도시의 경제기능에 중점을 두었다. 원거리 무역에 종사하던 상인들의 정착으로 형성된 중세도시는 상공업의 중심지라는 것이다. 그는 이런 중세도시의 특징으로 자치공동체라는 점을 덧붙인다. 즉 자치는 중세도시의 중요한 지표라는 것이다. 이런 점은 특히 플라니츠가 강조했던 것이기도 하다. 이런 면에서 세계사적으로도 서양 중세는 도시와 농촌의 경계가 비교적 분명했던 시기로 여겨진다. 막스 베버도 서양의 중세도시가 동양의 중세도시와 다른 점으로 바로 서양 중세도시의 자치단체로서의 구조를 강조한 바 있다.[10)] 이리하여 서양의 중세도시는 자치적인 경제중심지라는 통념이 형성되었다. 고대도시와 비교할 때도, 고대도시가 정치도시인 반면 중세도시는 경제도시라는 인식이 자리 잡았다.

---

Paris, 2003. 이 책의 서평에 대해서는 민유기, 「프랑스의 도시사 연구의 새 경향: 비교도시사와 유럽 정체성의 확인」, 『서양사론』, 92 (2007).

10) 막스 베버, 양희수 옮김, 『사회과학논총』 (을유문화사, 1981), 329~335쪽. 베버의 도시 개념에 대해서는 고성환, 「막스 베버의 도시개념론」, 『학림』, 8 (1986).

이러한 중세도시 개념은 유익하지만, 실제 연구에 적용할 때 문제점들이 드러나기 시작했다. 우선, 지역사 연구가 진척되면서 도시와 농촌의 중간 형태를 취하는 취락, 즉 독일학계에서 반(半)도시(Minderstadte)라고 부르고 프랑스 학계에서는 "2차 도시"라는 부르는 취락이 중세에 많았다는 점이 밝혀졌다. 이런 취락은 심지어 경제기능 면에서도 농촌과 공통점이 많았다. 농촌에서는 1차 산업, 도시에서는 2차 산업과 3차 산업이 집중된다는 분업론은 적어도 이런 집락의 경우는 그리 타당하지 않다. 도시에서의 농업과 목축의 비중이 종래 생각했던 것보다 크고, 반대로 농촌에서도 수공업과 상업이 지속적으로 행해지고 있었다는 점도 드러났다. 이처럼 중세에는 도시와 농촌의 구분이 기존에 생각했던 것만큼 분명하지 않았다. 따라서 역사가들은 적어도 중세에는 도시와 농촌이 구별이 그리 명확하지 않다는 점에 주목하기 시작했고, 그런 구별을 지나치게 고집하는 것은 연구에 도움이 되지 않는다는 지적이 나오기 시작했다. 일찍이 베르코트랑(F. Vercauteren)은 다음과 같이 지적하였다. "도시와 촌락이라는 두 용어에 현대적 의미를 부여하여 도시와 농촌을 대립시키는 것은 잘못이다. 중세에는 이런 이분법이 적합하지 않다."[11] 데스피(G. Despy) 역시 도시와 농촌을 서로 대립하는 원리에 의해 성립된 것으로 이해하는 도시 개념을 비판하고, 하나의 지역 공간에 병존하는 다양한 취락들의 종합적 고찰이 필요하다는 점을 지적한 바 있다.[12]

한편, 조리스(A. Joris)는 기존에 도시를 정의하기 위해, 아니면 도시와 농촌을 구별하기 위해 사용되어온 지표들의 유효성을 검토하였다.[13] 인구라

---

11) F. Vercauteren, "Concepts et Methodes de l'histoire urbaine médèviale", pp. 135-136.

12) G. Despy, "Villes et campagnes aux IX$^{e}$ et X$^{e}$ siècles: l'exemple du pays mosan", *Revue du Nord* (1968), pp. 145-168.

13) A. Joris, "Qe' est-ce qu' une ville?", *Revue générale belge*, t. 6 (1965), pp. 15-30.

는 지표의 문제점은 앞서 지적한 바와 같다. 더구나 중세에는 일반 촌락보다 규모가 크지 않던 취락이 도시의 기능과 성격을 가지는 경우가 흔하기 때문에 인구라는 지표는 특히 중세에는 적용하기 어렵다. 용어라는 지표는 당시 기록에 도시로 표현되는 취락을 도시로 보는 것인데, 이런 지표의 문제점도 앞에서 지적했다. 그다음 자치권이나 특권이라는 지표는 "진정한 중세도시는 자치도시"라는 입장을 고수하지 않는 한 받아들이기 곤란하다. 이런 입장을 고수하여 자치도시가 아닌 도시는 도시가 아니라고 할 수는 없지 않은가? 예컨대 관점에 따라 다소 다르겠지만 파리는 중세 전 시기를 통하여 자치도시였다고 보기 어려울 것이다. 자치도시도 자치권을 획득하기 전에 이미 도시가 형성되어 있지 않았던가? 따라서 이런 지표도 일반적으로 적용하기는 곤란할 것이다. 그래서 그는 어떤 특정한 한두 가지 지표를 가지고 중세도시를 정의하는 것은 부당하다고 보고, "일군의 지표들(faisceau de critères)"을 적용하여 일정 지역의 "도시 현상(phénomène urbaine)"을 종합적으로 고찰해야 한다고 주장하였다. 엔넨(E. Ennen)도 유사한 입장을 보였다. 그녀는 "도시란 무엇인가?"라는 질문을 제기하고, "하나의 고정된 지표가 아니라, 시간과 장소에 따라 그 구성을 달리하는 일군의 지표들을 근거로 '도시란 무엇인가?'라는 질문에 답하려고 노력해야 하며", 이러한 "지표들은 없어지기도 하고 더욱 늘어나기도 하며, 혹은 덧붙여지기도 하며", "지표들의 서열 또한 변한다."라고 지적하였다.[14)]

중세도시의 기능에 대해서도 다양한 논의가 이루어졌다. 중세도시의 경제기능을 강조하는 입장과는 달리 조르주 뒤비(Georges Duby)는 도시의 본질을 정치적 기능에서 찾는 입장을 제시하였다. 그에 의하면, 도시란 인구의 집중, 상공업의 집중, 특별법의 향유 등의 지표에 의해서가 아니라 주변 지역과의 관계에서 발휘되는 통치중심 기능에 의해서 파악되어야 한다.[15)]

---

14) 에디트 엔넨, 안상준 옮김, 『도시로 본 중세유럽』(한울, 1997), 16쪽.

이에 반해 포시에(R. Fossier)는 도시 현상에 대해 다음과 같이 지적하였다. 첫째, 도시란 농촌이 제공하는 다양한 재화와 서비스가 모이는 장소로서, 상대적으로 수공업과 상업이 집중된 곳이다. 둘째, 도시란 주변 농촌에 대해 주로 경제적 수탈의 거점이다. 이런 관점은 종래 경제적 측면에 강조점을 두는 도시 개념과 비슷하지만, 주변 농촌지역에 대한 경제적 중심기능을 도시의 본질로 보는 것에는 새로운 점이 있다.[16)]

이상에서 중세도시 개념에 대한 몇몇 역사가들의 논의를 간략하게 살펴보았다. 각각의 입장과 강조점은 다르지만, 종래보다 도시 개념이 유연해지고 다양해졌음을 알 수 있다. 이는 도시가 주변지역에 대하여 중심점의 역할을 한다는 점을 강조하는 지리학의 중심지기능 이론의 영향을 받은 것으로 알려져 있다. 어쨌든 도시 개념이 다양해지고 유연해짐으로써 다양한 지역과 시기에 도시현상 혹은 도시생활을 탐구하게 되었다. 또 이렇게 되자 중세도시의 기원을 중세 초까지 소급하여 보는 입장도 나오게 되었고, 중세도시의 형성과 발전의 원동력을 원거리 상업 같은 외부 요소에서 찾지 않고 그 지역 내의 경제상황과 관련시켜서 설명하는 것이 가능해졌다.

## 2. 중세도시의 기원과 발전

서양 중세도시의 기원은 많은 역사가의 관심을 끄는 주제다. 이미 19세기부터 중세도시의 기원에 대해서 다양한 학설이 제시되었다.[17)] 로마도시

15) G. Duby, "France rurale, France urbaine: confrontation", G. Duby, ed., *Histoire de la France urbaine, t. I. La ville antique* (Paris, 1980), pp. 9–35.

16) R. Fossier, *Enfance de l'Europe. Aspects économiques et sociaux* (Paris, 1982), pp. 980–1043.

17) 19세기 학자들의 중세도시 기원론에 대해서는 C. Stephenson, *Borough and Town*,

연속설, 길드에서 그 기원을 찾는 길드설과 시장법에서 찾는 시장법설, 장원법에서 찾는 장원법설과 농촌공동체에서 찾는 공동체설 등이 그것이다. 또한 피렌에 의해 원거리 상업의 부활과 이에 종사하는 편력상인의 정착에 의해 중세도시가 성립했다는 설이 제시되었고, 그의 학설은 오랫동안 도시사 연구에 영향을 끼쳤다.

그러나 개별 도시들에 대한 연구가 진행되면서 피렌의 이론을 적용할 수 없는 사례들이 나타나기 시작했고, 그래서 20세기 후반기부터 다양한 중세도시 기원론이 제시되었다. 이제는 중세도시 기원을 단 하나의 유형으로 설명하는 시도는 비판받을 수밖에 없게 되었다. 개별 도시들에 대한 연구를 토대로 등장한 다양한 기원론을 일률적으로 이야기하기 어려우나, 여기서는 이런 연구동향을 다음 세 가지로 나누어 살펴보도록 하겠다. 첫째, 상업이 단절됨이 없이 고대부터 중세까지 이어졌고, 고대도시도 지형학적으로만이 아니라 경제기능면에서도 지속하였다는 연속설이다. 둘째, 중세도시의 형성에 영주들의 역할이 중요했다는 영주 주도설이다. 적어도 프랑스의 일부 지역들에서는 영주들이 축조한 요새와 성이 군사적 기능만을 가졌던 것이 아니라 경제활동을 집중시키는 기능도 하였고, 영주들의 정책도 도시의 탄생에 기여했다는 것이다. 셋째, 중세도시의 성립과 발전의 원동력을 원거리 무역 등 외부에서 찾는 것이 아니라 주변 농촌의 생산력 발전과 국지 시장을 더 강조해야 한다는 지역 경제설이다. 종래 중소도시는 이런 요소들이 강조되었지만 대도시는 주로 원거리 상업이 중시되었다. 그러나 최근에는 중소도시는 물론이고, 원거리 상업이 활발하게 행해지고 있던 대도시도 도시 형성과정에서의 지역 경제의 영향이 강조되고 있다.

---

pp. 3-21을 참조할 것. 그리고 제2차 세계대전 이전 역사가들의 견해를 요약한 것으로는 R. V. Reynolds, "Town Origins", K. M. Setten, H. R. Winkler, eds., *Great Problems in European Civilization* (Englewood Cliffs, 1954), pp. 173-205.

### 1) 연속설

10, 11세기에 원거리 상업이 부활했다는 주장은 카롤링 시대에 원거리 상업이 붕괴하였음을 전제로 한다. 피렌은 8, 9세기에 북해 지방에서 행해지고 있던 원거리 무역을 일시적 현상에 불과한 것으로 평가 절하했다. 그러나 뒤비는 카롤링 시대에 인구 증가로 농업경제가 성장했고 이로 말미암아 상업이 발전했다고 보았다. 이처럼 일부 역사가들은 상업의 부활이 11세기 이후 등장한 새로운 현상이 아니라는 주장을 하였다. 고고학을 이용한 연구들도 북해 지방의 원거리 무역이 7세기 이후 지속하였음을 입증하였다.[18)]

한편, 3세기부터 고대 로마 도시가 쇠퇴한 것으로 알려졌는데, 고고학적 발굴과 최근의 연구로 이런 도시 쇠퇴가 일률적이지 않았으며, "로마 말과 중세 초에 도시생활이 활기를 띠었음"도 확인되었다.[19)] 대표적인 연속론자인 페어훌스트(A. Verhulst)는 북해와 쉘트 강 사이에 있는 주요 도시들은 고대도시가 연속된 것이며, 10세기 이후 도시의 활기는 원거리 무역의 영향뿐만 아니라 고대의 기원을 가진 전도시적 핵의 경제활동이 확대됨으로써 등장한 것이라고 주장했다.[20)] 에디트 엔넨은 한 논문에서 중세도시들을 로마 도시들과의 연관성 정도에 따라 세 종류로 나누었는데, 이런 시도 역

---

18) 카롤링 시대의 상업에 대해서는 R. Doehaerd, *Le haut Moyen Age occidental: Economies et Sociétés* (Paris, 1971)을 참조할 것. 이 저서는 카롤링 시대의 상업을 과대평가하고 있다는 지적을 받고 있기도 하다.

19) Jacque Le Goff, Jean-Claude Schmitt, *Dictionnaire raisonné de l'Occident Médiéval* (Fayard, 1999), s.v. "ville". 한편 Delmeau는 고고학적 연구와 문헌 재검토를 통해 로마의 도시들이 이전 역사가들이 생각했던 것만큼 쇠퇴하지 않았다고 주장하고 있다. J.-P. Delmeau, *Arezo, espace et Sociétés, 715-1230* (Ecole française de Rome, 1996).

20) A. Verhulst, "The origins of town in the Low Countries and Pirenne Thesis", *Past and Present*, no. 122 (1989), pp. 3-35.

시 부분적으로 고대도시가 중세에 연속되었음을 인정하는 것이다.[21] 그리고 그녀는 그 이후에 쓴 글에서 고고학의 연구 결과를 볼 때 자신의 이전 연구에서 알프스 이북 지역에서의 고대도시의 연속성을 과소평가했음을 시인하고 있다.[22] 연속설의 관점은 고대에서 중세로의 도시의 연속성만을 강조하는 것이 아니라 한 걸음 더 나아가 로마제국의 소규모 중심지가 중세도시로 연결되는 예도 밝히고 있다. 물론 로마 시대 취락들이 중세에 단절되는 예도 많이 확인되고 있으나, 이런 경우도 주변지역의 상황과 연결해서 설명하는 경향이 나타나고 있다.

이러한 연속성에 비판이 가해지는 것도 사실이다. 예를 들면 르 고프는 지형학적 연속성이 있었다고 하더라도, 중요한 점은 도시의 "성격과 기능"이고, 이런 관점에서 "중세도시는 고대도시와는 본질적으로 다른 새로운 것"이라는 주장했다.[23] 이런 비판에도 불구하고 중세도시의 기원을 논할 때 '연속설'을 염두에 둘 필요는 있을 것이다.

### 2) 영주 주도설

역사가들이 중소도시에도 관심을 기울이게 되면서 특히 9세기 이후 세속영주나 성직영주들이 건설한 요새지나 성이 정치적 · 행정적 · 군사적 중심지였을 뿐 아니라 경제적 기능도 가지고 있었음이 밝혀졌고, 이와 더불어 영주의 정책이 도시 형성에 중요한 역할을 한 것이 확인되었다. 이는 특

21) E. Ennen, "Les différents types de formation des villes européennes", *Le Moyen Ages*, t. LXII (1956), pp. 397-411.

22) E. Ennen, "The Early history of the European town: A respective view", H. B. Clarke, A. Simons, eds., *The Comparative History of Urban Origins in non-Roman Europe* (Oxford, 1985), pp. 3-14.

23) Jacque Le Goff, Jean-Claude Schmitt, *Dictionnaire raisonné de l'Occident Médiéval*.

고대 로마 원형극장 내부에서 성장한 프랑스 남부 아를의 중세 모습.

히 서프랑스에 위치한 중소도시의 경우에 해당된다. 그래서 프랑스 도시사 개설서에서 세드빌(A. Chédeville)은 부르(bourg)를 중심으로 프랑스 중세도시 성립과정을 설명하고 있으며, 에르(J. Heers)는 "중세도시의 모든 발전 혹은 모든 탄생은 그 지역 영주에 의해 의도적으로 자극되거나 장려된 식민화를 염두에 두고 분석되어야만 한다."라고 말하고 있다.[24] 이러한 유형의 도시형성 과정은 특히 프랑스의 정치상황과 맞물리면서 전개되었는데, 이하에서 더 자세히 살펴보기로 하자.

먼저 혼란을 피하기 위해 용어부터 정리해보자. 오늘날 큰 마을이나 읍을 의미하는 프랑스어 부르(bourg)는 요새나 성채를 의미하는 라틴어

---

24) A. Chédeville, "De la cité à la ville", G. Duby, dir., *Histoire de la France urbaine, t. II*, pp.31-181. J. Heers, *La ville au Moyan Age en Occident* (Paris, 1990), pp. 147-148.

burgus에서 파생한 말이다. burgus의 이런 본래 의미는 이 단어에서 파생된 현대어들 가운데 독일어 Burg에만 남아 있다. 프랑스어의 bourg나 영어의 borough에는 이런 의미가 없다. 이처럼 원래 성채나 요새를 의미하는 burgus가 8세기부터 특정한 형태의 취락을 의미하게 되었고, 10세기가 되면 대체로 이런 의미로 흔히 쓰이게 되었다.[25] 그래서 "(요새화된 키비타스 바깥에 있으면서) 성벽으로 둘러싸여 있지 않은 취락을 burgus라고 부른다."[26]는 기록을 찾아볼 수 있다. 역사가들은 어떤 곳에 건설되었느냐를 기준으로 부르를 분류한다. 통상적인 분류법은 키비타스 곁에 건설된 키비타스 부르(bourg suburbain), 수도원 곁에 건설된 수도원 부르(bourg monasique), 성(城) 곁에 건설된 성 부르(bourg castral), 개간사업이 활발하게 진행되었던 지역에서 전 도시적 핵과 상관없이 건설된 농촌 부르(bourg rural) 등 네 종류로 나누는 것이다.

이러한 부르들 가운데 농촌 부르나 수도원 부르는 지방상업의 중심지로 성장하는 정도로 그쳐 진정한 도시로 발전하는 경우는 드물었다고 알려졌다. 그래서 역사가들이 주목한 것이 성 부르다. 이제 성 부르가 도시화하는 과정을 추적한 연구 성과를 살펴보기로 하자.

성 부르를 살펴보기 위해서는 당시 프랑스의 정치 상황을 먼저 파악해야 한다. 조르주 뒤비의 연구로 잘 알려지게 되었듯이, 9세기에 카롤링 제국이 영역제후령으로 분할되었고, 1000년을 전후한 시기에 이런 영역제후령이 여러 성주령으로 분할되었다. 이 시기부터 성주들이 영역제후들의 지배에서 벗어나 공권을 장악하고 주민을 지배하는 성 영주제(공권 영주제)가 형성되었다.[27] 이처럼 1000년을 전후한 시기에 성을 기본단위로 하는 새로운

---

25) A. Lombard-Jourdin, "Oppidum et Banlieue sur l'origine et les dimension du territoire urbain", *Annales. E.S.C.*, vol. 27, no. 2 (1972), pp. 347-349.

26) 에디트 엔넨, 『도시로 본 중세유럽』, 127쪽.

27) 이 시대의 정치상황에 대해서는 김응종, 「조르주 뒤비와 봉건혁명」, 『서양사연구』, 33

사회구조가 형성되었다. 성주령 시대라고 불리는 이 시대에 축성은 곧 세력 구축을 의미했기 때문에 많은 성들이 축조되었다.[28] 그 이전 시대의 성은 주목적이 방어였으므로 군사적 요충지나 국경지역에 세워졌다. 그러나 성주령 시대의 성은 군사적 기능을 할 뿐 아니라 통치 중심지 역할도 하는 것이었다. 따라서 성주령 시대에 축조된 성들은 통치를 고려하여 성주령의 중심지역이나 기존의 정주지들에 인접하여 축조되는 경우가 많았다.

한편, 성주는 주민들을 통치 중심지인 성의 주변에 밀집시키고 이곳을 유통의 중심지로 만들어 경제적으로 발전시키려고 했다. 방어에 필요한 인력과 재원을 확보하기 위해서 이런 조치가 필요했기 때문이다. 성 자체가 주민들에게 보호를 제공했고 인근에 시장과 종교시설이 갖추어져 있었기 때문에, 성주가 굳이 어떤 정책을 시행하지 않더라도 사람들이 성 주변으로 집결하는 경향이 있었다. 예를 들면, 베리(Berry)에서는 11세기 후반부터 성을 건설하였고, 성주가 특별한 조치를 취하지 않았는데도 인근 촌락 주민들 일부가 성 주변으로 이주하는 현상, 즉 "촌락의 양분 현상(dédoublement de village)"이 발생하였던 것이다.[29] 그러나 대다수의 성주는 이런 자연스런 현상에 만족하지 않고 의도적으로 성 주변을 발전시키는 정책을 폈다. 그래서 성주는 성 근처에 특권적인 취락인 부르를 건설하기 시작했다.[30] 그리하여 성을 중심으로 몇 개의 부르가 성운 모양으로 건설되었다.[31]

---

(2005), 강일휴, 「봉건혁명론 논쟁」, 『서양중세사연구』, 16 (2005)를 참조할 것.

28) 제2차 민족이동기가 아니라 1000년을 전후한 시기에 더 많은 성들이 축조되었다는 점은 고고학적 연구에서도 확인되고 있다. X. Barel Altet, "Le paysage architectural de l'an mil", R. Delord et D. Logna-Prat, ed., *La France de l'an mil* (Paris, 1990), pp. 174-176.

29) G. Devailly, *Le Berry du X^e siècle du millieu du XIII^e siècle. Etude politique, religieuse, sociale et économique* (Paris, 1973), pp. 302-311.

30) 이 점과 연관해서 쉐드빌은 성주령 시대 초기인 11세기에 성주가 지배 강화를 위해 부르를 건설했음을 강조하였다. A. Chédeville, "Etude de la Maine en valeur et peuplement du Maine au XI^e siècle", *Annales de Bretagne*, 67 (1960), p. 224.

성주령 시대는 상업이 발전했던 시기이기도 했다. 성 부르는 성주령의 중심지라는 사실만으로도 상업이 발전할 수 있는 여건이 갖추어져 있었지만,[32] 상업에서 얻을 수 있는 이익을 잘 알고 있던 성주들은 의도적으로 성 부르를 상업 중심지로 만드는 정책을 폈다. 흔히 시행되었던 정책들로는 다음과 같은 것들이 있다. 우선 성주들은 성 부르에 다양한 직종의 수공업자들을 수용하려고 했고, 화폐주조소를 설립하여 유통의 활성화에 힘썼다. 그리고 인접 지역 농민들이 성 부르에 자유롭게 왕래할 수 있도록 신변을 보호하고, 농민들의 거래품에 대해 시장세를 감면하거나 면제했다. 이런 정책에 덧붙여 성주들은 성주령 주민들이 성주령 외부에서 상거래 하는 것을 가능하면 억제했다. 이런 조치들은 성 부르를 유통 중심지로 만들려는 성주의 의도에서 비롯된 것이다.

성주들의 이러한 정책으로 성 부르는 경제 중심지가 될 수 있었다. 이후에 성과 부르 모두를 둘러싸는 새로운 성벽이 건설되는 것이 일반적이었다. 이렇게 성과 합쳐진 성 부르는 상공업의 중심지이자 통치 중심지로서의 도시로 성장할 수 있었다. 프랑스 서부 지방의 중소도시들 가운데 상당수가 이런 식으로 성립되었다고 알려져 있다. 이는 성 부르의 기원을 가진 도시들의 분포도에서도 확인된다.[33]

이런 맥락에서 바르텔르미(D. Barthélemy)는 도시가 활기를 띠었던 시기는 영주제가 절정에 달했던 시기이기도 했다는 점을 지적하고, 상반되는 것처럼 보이는 이런 현상을 어떻게 설명해야 하는지에 대한 문제를 제기하

---

31) 프랑스 서부 지방에 있는 성 부르의 구조에 대해서는 A. Debord, "Les bourgs castraux dnas l'Ouest de la France", *Château et peuplement en Europe occidentale du X<sup>e</sup> au XVII<sup>e</sup> siècle* (Auch, 1980), pp. 65-66을 참조할 것.

32) A. Chédeville, "De la cité à la ville", pp. 72-83.

33) Ibid., p.74에 수록된 지도를 참조할 것. M. Bur, ed., *Aux origines du second réseau urbain* (Presses universitaires de Nancy, 1993)는 프랑스의 '제2차 도시 망(網)'이 성 부르를 중심으로 형성되었다는 점을 강조하고 있다.

였다. 즉 영주제에도 불구하고 도시가 발전한 것인가, 아니면 영주제 덕택에 도시가 발전했는가라는 질문을 제기한 것이다. 그는 이 시기의 도시 발전을 십자군 운동이나 동방무역의 재개와 연관시키는 견해에 의문을 나타내고, "영주제가 도시를 성장하게 했다."라고 결론 내렸다.[34)]

### 3) 지역 경제설

여기서 핵심이 되는 문제는 중세도시의 형성 · 발전과 주변농촌이 어떤 연관을 맺고 있느냐는 것이다. 산업혁명 이전의 '전통사회'가 농업을 기반으로 하는 사회였고, 따라서 도시의 형성과 발전의 원동력을 "카롤링 시대에서 13세기 초까지의 유례없는 생산력의 증가"[35)]와 그 결과로 생긴 인구 증가 · 노동 분화에서 찾아야 한다는 '당위론'을 제시할 수 있을 것이다. 브로델의 표현을 빌리면, "11세기 이후 도시의 부활이 이루어진 것은 밭과 포도밭 및 과수원의 복합적 발전이라는 시골의 수액을 받아서 가속되었고, 그 위에 이루어진 것이다."[36)] 그리고 이런 주장은 다음과 같은 '상황론'에 입각해서도 타당성을 주장할 수 있을 것이다. "고대 전통이나 이슬람의 영향이 강한 도시들을 제외하면, 중세서양에서 강력하게 도시화한 지역들은 … 가장 풍요로운 평야지대요 선진적 농업기술이 가장 널리 보급된 지역이기도 하다."[37)] 이처럼 이제는 도시의 기원과 발전을 주변의 농촌경제와 관련시켜 설명하는 것이 상식이 되어버린 것 같다.

20세기 후반기부터 몇몇 역사가들은 개별 도시를 대상으로 도시의 형성

---

34) D. Barthélemy, *L'ordre seigneurial XIe-XIIIe siècle* (Paris, 1990), pp. 168-169.

35) 페리 앤더슨, 유재건 한정숙 공역, 『고대에서 봉건제로의 이행』 (창작과 비평사, 1990), 212-213쪽.

36) 페르낭 브로델, 주경철 옮김, 『물질문명과 자본주의』 I-2 (까치, 1995), 743-744쪽.

37) 자크 르 고프, 유희수 옮김, 『서양중세문명』 (문학과 지성사, 1992), 97-98쪽.

과 발전이 주변농촌과 어떤 관련이 있는가를 실증적으로 밝혔다. 대표적인 연구 성과를 몇 개 나열해보자. 랑(Loan)의 경우를 연구한 되에르(R. Doehaerd)는 그 도시의 배후에 있는 농촌지역에서 포도주 재배가 광범하게 행해졌고 이런 포도를 원료로 하는 포도주 산업을 통해 랑이 대도시로 성장할 수 있었음을 밝혔다.[38] 이와 비슷하게 조리스(A. Joris)는 위(Huy)가 발전할 수 있었던 요인은 그 도시 남쪽에 양모와 대청이 생산되는 농촌지역을 배후지로 가지고 있었다는 입지조건을 강조하였다.[39] 이외에도 미국의 역사학자인 니콜라스는 플랑드르의 도시들인 헨트와 브뤼헤 등을 대상으로 하여 이들 도시들의 형성과 발전을 원거리 무역의 관점에서 파악하는 주장을 비판하고, 인접 농촌의 역할을 부각시켰다. 그에 의하면, 플랑드르 지방은 농업이 발달했던 지역이고, 따라서 이 지방의 도시들은 농촌에서 생산된 식량과 원료의 공급지로 출발했으며, 점차 축적된 자본을 바탕으로 도시 공업을 발전시키고 주변 농민들을 흡수함으로써 대도시로 발전했다는 것이다.[40]

도시의 형성과 발전에서 주변 농촌의 농업생산력 발전을 강조한다면, 농촌에서 생산된 잉여생산물을 대상으로 하는 지방 상업(국지 상업)의 역할도 강조되어야 한다. 그러기에 이미 1960년대 후반에 베르코트랑은 다음과 같은 중요한 지적을 하였다. "피렌 학설의 근저에 있는 중요한 사고는 경제적 관점에서 도시는 상업, 특히 대상업에 의해 탄생했다는 것이다. 그러나 최근의 연구들은 상업이 여전히 중요한 요소임이 틀림없지만, 원래 중요한 경제적 요소로서 수공업과 농업을 배제할 수 없음을 보여주고 있다. 도시

---

38) R. Doehaerd, "Un Parodoxe géographique: Laon, capitale du vin au XIII$^{e}$ siècle", *Annales, E.S.C.* (1950), pp. 145-165.

39) A. Joris, "Le guède en Hesbaye au moyen âge(XII-XIVe siècle)", *Le Moyen Age*, t. 59 (1964), pp. 773-789.

40) D. Nicholas, "Structure du peuplement, fonctin urbaines et formation du capitale dans la Flandre médiévale", *Annales. E.S.C.* t. 33 (1978), pp. 501-527.

의 개념을 12, 13세기에, 게다가 브뤼헤, 뤼벡, 이프르 등의 대도시에 국한하지 않는 한(이것은 상상도 할 수 없는 일이다), 많은 도시들에서, 특히 독일 도시들에서, 지방 상업이 도시의 경제활동에서 중요한 동인이었음을 인정하는 것이 타당하다."[41] 도시와 지방 상업의 관계에 대한 고전적인 논문을 쓴 벨기에 역사학자 데스프(G. Despy)의 말도 들어보자. 그는 뫼즈 강 유역의 도시들을 이 강을 이용한 원거리 상업과 관련시켜 설명하는 '전통적 견해'를 비판하면서 다음과 같이 말하였다.

> 일반적으로 9~10세기에 보이는 뫼즈 강 유역 도시의 발전에 관한 설명은 프리슬란트 상인과 원거리 상업의 측면에서 찾아왔다. 왜냐하면 사람들은 상품의 생산보다 유통에 주목했고, 농촌은 자급자족적 경제체제에 있었다고 생각했기 때문이다. 그러나 원거리 상업도 중요하지만 9, 10세기 도시와 농촌 사이의 거래도 중요하다. 9, 10세기 뫼즈 강 유역의 도시 취락을 설명하기 위해서는 지금까지 제시되어온 요인들에 덧붙여 도시와 농촌 사이의 경제 관계를 고려해야 하고, 도시와 농촌 관계에 중요한 역할을 부여하는 편이 좋다. … 750~1000년 사이의 뫼즈 강 중부지역에서 프리슬란트 상인들이 행한 역할을 부정하는 것은 아니다. 그러나 농촌에 생긴 반도시적 취락의 형성과 발전은 다음과 같이 다양한 요인으로 설명하는 것이 더 타당하다고 생각된다. 즉 육로에서의 교역, 도시와 농촌 사이의 상업상의 고리를 구성한 농촌시장의 기능, 농촌 대장원의 경제성장이다. 9, 10세기 뫼즈 강 지역에서의 이러한 도시와 농촌 간의 관계가 오늘날까지 충분히 연구되지 못한 이유는 도시 연구자들이 원거리 상업의 차원에서만 보았고, 다른 한편으로 농촌 연구자들도 장원경제 내부 전개 및 영주와 농민 사이의 관계를 확정하는 것에만 관심을 기울였기 때문이다.[42]

41) F. Vercauteren, "Concepts et Methodes de l'histoire urbaine médiévale", p. 132.
42) G. Despy, "Villes et campagnes aux IX$^{e}$ et X$^{e}$ siècles", pp. 145-146.

데스피가 명확하게 언급하고 있듯이, 이런 주장을 펴는 학자들이 원거리 상업의 중요성을 배제하는 것은 아니다. 다만 적어도 도시 형성기에는 그 근처의 농촌과 지방 시장에 주목하라는 것이다. 이와 관련해서 니콜라스(D. Nicholas)도 다음과 같이 말하고 있다. "국제상업 및 이와 관련된 공업은 도시가 성립되고 번영했기 때문에 후일의 계속적인 성장의 주요 요인이었으나, 그 기원에 있어서 도시는 지방 상업에서 뛰어난 역할을 한 농촌적 취락이었다. … 이런 까닭에 중세도시 성립에서 국제상업이 수행한 역할은 과장되었다. 도시의 발전은 국지적 · 농업적 상업에서 시작되었고, 그 후에 피렌이 최초의 과정에 놓은 편력상인에 크게 의존하여 번영하기에 이르렀다."[43] 이런 점들을 종합해 볼 때, 레이놀즈(S. Reynolds)의 다음과 같은 지적은 타당하다. "11세기 후반에 명확히 그 모습을 보이기 시작한 도시 공동체들은 그 이전부터 자신들의 모습을 준비하고 있었다."[44]

## 3. 프랑스 중세도시의 성격

서양 중세도시는 봉건사회에서 자치를 실현했고 따라서 예속적인 농촌과 명확하게 구분되며, 더구나 사회의 모든 발전의 원동력으로 여겨졌다. 이와 관련되는 브로델의 유명한 구절을 여기서도 인용해보자.

> 도시는 전환점이며 단절이며, 세계의 운명이다. 도시가 등장하면서 우리가 역사라는 것에 문을 열었다. 11세기에 도시가 부활하면서 유럽의 흥기가 시작되었

---

43) D. Nicholas, "Structure du peuplement, fonctin urbaines et formation du capitale dans la Flandre médiévale", pp. 501-539.

44) Susan Reynolds, *An Introduction to the history of English Medieval Towns* (Oxford, 1977), p. iv.

다. 이탈리아에서 도시가 꽃피었을 때 르네상스가 시작되었다. 모든 위대한 성장의 시기는 도시의 팽창으로 묘사된다. 도시는 이런 성장의 원인이며 기원이다.[45)]

도시와 농촌을 대비시키는 사고방식은 모든 시대에 적용되지만,[46)] 특히 중세에 도시는 경제적으로는 물론 법적으로도 농촌과 대비되고 분리되어 있다고 여겨졌다. 농촌은 후진적이고 정적인 반면에, 도시는 진보적이고 동적이며 모든 발전의 원동력이라는 이분법적 사고방식 역시 오랜 뿌리를 가진 것이다. 예를 들면 아담 스미스는 "도시는 농촌 개량의 원인이지 그 결과는 아니며, 자본주의 승리는 도시 문명화의 승리"라고 말하여 이런 사고방식을 대변하고 있다.[47)] 우리에게 친숙한 자본주의 이행논쟁에서 스위지(P. Sweezy)도 봉건사회의 변화는 그 자체의 내부적 요인으로는 발생할 수 없고, 외부적 요인인 중세도시의 시장에서 자본주의 이행의 원동력을 찾아야 한다고 생각했다.

그러나 20세기 후반기부터 이런 인식에 변화가 나타나기 시작했다. "잃어버린 세계"인 농촌에 대한 향수, 20세기 후반에 유행한 새로운 낭만주의 물결, 인간을 속박하는 공업 문명에 대한 혐오 등으로 자유주의적 도시관에 비판이 가해지기 시작했다. 그래서 도시를 찬양하는 입장이 퇴조하였다.[48)] 오늘날은 중세도시가 봉건제와 공생관계에 있었으며, 도시와 농촌은

45) 페르디낭 브로델, 『물질문명과 자본주의』 I-2, 695쪽.

46) 예컨대, 고대사 연구자들도 문화적 진보주의 관점에서 도시와 농촌관계를 고찰하여, 도시화는 발전을 의미하고 농촌화는 퇴보화를 의미한다고 생각하는 경우가 많다. Ph. Leveau, "La ville antique et l'organisation de l'espace rural: villa, ville, village", *Annales. E.S.C.* (1983), pp. 920-942.

47) 아담 스미스, 유인호 역, 『국부론 』 (동서문화사, 1978), I 제3편 제4장, <도시의 상업은 어떻게 농촌의 개량에 이바지했는가>, 479-494쪽.

48) G. Duby, *Histoire de la France urbaine*, t. I., pp. 9-35.

근친성을 띠고 있을 뿐 아니라 인적 · 물적 교류가 이루어지고 있었다는 점이 지적되고 있다. 그리고 적어도 프랑스는 자유와 자치의 측면에서도 도시와 농촌의 차이는 종래 생각했던 것만큼 크지 않았다는 사실도 밝혀지고 있다.

### 1) 도시와 농촌

농촌에서의 생산력 발전이 도시의 형성과 발전에 중요했다는 점을 밝힌 연구들은 이미 앞에서 다루었다. 여기서는 도시민과 '상업 자본'의 기원에 대한 연구 성과를 검토해 보겠다.

중세도시의 주요 구성원인 상인들은 어떤 자들이며, 그들의 상업 밑천은 어떻게 마련된 것인가? 이 문제에 대해 오랫동안 영향력을 가졌던 학설 역시 피렌에 의해 제시된 것이다. 그에 따르면, 자연경제에 익숙했던 토지소유자들은 새로 등장한 화폐경제에 적응할 수 없었고, 그래서 이런 경제체제에 적대적이었다. 따라서 그는 토지소유자들에게서 상인의 기원을 찾기 어렵다고 주장했다. 그들에게서 미래가 불투명한 상업으로 생계수단을 바꾸는 것을 기대하기 어렵고, 더구나 상업에 필요한 자본을 마련하기 위해 토지를 판다는 것은 더더욱 기대할 수 없다는 것이다. 그는 봉건영주에 봉사하던 자들이나 수도원에 소속되어 필요한 물품을 공급하던 '수도원 상인'에게서도 중세 상인의 기원을 찾을 수 없다고 보았다. 우선 그들의 수가 너무 적었고, 게다가 그들은 자유로운 신분이 아니었기 때문에 상업 활동에 필수적인 자유로운 활동을 할 수 없었다는 것이다. 그래서 그는 중세 상인의 기원을 편력상인들에게서 찾았다. 그는 『프랑크족의 역사』에 등장하는 성(聖) 고드릭(Godric)을 이러한 중세 상인의 전형적 인물로 상정했다. 고드릭은 원래 상업에 필요한 자본을 전혀 소유하지 않은 자였다. 피렌의 표현을 빌리면, "건장한 육체와 의지력 그리고 명석한 두뇌 이외에는 아무

것도 없는" 자였다.[49] 고드릭은 도처를 방황하며 하루하루를 연명하고, 수확 철에는 일용 노동자로, 혹은 해변에서 표류물을 줍는 것으로 생계를 연명하다가 어느 날 해변에서 값나가는 물건을 주어서 그것을 밑천으로 편력 상인이 되고 그 후 대상인이 되었다.

이처럼 피렌은 중세 상인의 전형을 고드릭처럼 봉건사회에서 뿌리 뽑힌 자들에서 찾을 수 있으며, 초기의 '상업자본'도 토지재산과는 무관하다고 보았다. 그러나 인명학을 이용한 연구들은 피렌의 주장을 수정할 필요가 있음을 보여주었다. 사료에 등장하는 인명 중에 출신지를 딴 성이 나오는데, 이를 바탕으로 도시민들의 출신지를 가늠해볼 수 있다. 이미 오래전부터 인명학을 이용한 연구 성과들이 나왔는데,[50] 여기서는 아미앵을 대상으로 국내 연구자가 발표한 연구 성과를 간략하게 소개하겠다.

아미앵에서 1109년부터 1195년 사이에 작성된 문서에 나타나는 성은 모두 79개로서, 그 중 30개는 지명이나 지리적 의미를, 19개는 직업을, 15개

49) H. Pirenne, "The stage in the social histroy of capitalism", *The American Historical Review*, 19 (1913-1914), pp. 500-506.

50) 선구적인 연구로는 아라스를 대상으로 한 레스토쿼이의 연구를 들 수 있다. 그는 인명학을 이용하여 이 도시의 사료에 등장하는 시민들의 출신을 조사했는데, 이 도시에서 반경 30km 이내의 지역에서 이주해온 자들이 다수였다; C. J. Lestocquoy, *Patriciens de Moyen Age : Les dynasties bourgeoisies d'Arras du XI^e siècle* (Arras, 1945). 그 이후 피카르디 지방의 경우 Fossier, *La terre et les hommes en Picardie jusqu'à la fin du XIII^e siècle, t. I* (Paris-Louvin, 1968), pp. 290-291. 파리의 경우 G. Fourquin, *Les campagnes de la région parisienne à la fin du Moyen Age* (Paris, 1964), 생토메르의 경우 A. Derville, *Saint-Omer : Des origines au début du XIV^e siècle* (Villeneuve-d'Ascq, 1995)와 같은 연구들이 나왔다. 이외에 데포르트는 랭스의 경우를 연구하여, 인두세 납부자 명부에 등장하는 인명 가운데 출신지를 나타내는 것으로 추정되는 약 600명을 조사한 결과, 그 가운데 약 50%가 그 도시에서 13km 이내의 농촌지역에서 전입한 자들이고, 약 10%가 30km 이내의 농촌지역에서 이주한 자이며, 나머지 40%의 대부분도 랭스의 동북부 산악지대에서 이주해온 자들임을 밝혔다. P. Desportes, *Reims et les Rémois aux XIII^e-XIV^e siècles* (Paris, 1979), pp. 420-421.

는 별명이나 특징을 각각 나타내고 있으며, 나머지는 확실치 않은 기원을 가진 것이다. 지명을 나타내는 30개 성 중에서 2개 성을 제외한 28개 성은 이들 성을 가진 시민들이 아미앵 토박이거나 근처의 농촌지역 출신임을 보여준다. 두 번째 부류인 직업을 나타내는 성은 19개로서, 이 중에서 3개가 상인, 대금업자, 맥주업자를 뜻하는 것이고, 나머지는 반드시 도시와 관련된 직업을 나타내는 성은 아니었다. 따라서 직업을 통해서 보았을 때도 도시는 농촌적인 성격을 많이 가지고 있었음을 알 수 있다. 그래서 "도시에 전입해온 사람들은 뿌리 뽑힌 사람들이 아니라 대부분 가까운 주변 농촌에서 왔으며", "직업상으로도 12세기까지는 여전히 농업에 관련된 직업이 많았다."라는 결론이 내려지고 있다.[51)]

이상의 연구를 참작하면 우리는 중세 도시민의 기원은 적어도 두 가지였음을 인정해야 할 것이다. 즉 피렌이 말하는 "그 출신지를 알 수 없을 정도로 먼 곳에서 이주해온" 편력상인 출신과, 더 중요한 요소로서 인근 농촌지역에서 이주해온 자들이다. 그런데 이런 인명학 연구에서 고려해야 할 사실은 인명학 연구는 주로 조세 장부나 도시행정관 명부 등을 바탕으로 한 것이기 때문에, 도시 하층민은 조사 대상에서 빠지게 된다는 점이다. 그렇다면 이들 하층민의 출신지는 어디일까? 이들에 대해서는 추론에 의존할 수밖에 없지만, 이들 역시 인근 농촌에서 이주해온 사람들이었다고 보는 편이 타당할 것이다. 이 시기에 농업기술이 발전했다고 하더라도 당시 기하급수적으로 증가하는 인구 모두를 농촌이 수용할 수 없었을 것이다. 따라서 농촌에서 밀려난 사람들이 인근 도시로 이주하여 새로운 생계수단을 찾는 것은 자연스러운 일이다.[52)] 19세기 이전의 도시에서 사망보다 출생이

---

51) 박용진, 『아미엥을 통해서 본 코뮌의 변화: 도시와 왕권의 관계를 중심으로』, 51-57쪽.

52) 홍성표는 영국의 경우 농촌의 과잉인구를 해결하는 한 가지 방법이 농민들의 도시 이주였다고 지적하고 있다. 이주민들은 자본이나 기술이 필요 없는 수공업자나 단순 노

더 많은 경우가 없었다는 브로델의 지적, 즉 도시의 인구증가는 자연증가가 아니라 외부로부터의 유입에 기인한다는 지적도 농민들이 가까운 도시로 이동했음을 보여주는 것이라고 할 수 있을 것이다.[53] 결론적으로 도시는 외부로부터 인구가 유입되어 팽창하였으며, 이때 도시로 유입된 사람들 대부분은 도시에서 그리 멀지 않은 지역 출신들이었다.

이제 상업자본의 출처가 무엇이었는가에 대해 살펴보기로 하자. 피렌이 제시한 고드릭처럼 바닷가에서 우연히 귀중품을 줍는 행운을 만나고 그 이후에도 운이 좋고 수완이 뛰어나서 마침내 부유한 대상인이 되는 경우는 오히려 예외적인 경우일 것이다. 이런 맥락에서 인명학을 이용한 도시민 출신지에 대한 연구는 도시민들의 출신지가 인근 농촌이었음을 보여줌과 동시에 상업 밑천이 토지재산이었을 가능성이 크다는 점을 시사하고 있다. 실제로 사례연구들에서도 도시로 이주한 자들이 이주 이전에 농촌에서 토지를 소유하고 있던 자들이었고, 심지어 이주 이후에도 계속해서 농촌에 토지를 소유하고 있었음을 보여주고 있다.[54]

토지 재산이 상업의 밑천이었을 개연성은 중세에 자유보유지가 많았다는 사실에서도 찾을 수 있다. 일반적으로 루아르 강 이동에서 라인 강 이서 사이의 지방에서 고전적 봉건제가 성립되었다고 알려졌다. 그러나 포시에(R. Fossier)는 전형적인 봉건제가 형성된 지역을 축소해야 하고, 11세기 중엽까지도 농촌에 자유보유지가 많았다고 지적하였다. 그에 따르면, 프랑스 북부와 저지대 지방에서 봉토제와 가신제의 결합은 12세기 이전까지는 흔

---

동자로 변신하여 이동하였다는 것이다. 이런 설명은 영국의 경우만이 아니라 보편적으로 적용될 수 있을 것이다. 홍성표, 『중세 영국농민의 생활수준 연구』(탐구당, 1987), 144-149쪽.

53) 페르낭 브로델, 『물질문명과 자본주의』, p. 713.

54) E. Perroy, "Les origines urbaines en Flandre d'après un ouvrage récent", *Revue du Nord*, t. XXIX (1970), pp. 49-63.

하지 않았고, 심지어 13세기에도 토지의 일부만이 봉토였다.[55] 이처럼 당시에 자유보유지가 많았으며, 자유보유지는 판매나 임대 등의 절차가 간단했다(친족의 동의는 필요했겠지만). 따라서 당시에 토지가 종래 생각했던 것보다 유동적이었고 상업 자본으로 전환될 수 있었음을, 그리고 반대로 투자의 대상이 될 수도 있었음을 알 수 있다. 이런 사고방식은 이제는 일반화되고 있는 것 같다. 그래서 니콜라스(D. Nicholas)는 도시사 개설서에서 이런 현상을 일반화해서 다음과 같이 기술하고 있다. "11세기에 일반적으로 토지 소유자들은 그들의 토지를 이용하여 상업을 확장하였고, 그 이후 12, 13세기에는 반대의 현상도 발생했다. 즉 일부 시민들은 상업 등으로 축적한 부를 이용하여 도시는 물론이고 농촌의 토지를 구입하여 사회적 지위와 정치적 영향력을 획득하는 수단으로 삼았다."[56]

### 2) 도시의 자치와 자유

서양 중세도시의 특징은 자유와 자치가 강조되고, 근대적 자유와 자치도 중세도시에서 비롯된다는 것이 통념이다. 그래서 중세도시를 묘사할 때 "도시의 공기는 자유를 만든다."라는 독일의 속담이 흔히 인용된다. 막스 베버 이후, 서양도시의 특수성도 바로 자치에서 찾을 수 있다고 여겨졌다. 그러나 20세기 후반부터의 연구들은 이런 관점에 몇 가지 유보조건과 수정이 필요하다는 점을 보여주고 있다.

첫째, 도시의 자치를 이야기할 때 도시와 국가 권력의 관계를 고려해야 한다는 것이다. 앤더슨(P. Anderson)이 적절하게 지적한 바 있듯이, 중세도시들이 자치를 획득할 수 있었던 것은 통치권이 분산되어 있었다는 당시

55) R. Fossier, *La terre et les hommes en Picardie jusqu' à la fin du XIII$^e$ siècle*, p. 547.
56) D. Nicholas, *The Later Medieval City 1300-1500* (London and New York, 1997), p. 3.

정치적 상황에 기인한다.[57] 따라서 중세도시의 자유와 자치를 논할 때 각국의 통치권 분산 정도를 염두에 두어야 한다. 중앙집권이 난항을 겪은 독일이나 국가가 아예 해체되어 버린 이탈리아에서는 도시들이 상당한 자치권을 획득할 수 있었고 도시국가로까지 나갈 수 있었다. 그러나 프랑스에서는 통치권의 분산화가 극복되면서, 즉 왕권이 강화되면서, 도시의 자치는 그 존립 기반을 상실하기 시작했다.[58]

물론 국왕이 도시들에 대한 권한을 증가시켰다고 도시의 자치가 완전히 사라진 것은 아니었다. 아직 국왕이 도시들에 세세한 부분까지 개입할 수 있는 관료체제를 갖추지 못하고 있었으므로 이는 가능하지도 않았을 뿐 아니라, 국왕으로서는 그럴 필요도 없었다. 도시가 어느 정도 자치를 발휘하는 것은 국왕의 처지에서 볼 때도 유용한 측면이 있었기 때문이다. 예컨대 도시민들 사이의 문제를 어느 선까지는 스스로 해결하게 함으로써 행정적 부담을 줄일 수 있었고, 세금을 국왕 관리가 직접 징수하기보다는 자체적으로 징수하여 일정 금액을 국왕에 바치게 하면 세금에 대한 반발도 줄일 수 있었다. 따라서 도시가 왕권에 종속된 이후의 도시들도 어느 정도 자치를 유지할 수 있었다. 단 그 자치란, 블로크의 말을 빌리면, "전체적으로 보면 도시민들이 자신들의 문제를 자신들이 해결하는 아주 한정된 행정상의 자치에 불과했다."[59] 어쨌든 중세도시의 자치를 이야기할 때는 국가 간의 차이, 그리고 시대의 차이(왕권이 약했던 시기와 강했던 시기 등)를 염두에 두어야 한다.

둘째, 적어도 프랑스는 중세도시들이 획득했다는 자유와 자치를 지나치게 강조해서는 안 된다. 흔히 중세도시는 자치권을 보장하는 특허장을 획

57) 페리 앤더슨, 『고대에서 봉건제로의 이행』, 18-19쪽, 45쪽, 126쪽.

58) 중세 말 프랑스 왕정과 도시와의 관계에 대해서는 성백용의 박사논문을, 아미앵에서의 자치의 변화에 대해서는 박용진의 박사논문을 참조할 것.

59) 마르크 블로크, 한정숙 옮김, 『봉건사회』 2권 (한길사, 1986), 190쪽.

득함으로써 봉건영주의 지배에서 완전히 벗어난 것처럼 묘사된다. 그러나 이는 이론적으로나 실제로나 사실과 거리가 먼 것이다. 우선 특허장의 본질을 살펴보기로 하자. 중세에 각 지역에는 나름의 관습이 있었다. 그런데 이런 관습이 영주의 자의에 의해 침해당하거나 장차 침해받을 위험이 있었다. 주민들은 그런 관습을 효과적으로 보장받는 방법으로 특허장을 획득하려고 했던 것이다. 따라서 특허장은 봉건영주와 평민들이 합의하여 기존의 관습을 성문화함으로써 양자의 관계를 확정하는 것인 경우가 많았다.[60] 그리고 봉건지배층이 그들 권리 일부를 포기했을지라도 그들의 주요 권리는 여전히 보존되고 있었다. 예를 들면 대부분 고등재판권은 여전히 봉건지배층의 수중에 있었다. 따라서 르 고프의 지적처럼, 도시민들은 "이론적으로나 실제로나 영주들의 동의 없이는 무엇을 결정하거나 행동할 수 없었다."[61] 이처럼 특허장의 획득은 봉건적 관계를 단절시키는 것이 아니라, 영주의 자의를 제한하는 것에 불과했다.

특허장과 관련해서 또 한 가지 지적해야 할 점은, 특허장의 내용이 영주의 주도권을 반영하는 경우가 많다는 것이다. 이는 특허장이 시민들에 의해 '쟁취'된 것이 아니라 영주와 시민들 사이의 타협을 반영하는 것이고, 한 걸음 더 나아가 영주들이 그들 지배권 강화를 위해 '부여'한 것임을 의미한다. 이미 패랭은 "영주의 권리를 법제화하는 도구가 특허장"이라고 지적한 바 있다.[62] 같은 맥락에서 바르텔르미(D. Barthélemy)도 특허장에 대해 다음과 같이 말했다. "그것은 영민에 대한 부과금 징수를 합법화시키는 것을 가능하게 했다. … 그것의 내용은 제국주의 용어를 빌리면 '간접 지

60) Ch. E. Perrin, "Les chartes de franchises de la France. Etat des recherches", *Revue Historique*, no. 469 (1964), p. 34.

61) J. Le Goff, Jean-Claude Schmitt, *Dictionnaire raisonné de l'Occident Médiéval*, p. 264.

62) Ch. E. Perrin, "Les chartes de franchises de la France. Etat des recherches".

배' 이고, 사회학 용어를 빌리면 '영주 착취의 근대화' 라고 부를 수 있는 것"[63]이었다.

마지막으로, 특허장을 비롯한 중세의 사료에 등장하는 '자유(libertas)' 의 의미를 검토해보자. 중세인이 생각한 자유는 근대적 자유의 개념과 달라서 일종의 '특권' 을 의미하는 것이었다. 따라서 그러한 자유의 획득이 어떤 종속관계를 단절시키는 것이 아니라 상급자의 자의를 제한하는 것에 불과했다. 숱하게 인용되는 미쇼-캉탱(Michaud-Quentin)의 말을 여기서도 인용해보자. "중세인들이 '자유' 라고 말할 때, 보다 정확히는 '자유들' 이라고 말할 때, 그들이 의미하는 것은 근대적 개념의 자유와는 다른 것이다. 왜냐하면 그들이 관심을 기울인 것은 구체적 개념이지 추상적 개념이 아니었기 때문이다. … 중세에 자유는 지배자의 자의적인 행위를 제한하는 것을 의미했다. 중세인들은 자신들에 부과된 종속이 상급자의 일방적인 자의에 의해서가 아니라 계약으로 정해지거나 제한되면 자신들은 자유롭다고 생각했다. 자유롭다는 것은 의무와 종속을 한정하고 협상하는 권리를 가지는 것을 의미했다."[64]

셋째, 자유와 자치의 측면에서 도시와 농촌이 예상외로 큰 차이가 없었다는 것이다. 이는 도시가 획득한 자유와 자치가 종전에 생각해왔던 것보다 미미한 것이었고, 반면에 철저하게 예속적이었다고 생각되었던 농촌에서도 자유가 다양한 형태로 존재했음을 의미한다. 종전에는 농촌에 일정한 '자유' 가 부여되었을 때도, 그것은 도시의 영향을 받아 발생한 것이고 따라서 시기적으로 도시보다 늦게 나타난 현상이라고 생각해왔다. 그러나 농촌사 연구가 진행되면서 이런 관점도 부정되고 있다. 포시에는 피카르디 지

63) D. Barthélemy, *L'ordre seigneurial XI^e-XIII^e siècle*, pp. 122-123.

64) P. Michaud-Quentin, *Universitas: expressions du mouvement communautaire dans le Moyen Age latin* (Paris, 1970), pp. 34-35.

방을 연구하여 농촌에 부여된 특허장은 도시의 영향과 관계없이 이미 그 지역에 존재하고 있던 관습을 영주와 농촌공동체가 합의하여 성문화한 것이라고 주장하였다.[65] 그리고 일찍이 슈네데르(J. Schneider)는 도시와 농촌에 부여된 특허장의 분포를 조사해서 양자의 분포가 지역적으로나 시기적으로 별 차이가 없었다는 점을 지적한 바 있다.[66] 이처럼 농촌공동체에서의 자유와 자치가 밝혀짐에 따라 자유와 자치를 기준으로 도시와 농촌을 구분하기 어려우며, 특허장의 내용은 지역적 구조에서 조사되어야 한다고 주장되기 시작했다.

넷째, 코뮌운동은 결코 혁명적이거나 반봉건적인 운동이 아니었다는 것이다. 19세기 자유주의자들은 '코뮌혁명'을 대혁명의 시발점으로 보았다. 특히 티에리는 코뮌이 봉건제를 타도하는 혁명적 성격을 띤 것이며, 중세의 자유와 자치는 이런 코뮌을 통해서 획득된 것으로 보았다. 쉐드빌의 말을 빌리면, "티에리 이후 코뮌은 부르주아 해방의 요람이 되었다는 전통이 확립되었다."[67] 그러나 그 이후의 여러 연구에서 밝혀지고 있듯이 코뮌은 원래 영주권의 자의적 행사를 제한하기 위한 평화의 결사체에서 출발한 것이다. 즉 코뮌은 당시 평화운동의 하나로 발생한 것이다. 그러기에 코뮌을 반봉건적, 혁명적 성격의 것으로 파악하는 관점은 "코뮌의 역할을 의도적으로 과장"했고, "1789년의 심성을 중세에 적용시켰다."라는 비난을 받게 되었다.[68]

---

65) G. Fourquin, "Le temps de croissance", G. Duby, A. Wallon, dir., *Histoire de la France rurale*, I (Paris, 1975), p. 484.

66) J. Schneider, "Les origines des chartes de franchises dans le royaume de France (XI-XII siècle)" *Les libertés urbaines et rurales du XI au XIV siècle* (Colloque international Spa 5-8 IX 1966, Burxelles, 1968), pp. 29-50.

67) A. Chédeville, "De la cité à la ville", p. 164.

68) A. Vermeesch, *Essai sur les origins et la signification de la commune dans le nord de France* (Heule, 1966), p. 141.

## 4. 중세 도시사 연구의 고려사항

이상에서 중세 도시사의 연구 동향과 쟁점 일부를 살펴보았다. 지금까지의 내용을 요약하고 약간의 언급을 덧붙이는 것으로 결론을 대신하겠다.

첫째, 중세도시를 정의하기 어렵다는 점은 여러 학자들에 의해 누차 지적되었다. 어쩌면 엄밀하게 정의하는 것이 불가능하고 더 나아가 불필요하다고 생각했기 때문에 브로델은 숱한 비난에도 불구하고 "도시는 도시다."라는 주장을 거듭 고집했는지 모른다. 상공업 중심지라는 개념은 여전히 유용하지만, 중소도시는 적용하기 어려운 측면이 있다. 도시와 농촌을 구별하기 위해 일반적으로 사용되어온 지표들 가운데 어느 하나를 적용하는 것도 중세에는 별로 타당하지 않다는 점이 입증되었다. 그래서 오늘날은 도시를 특징짓는 다양한 지표들을 제시하고, 그 정도가 낮더라도 그런 지표들이 일부 갖추어져 있으면 도시로 생각하고 각 도시의 성격을 규정하려는 경향이 대세인 것으로 보인다. 물론 아직도 도시에 대한 개념이 명확하게 정립되어 있다고는 할 수 없을 것이며, 보다 타당한 중세도시 개념을 모색하려는 시도는 앞으로도 계속되어야 할 것이다.[69] 하지만 기존의 협소한 도시 개념에 의문을 나타내고 그 대신 다양하고 유연한 도시 개념이 제기되면서, 연구의 폭이 지역적으로나 시기적으로 확대되었다는 점을 긍정적으로 평가해야 할 것이다.

둘째, 피렌의 중세도시 기원론은 지나치게 숭배되다가 지나치게 비난받은 면이 있다. 사실 일부 도시는 피렌의 테제가 그대로 적용할 수는 없을지라도 여전히 유용함이 드러났다. 하여간 오늘날 모든 도시에 피렌의 학설

69) 중세도시 개념에 대한 최근의 논의에 대해서는 Jean-Luc Pinol, *Histoire de l'Europe urbaine. t. I*, pp. 287-291을 참조할 것. 한편 Dutour는 도시사를 연구하고 중세도시를 연구할 때 사회과학의 개념을 차용해야 한다는 점을 역설하고 있다. T. Dutour, *La Ville médiévale* (Paris, 2003), pp. 7-17.

을 포함한 어떤 특정 학설을 적용하는 것은 불가능하고, 도시에 따라 다양한 요소들을 고려해야 한다. 이럴 경우 특히 고려해야 할 점은 고대 도시의 연속성, 영주의 역할, 인근농촌의 경제상황 등이다.

셋째, 중세도시는 "그 자체로서 하나의 소인국을 이루는 것으로서 성벽을 지나는 것은 오늘날 국경을 지나는 것과 같은 의미를 지닌다."[70]는 브로델의 말에 잘 표현된 것처럼 중세도시는 농촌과 단절되어 있고, 더 넓게는 봉건사회에서 이질적인 존재로 여겨져 왔다. 그러나 중세도시민은 도시에서 그리 멀지 않은 지역 출신이었고, 이들은 도시로 이주 이후에도 지속적으로 농촌과의 관계를 맺고 있었다. 게다가 자치라는 측면에서도 도시와 농촌은 종래 생각했던 것만큼 그 차이가 크지 않았다. 이처럼 중세도시는 인접 농촌과 여러 측면에서 긴밀한 관계를 유지하고 있었으며, 양자는 그렇게 이질적이거나 적대적이지 않았다. 따라서 르 고프의 표현을 조금 바꾸어서 "도시와 농촌의 공생(la symbiose entre ville et campagne)"[71]이라는 말로 양자의 관계를 표현할 수 있을 것 같다.

---

70) 페르낭 브로델, 『물질문명과 자본주의』, 750쪽.

71) 르 고프는 봉건사회에서 중세도시의 독창성과 중요성을 과장해서는 안 된다고 말하면서, "도시와 봉건제의 공생"(la symbiose entre ville et féodalité)이라는 말로 양자의 관계를 표현한 바 있다. J. Le Goff, Jean-Claude Schmitt, *Dictionnaire raisonné de l' Occident Médévial*, pp. 244-247.

3장

# 중세 말 근대 초 도시의 쇠퇴?

**– 바스를 통해 본 영국 도시사의 쟁점**

| 설혜심 |

## 1. 중세 말 근대 초 영국 도시사의 쟁점

영국사에서 '도시'가 하나의 연구 분야로 등장한 이후 가장 큰 쟁점은 도시의 기원을 파악하는 다양한 학설들[1]과 중세 말에서 근대 초를 아우르는 시기에 과연 도시가 쇠퇴하였는가를 둘러싼 논쟁일 것이다. 여기서 도시의 쇠퇴에 대한 논쟁이란 약 14세기부터 16세기까지의 기간에 도시들이 급속히 쇠퇴하여갔다는 주장을 둘러싸고 벌어진 논쟁을 일컫는다. 중세 말 도시의 쇠퇴는 백여 년 전 몇몇 영국사학자들에 의해 처음 제기되었는데, 그들은 중세도시의 주산업이었던 직물업의 부진과 역병으로 인한 인구 감

1) Charles Petit-Dutaillis, *Studies and Notes Supplementary to Stubbs' Constitutional History*, vol. I, translated by W. E. Rhodes (Manchester, 1908). Carl Stephenson, *Borough and Town* (Cambridge, Mass., 1933). James Tait, *The Medieval English Borough* (Manchester, 1936) 등을 참조.

소가 도시의 쇠락을 가져왔다고 주장했다. 그러나 1962년 브라이드버리(A. R. Bridbury)가 『경제적 성장: 중세 말의 잉글랜드(*Economic Growth: England in the Later Middle Ages*)』에서 풍요로운 중세 말 도시의 모습을 그려낸 이후 쇠퇴를 믿는 전통적 견해와 풍요를 주장하는 학설들 사이에 뜨거운 논쟁이 벌어지게 되었다. 특히 1970년대 말 돕슨(R. B. Dobson)과 피티언-아담스(Charles Phythian-Adams) 등의 연구들은 몰락해 가는 중세도시의 양상을 설득력 있게 제시한다고 평가받았다.[2)]

이 논쟁의 연장선상에서 영국 도시의 흥망을 17세기 말까지 연장하여 고찰하는 움직임이 나타났다. 특히 1970년대에 클락(Peter Clark)과 슬랙(Paul Slack) 등은 16 · 17세기 도시들을 집중적으로 고찰하여 이 시기를 영국 도시사에서 가장 활발하게 연구된 분야로 부각시켰다.[3)] 이들은 중세 말 도시의 쇠퇴이론에 동조하면서 영국의 지방도시들이 17세기 말까지도 지속적으로 빈곤, 역병과 경제적인 어려움을 겪었다는 주장을 펼쳤는데, 이러한 현상을 도시의 일반적인 위기(general urban crisis)라 부른다. 도시의 일반적 위기에서 유일한 예외는 런던으로, 런던의 팽창과 지방 중소도시들의 쇠퇴가 극명히 대비되어 마치 제로섬 게임처럼 묘사되기도 한다.

그러나 중세 말의 경우에서와 마찬가지로, 튜더-스튜어트 왕조기에도 도

---

2) R. B. Dobson, "Urban Decline in Late Medieval England", *Transactions of the Royal Historical Society*, 27 (1977). Charles Phythian-Adams, "Urban Decay in Late Medieval England", in P. Abrams, and E. A. Wrigley, eds., *Towns in Societies* (Cambridge, 1978). Phythian-Adams, *Desolation of a City: Coventry and the Urban Crisis of the Late Middle Ages* (Cambridge, 1979) 참조.

3) Peter Clark and Paul Slack, *Crisis and Order in English Towns 1500-1700* (London, 1972); *English Towns in Transition 1500-1700* (Oxford, 1976). Clark, *English Provincial Society from the Reformation to the Revolution: Religion, Politics and Society in Kent 1500-1640* (Madison, 1976). Clark, ed., *The Early Modern Town* (London, 1976). J. Patten, *English Towns 1500-1700* (London, 1978). David Palliser, *Tudor York* (Leceister, 1980).

시가 반드시 쇠퇴한 것만은 아니라는 사례별 분석들이 많이 발표되었다. 특히 1980년대는 기존 연구들에서 도시의 쇠퇴를 입증하기 위해 사용한 사료들의 결함 및 분석상의 오류들이 집중적으로 지적되는 시기였다. 중세 말 도시의 상황에 대해 낙관적 시각을 보이는 학자들은 도시의 쇠퇴란 철저히 상대적 개념이라는 사실을 환기시켰다. 한 도시의 부(富)는 부 자체의 증감이 아니라 국가 전체의 경제, 또는 당시 농촌의 경제상황과 비교되어 고찰되어야 한다는 것이다. 중세 말 도시가 경제적으로 축소되었다는 주장에 대하여도, 소위 '호황' 기와 비교할 수 있는 절대적인 산출근거를 찾기란 불가능하다는 지적이 쏟아졌다. 도시인구의 감소라는 측면에서도, 인구의 증가가 곧 경제적 팽창을 의미하지 않는다는 주장이 제기되었다. 도시로 유입되는 인구란 대부분 빈민으로, 이는 도시경제에 오히려 부정적인 영향을 끼쳤다는 것이다. 이러한 재고의 움직임 속에 '숫자' 나 '통계' 는 아무런 의미가 없는 듯 보이기까지 했다.

같은 맥락에서, 튜더 중기의 위기론(mid-Tudor crisis)과 관련시켜 1520~1570년 사이에 영국에서 일반적인 도시의 위기가 발생하였고[4] 근세 도시의 쇠퇴로 이어졌다는 주장들 또한 공격받게 되었다. 일부 학자들은 이 시기에 런던이 급격히 팽창하였고 지방 소규모 시장도시들도 활기를 되찾았다고 주장한다. 코필드(Penelope Corfield)나 다이어(Alan Dyer) 등의 연구[5]

4) 1520년대부터 1570년대까지 일반적인 도시의 위기가 닥쳤다는 주장의 근거로 제시되는 것들은 이 기간 인구의 증가가 거의 없었거나 오히려 감소하였다는 인구분석과, 16세기 전반부의 문헌들 가운데 당시의 도시가 그 이전에 비하여 쇠퇴하였다는 내용들을 주로 들 수 있다. 그러나 이 주장은 정치 · 종교상의 혼란에 따른 사회적 혼란, 1547~9년에 이르는 농민반란, 물가상승과 흉작 등을 아우르는 16세기 중반의 위기라는 거대 개념에서 파생된 결과물의 하나로도 볼 수도 있다.

5) Penelope Corfield, "Urban development in England and Wales in the Sixteenth and Seventeenth Centuries", in D. C. Coleman and A. H. John, eds., *Trade, Government and Economy in Pre-Industrial England* (London, 1976). A. Dyer, "Growth and

는 당시 도시들이 직면한 문제들을 어느 정도 인정하면서도 쇠퇴하는 도시의 수만큼 성장하는 도시도 있다는 입장을 취한다. 튜더 중기에 위기가 닥쳤던 사실 자체는 인정하나 1570년 이후로는 영국의 도시들이 위기를 극복했다는 것이다. 여기서 이들은 각 도시의 상황이나 대처방법에 따라 이후 그 도시의 흥망이 갈라졌다는 점을 주목한다. 이들의 시각은 일반화가 드리울 그림자를 최소화하고 각 도시들의 흥망을 좌우할 수 있는 다양한 변수를 역사학에 반영시켰다는 점에서 도시사 분야를 한층 더 풍부하게 채색했다고 할 수 있다.

이들 수정주의 계열의 학자들에 의해 16세기 중엽 직물업의 전반적인 위기[6]를 맞아 쇠퇴일로에 있던 도시들 가운데 새로운 업종을 발전시켜 생존에 성공한 사례들이 제시되었다. 노리치(Norwich)의 경우, 소모사 교역의 쇠퇴를 경험하였으나 네덜란드로부터 견직물업자들이 많이 들어오면서 새 직물업(New Draperies)으로 재기하게 되었다.[7] 캔터베리(Canterbury)의 경우 역시 이 새 직물업을 시도하였으나 실패한 후, 견직업을 발전시켜 성공한 경우이다.[8] 또한 특정한 기술이나 품목을 시 차원에서 독점하거나 통제함으로써 생존한 경우도 있었다. 우스터(Worcester)의 경우, 폭이 넓은 고급 모직물(broadcloth)의 농촌직조를 법으로 차단하였으며,[9] 시루즈베리(Shrewsbury)에서는 직물마감기술을 시 차원에서 관리하였다. 한편, 주산

---

Decay in English Towns 1500–1700", *Urban History Yearbook 1979* (London, 1979), pp. 60–72.

6) 여기서 도시가 직면한 모직물 업의 위기란 대략 15세기부터 시작된 것으로, 값싼 노동력을 보유한 농촌과의 경쟁에서 밀려난 것이 주원인이었다. 또한 전통적인 품목이 아니라 새로운 품목에 대한 수요가 늘면서 런던이 이들 산업의 중심지로 확고해 갔기 때문에 모직물업과 관련된 지방도시의 경제적 기능이 상대적으로 약화하였던 것이다.

7) J. Pound, *Tudor and Stuart Norwich* (Chichester, 1988).

8) F. W. Cross, *History of the Walloon and Huguenot Church at Canterbury* (London, 1898).

9) A. Dyer, *The City of Worcester in the Sixteenth Century* (Leicester, 1973).

업이었던 직물업이 아닌, 부차적 산업으로 눈을 돌려 생존을 꾀한 경우도 많았다. 여러 도시의 경우, 중세 이래 꾸준히 발달해 온 무두질이나 가죽산업이 이 시기에 갑자기 부각되는 것은 직물업의 상대적 약화 때문이라고 볼 수 있다. 같은 맥락에서, 소규모 포목상이나 잡화상, 그리고 금속업 또한 약진한 것으로 나타난다.[10)]

그러나, 이들 연구는 아직 도시의 부활을 위한 대체상품 가운데 서비스라는 상품의 중요성은 간과하고 있다. 위기를 맞은 중소도시들이 생존을 위한 탈바꿈을 꾀하는 과정에서 서비스가 적극적으로 상품화되었을 수 있다는 측면은 완곡하게 부정되고 있는 것이다. 클락과 같은 학자들은 지방도시가 사회적으로 서비스의 구심점 역할을 하는 것은 왕정복고 이후에야 가능하였던 일이라고 주장한다. 법률가, 의사, 학교 등이 도시와 연계되어 발전하거나 숙박업이나 상업화된 여흥이 도시에 의해 제공되는 것은 17세기 후반부터의 양상이라고 주장하는 것이 그것이다.[11)]

그러나 18세기 이전에 서비스를 특화해서 생존에 성공한 도시들의 예를 분명 찾아볼 수 있다. 옥스퍼드(Oxford)나 케임브리지(Cambridge)의 경우 16세기 후반부터 학생인구의 증가와 젠트리의 유입으로 대학도시로서 굳건히 자리 매김을 하였으며, 특히 옥스퍼드에서 여흥을 비롯한 서비스의 상품화는 두드러졌다고 볼 수 있다. 요크(York) 역시, 북부의 문화의 중심지로 성공한 경우로, 1561년이 되면 "북부의 젠트리들이 오락, 쇼핑, 정치, 문화와 스포츠를 찾아 모여드는 작은 런던"으로 탈바꿈한 것이다.[12)]

이런 맥락에서 중세 말의 위기를 맞아 서비스를 도시의 주산업으로 내세워 생존 내지는 부흥을 꾀한 사례를 고찰하는 것은 의미 있는 작업일 것이

10) W. G. Hoskins, *Provincial England* (London, 1963) 참조.

11) Peter Clark, ed., *Country Towns in Pre-Industrial England* (New York, 1981), p. 8.

12) A. Dyer, *Decline and Growth in English Towns 1400-1640* (Cambridge, 1995), p. 20.

다. 필자는 16세기 중엽 소위 튜더 중기의 위기 이후 영국의 모든 도시들이 쇠퇴하여갔다는 주장을 부정한다. 오히려 이 시기에 위기에 직면한 많은 도시들이 생존을 위해 구조적 탈바꿈을 모색해 나갔음에 주목한다. 구체적으로, 16, 17세기, 영국의 전형적인 소도시였던 서머싯 군(Somerset County)의 바스 시(the City of Bath)의 예를 통해 한 지방도시가 모직업의 중심지에서 서비스업의 중심지로 부흥을 꾀하는 과정을 고찰하기로 한다. 물론, 남아있는 사료들이 불완전하고, 필자의 능력이 부족한 탓에 16세기 전반부와 17세기 후반부를 객관화하여 비교할 수 있는 절대적인 기준을 세우는 것은 거의 불가능하다. 그러나 튜더-스튜어트 왕조기에 소도시에 살던 이들이 어떤 직업에 종사하며, 어떻게 살아갔는가를 재현해 볼 수는 있을 것이다. 이 글이 주목하고자 하는 것은 도시 경제의 주축 산업을 전환하는 과정에서 도시민들이 보여주는 적극성과 도시 자체의 활기이다. 동시에, 거시적으로 서비스의 상품화가 18세기 이전에 이미 활성화되었다는 한 예를 제시하고자 하는 것으로, 신문이나 잡지 등 커뮤니케이션의 중요성을 부각시켜 소비사회의 등장[13] 및 레저의 상업화를 풀어내는 18세기 절대론을 재고해 보고자 하는 시도이기도 하다.

---

13) J. H. Plumb가 제기한 '레저의 상업화'는 Neil McKendrick, Chandra Mukerji, Lorna Weatherill 등에 의해 제안된 '소비사회의 등장' 이론의 하나로, 과거 귀족들만이 누릴 수 있었던 레저 활동이 부의 축적에 따라 구매력을 갖추게 된 소비자 인구가 폭발적으로 늘면서 문화가 소비행위의 한 부분으로 떠오르게 되었다는 것이다. '레저의 상업화'는 특히, 신문이나 잡지와 같은 커뮤니케이션의 발달이 레저의 상업화를 불러일으키는 데 주요한 역할을 담당하였다고 본다. 따라서 신문이나 잡지 등이 많은 독자를 확보하게 되는 18세기 이후에야 레저는 상업화될 수 있었다고 보는 것이다. Neil McKendrick, John Brewer and J. H. Plumb, *The Birth of a Consumer Society: The Commercialization of Eighteenth-Century England* (Bloomington, 1982) 참조.

## 2. 중세 말 바스 시의 쇠퇴

바스는 로마점령군에 의해 세워진 도시이나 현재의 도시의 형태를 갖춘 것은 중세 중엽으로 알려진다. 사방으로 네 개의 문을 가진 성벽으로 둘러싸인 이 작은 도시의 윤곽은 17세기 말까지 그대로 유지되었다. 중세 바스는 수도원이 위치한 종교의 중심지이자 주변지의 시장역할을 했을 뿐 아니라 모직물산업의 중심지였다.[14] 현재 남아있는 가장 오랜 도시 인가장(municipal charter)은 1189년의 것으로 상인 길드에 부여된 것이다. 초서(Chaucer)의 『켄터베리 이야기(*The Canterbury Tales*)』에 나오는 바스의 여장부는 자신이 길쌈기술을 타고났다고 자랑하는데,[15] 이 소설의 배경이 되는 14세기에는 바스가 자리한 서머싯 지역이야말로 영국에서 모직물산업이 가장 활발하던 곳이었다.

그러나 바스는 16세기 초반 급속한 쇠퇴를 경험한 것으로 보인다. 1524년 바스의 인구는 약 1200명 정도로 파악된다.[16] 그러나 이 인구는 1540년 초에 이르러서는 오히려 그 수가 감소하였던 것으로 보이는데, 특별세(subsidy)를 낼 수 있던 시민의 수가 1525년 206명으로부터 1540년 31명으로 줄

---

14) 14세기 말경 직물업의 중심지로는 서머셋(Somerset)과 윌셔(Wiltshire) 지방 및 켄트(Kent), 허포드셔(Hertfordshire), 에섹스(Essex)로 이어지는 햄프셔 동쪽 지역을 꼽을 수 있다. 15세기에는 서포크(Suffolk)와 데본(Devon)에서도 직물업이 활성화 되었다. Dyer, *Decline and Growth*, p. 13 참조.

15) 초서, 『캔터베리 이야기』, 김진만 옮김 (서울: 동서문화사, 1978) p. 196.

16) 1524년 바스 시에서 납세 가능한 시민은 213명의 평신도와 16세 이상의 여성(이들은 40s. 이상의 재산을 가진 자이거나 주급이 20s. 이상인 경우)들로 책정되어 있다. 여기에 보통 가족 수를 산출하는 방법인 5를 곱한다면 1065명이라는 숫자가 나오는데, 여기에 교회관계자, 가난한 이들이 덧붙여진다면 1200-1300명 정도의 인구가 있었다고 생각할 수 있다. G. Bradford. ed., *Proceedings in the Court of Star Chamber in the Reign of Henry VII and Henry VIII*, *Somerset Record Society*, Vol. 27 (1911), pp. 140-45.

어들었기 때문이다.[17] 만약 이것이 인구의 수적 감소가 아니라면 바스 시의 재산상태가 급속히 감소하였음을 보여주는 것이라 할 수 있다. 또한 1540년 의회는 36개 도시에 대해 무너져 가는 건물들을 재건축할 것을 명령하였는데, 바스도 그 도시 가운데 하나였다. 이 법령에서 "집들이 무너져 황량하고 비어 있는데다 그들 가운데 많은 수는 중심도로에 인접해 불결한 오물 덩어리로 남을 뿐"[18]이라고 묘사하는 것으로 미루어 많은 사람이 집을 비우고 떠났거나 낡은 건축물을 보수할 수 없었던 상태임을 엿보게 한다.

바스 시가 겪은 도시의 쇠퇴는 우선 직물업의 쇠퇴에서 기인한 것으로 보인다. 그러나 이 당시 영국의 직물업이 전반적으로 쇠퇴하고 있었던 것은 아니었다. 단지 구도시, 특히 전통 길드들이 까다로운 규칙을 고수하던 구도시들이 쇠퇴를 겪던 것으로 보아야 한다. 1540년대 영국의 직물업은 아직 호황을 누리고 있었고, 바스가 위치한 남남서 지역은 전체적으로 보아서는 풍요롭다고 볼 수 있었다. 그러나 구도시들은 값싼 노동력을 보유한 농촌과의 경쟁에서 밀리고 있는 상황이었다. 도시의 울타리 안에 이루어지던 직조가 농촌지역으로 확산하여갔기 때문에 도시들이 가지고 있던 산업상의 기능이 약화한 것이었다. 또한 수출과 관련된 직물들이나 새로운 스타일의 직물의 유행은 구 길드도시가 아닌 런던이나 새로운 자원이나 공급원이 있는 농촌지역으로 그 생산지를 옮겨가게 되었다.

1542년에 바스를 방문한 릴런드(John Leland)는 그의 『답사기(*Itinerary*)』에서 "이 도시는 아주 오래전부터 직물업에 종사해 왔다. 이 도시에는 기억할 만한 사람들이 있는데, 스타일(Style), 켄트(Kent) 그리고 채프만(Chapman)이라는 직물업자들로서, 그들 때문에 바스 시가 풍요를 누렸다. 그들

---

17) E. Green, "Bath Lay Subsidies, Henry IV to Henry VIII", *Bath Field Club*, Vol. 6 (1889), p. 409.

18) C. H. Williams, ed., *English Historical Document 1485-1558*, Vol. 5 (London, 1967), p. 954.

이 죽은 후 바스 시는 다소 쇠퇴하였다."[19]고 말하고 있어 당시 바스의 상태를 잘 나타내 준다고 하겠다. 여기서 3명의 직물업자란 토마스 채프만(Thomas Chapman; d. 1524), 존 켄트(John Kent; d. 1532), 토마스 스타일(Thomas Style; d. 1536)을 언급한 것으로 보인다. 이 맥락에서 보면, 릴런드는 바스 시의 쇠퇴를 이들 세 직물업자가 사망한 16세기 전반기로 보는 것이다. 그러나 직물업에 기인한 바스의 쇠퇴는 엄밀히 말해 15세기 후반부터 시작되었다고 보는 것이 더 정확할 것 같다. 바스의 역사상 가장 성공적인 직물업자는 앞서 언급된 세 사람보다 이전 세대인 챈슬러(Thomas Chaunceler; d. 1496)로 볼 수 있기 때문이다.[20] 릴런드가 언급한 세 사람의 부의 합계가 챈슬러의 부를 따라가지 못하는 점으로 미루어, 챈슬러의 죽음 후 16세기 초에 이르기까지 이미 직물업에서 쇠퇴를 겪고 있었던 것으로 보는 것이 옳을 것이다.

바스의 쇠퇴를 부추긴 또 다른 요인으로는 수도원 해체를 들 수 있다. 1539년 왕령에 의해 바스의 수도원(Priory Church of St. Peter)이 해체되었다. 이는 바스 시가 지녔던 종교적 중심지로서의 위상을 심각하게 훼손한 조처로, 이제 주변지의 시장으로서의 기능을 제외하고 바스 시는 과거만큼 중요한 기능을 가지지 못할 처지에 놓인 셈이었다. 그러나 궁극적으로 종교개혁에 따른 수도원 해체는 바스 시의 경우 반드시 부정적으로만 작용한 것은 아니었다. 왜냐하면 1552년 국왕은 과거 수도원 소유의 땅과 건물을 바스 시에게 넘겨주었고 1580년이 되면 바스 시 대부분의 땅과 건물이 시

19) John Leland, [John Chandler, ed.], *John Leland's Itinerary* (London, 1993), p. 143.

20) 그의 유산은 교회수리비 혹은 교량건축과 같은 공공사업에 증여된 것을 제외하고도 £500가 넘었다고 한다. 이는 1524년 일반 노동자의 년 수입을 £1로 책정한 경우도 있음을 비교해 본다면 상당한 재산이다. 1523년의 Assessment에서 Thomas Chapman과 John Kent의 재산이 각각 £133.6.8로, Thomas Style의 경우 £100로 책정되어있음에 비추어 볼 때 Thomas Chaunceler의 수입이 훨씬 더 많았었음을 알 수 있다. Elizabeth Holland, *The Bath Survey*, No. 1 (1994), pp. 12-14.

자치체의 소유가 되었기 때문이다. 이는 과거 교회가 관할하던 도시의 상당부분이 바스 시 자치체(the corporation of Bath)에 귀속되는 것으로, 이제 시 자치체가 도시의 변화를 주도할 수 있는 원동력을 갖추게 되는 것을 의미하는 것이다. 그러면 이제 바스 시 자치체가 어떻게 변화를 주도하여 갔는가를 살펴보기로 한다.

## 3. 종교개혁 후 바스 시의 변화

바스가 도시의 주산업을 직물업에서 서비스업으로 전환할 수 있었던 가장 큰 이유는 천연자원이라 할 수 있는 온천이 존재하였기 때문일 것이다. 이미 로마군에 의해 사용되었던 바스의 온천수는 중세를 거치며 그 용도가 거의 잊혀가고 있었다. 하지만 1539년 당시 바스에는 이미 5개의 온천탕—왕의 온천탕(the King's bath), 열 온천탕(the Hot bath), 십자가 온천탕(the Cross bath), 대수도원장 온천탕(the Abbot's bath), 소수도원장 온천탕(the Prior's bath)—이 존재하고 있었는데, 그 가운데 마지막 두 개는 그 이름이 명시하듯이 수도원의 관할로서, 수도승들의 치료를 위해 간간이 사용되었던 것으로 드러난다.[21] 1539년 수도원 해체에 따라 바스의 수도원의 재산이 압류되었을 당시 왕은 바스의 전 수도원장이었던 깁스(William Gibbs)에게 복종의 대가로 £80의 연금과, 집, 그리고 온천탕으로부터 나오는 수입(perquisites)을 주었다.[22] 따라서 이미 온천탕은 어떤 형태로든 이익을 남길

---

21) 수도원 안에 있었던 두 온천탕(the Abbot's bath, the Prior's bath)은 수도원 해체 당시 파괴되었으나, 이후 다시 두 개의 온천탕이 새로 세워져서 16세기 후반부터 다시 5개의 온천탕이 존재하였다.

22) Austin J. King and B. H. Watts, *The Municipal Records of Bath*, 1189 to 1604 (London, 1885), p. 31.

수 있는 수입원이었던 것으로 보아야 한다. 그러나 이 당시 온천에서 거둘 수 있는 수입이란 지극히 적은 것이어서 "깁스와 같이 한때 존경받던 이가 왕으로부터 겨우 그 정도의 연금을 받는다는 것은 정말 안타까운 일이다. 더구나 테니스를 치는 이들이 가끔 들르는 온천탕에서 나오는 수입을 받아먹어야 한다는 것은 더욱 안타깝다."고 전해지고 있다.[23] 깁스의 죽음과 더불어 그의 재산이 이 사람 저 사람의 손으로 넘겨질 때에도 온천탕으로부터 얻을 수 있는 수입은 '아주 적은 액수'로 묘사되고 있었다. 온천탕에서 수입을 취할 수 있는 권리는 1550년 코튼(Humphrey Cotton)에게 넘겨지게 된다.

바스의 지방사학자들 사이에서 코튼은 물욕에 눈이 어두워 바스 시를 상대로 긴 소송을 치른 이기적인 사람으로 그려지는 경향이 있지만, 코튼은 바스가 직물업으로 인한 침체에서 벗어나 새로운 전환기를 맞도록 촉매작용을 한 중요한 인물로 평가할 수도 있다. 코튼의 경력은 자세히 알려졌지는 않지만, 자격증이 있는 내과의사로, 광천수가 경제적으로 확실한 수입원이 될 수 있다고 판단한 자였던 것 같다. 그는 다수의 환자들에게 의학적 도움을 준다는 명목으로 온천탕을 관리하는 공식적 직위를 요청하였고, 1550년 국왕은 "내과의사 코튼은 오랜 기간 의학을 연마한바, 보통 바스 시의 샘(wells) 혹은 온천탕(baths)라 불리는 곳에서 나오는 온천수로 다양한 질병에 시달리는 우리 백성들이나 혹은 다른[나라] 사람들을 치유할 수 있으므로" 매일 4d. 임대료(fee)를 내고 평생 온천관리자(the Keeper of baths)의 직책을 가질 수 있게 허가하였다.[24]

그러나 1552년 국왕이 바스 시 자치체에게 과거 수도원의 재산과 거기서

23) *Ibid.*, pp. 30-31.

24) Calendar of State Papers, Domestic [Letters Patent 4th Ed. VI, pt, v, m, 30; Mar. 7th, 1550], Vol. iii, p. 309.

파생되는 수입을 모두 가질 수 있는 권리를 부여하자, 이는 1550년에 코튼이 개인적으로 허가받은 이권과 상충하게 되었다. 그로부터 코튼과 바스 시 사이에 온천탕의 권리를 둘러싼 심각한 갈등이 시작되었다. 치열한 소송이 계속되고, 코튼은 자신의 권리를 더욱 강경하게 주장하고자 왕의 온천탕으로 들어가는 입구에 담을 쌓아 봉쇄하기에 이르렀다. 이에 격분한 바스 시의 시장과 전(前) 시장단들은 코튼에게서 온천탕의 열쇠를 빼앗고 그와 그의 아내를 온천탕의 물속으로 던져버리는 일까지 발생하였다.[25] 소송과 물리적 폭력은 양측에서 계속되었고, 결국 1555년 코튼은 보상금을 받고 시에 그의 권리[26]를 넘겨줄 수밖에 없었다.

바스 시는 이때 이미 온천의 상업적 가치를 인식하고 있었던 것으로 보인다. 게다가 터너(William Turner), 존스(John Jones) 등[27]이 잇달아 바스의 온천수의 의학적 효용에 관한 책을 출간하자 온천의 잠재적 사업상의 가치가 널리 알려지기 시작하였다.[28] 특히 터너의 책에서 지적되었던 온천탕의 개선에 대한 부분은 많이 수용되어, 1577년 바스를 찾은 해리슨(William Harrison)은 "최근 많은 귀족, 젠트리, 도시민 그리고 성직자들이 온천탕에 기부한 금액은 내가 밝힐 바는 아니나, 이들 온천탕들은 대폭 보수되고 다

---

25) P. R. James, *The Baths of Bath in the Sixteenth and Early Seventeenth Centuries* (Bristol, 1938), p. 34.

26) 코튼이 주장하던 권리는 비단 온천탕만은 아니었다. 기존 수도원의 재산이었던 목초지와 바스에서 가장 유서 깊은 여관의 하나인 Hart Inn의 21년간 사용권 또한 포함되어 있었다. *Ibid*. 참조.

27) William Turner, *A Booke of the Natures and Properties, as well of the Bathes in England as of other Bathes in Germanne and Italye* (Cologne, 1562). John Jones, *The Benefit of the Auncient Bathes of Buckstones* (London, 1572); *The Bathes of Bathes Ayde* (London, 1572).

28) 이들 의학서의 편찬과 영국 온천장의 발달의 관계에 관하여서는 설혜심, "16 · 17세기 영국 온천장의 기원과 발달: 의술인의 경제적 동기를 중심으로", 『서양사론』, 49호(1996)를 참조.

양한 기술들이 동원되어 장식되었을 뿐만 아니라, 훨씬 더 잘 운영되고, 청결히 유지되었으며, 그곳에서 매일 회복을 꾀하는 불쌍한 환자들을 위한 친절한 여건이 제공되고 있다."[29]고 기록하고 있다.

이 당시 바스 시가 온천탕 자체에서 거두어들이는 정규수입으로는 관리인(keeper)들로부터 걷는 임대료, 왕의 온천탕으로 통하는 개인 통로의 사용권을 들 수 있다. 온천탕 관리인은 온천탕에서 발생하는 수입을 취하는 대가로 바스 시에 일정한 액수를 점용료의 형식으로 납부하였다. 예를 들어, 1569년 메이스(Harry Mace)는 £3. 1s. 10d.를 임대료로 납부하였다.[30] 특히 관리인의 경우 관리장(Chief Director), 혹은 관리관(Sergeant of bath)이라 불리기도 하였는데, 휘하에 안내자(bath guide)라고 불리는 하급직원을 두고 온천탕을 관리할 수 있었다. 왕의 온천탕의 경우, 8명의 남성 안내인과 6명의 여성 안내인을 두었던 것으로 나타난다. 16세기 후반 왕의 온천탕을 제외한 기타 4개의 온천탕의 관리인과 안내인의 수는 정확히 파악되지 않고 있다.

개인 통로[31]의 점용권을 가진 이들의 숫자 역시 정확하게는 파악되지 않고 있으나 개인 통로 자체는 점점 늘어나는 추세였다.[32] 왕의 온천탕의 경우, 1569년 6개의 개인 통로가 있었는데, 1594년에는 10개로 늘어났다. 이 통로를 사용하는 권리는 개인당 연간 5s.의 임대료를 받고 주어진 것으로 나타나는데, 여기서 주목해야 할 것은 임대료의 금액 자체의 크기가 아니라 권리를 독점하기 위한 경쟁이다. 개인 통로는 온천탕으로 바로 연결되기 때문에 체면을 중시하는 이들에게 선호되었고, 때문에 온천탕에 인접한

---

29) William Harrison, [F. J. Furnivall, ed.], *Harrison's Description of England*, Vol. 1 (London, 1877), p. 355.

30) Phyllis Hembry, *The English Spa, 1560-1815* (London, 1990), p. 34 참조.

31) private doors, 혹은 slip이라 불림.

32) James, *The Baths of Bath*, p. 74 참조.

여관들은 신분이 높은 부유한 고객을 유치하기 위해 통로 확보에 주력하였다. 이 과정에서 시장을 역임한 도시의 유력자들이 다수의 통로 사용권을 독점하여 문제가 되었다. 페어만(George Pearman), 위밴 가(家)(Whibbens family), 터너(Thomas Turner), 채프만(Peter Chapman) 등 시 유력자들은 오랜 기간 개인 통로들을 독점하여 시민들의 원성을 샀는데, 4차례나 시장직을 맡았던 페어만의 경우 1573년에서 1596년까지 개인 통로를 독점하였을 뿐만 아니라 몇몇 다른 사람들과 결탁하여 공공도로인 스탈 거리(Stall Street)를 막아 자신의 집으로부터 왕의 온천탕까지의 개인 통로를 만들려고까지 하였다.[33] 이에 격분한 시민들은 담을 부수고 폭동을 일으키기도 하였다.[34]

16세기 후반부터 바스 시의 역사는 개인 통로를 확보하기 위한 여관 주인들의 투쟁사라 하여도 과언이 아닐 만큼 개인 통로를 둘러싼 경쟁은 치열했다. 그러나 바스 시 자치체는 이러한 경쟁의 과정에서 공정한 조정자는 아니었던 것으로 드러난다. 이 당시 도시들이 그렇듯이 도시행정이란 도시의 몇몇 유력자의 입김이 크게 작용해 주로 그들의 이익이 존중되는 결과를 보기 일쑤였다. 따라서 바스 시 역시 몇몇 집안이 개인 통로와 같은 이권을 장기간 소유한 것은 어찌 보면 당연한 일이었다.

이런 상황에서, 온천탕에 인접한 여관이나 집을 소유하지 못한 이들 가운데 온천탕의 물을 끌어다가 집안에 사설 온천탕을 만들려는 사람들까지 나타났다. 1583년 퓩스(Mr. Fewkes)와 체임버(Mr. Chamber)는 열 온천탕의 물을 끌어다가 각각 자신들의 집안에 사설 온천탕을 만들었다. 바스 시의 시민들을 이를 공공의 권리를 사적으로 침해하는 중대사라 규정하며 강력히 반발하였다. 그 이듬해 바스 시는 이들 두 사설 욕탕에 물을 공급하는

33) Hembry, *The English Spa*, p. 34 참조.

34) James, *The Baths of Bath*, pp. 49-50 참조.

파이프를 철거하라고 명령하였다.[35)]

사설 욕탕에 대한 시민들의 반감은 상당한 정도였던 것 같다. 이는 시 자치체라는 공동체의 특성상 아마도 바스의 천연자원을 공공의 것으로 간주하고, 따라서 모두가 이익을 취할 수 있으리라는 환상을 지속하기를 바랐기 때문이라고 볼 수도 있을 것이다. 그러나 그보다는 주로 공공탕 근처에서 영업하던 도시 유력자들이 온천탕과 비교적 떨어진 배후지역에 고객을 뺏기지 않으려고 폭력을 조장하였을 가능성이 더 크다. 사실 부유한 고객들은 남녀, 심지어 동물까지 함께 온천욕을 하는 지저분한 공공탕보다 사설 욕탕을 훨씬 선호하였다. 그 예로, 과거 수도원이 해체된 이후 개인의 소유로 넘어갔었던 수도원 건물(Abbey House)의 경우, 여러 개의 구역으로 분할되어 몇몇 사람에게 임대되었는데, 그 가운데 한 부분은 예로부터 온천이 위치한 곳이었다. 그곳을 임대한 의사가 그 자리에 사설 욕탕을 만들었는데, 바스에서 영업하는 의사들은 서로 그곳을 차지하기 위하여 치열하게 경쟁했다.

1592년 결국 베이커(Dr. Robert Baker)에게 임대된 이곳은, 이후 시민들의 강력한 반발의 목표물이 되었고 바스 시는 다른 사설 욕탕들과 더불어 폐쇄명령을 내리기에 이른다. 그러나 사설 욕탕에 대한 귀족 고객들의 요구는 계속되었던 것 같다. 해링턴(Sir. John Harington)은 1596년, "열 온천탕으로부터 물을 끌어온 이 탕은 여왕님께 어떤 이야기가 들어갔든지 간에 열 온천탕의 훌륭한 가치 자체를 손상하는 것은 아니다."[36)]라고 말한다. 이 발언은 분명, 사설 탕을 폐쇄하게 해 달라는 시민들의 민원이 정부에까지 갔다는 것을 의미한다. 해링턴은 나아가, "여기 온 고귀한 사람들에게 이런

---

35) 1584년의 Chamberlain' s Account는 이 파이프 제거작업에 사용목적과 내역을 보여주고 있다. Bath Record Office, The Chamberlain' s Accounts, no pag.

36) John Harington, *The Metamorphosis of Ajax* (London, 1595), p. 70.

개인용 시설은 필요한 것이다."[37]고 말한다. 그러나 사설 욕탕을 보존시키라는 상부의 조치는 다시 시민들의 강력한 반발을 불러 일으켜서, 같은 해 "무례하고, 무질서하고, 격앙된 사람들이 모여들어 열 온천탕의 문을 폐쇄하고, 온천을 파헤치고, 사설 욕탕을 파괴하고 그곳으로 끌어가던 물을 다른 방향으로 쏟아내어 기존의 사설 욕탕을 못 쓰게 만드는"[38] 폭동이 발생하였다. 결국 추밀원(Privy Council)은 1598년 "열 온천탕이라고 불리는 공공탕에서 끌어온 이 사설 탕들은 많은 귀족들과 그 부인들에 의해 자주 이용되는 만큼 계속 유지되는 것이 바람직하다."[39]라며 유지를 명령했다. 나아가, 추밀원은 시장과 시 자치체에게 파손된 사설 탕을 보수하라고 명령하고 폽햄(Lord Chief Justice, Sir John Popham of Wellington in Somerset)에게 명하여 이들 사설 욕탕들이 보수되었는지를 확인하여 보고하라는 조치를 내렸다. 이러한 조처는 당시 많은 국내외 많은 고관들이 바스를 방문할 계획이 있었기 때문에 나온 것으로, 바스를 방문한 이들은 시에 후한 기부를 남기기도 하였다.[40] 결국, 많은 반발이 있었지만 사설 욕탕과 개인 통로는 계속 남아서 17세기에는 이들을 갖춘 여관들이 열성적으로 자기 여관의 시설이 편리하다고 주장할 수 있는 근거가 되었다.

16세기 후반 바스는 직물업에서 서비스업으로의 업종전환을 순조롭게, 어쩌면 지나친 상업적 열기를 가지고 추진해 나가던 것으로 보인다. 바스시가 온천탕에서 직접적으로 거두어들이는 수익은 그리 크지 않았으나, 시 전체적으로 본다면 온천을 매개로 찾아드는 방문객들로부터 많은 수익을 올렸으리라 짐작할 수 있다. 1580년에 이르러 바스 시는 약 300개 정도의

37) *Ibid.*, pp. 75–76.

38) James, *The Baths of Bath*, pp. 66–67.

39) *Acts of the Privy Council of England*, 1597–98, pp. 373–35. James, *The Baths of Bath*, p. 71 참조.

40) Hembry, *The English Spa*, pp. 34–38 참조.

집과 1500명 정도의 인구를 가진 도시였는데, 11개의 여관이 파악되고 있고, 공식적 숙박업소 이외에도 의사들이나 기타 숙박을 겸업하는 집들 및 부유층들을 수용하는 고급주택들이 있었다. 특히 1570년 이후 바스는 깔끔한 휴양지로서의 면모를 갖추어 나갔던 것으로 보이는데, 이를 위하여 바스 시는 시의 외양을 아름답게 갖추는 일을 적극적으로 추진하였다. 1569년부터 바스는 소위 대대적 재건축(great rebuilding)에 들어가게 되었다.[41] 16세기 후반의 대대적 재건축 붐은 1540년의 재건축 붐과는 사뭇 의미가 다른 것이었다. 비단 황폐하게 버려진 낡은 건축물들을 없애는 것이 아닌, 새로운 스타일의 멋스러운 건물들이 속속들이 들어서게 되었던 것이다. 이 건축 붐은 바스에서만 일어난 것이 아니라, 호스킨스(W. G. Hoskins)가 고찰한 바와 같이 영국 전역에서 목격되는 것인데, 생활수준의 향상을 반영하는 것이었다.[42]

바스 시는 1569년부터 £4,095 11s. 6 2/1d.을 목재, 석회, 노동비 등에 지출하며 많은 건물의 신축 및 보수에 들어갔다.[43] 이 과정에서 새로운 온

---

41) Jean Manco, "Bath and 'the Great Rebuilding'", *Bath History*, Vol. 4 (1992) 참조.

42) 1570년에서 1610년에 이르는 시기는 영국 주택 혁명 사상 최초의 중요한 국면을 이루는 시기였다. 한 주택 당 방의 개수가 증가하였고, 외형적으로도 벽돌굴뚝이나 많은 창의 사용 등 새로운 형태의 건물들이 등장하였다. 세간에 들이는 비용 또한 50% 정도 증가하였다. 케네스 모건 엮음, 영국사학회 옮김, 『옥스퍼드 영국사』 (서울, 1997), 326-327쪽 참조. 한편, 호스킨스의 분석으로는 이 재건축 붐은 1550년 이후 곡가 상승에 따라 부를 축적한 이들이 높은 생활수준이 누렸기 때문에 생긴 결과물이라는 것이다. W. G. Hoskins, "The Rebuilding of England", *Past and Present*, Vol. 4 (1953), pp. 44-59.

43) 그러나 필자의 견해로는 이는 지나치게 큰 액수로 보인다. 이 당시 보통 웬만한 집 한 채를 짓는데 £50정도가 들었던 것으로 알려졌기 때문이고, 또 다른 이유로는 바스 시가 이만큼의 자금 동원력이 있었는가 하는 것도 문제 삼아봄직 하다고 생각된다. 당시 부유한 후견인들이 바스를 방문하고 가난한 이들이나 병자를 위해 대부(loan)의 형태로 주는 돈의 규모는 £100정도였던 것으로 알려진다. 또한 바스 시의 경우 Chamberlain's Account가 1568년도의 것부터 남아있기 때문에 (그리고 그 후에도 소실된 것들이 있기

천탕(the New bath)이 확장되어 여성 전용탕이 만들어지는가 하면(1576), 길드 홀의 재건축(1575), 나환자를 수용하는 병원 및, 나병환자 탕(1575~1576)[44]을 세웠다. 정확한 시기는 알 수 없으나, 병든 말들을 치료할 목적으로 남쪽 성문 바로 바깥쪽에 말들을 위한 탕(the Horse bath)도 만들었다.[45] 그러나 이 재건축에서 무엇보다도 많이 세워진 것들은 부유한 고객들에게 장기적으로 임대할 수 있는 훌륭한 숙박시설들이었다. 바스 시는 1580년에 미처 확보하지 못한 땅들마저 50년 정도의 장기임대의 형태로 취하여 그 땅에 휴양지로서 필요한 시설들을 건설하기도 하였다. 이러한 새 건축은 1639년까지 꾸준히 지속하였다.[46]

1570년 바스 시는 펨브로크 백작(2nd Earl of Pembroke)을 비롯한 많은 귀족의 후견을 얻어냈고, 더구나 1574년 여왕의 바스 시 방문은 이러한 고위직 손님들을 유치할 수 있는 최고의 기회로 받아들여졌을 것이다. 여왕의 방문 전후로 고귀한 신분을 가진 고객들의 방문이 속속들이 이어졌는데, 1573년 추밀원은 바스 시에 중요한 후원자(patron)들을 받을 수 있도록 온천탕들을 잘 관리하도록 요청하기도 하였다.[47] 쇠퇴하는 직물업을 서비스업으로 전환하는데 성공적인 탈바꿈을 해 나간 모습은 당대인들의 기록에서도 찾아볼 수 있다. 1596에 해링턴(Sir John Harington)이 "바스 시는 …

---

때문에) 이 액수의 정확성에 대해서는 더욱 고찰되어야 할 것이다. F. D. Wardle, ed., *The Accounts of the Chamberlains of the City of Bath 1568–1602, Somerset Record Society*, Vol. 38 (1923), pp. 6–13. R. Warner, *The History of Bath* (1801), p. 241.

44) 나환자 탕(the Lepers bath)은 나환자들을 격리할 목적으로 열 온천탕에서 옆에다 물을 끌어 만든 것이다.

45) 스피드(John Speed)의 지도(*Theatre of the Empire of Great Britain*, 1611–12)에 나타난 것이다. 이 지도는 1596년에서 1610년 사이에 제작된 것이다.

46) 1641년의 Survey of Bath에서는 1585년부터 1639년까지 최소 21건의 주요 신축건물 관련 사항을 기록하고 있다.

47) *Acts of the Privy Council*, 1571–75, p. 28.

충분히 가난하고도 충분히 자랑스러웠으나, 여왕이 방문한 후로 놀랄 만치 화려해졌다. 음식장사와 숙박시설로 쓰이는 훌륭한 건물들이 들어서는 속도만큼이나, 그들의 오랜 정직한 장사였던 직물업은 쇠퇴해 갔다."[48]라고 기록한 것은 이러한 과정을 단적으로 보여준다고 할 수 있을 것이다.

## 4. 서비스업의 정착

17세기에 들어 바스는 휴양지로서 확고히 자리매김을 하고 외부로부터 찾아드는 방문객들에게 서비스를 파는 것을 주산업으로 정착시켰다. 서비스업이 도시 전체의 산업 가운데 얼마만큼 비중을 차지하였는가를 정확히 수치화할 수는 없지만, 서비스업이 바스에서의 가장 중요한 업종이었다는 것을 보여주는 다른 보기들을 찾아볼 수는 있을 것이다. 그 한 예로, 시정을 장악한 이들, 특히 시장의 직업은 바스 시의 산업상의 성격을 잘 보여준다. 16, 17세기 바스 시에서 손꼽히는 가문은 단연 채프만(Chapman) 가(家)이다.[49] 채프만은 앞서 언급되었던 중세 말 3대 직물업자 가운데 하나인데, 채프만의 후손들은 가장 성공적으로 살아남았다. 그 이유로는 물론 이들이 다산(多産), 특히 대를 이을 아들을 지속적으로 생산하였기 때문이기도 하겠지만, 이들이 시정의 리더로 성공할 수 있던 직접적 원인은 숙박업과 같이 장사가 되는 직업으로 재빨리 선회하였기 때문으로 보인다. 특히 17세기는 채프만 가문의 전성기였는데, 시정을 담당하는 시 공무원의 50퍼센트가 채프만 가문의 사람들이었다. 특히 시장의 경우 채프만 가문은 100년

48) Harington, *Harrison's Description of England*, pp. 70–71.

49) Chapman에 관한 부분은 Elizabeth Holland, "The Chapmans of Bath" (unpublished typescript, Bath Record Office, 1994)를 참조한 것이다.

동안 50차례나 시장으로 당선되었는데, 21차례는 채프만 성을 가진 직계후손들이, 그리고 나머지 29차례는 채프만의 사위들이었다. 21년 동안 시장직을 맡았던 8명의 채프만 가운데 4명은 여관을 경영하던 이들이고 2명은 소매상인, 1명은 약사로 나타나고 있으며 직물업에 종사하던 이로 기록된 채프만은 단 1명뿐이었다. 따라서 이 가문의 역사 자체가 직물업에서 서비스업으로 방향전환을 해가는 바스의 역사라고도 볼 수도 있을 것이다. 나머지 29명의 경우에도 2/3 정도가 숙박업과 관련이 있었고, 나머지 1/3만이 농사와 직물업을 겸업하였던 이들로 나타난다.[50] 또한 1700년의 경우에는 바스 시 자치체를 이루는 26명의 구성원 가운데 13명의 주 직업이 여관업이었다.[51]

17세기 들어 여관의 개수도 계속해서 증가하였다. 1641년경 바스 시에는 최소 16개의 여관이 있었고, 20년 후에는 12개의 여관이 새롭게 등장하였다. 1694년 길모어(Joseph Gilmore)의 지도[52]에 29개의 큰 여관이 그려져 있는데, 1641년에서 1694년 사이에 문을 닫은 여관은 오직 4곳뿐이었던 것으로 미루어 여관업이 지속적으로 수지가 맞는 직종이었다고 볼 수 있다. 공식적인 여관들뿐만 아니라 의사들이 집에서 환자를 치료하며 몇 개월씩 숙박을 제공했던 관행과, 부유한 방문객에게 장기간 임대되는 고급주택들을 참작한다면, 이 도시는 그야말로, "물(온천수) 때문에 먹고사는"[53] 숙박업 중심의 도시가 되었던 것이다. 숙박업자들 사이에 부유한 고객을 유치하려는 경쟁 또한 높았던 것으로 보인다. 1628년 배너(Dr. Tobias Venner)는

50) Elizabeth Holland, "This Famous City", *The Bath Survey*, No. 1. (Bath, 1994), pp. 9-14.

51) Sylvia McIntyre, "Bath: the Rise of a Resort Town, 1660-1800", in Peter Clark ed., *Country Towns in Pre-Industrial England* (New York, 1981), p. 224 참조.

52) 길모어의 지도는 1692년에 제작되었고 1694년에 발간되었다.

53) T. Dingley, History from Marble [Comp. in the reign of Charles II], vol. 1, *Camden Society Old Series*, Vol. 94 (1867), p. 95.

그 경쟁을 다음과 같이 전한다.

> 그곳〔바스〕의 사람들이 숙박객을 끌기 위해 호객꾼(agents)을 풀어놓는데, 그들은 거리 모퉁이마다, 그리고 성문 앞에서 기다리기도 한다. 이들 호객꾼이 이런저런 온천탕에 가깝다는 이런저런 집으로 가자고 끌고, 자신들의 집 근처의 탕이 좋다며 유혹하는 것을 보면 걱정스러울 정도이다. 더욱 나쁜 것은 이런 모든 일들이 진정 손님들의 복지를 위한 것이 아니라 자신들의 이익만을 챙기는 일이라는 것이다.[54]

시정을 장악하던 이들이 숙박업에 종사하였다는 사실 자체만으로도 바스 시 내에서 여관업자들의 발언권이 무척 강하였음을 짐작게 하는데, 자신들의 이해관계가 밀접하게 얽혀있는 휴양 산업을 위해 시정의 리더로서 적극적인 추진력을 발휘하였으리라는 것은 자명한 일이라고 할 수 있겠다.

숙박업 이외에도 바스 시는 온천이라는 특성을 이용한 새로운 직업군을 창출해 냈다. 17세기 초에 온천탕은 개수로는 16세기와 같은 5개 ― 왕의 온천탕, 여왕의 온천탕(the Queen's bath),[55] 열 온천탕, 십자가 온천탕, 나환자 탕(the Lepers' bath) ― 를 유지하고 있었다. 1550년에 등장한 온천탕 관리인의 경우, 17세기 초에는 2명의 온천 관리인(Directors of the baths) 휘하에 왕의 온천탕에 8명의 남성 안내인과 6명의 여성 안내인이 있었고, 십자가 온천탕과 열 온천탕에 4명의 여성 안내인과 4명의 남성 안내인이 있었다.[56] 이 가운데 여왕의 온천탕은 왕의 온천탕과 인접한 까닭에 왕의 온천

---

54) Tobias Venner, *The Baths of Bathe* (London, 1628), p. 9.

55) 여왕의 온천탕은 1567년에 처음 만들어진 새로운 온천탕(the New bath)을 새롭게 부르는 명칭으로, 앤 여왕(Queen Anne)이 1613년과 1615년에 방문하여 사용한 사실을 기념하여 여왕의 온천탕이라 부르게 된 것이다.

56) Minutes of the Council 〔Oct. 2nd, 1616〕, Bath Record Office, no pagination.

탕의 관리인이 일괄하여 관장하였고, 그리고 나환자 탕은 아마도 가난한 병자들이 이용하였던 까닭에 상업적 가치가 없어서 관리인을 두지 않았던 것으로 보인다.

온천 관리인의 자리는 많은 수입을 올릴 수 있는 직책이었던 것으로 보인다. 이들은 온천탕을 관리하고, 하급 관리자들로부터 수입을 챙겼을 뿐만 아니라 탕에 비치된 온천수 급수 펌프(drinking pump)에서 파생되는 수입을 챙길 수 있는 권리가 있었다. 바스 시는 관리인들로부터 관리인으로서의 권리에 대한 임대료 이외에 펌프에 대한 권리의 임대료를 따로 받았고, 그 액수는 지속적으로 증가하였다. 하급 관리인 안내인들 역시 시에서 임명하는 공무원과 같은 지위를 누린 것으로 보이는데, 이들은 손님들을 안내하고 입욕을 도와줄 뿐만 아니라 온천욕과 관련된 간단한 의료행위를 시행함으로써 사례금을 챙겼다. 17세기 바스 시의 의사록은 이들을 임명하는 문제를 둘러싸고 갈등과 경쟁이 치열하였음을 생생하게 보여주고 있다.[57] 그 내용으로 보아 안내인으로 선출되려면 시의 유력자들과 좋은 관계를 유지해야 하였고, 평소의 행실 또한 안내원이라는 자리를 따내는데 중요한 요인이었다.

바스를 찾는 이들이 많았고, 그들이 쓰는 돈이 많았던 만큼, 상업화의 열기도 뜨거웠다. 바스 시민들의 지나친 상업적 동기는 때때로 시 차원의 통제가 필요할 만치 무질서를 낳기도 한 것으로 보인다. 더 많은 돈을 벌고자 불법적으로 가족 모두를 끌고 나와 안내인을 하다가 적발된 안내인을 해고[58]하는 문제, 해고당한 며칠 후 또다시 아내들을 데리고 나와 영업을 한 안내인들[59]에 대한 사례들이 시 의사록에 심심치 않게 등장한다. 또

57) Ibid., 〔Apr. 7th, 1634〕; 〔Mar. 23rd, 1663〕; 〔Apr. 11st, 1664〕; 〔Apr. 21st, 1674〕 등 참조.

58) Ibid., 〔Apr. 22th, 1633〕.

59) Ibid., 〔Apr. 29, 1633〕.

한 어떤 이들은 안내원의 자리를 차지한 후 많은 권리금을 받고 그 자리를 재임대하기도 하였다.[60] 시는 많은 수입이 보장되는 온천의 성수기에는 이들로부터 추가임대료를 거두었다.[61]

온천으로 인한 수입이 많아지자 바스 시는 안내원들 이외의 기타 직종들을 만들고, 역시 점용료를 받고 임대하였다. 17세기 후반에 등장하는 펌퍼(pumper)가 그 가운데 하나인데,[62] 수치료법에 있어 기술적 행위의 하나인 펌프질(아픈 부위에 펌프로 물을 끼얹는 것)을 담당하는 직책이었다. 1694년의 경우, 펌퍼로 임명된 사람들은 1년에 4차례씩 £5의 임대료를 시에 납부하였다. 정기적으로 납부하는 금액에 더하여, 펌퍼에 임명될 당시에 납부하는 권리금도 있었는데, 1694년의 경우 그 액수는 £35에 달하였던 것으로 미루어 이 자리는 무척 수입이 좋았음을 짐작할 수 있겠다.

또 다른 업종으로는 천 깔아주는 이들(cloth layer)을 들 수 있다. 이들은 주로 여성들이었던 것으로 보이는데, 미끄러운 욕탕에서 나올 때 마른 천을 바닥에 깔아주는 일을 하는 사람들이었다. 시 의사록에 이들이 처음 나타난 것은 1650년대로, 바스 시는 이들로부터 년간 £5의 점용료를 거두어들였던 것으로 나타난다. 이들에게는 각 온천탕에서 각각 정해진 영업구역이 할당되었으나, 다른 사람의 구역을 침범하여 자주 말썽이 일어났다. 그래서 바스 시는 1672년 탕마다 한 사람에게 이 직책을 독점할 수 있도록 조처했다. 이 조치는 기존 담당자들의 원성을 사서 4년간이나 이 권리를 둘러싼 싸움이 벌어졌다.[63] 결국 새로 임명된 독점권자가 기존 담당자에게 평생에 걸쳐 매년 40s.을 지급하는 것으로 타협을 보았다.

---

60) Ibid., 〔Mar. 27th, 1682〕.

61) Ibid., 〔Apr. 2nd, 1694〕 의 경우를 보라.

62) 정확하게 언제부터 이 직책이 생겼는지 알 수 없으나 1684년 이전에 있었던 것으로 나타난다. Ibid., 〔Mar. 3rd, 1684〕.

63) Ibid., 〔Apr. 1st, 1672〕; 〔Mar. 27th, 1676〕 등의 경우를 보라.

또 다른 직종으로는 가마꾼을 들 수 있다. 소위 세단의자(Sedan chair)라 불리는 운반용 가마는 1630년대 처음 영국에 들어왔는데, 바스 시에는 1630년대 말에 도입된 것으로 보인다.[64] 핍스(Samuel Pepys)가 바스를 방문했을 때 그 일행은 모두 숙소에서 온천탕까지 가마로 이동하였고,[65] 파인즈(Celia Fiennes)역시 방문자들이 모두 가마를 이용하였음을 이야기하고 있다.[66] 이 가마는 1676년 약 20대 정도였으나 그 수가 급격히 증가하여 1708년에는 바스 시가 발행한 가마면허증은 60개에 이르렀다.

온천의 특성상, 의료진의 숫자 또한 많았다. 1598년부터 1640년까지 바스 시에서 의료행위를 한 이들은 최소 16명으로 파악되고 있으며, 제임스 1세 재위기만 보더라도 12명의 내과의사, 2명의 외과의사, 2명의 약사 및 산파와 접골사 각각 1명이 파악되고 있다.[67] 이 숫자는 소도시의 의료인으로서는 엄청난 숫자이다. 게다가 면허 없이 의료행위를 하던 돌팔이들이 한몫 챙기기 위해 온천으로 몰려들던 풍조에서 그들의 숫자까지 참작한다면 의료서비스 측면에서도 바스는 상업적 이익을 취할 수 있는 황금어장이었을 것이다.[68]

휴양지로서의 바스는 17세기 내내 지속적으로 발달하였다고 볼 수 있다. 이는 바스가 내전이나 역병과 같은 위기에 그다지 크게 영향을 받지 않았

---

64) Trevor Fewcett, "Chair Transportation in Bath", *Bath History*, Vol. 2 (1988), p. 114.

65) Samuel Pepys, [,Henry B. Wheatley, ed.], *The Diary of Samuel Pepys*, Vol. 2 (New York, 1946), p. 890.

66) Celia Fiennes, [C. Morris, ed.], *The Journey of Celia Fiennes* (London, 1947), p. 21.

67) Roger Rolls, "Asylum Chronicorum Morborum: Medical Practice in Stuart Bath" (unpublished typescript, Bath Record Office, 1992). Elizabeth Holland, "Citizens of Bath" (unpublished typescript, Bath Record Office, 1988) 참조.

68) 허가 없이 의료행위를 하다가 적발된 사례들도 있다. 1623년의 경우 Rudolf Ewens는 허가 없이 외과처치를 하다가 고발되었다. *Act Books of the Diocese of Bath and Wells*, Vol. 232, f. 104 (Somerset Record Office).

다는 이야기이다. 역병의 경우, 1604년과 1649년에는 상당수가 희생되었던 것으로 보이나, 1625, 1635, 1665년의 경우에는 사상자가 많지 않았던 것으로 보인다.[69)] 전체적으로 보아, 역병이 온천업 자체에 큰 영향을 준 것 같지는 않다. 이는 역병의 발생 전후로 시 자체가 병자를 격리수용하기 위한 임시가옥을 짓는 등 적극적인 대책을 세운 이유도 있지만, 더운 여름철에는 역병에 대한 두려움 때문에 온천업 자체가 비수기였기 때문이었다.

내전기에도 바스는 주산업인 방문객으로부터 파생되는 수입을 지속적으로 취할 수 있었다. 물론 내전 초기에 바스가 요새화되고 인근 브리스틀(Bristol)에서 벌어지는 군사작전에 영향을 받을 당시는 손님들이 끊어져 시민들 사이에 걱정이 컸었다. 그러나 1643년 왕당파 군대들이 바스 시를 점령하고 왕과 왕비가 1644년 여러 차례 방문한 후 1645년 10월부터는 정상에 가까운 회복을 보였다. 1646년 9월 29일 파맨(Clement Paman)이 바스로부터 보낸 편지는 다음과 같이 당시의 모습을 전하고 있다.

> 난 지금 바스에 와 있습니다. 이곳은 자연에 의해 방어가 불가능하기도 하고 동시에 안전한 곳이기도 한 곳입니다. 왜냐하면 이곳을 둘러싼 구릉들은 다른 때나 다른 전쟁의 양상에서는 아마도 천혜의 요새역할을 했을 것입니다. 그러나

---

69) 바스 시의 경우 역병과 관련된 기록은 다음과 같다. Bath Record Office, 1583: 역병에 감염된 이웃 도시들로부터 사람이 들어오는 것을 막는데 비용을 지급 (Chamberlain's Accounts); 1604: 많은 수의 희생자가 발생함 (Registers of St. James); 1625: the Tuckers, the Smiths 두 가족이 죽음(The Abbey Registers), 커먼에 병자를 위한 3개의 집을 세움(Chamberlain's Accounts); 1636: 별로 희생자가 없음(The Abbey Register; Register of St. James), 커먼에 격리수용소를 세움(Council Minutes Book); 1643: 많은 수가 희생됨(The Abbey Registers), 그러나 시 회의록(Council Minutes Book)에는 역병과 관련된 언급이 전혀 없음; 1649: 희생자는 많지 않음(Registers of St. James); 1665: 희생자는 별로 없음(Register of St. James); 그러나 이 해가 전국적인 대역병의 해였다는 사실은 숙지하고 있었음(Council Minutes Book; The Abbey Registers).

지금은 공격적인 둔덕이 되었습니다. … 그럼에도 이곳은 상당히 안전한데, 최근의 전쟁에서도 장기간 주둔이나 포위를 당하지 않았던 것입니다. … 이 도시에서 가장 놀라운 것은 교회와 온천탕인데, 온천탕은 열광적으로 붐비는 곳입니다.[70)]

공화정 체제 하에서는 부상당한 병사들뿐만 아니라 왕당파 죄수들도 바스에서 치료와 휴양이 허가되었다. 1650년 핸머(William Hanmer)같은 이는 £1,000의 보증금을 내고 자신의 약사를 대동하고 바스에 와서 3개월간 묵을 수 있었다.[71)] 바스 시의 입장에서는 수입을 올릴 수 없는 가난한 환자나 병사들이 들어오는 것은 전혀 반갑지 않은 일이었다. 그리하여 1651년 바스 시는 의회의 명령에 따라 보내진 불구 병사들을 지원하기를 거부하였다. 1652년 4월 결국 국무회의(Council of State)는 186명의 병사를 바스에서 치료하기 위해 £1,000를 허가하였다. 1653년에는 병원위원회(hospital committee of a physician, surgeon, and apothecary)에서 역시 £1,000를 들여 공식적으로 220명을 바스로 후송하였고, 그 이외에도 병사, 귀족들의 치료와 휴양은 지속[72)]되어 오히려 내전 중에 치료의 장으로서의 바스의 명성은 더 높아졌다고 볼 수 있다. 왕정복고 후에는 비단 귀족들뿐만 아니라 젠트리와 같은 사람들이 과거보다 훨씬 더 많이 바스를 찾았다.

17세기 후반 바스는 한 세기 전과 비교해 볼 때 인구상으로 엄청난 증가는 없었던 것 같다. 1664년의 Hearth tax는 바스 시에서 296가구 수를 파악[73)]하고 있는데, 최고 약 1700명 정도의 인구가 살았다고 추산해 본다면

70) Bodelian Library MS RAWL D945, f.32b.

71) 당시 보석금을 지불하고 바스를 찾아 휴양한 인물들에 대하여는 Hembry, *The English Spa*, p. 62를 참조하라.

72) Calendar of State Papers, Domestic, 1651-52, p. 600; 1652-53, pp. 320, 322, 338, 341, 349, 350; 1653-54, pp. 40, 292, 430 등을 참조.

100년 전과 비교하여 크게 늘지 않은 수치이다. 17세기 후반 인구의 팽창이 있었다고 가정한다 하여도 그 수는 3000명을 넘지 않았을 것이라는 추측이 일반적이다. 이처럼 인구가 비교적 정체적이었던 이유로는 바스 시가 성벽으로 둘러싸여 있는 제한적 공간이기 때문에 평면적 팽창이 힘들었기 때문일 것이다. 동시에, 당시 가내수공업의 형태로 이루어지던 직조업과 같은 산업은 점차 성벽 바깥쪽 지역으로 밀려났는데, 성벽 안의 제한된 공간이 수직적, 혹은 그 밀도에 있어 팽창했다 할지라도 그 부분이 밀려들어오는 방문자에 의해 메워졌기 때문이라고 추측할 수 있다. 따라서 서비스업을 제외한 기타 산업에 종사하는 이들의 거주지는 점차 성벽 바깥쪽으로 이전하였다. 가장 큰 예로, 제임스 1세 시기에 바스 시에서 직조업에 종사하는 이들은 주로 북문 근처의 성벽 밖에 살고 있었다.

17세기 바스 시의 직업군을 보면 바스 시가 도시거주민과 주변지의 시장도시로서의 구심점으로서의 역할을 하고 있었음을 나타난다. 17세기 초 바스 시에는 이미 법률가, 대서인, 제본업자 및 성직자나 오르간주자 같은 직업들이 존재하였다. 또한, 시계 만드는 이, 펠트업자, 양말장수, 단추장수, 신발장이, 양복장이, 가죽장이, 장갑장수 등이 있었고, 다양한 기술의 건축관련업자들, 금 세공사, 금속장이, 제빵사, 양초업자, 도축업자 및 성벽 주변에서 채소와 과일을 길러 정기적으로 시내에 납품하는 이들도 있었다.[74] 그러나 바스 시가 취급하던 품목들 가운데는 상시수요를 충족시키기 위한 것뿐만 아니라 온천을 찾는 이들의 소비행태에 부응하는 것들도 많았다. 예를 들어 많은 의술인과 여관업에 관련된 많은 수의 하녀, 양조업자, 요리사 등이 그것이다.

내란 이후에도 바스는 방문자의 수요와 주변지의 수요를 충족시키는 시

---

73) Hearth Tax, 1664 (PRO, E179/256/16).

74) Holland, "Citizens of Bath" 참조.

장역할을 하였다. 17세기 후반 시정을 리드하던 대표적 직업군으로는 앞서 언급한 여관업자 이외에 약사, 그리고 잡화상을 들 수 있다. 특히 잡화상은 그 바스의 상인군 가운데 가장 많은 수를 차지하는 것으로 나타난다. 1659~1670년에 바스 시가 발행한 영업자 주화(tradesmen's tokens)[75]를 보면 1/3이 잡화상[76]이었고, 포목상, 양복장이, 가죽업자, 양초장사, 직조공, 금세공사, 모자장수, 책장사, 문구장사, 금속세공사 등의 직업군이 나타난다.[77] 특히 많은 수의 양복장이와, 수예 재료상, 장갑장수, 가발장수, 패스츄리업자 등은 비교적 도시 내의 수요보다 방문자들의 수요를 고려한 것으로 보인다. 이 이외에도 커피숍을 비롯, 조직화된 여흥을 사고팔 수 있는 곳이 등장하였고, 온천욕의 성수기에는 복권가게(raffling shops)들이 많이 세워져 성업하였다.[78]

---

75) 당시 바스 시에서 영업을 하던 상인군을 알아볼 수 있는 한 방법으로는 지역상인들이 발행한 동전을 들 수 있다. 17세기 중반, 전국적인 동전의 부족으로 인해 지방의 상인들은 스스로 고유의 동전을 발행하게 되었는데, 바스 시의 경우 1650년에서 1670년 사이에 동전이 발행되었다. 특히 1670년 바스 시 자치체가 에서 발행한 동전은 50,000개가 넘었으며, 각각 farthing의 가치가 있는 것이었다. 이 사적인 동전의 한 면에는 각 직업군의 상징이 새겨져 있다.

76) 여기서 잡화상이란 mercer를 일컫는 말이다. 원래 mercer는 실크류를 전문적으로 취급하는 장사로 알려졌으나, 18세기 이전까지 다양한 종류의 직물과 채소, 청과, 잡화 등의 소매를 함께하던 소매상으로 보는 것이 옳다. 특히 이 당시 바스라는 지역에서는 grocer라는 말보다 mercer가 더 흔히 쓰이는 말이었던 것 같다. 예를 들어, Cheap Street에서 가게를 갖고 있던 mercer 피어스(John Pearce)가 취급하던 품목으로는 옷장식(trimmings), 베일(shrouds), 담배(tobacco), 파이프(tobacco pipes), 설탕(sugar)으로부터 화약(gunpowder)에 이르기까지 다양하였다. Chamberlain's Accounts (Bath Record Office).

77) Fewcett, "Late 17th-Century Shops in Bath" (unpublished paper, Bath Record Office, 1990)를 참조.

78) 이 당시 바스에서 발달한 조직적 여흥에 관하여서는 Heasim Sul, "The Tubs of Pleasure: Tudor and Stuart Spas", *The International Journal of the History of Sport*, Vol. 16을 참조.

## 5. 남겨진 과제: 근세 영국 도시의 정체성과 이미지

16세기 중반 영국에서 온천도시라는 특수한 도시군이 생겨나기 시작한 것은 종교개혁 후 사회 전반에 퍼져 나간 세속화의 한 결과물로 볼 수 있다. 그런데, 많은 온천도시 가운데 16, 17세기를 통틀어 바스 시가 단연 우월한 위치를 차지할 수 있었던 이유는 바스의 광천수 자체가 탁월했다기보다는 도시 자체가 이미 대표적 휴양도시로 전환될 수 있는 기본골격을 갖추고 있었기 때문이다. 즉, 바스는 이미 중세부터 도시로서의 형태와 구조를 갖추며 발전해 왔고, 견고한 도시 자치조직은 모직물업의 쇠퇴라는 위기의 상황에서 힘 있게 업종전환을 추진할 수 있는 구심체가 되었다. 따라서 근대 초 바스의 역사는 광천수의 발견으로 갑자기 도시가 생겨나는 기타 온천도시의 성장과정과는 매우 차별적인 독특한 것이기도 하다.

18세기 조성된 바스 로얄 크레센트(The Royal Crescent).

17세기 바스는 이미 영국에서 런던을 제외하고 가장 많은 고관대작을 만날 수 있는 곳이었고, 18세기 초 내시(Beau Nash)의 영입으로 훨씬 더 세련된 휴양지의 모습을 갖추게 되었다. 1524년 50대 지방도시에도 들지 못했던[79] 바스가 1801년 영국의 8번째 도시로 등장할 수 있었던 것은, 18세기 동안의 약진만이 아닌, 16, 17세기 동안의 성공적인 탈바꿈에 기초하는 것이다.

근세 영국 도시를 다루는 연구들 가운데 최근 주목할 만한 움직임은 도시의 정체성과 이미지를 다루는 시도들이다.[80] 특히 티틀러(Bob Tittler)와 같은 학자는, 종교개혁 후 지방도시의 엘리트들이 종교개혁 이전의 삶과 종교를 해체하기 위하여 어떻게 집단기억(collective memory)을 창출해 나갔는가를 고찰한다.[81] 도시의 역사, 의식, 건축이나 기타 조형물들을 통해 만들어지는 집단기억은 공동체의 새로운 정체성을 형성하고, 이러한 공동체 의식은 곧 국가라는 더 큰 규모의 정체성과 동일선상에 놓이게 된다는 것이다. 바스 시와 같이, 종교개혁 전후로 주산업을 획기적으로 전환해 나간 경우, 종교개혁 이전과 이후의 삶에 상당한 문화적 괴리가 발생하였으리라는 것은 쉽게 추측할 수 있다. 그렇다면, 바스와 같은 전환을 한 도시의 경우, 어떤 세력의 주도하에 어떻게 집단 정체성이 만들어졌는가의 과

---

79) Dyer, *Decline and Growth*, pp. 58-63의 표 참조.

80) 1998년 9월 베네치아에서 열린 유럽 도시사학회 국제학술대회(Cities in Europe: the 4th International Conference of the European Association of Urban Historians)에서는 특히 도시 정체성과 도시 이미지에 관한 연구들이 많이 발표되었다. 특히, The City and the Senses/ Comparative Study of Iconographical Representation of Urban Space/ Shaping Urban Identity in Late Medieval Europe in the Use of Space and Images/ Imagining the City와 같은 session들이 조직된 것들은 이런 움직임을 극명히 보여준다.

81) Bob Tittler, "Reformation, Political Culture and the Collective Memory in English Provincial Towns" (unpublished article, delivered in Pre-Modern Towns Group-Annual Conference, 18th Jan. 1997, Institute of Historical Research, London).

정을 살펴보는 것은 이 시대를 입체적으로 재구성할 수 있는 한 방법일 것이다. 특히, 이 과정은 오래전 토니(R. H. Tawney)가 제기한 종교개혁 후 사회 전반의 '세속화'라는 개념을 새로운 각도에서 다시 구체적으로 고찰해 볼 수 있는 방법이리라 생각된다. 그리고 바스와 같이 외부로부터의 방문객에 도시의 흥망이 걸린 휴양지는 도시민들이 자신들 도시에 대하여 어떤 이미지를 가졌었고, 그와는 별도로, 외부에 어떤 이미지로 보이고자 어떤 노력을 기울였는가를 고찰하는 것도 앞으로 연구되어야 할 흥미 있는 주제라고 생각된다.

4장

# 프랑스 근현대 도시사 연구의 발전과정과 특성

| 민유기 |

## 1. 도시사 연구의 필요성

"과거와 현재 사이의 명쾌한 관계는 진정으로 이중의 의미를 갖는다. 현재를 이해하지 못하는 것은 근본적으로 과거에 대한 무지에서 비롯된다. 그러나 현재에 대해 전혀 알지 못하고서 과거를 이해하고자 힘을 쏟아 붓는 것만큼 헛된 일은 아마도 없을 것이다."[1] 마르크 블로크(Marc Bloch)는 레지스탕스 활동에 참여하기 직전인 1941년 펴낸 저서에서, 이 같은 인용문처럼, 역사가 과거와 현재의 변증법적 시간 인식 하에서 이해된다는 것을 강조했다. 이런 입장은 이탈리아의 역사가 크로체(Benedetto Croce)가 '모든 역사는 현대사'라고 말하며 역사 서술이 언제나 역사가의 현재적 문

1) Marc Bloch, *Apologie pour l'histoire ou métier d'historien* (Paris, Armand Colin, 7e édition, 1974), p. 47.

제의식에서 비롯됨을 환기시킨 것과 동일하다.

삶의 환경에 대한 변화는 오늘날의 역사가에게 새로운 역사인식과 역사서술 방법의 필요성을 제기한다. 지구지역화(Glocalism)의 진전이 낳은 초국민국가(transnational)적 역사인식은 국민국가 단위의 역사서술과는 달리 국민 국가 내부의 지역(지방)이나 도시를 대상으로 하는 역사서술과 인접한 국민국가 간의 지역 공동체의 역사적 재구성 논의를 활성화시킨다. 보편사가 아니라 지구 전역을 대상으로 하는 세계사(world history)의 가능성, 환경생태사(Environmental and Ecological History)에 대한 관심도 고조되고 있다.

현재 삶의 환경 변화에 대한 이해에 기초한 역사가라면 도시사(Urban History) 연구의 중요성을 명확히 인식할 수 있을 것이다. 유엔 경제사회국의 조사에 따르면 지구에서 도시에 거주하는 인구는 1900년 13퍼센트, 1950년 29퍼센트, 2005년 49퍼센트이며, 2030년에는 60퍼센트가 될 정도로 도시화가 진행된다.[2] 도시공간은 시간과 더불어 형성되고 변화해간다. 따라서 도시에서의 삶에 대한 깊이 있는 인문적 접근을 위해서는 도시사 연구를 통해 과거를 성찰하고 미래를 전망할 필요성이 제기된다.

도시사는 미국과 유럽에서 20세기 중반에 역사학의 한 하위분야로 체계화되어 지금까지 발전해 왔다. 하지만 한국에서는 아직 도시사 연구가 활발하지 못한 실정이다. 서울 정도 600주년을 기념한 다채로운 행사가 전개된 1994년 이래 도시사 연구가 어느 정도 성과를 축적해 가고 있으나 서양 각국에 비해 아직 걸음마 수준에 불과하다고 할 수 있다. 따라서 서양 역사학계에서의 도시사가 어떻게 발전해왔는가를 살펴보는 것은 한국 도시사 연구의 방향성을 설정하는 데 도움이 될 것이다.

---

2) United Nations, Department of Economic and Social Affairs, World Urbanization Prospects: The 2005 Revision Population Database (UN, 2006).

도시사는 일반적으로 미국과 영국에서 발달한 것으로 알려졌다. 미국의 역사는 이주민의 정착지로서 도시가 형성되고 이것이 성장 발전해간 역사라 해도 과언이 아닐 것이다. 미국에서는 이미 1920~1930년대부터 시카고 학파라 불린 도시사회학자 그룹이 도시를 인간생태학(Human Ecology)이라 규정하며 도시화가 낳은 각종 사회문제에 학문적 관심을 표명하였다. 미국의 도시사 연구 또한 1930년대 말부터 시작되었다. 영국의 경우에도, 산업혁명의 근원지로서 18~19세기에 도시화가 가장 앞섰던 역사적 경험 때문에 20세기 들어 도시사 연구가 활발히 전개되었다. 서양 각국에서 도시사가 발전하게 된 것은 이 두 나라 도시사가들의 왕성한 활동에 힘입은 바 크며, 따라서 프랑스의 도시사 연구는 영국이나 미국보다 덜 발달하였다는 인상을 받기 십상이다. 하지만 서양에서 도시사가 1960~1970년대 체계화되고 1980~1990년대를 거쳐 크게 성장한 배경을 살펴보기 위해서는 프랑스의 도시사 연구의 발달과정을 검토해야만 한다. 이 시기 프랑스의 도시사 연구자들은 프랑스 역사학 연구의 전통을 계승하면서 사회사적 도시사 연구, 문화사적 혹은 역사인류학적(anthropologie historique) 도시사 연구를 활발히 진행해 세계적 차원에서 도시사의 전반적인 성장에 기여하였다.

이 글의 목적은 1960년대부터 오늘날까지 프랑스의 도시사 연구가 어떤 과정을 통해 발전해 왔는가를 고찰하면서 프랑스 도시사 연구의 주요 특성이 무엇인지, 앞으로 프랑스의 도시사 연구가 어떤 방향에서 전개될 것인지를 분석하는 데 있다. 이 글에서 다루는 시기에 축적된 프랑스 도시사 연구의 모든 성과물들을 다룬다는 것은 불가능할 것이다. 이 글에서는 대체로 관련 연구자들 사이에서 연구 테마나 방법론적 측면에서 사학사적으로 의미가 있다고 평가되는 성과물들에 집중할 것이다. 역사학의 새로운 영역이나 방법론의 등장에 대한 글이 연구동향에 대한 소개에 머무르지 않기 위해서는 등장 배경에 대한 시대적 맥락의 분석이 필요할 것이다. 따라서 프랑스 도시사의 발전을 낳은 사회적 환경과 지적 분위기를 함께 서술하면서 주요 도시사 성과물의 단순 나열에 그치지 않도록 할 것이다. 프랑스 도시사가나 사회사가들은 그간 도시사에 관한 몇 편의 사학사적 글들을 쓴 바 있다. 하지만 1960년대부터 오늘날까지의 도시사 발전과정에 대한 종합적 연구는 수행되지 않았다.[3)]

---

3) François Bédarida, "The growth of urban history in France: some methodological trends", in H. J. Dyos ed., *The Study of Urban History* (London, 1968), pp. 47-65. 프랑스 도시사에 관한 최초의 사학사적 논문이라는 의의를 지니지만 19세기 이래 도시의 역사 연구 흐름을 소개하며 이것과 구분되는 도시사가 영미에 뒤처져 있다고 언급한다. 아직 프랑스의 도시사 방법론이 체계화되기 전에 나온 논문으로 영미의 경향과 마찬가지로 프랑스에서도 도시사 연구가 활성화되리라는 전망을 제시한다. Daniel Roche, "Urban history in France: achievements, tendencies and objectives", *Urban History Yearbook* (1980), pp. 12-22. 18세기 전공자답게 1970년대 프랑스에서 등장한 17~18세기 장기지속적 도시사 연구의 성과를 소개한다. 다만 19~20세기 도시사에 대한 고민이 부족하다. François Bédarida, "The French approach to urban history. An assessment of recent methodological trends", in Derek Fraser, Anthony Sutcliffe, *The pursuit of Urban History* (London, Edward Arnold, 1983), pp. 395-406. 70년대 프랑스의 도시사 주요 성과들을 언급하고 있다. Bernard Lepetit, "La storia urbana in Francia, scenografia di uno spazio di ricerca", *Societa e Storia* (1984), pp. 639-666. 프랑스에서 도시사 방법론이 제기된 과정을 개괄하며 사회사를 보완하는 도시사가 아닌 도시사 자체의 논리를 강조한다. Rémi Baudoui, Alain Faure, Annie Fourcaut, Martine Morel, Danièle Voldman, "Ecrire une histoire contemporaine de l'urbain", *Vingtième siècle*, revue d'histoire, no. 27 (juillet-septembre, 1990), pp. 97-105. 19~20세기 도시사 연구의 필요성을 강조하며 도시의 역사, 도시사, 도시계획사의 구분 필요성을 제기한다. Bernard Lepetit, Jean-Luc Pinol, "France", in Richard Rodger, *European Urban History: Prospect and Retrospect* (London, Leicester University Press, 1993), pp. 76-108. 20세기 중반 프랑스 도시사 발전과정에 대한 가장 명확한 글이지만 연구경향과 성과 소개가 글이 작성되기 직전인 80년대까지로 제한된다. Jean-Luc Pinol, "L'histoire urbaine contemporaine en France", in Jean-Louis Biget et Jean-Claude Hervé, ed., *Panoramas urbains: situation de l'histoire des villes* (Fontenay/Saint-Cloud, E.N.S. Editions, 1995), pp. 209-232. 현대 도시사의 필요성을 강조하며 역사인류학적 도시사와 도시사의 종합적 방법론을 강조한다. Antoine Prost, "Une histoire urgente: le temps présent des villes", *Vingtième Siècle*, Revue d'histoire, no. 64 (octobre-décembre, 1999), pp. 121-126. 사학사적 정리나 비평보다는 도시화의 진전과 각종 도시문제의 대두라는 현실적 사회변화에 부응하는 현대 도시사

아래에서는 먼저 도시의 역사에 대한 전통적 연구들과 1960년대 말과 1970년대 초에 모색된 도시사 방법론에 대해 살펴보고, 사회사의 자극을 받은 도시사의 성장, 역사인류학적 도시사의 등장, 최근의 주요 연구 테마들을 차례대로 살펴볼 것이다. 역사서술의 중심적 방법론은 20세기 중반의 사회사에서 20세기 후반의 문화사로 옮겨갔으나 이것이 사회사적 연구가 더 이상 무의미하다거나 전적으로 쇠락하였음을 의미하지는 않는다. 도시사 연구는 거의 비슷한 시기에 사회사와 문화사의 영향을 받아들였고, 이 글에서 자세히 다루겠지만 사회사, 문화사뿐 아니라 정치사, 제도사, 경제사 등 기존 방법론을 유기적으로 종합하여 활용한다. 아래에서 도시사에 대한 사회사적 자극을 먼저 살펴보고 이어서 역사인류학적 도시사를 고찰하는 것은 역사연구 방법론의 대체적인 중심이동을 고려한 것이다.

## 2. 연구영역과 방법론으로서 도시사

도시사는 역사 연구의 한 영역(field)이자 방법론이다. 즉 도시를 역사 연구의 대상으로 삼는 것도 도시사이며, 기존 역사학 연구 방법론을 활용하면서 도시 공간의 경험적, 추상적, 표상적 논리를 염두에 두고 공간 자체를 역사의 주체이자 구조로 파악하는 방법론적 연구도 도시사이다. 필자는 2007년 펴낸 저서에서 이를 언급하였으나 도시사의 강조점을 방법론적인 측면에 두면서, 도시사가 도시적 특성에 대한 고민과 함께 등장하여 근현

---

연구 활성화의 시급함을 제기한다. Isabelle Backouche, "L'histoire urbaine en France. Nouvel objet, nouvelles approches", *Urban History Review, Revue d'histoire urbaine*, Vol. 32, (october, 2003), pp. 7-14. 1980~90년대 19~20세기 도시사 연구 경향을 소개한다. Annie Fourcaut, "L'histoire urbaine de la France contemporaine: Etat des lieux", *Histoire Urbaine*, no. 8 (décembre, 2003), pp. 171-185. 주로 20세기 도시사에 대한 개괄적 소개와 사료, 학제간 연구 필요성 등을 제기한다.

대사 연구에 집중되었다고 서술했다.[4]

이런 서술은 근현대 도시사에 비해 양적으로 질적으로 훨씬 앞선 고대와 중세 도시사 연구의 성과물을 높게 평가하지 않는 인상을 줄 수도 있다. 하지만 필자는 같은 책에서 고대, 특히 중세 도시사 연구의 축적된 결과물을 통해 20세기 중반에 근현대 도시사 연구의 방법론이 도출될 수 있었다고 언급한 바 있다. 아울러 필자는 근현대 도시사 연구에 사용된 사회사적, 문화사적 도시사방법론이 법제사적, 경제사적 접근을 하던 19세기 중반 이래 전통적인 고대와 중세 도시사 연구에 생동감을 제공해주었고, 궁극적으로 고대도시, 중세도시, 근현대도시라는 역사의 전통적 시기 구분을 뛰어넘어, 도시사를 역사학의 중요한 영역이자 방법론으로 자리매김하게 하였다고 파악한다.

프랑스의 현대도시를 연구하는 역사가 5명이 1990년에 공동 집필한 한 논고는 도시의 역사(histoire des villes), 도시사(histoire urbaine), 도시계획사(histoire de l' urbanisme)를 구분할 것을 제안한다.[5] 도시의 역사는 특정 도시의 일대기(City Biography)로서 모노그래프 형태로 서술된다. 도시사는 인구, 경제사, 사회 변동, 망탈리테(mentalités),[6] 사회성, 문화의 제반 형태 등을 도시라는 공간 내에서 파악하면서 도시 공간 자체를 역사적 주체이자 구조로 파악한다. 도시계획사는 도시계획의 현실적 적용을 평가하면서 도시 성장에 크게 이바지한 주요 정비 과정과 계획을 시간의 흐름과 더불어

4) 민유기, 『도시이론과 프랑스 도시사 연구』 (서울, 심산출판사), 22쪽.

5) Rémi Baudoui, Alain Faure, Annie Fourcaut, Martine Morel, Danièle Voldman, "Ecrire une histoire contemporaine de l' urbain", pp. 99-100.

6) 망탈리테사란 용어는 흔히 심성사로 번역되지만 주명철은 이 용어가 망탈리테의 의미를 정확히 전달하지 못한다는 문제제기와 더불어 집단정신 자세의 역사란 번역어를 사용한다. 필자는 망탈리테에 대한 올바른 번역어를 찾기 어렵다고 생각하며 그간 여러 연구자들의 많은 소개를 통해 망탈리테사의 의미에 대한 이해가 어느 정도 일반화되었다고 판단해 원어 그대로 표기하고자 한다.

분석한다. 물론 이들 세 영역은 방법론이나 핵심적인 분석의 초점에서 상호 구분되지만 모두 역사연구의 영역으로서 도시사에 포함된다고 말할 수도 있다.

19세기부터의 고대와 중세 도시사 연구들은 도시의 역사 성격이 강했지만, 20세기 중반 이후 도시사 방법론을 적용하는 고대와 중세 도시사 연구도 많아졌다. 2000년에 출범한 '프랑스 도시사학회(Société Fançaise d' histoire urbaine)'가 발행하는 잡지 『도시사(*Histoire urbaine*)』는 고대도시부터 현대도시까지 연구 시기가 다양한 도시사 논문들을 싣고 있다. 도시계획사 역시 마찬가지이다. 공간에 대한 역사적 관심을 촉구한 도시사 방법론의 도출과정에는 공간을 구상하고 조직하고 결과를 평가하는 도시계획사 연구 성과가 큰 도움이 되었다. 1960~1970년대 영미의 도시사 잡지에는 꽤 많은 도시계획사적 논문들이 실려 있다. 하지만 최근 도시사 관련 주요 국가의 잡지들에 게재된 도시계획 관련 연구는 도시계획의 내적인 논리보다 사회문화적 환경이라는 외부적 요인을 강조하거나, 내적 논리와 외부 환경적 요인을 결합시킨다. 도시계획의 내적 논리를 강조하는 연구자들은 도시사가 체계화되는 시기인 1970년대부터 자체 연구 집단과 영역을 마련하였다. 1974년 영국에서 결성된 '도시계획사 연구회(Planning History Group)'는 1993년에 '국제도시계획사학회(International Planning History Society)'로 확대되어 활동하고 있다.[7)]

프랑스에서 도시에 대한 역사적 탐구는 19세기에 시작된다. 퓌스텔 드 쿨랑주(Fustel de Coulanges)처럼 고대도시의 제도와 문화를 분석한 연구도 있었지만, 주로 중세사가들이 근대 자본주의 사회를 잉태하고 발전시킨 장소, 즉 벨기에의 역사가 앙리 피렌(Henri Pirenne)이 '봉건사회의 섬들'이라 부른 중세도시의 정치적 경제적 특성을 파악하기 위해 노력했다.[8)] 1929년

7) www.planninghistory.org

에 『사회경제사연보』란 제호로 창간한 아날(Annales)지는 1930년대 중반부터 중세사가 에스피나(Georges Espinas)의 주도 아래 도시사란 항목을 통해 중세도시들의 기원과 성장과정에 대한 다양한 논문을 실었다. 중세도시에 대한 탐구는 도시사 영역의 선구적인 연구였지만, 중세도시의 정치적 자율권이나 경제활동에 대한 법제사적, 경제사적 연구에 집중되었다. 따라서 도시공간 자체를 역사적 행위의 주체이자 구조로 변증법적으로 파악하고자 하는 20세기 중반 이래 도시사 연구의 기본적 방법론과는 일정한 거리감이 존재했다.

특정 도시의 탄생, 성장, 변화를 다루는 도시의 역사 서술은 19세기 내내 활발했다. 프랑스의 경우 19세기는 '지방사의 황금기'라 불릴 정도로 수많은 지방사 연구가 이루어졌고,[9] 그 결과물들은 지방의 역사나 도시의 역사로 출판되었다. 19세기 내내 지방의 엘리트들은 프랑스 혁명기에 강화된 중앙집권에도 불구하고 각 지방에서 정치경제적, 사회문화적 영향력을 행사했으며 삶의 공간으로서 지방과 중소도시의 역사 연구와 서술을 후원하였다. 도시(ville) 자체와 구분되는 도시적인 것(urbaine)의 개념은 19세기 급격한 도시화가 낳은 사회적 문화적 구조 변동과 이것이 인간 삶에 미친 변화를 설명하고자 했던 20세기 초반의 학문적 고민 속에서 일반화되었다. 이후 도시적인 특성에 대한 역사적 분석을 위해 1960년대 말과 1970년대 초에 도시사의 방법론이 모색되었다.

---

8) Fustel de Coulanges, *La Cité antique, étude sur le culte, le droit, les institutions de la Grèce et de Rome* (Paris, Durand, 1864), 김응종 옮김, 『고대도시: 그리스 로마의 신앙, 법, 제도에 대한 연구』 (서울, 아카넷, 2000). Henri Pirenne, *Les villes et les institutions urbianes* (Paris, Bruxelle, 1939), 강일휴 옮김, 『중세 유럽의 도시』 (서울, 신서원, 1997).

9) Pierre Goubert, "Local History", Daedalus, *Journal of the American Academy of Arts and Sciences* (Winter, 1971), pp. 113-132 ; 신상용 역, 「지방사란 무엇인가」, 『지방사와 지방문화』, 1집 (1998), 167-186쪽.

파리의 기원인 센 강의 시테섬 주위의 중세 지도.

도시사 방법론은 도시의 역사와 관련하여 오랫동안 축적된 성과물 위에서 제기되었다. 1955년 로마에서 개최된 '제10회 세계 역사학대회(The Tenth International Congress of the Historical Sciences)'에서는 처음으로 국제적인 도시사 연구 그룹이 결성되었다. 이 그룹에 참여했던 프랑스 역사가들은 1967년에 755페이지에 달하는 기념비적 도시의 역사 참고문헌집을 출판했다.[10] 이 참고문헌집은 툴루즈(Toulouse) 대학의 '프랑스 남부지방 연구소(Institut d' histoire méridionale)'의 후원으로 간행되었다. 이 참고문헌집은 1962년에 인구 1만 5천 명 이상이 거주하고, 1801년에 인구 5천 명 이상이 거주했던 311개 도시에 대한 19세기와 20세기 전반기의 지방사 및 도시의 역사 연구결과물 1만여 개를 정리하였다.

이를 통해 알 수 있듯이 1960년대까지 프랑스에서의 도시에 대한 역사적

---

10) Philippe Dollinger, Philippe Wolff, *Bibliographie d' histoire des villes de France* (Paris, Klincksieck, 1967).

탐구는 도시의 기원 및 성장에 대한 연구가 주류였다. 당시 미국과 영국에서 도시의 역사를 벗어나 도시적 특성과 관련된 테마별 연구로서의 도시사에 대한 고민이 본격화된 것과 비교해 볼 때, 프랑스에서 도시사에 대한 문제의식은 조금 뒤처져있었다. 현대사가인 프랑수와 베다리다(François Bédarida)는, 영국 도시사 방법론을 체계화하기 위해 노력했던 디오스(H. J. Dyos)가 1968년에 영어로 편집 출판한 『도시사 연구』에서, 프랑스의 도시사 연구가 미국이나 영국에 비해 뒤처져있다고 지적한다.[11] 이는 새롭게 도시사 방법론을 확립해가던 영미의 분위기가 프랑스에 등장하지 못한 것을 의미하지, 역사 연구의 영역으로서 도시에 대한 탐구가 뒤처져있다는 것을 의미하지는 않는다.

사실 프랑스의 도시화는 영국에 비해 늦었다. 영국에서는 1851년에 도시 거주 인구가 농촌 거주 인구를 넘어섰다.[12] 반면에 프랑스에서 도시에 거주하는 인구가 전체 국민의 50퍼센트를 넘은 것은 프랑스국립인구학연구소(Institut National Etudes Démographiques＝INED)의 통계에 따르면 1931년이 처음이다. 1870년 보불전쟁의 패배로 수립되어 제2차 세계대전으로 몰락한 제3공화정은 주된 지지층을 농촌지역에서 확보하면서 농촌에 기반을 둔 소규모 생산자들의 공화정을 유지하려 했다. 19세기 중반 이래로 도시 인구가 빠른 속도로 증가한 곳은 파리가 유일했다. 프랑스에서 도시 인구는 1960년대까지 전체 인구의 60퍼센트 수준이었고 1970년대 들어서야 70퍼센트를 넘어서게 되었다.[13] 전후 복구과정에서 고도의 경제성장을 기록한 1945년부터 1970년대 중반까지 소위 '영광의 30년' 기간에 진행된 도시정

11) François Bédarida, "The growth of urban history in France: some methodological trends".

12) E. J. Hobsbawm, *Industry and Empire* (New York, 1968), pp. 157-158.

13) www.ined.fr/fichier/t_telechargement/8790/telechargement_fichier_fr_t.l.chargemen.xls

비가 이런 상황을 만들어냈다.

프랑스에서 도시사 연구의 전환점으로 평가되는 것은 1960년대 말과 1970년대 초이다. 본격적인 시작을 알리는 것은 1970년에 『아날: 경제, 사회, 문명(*Annales E.S.C*)』이 '역사와 도시화' 라는 특집호를 발행하면서부터다.[14] 여기에는 고대와 중세 중국의 도시, 동남아시아의 도시, 아프리카, 아메리카, 소련의 도시화 모델에 관한 논문들과 프랑스 중세부터 현대까지의 도시화에 관한 논문들이 게재되었다. 프랑스의 도시화에 관한 논문의 저자들에는 이미 국제적 명성을 얻고 있었던 르 고프(Jacques Le Goff), 르 루아 라뒤리(Emmanuel Le Roy Ladurie)를 비롯해 유명 건축사학자 쇼에(Française Choay), 에스파냐 출신의 젊은 도시사회학자 카스텔(Manuel Castells)이 포함되었다.

이 특집호에서 도시는 역사가 전개된 배경 공간이 아니라 사회적 관계에 영향을 미칠 수 있는 환경으로 제시되었다. 이는 도시화가 프랑스인의 삶의 환경을 변모시켜 가던 20세기 중반의 사회적 변화에 대한 이해에 기반한 것이었다. 특집호가 나오기 2년 전인 1968년 아날지에는 장-클로드 페로(Jean-Claude Perrot)의 「18세기 도시들과 사회적 관계들」이란 논문이 실렸다. 이 논문은 도시에 대한 역사적 탐구의 방법이 공간과 관련된 사회적 관계들을 탐구하는 것이 되어야 한다고 강조한다.[15] 제라드 자크메(Gérard Jacquemet)는 1975년 아날에 실은 논문에서 파리의 대표적인 노동자 밀집 구역인 벨빌(Belleville)의 공간 변화를 통해 파리의 도시 성장을 고찰했다. 그는 공간의 조직과 성장, 활용 방식에 초점을 맞춘 방법론적 혁신을 보여주었다.[16] 도시의 일대기 서술에서 도시 공간에서의 사회적 관계에 대한 강

---

14) *Annales Economies, Société, Civilisations*, année 25, no. 4, numéro spécial (1970).

15) Jean-Claude Perrot, "Rapports sociaux et villes au XVIII$^{e}$ siècle", *Annales Economies, Société, Civilisations*, no. 1 (1968), pp. 241-268.

조로의 전환, 공간 자체의 논리에 대한 강조로의 전환은 1960년대 말과 1970년대 초에 프랑스에서 도시의 역사 서술 방식과 구분되는 사회사적 도시사, 그리고 도시사의 방법론적 기초가 확립되었음을 보여준다.

## 3. 도시사에 대한 사회사의 자극

도시사는 무엇보다 먼저 프랑스 역사학 전통에서 중시된 인구사 혹은 역사인구학으로부터 일부 영향을 받았다. 이 영향을 살펴보기 위해서 모리스 가르덩(Maurice Garden)을 언급해야 할 것 같다. 그는 18세기 인구사 전공자로 1969년에 18세기 리옹의 인구사로 박사학위를 받았다. 이후 장기적인 인구변동 과정을 연구하면서 19~20세기 이민과 도시 인구집중, 도시화 과정, 출산과 사망 문제에 관심을 보였다.[17] 그는 1988년에 나온 전 4권의 『프랑스 인구사』의 공동 편집자 가운데 한 명이었으며, 1980년대 리옹II대학에서 이브 르캥(Yves Lequin)과 더불어 도시사 연구를 활발히 진행했다. 인구사 연구자들은 이후 도시사 연구자들에게 도시민의 결혼, 출산, 사망, 이민, 전염병 등에 대한 관심을 기울이게 했다.

도시사의 방법론 모색에 있어서 인구사 보다 훨씬 중요한 영향력을 행사한 것은 사회사이다. 사회사는 소위 '사건사(histoire événementielle)'에 대한 반대명제로서 1929년 아날 창간과 더불어 시작되었다.[18] 아날의 창시자

16) Gérard Jacquemet, "Belleville aux XIX^e^ et XX^e^ siècles: une méthode d'analyse de la croissance urbaine à Paris", *Annales Economies, Société, Civilisations*, no. 4 (1975), pp. 819-843.

17) Maurice Garden, *Lyon et les Lyonnais au XVIII^e^ siècle*, Thèse, Univ. de Lyon (1969), (Paris, Les Belles-Lettres, 1970; Paris, Flammarion, 1975). Jacques Dupâquier, Alain Drouard, Maurice Garden, dir., *Histoire de la population française*, Vol. 4 (Paris, PUF, 1988).

들은 역사해석이 사건들이 아니라 사회집단들(groupes sociaux) 사이의 상호작용에, 그리고 역사적 변화를 추동하는 기초이자 변화의 결과물인 비가시적인 구조에 집중되어야 함을 강조했다. 아날 창시자들을 직접적으로 계승한 이는 브로델(Fernand Braudel)이었지만, 20세기 중반에 사회사가 역사학의 주된 흐름이 된 데에는 라브루스(Ernest Labrousse)의 영향이 컸다.

라브루스는 1945년에 소르본대학의 사회경제사 주임교수로 취임했다. 이 자리는 레지스탕스 활동을 하다 1944년 3월에 게슈타포에 의해 체포되고 같은 해 6월에 처형된 블로크의 자리였다. 라브루스는 역사이해의 중요한 개념으로 사회집단을 강조했다. 그에게 사회집단은 "법률적, 제도적 특성들에 의해서가 아니라 경제적 생산관계 내에서 차지하는 객관적 위치", 즉 '계급적 속성'에 의해 규정된다. 역사 연구에 마르크스주의를 적극적으로 수용하여 경제적 측면을 중시했던 그는 "사회계급들을 매개로 한 정치의 사회사, 그리고 궁극적으로는 사회의 경제사를 통해 전체사(histoire totale)로서의 전망을 제시"하기를 원했다.[19]

라브루스적 사회사 연구는 1960년대 절정에 달했으나 1968년을 기점으로 위기감에 휩싸이게 된다. 1950～1960년대 동유럽 사회주의 국가의 동요

---

18) 프랑스 사회사와 아날학파는 우리 학계에 꽤 많이 소개되었다. 여기서는 꼭 언급돼야 한다고 판단되는 논문 한 편을 소개한다. 이용재, 「프랑스 노동사 연구의 전개와 현황」, 『프랑스사 연구』, 1호 (1999), 165-199쪽. 이 논문은 제목처럼 프랑스의 노동사 연구에 대한 사학사적 소개와 분석을 하고 있으며, 논문의 저자가 논문을 시작하자마자 밝히듯이 현대사가 앙투안 프로(A. Prost)의 논문 "L' histoire ouvrière en France aujourd' hui", *Histoirens & Géographes*, no. 350 (octobre, 1995)에 많은 시사를 받은 것이다. 하지만 '사회사로서의 노동사' 라는 장에서 프랑스 사회사의 커다란 흐름이었던 라브루스 사학의 성립과 쇠퇴에 대해 자세한 고찰을 하고 있다. 이 글에서 라브루스적 사회사에 대한 설명은 이용재와 프로의 논문에서 서술된 내용 일부가 필자의 20세기 프랑스 사학사에 대한 지식과 함께 정리한 것이다. 직접 인용할 경우 출처를 밝힐 것이다.

19) 이용재, 「프랑스 노동사 연구의 전개와 현황」, 174-175쪽.

와 소련 사회 내부에서 제기된 과거 스탈린 체제에 대한 비판, 프랑스 공산당의 침체는 계급과 경제에 중심을 둔 마르크스주의적 역사해석에 대한 열정을 약화시켰다. 또한 1968년 5월이라는 거대한 사회적 움직임이 계급 중심적이거나 경제적 요구에서 비롯된 것이 아니라 문화와 가치체계, 일상생활의 차원에서 촉발된 것도 경제결정론적 사관에 회의를 품게 하였다. 1970년대의 사회사가들은 경제적 측면을 중시한 라브루스적 관점을 완전히 포기하지는 않으면서도 사회적 맥락, 정치적 과정, 문화적 현상 등에 새롭게 눈을 돌리게 되었다. 이러한 새로운 사회사는 계급을 경제적 토대에 의해 선험적으로 주어진 것으로 파악하지 않고 사회 문화적 맥락 속에서 경험을 통해 구성되는 것으로 파악한다.

20세기 후반에 사회사, 문화사, 노동사, 여성사 등의 분야에서 탁월한 성과를 거둔 미셸 페로(Michelle Perrot)의 동갑내기 남편인 장-클로드 페로는 삶의 동반자가 얻은 국제적 명망에 비해 덜 알려졌지만 도시사 연구자들에겐 프랑스 도시사의 개척자로 높게 평가된다. 1968년 아날지에 실린, 위에서 언급한 그의 논문은 경제적 구조에 갇힌 수동적 주체가 아니라 구조에 영향을 받으면서 동시에 구조를 만들어가는 능동적 역사행위자들의 사회적 관계를 18세기 도시 공간에서 분석하는 것이었다. 그는 라브루스적 한계를 극복하면서 "사회사 서술의 막다른 골목에서 벗어나기 위한 방법으로 도시사"를 구상했다.[20] 왜냐하면 도시라는 삶의 공간과 환경 속에서만이 사회적 관계들이 만들어가는 사회문화적 실천과 정치적 과정을 보다 구체적으로 고찰할 수 있기 때문이다.

1970~1980년대 라브루스적 사회경제사가 도달한 막다른 길에서 벗어나려 했던 사회사 연구자들 가운데 일부는 장-클로드 페로의 희망처럼 도시사 연구를 본격적으로 시작하였다. 도시사로 방향을 선회하지 않은 사회

20) Bernard Lepetit, Jean-Luc Pinol, "France", p. 84.

사가들도 도시와 관련된 사회문화사적 연구들을 진행했다. 이들은 도시 공간을 여전히 사회적 문화적 현상들이 발생한 무대로 바라보았지만, 근현대 도시를 역사적 탐구의 주요 대상에 포함하면서 도시사 영역의 확장에 기여하였다.

프랑스의 도시사 방법론의 첫 번째 특징은 전체사적 입장이다. 하지만 이것이 라브루스나 브로델식의 전체사를 의미하지는 않는다. 라브루스의 전체사는 "경제사, 사회사, 정치사의 유기적인 통합과 인과적인 계서화를 요구하며, 사회 전체에 대한 통합적인 전망을 제시"하고자 하는 것으로 경제적 토대에 무게중심을 둔다.[21] 브로델의 전체사는 지리적 측면과 문화적 양상까지를 포괄하는 문명사적 전체사를 지향한다. 도시사가들은 도시라는 공간을 하나의 작은 우주로 상정하며 도시의 내부에서 전개된, 그리고 도시의 내부가 외부와 관계를 맺으며 전개된 모든 역사적 행위들, 정치 · 경제 · 사회 · 문화의 제반 양상들을 종합적으로 고찰하기를 원했다. 로쉬(Daniel Roche)는 1978년에 르 고프가 편집한 『새로운 역사』에 '도시' 항목을 집필하면서 도시를 "문명의 복수적 발전과정이 제기하는 모든 문제들을 한데 모아 놓은" 곳으로 규정했다.[22]

따라서 도시사 연구는 제도사, 정치사, 경제사, 사회사, 계량사, 문화사 등등 역사학의 다양한 방법론들을 유기적으로 결합시키며, 이것이 도시사 방법론의 두 번째 특징이다. 다양한 방법들을 상호 침투시키고 결합시키는 접착제는 당연히 공간에 대한 고려이다. 사회사의 영향을 강하게 받은 도시사 연구가 도시 공간에서의 사회적 관계들, 사회적 긴장과 갈등, 공간의 사회적 활용 등에 우선적으로 주목하더라도 정치 · 경제 · 문화적 요소가

---

21) 이용재, 「프랑스 노동사 연구의 전개와 현황」, 178쪽.

22) Daniel Roche, "Ville", in Jacques Le Goff, ed., *La nouvelle histoire* (Paris, Retz CEPL, 1978), pp. 560-570.

무시되거나 어떤 한 요소가 결정론적인 위치를 차지하지는 않는다. 아래에서 구체적으로 살펴보겠지만 사회경제사의 쇠퇴와 동시간대에 등장한 문화사 혹은 역사인류학의 영향을 강하게 받은 도시사 연구들도 도시문화, 공간의 문화적 상징과 표상 등에 집중하더라도 정치 · 경제 · 사회적 요소를 무시하지 않는다.

도시사 방법론의 세 번째 특징은 학제적 성격의 강조이다. 도시사가들은 도시에 대한 기존 다른 학문 분과의 성과들을 적극적으로 수용한다. 학제적 연구는 아날로 대표되는 20세기 프랑스 역사학의 중요한 전통 가운데 하나이다. 도시사가들은 학제적 전통을 주제와 방법론의 확대에 활용한다. 이는 프랑스에서 도시사 방법론에 대한 고민이 시작될 때부터 도시화에 대한 도시사회학자 앙리 르페브르(Henri Lefebvre), 카스텔 등의 연구 성과를 능동적으로 받아들였기 때문이다.[23] 현대 도시사의 경우 도시사회학, 도시계획학, 도시지리학, 도시행정학, 도시디자인, 기호학 분야의 성과를 받아들여 그간 역사학이 관계 맺었던 사회학, 정치학, 심리학 등의 분야에서 더욱 확대된 학제성을 지향한다. 학제성을 지향한다고 해서 도시 관련 학문

---

23) 앙리 르페브르는 1962년에 스트라스부르(Strasbourg)대학의 사회학 교수로 부임했다가 1965년에 현재 파리X대학인 낭테르(Nanterre)로 옮겨 1960년대 도시화가 활발히 진행된 파리 교외지역의 도시환경 변화와 도시공간에서의 사회적 불평등 문제에 천착하기 시작했다. 그는 1968년부터 1974년 사이에 『도시에서의 권리』, 『도시혁명』, 『공간의 생산』 등의 저작들을 집필하여 도시공간에 작동하는 자본주의 논리를 비판하였고 새로운 사회운동으로서 도시사회운동의 필요성을 제기하였다. 르페브르의 제자였던 카스텔은 스승의 사상을 비판적으로 수용하여 정교하게 가다듬으며 1973년에 『도시문제』를 출간해 방법론적 모색을 해가던 도시사 연구자들에게 큰 도움을 주었다. 르페브르는 1968년 5월운동을 시작한 낭테르대학의 학생들에게 커다란 지적 영향력을 발휘하였고, 카스텔은 직접 이 운동에 가담했었다. Henri Lefebvre, *Le droit à la ville* (Paris, Anthropos, 1968); *La révolution urbaine* (Paris, Gallimard, 1970); *La production de l'espace* (Paris, Anthropos, 1974). Manuel Castells, *La question urbaine* (Paris, F. Maspero, 1973). 르페브르와 카스텔의 도시공간이론에 대해서는 다음을 참고하라. 민유기, 『도시이론과 프랑스 도시사 연구』, 87-103쪽.

의 모든 것을 수용하는 것은 아니다. 도시사 연구는 도시에 관련된 공학적 연구를 수용하면서도 이들 분야에서 도시를 활력이 없는 것으로 간주하는 것을 거부한다. 공간적 차원을 강조하더라도 이 공간은 역사를 만들어가는, 살아 숨 쉬고 움직이는 인간의 공간이기 때문이다.

다시 장-클로드 페로로 돌아가 보자. 그의 1973년 박사논문은 1975년에 『한 근대도시의 기원: 18세기 캉』이란 표제로 출판되었다. 여기서 그는 발터 벤야민(Walter Benjamin)과 마찬가지로 도시를 '시간의 저장고'라고 규정하며 근대적 도시 성장에 영향을 미친 정치 · 제도 · 상업 · 문화 등을 종합적으로 분석한다.[24)] 이는 근대도시의 공간적 특성의 제반 요소들을 종합적으로 탐구한 도시사 논문으로 프랑스에서 도시의 역사에서 도시사로의 전환을 상징적으로 보여주는 대표적 연구 가운데 하나이다. 그는 18세기 캉이 지닌 다양한 양상들을 병렬적으로 나열하는 서술방식을 택하지 않았다. 그는 인구 · 경제 · 사회 · 문화 등 도시사를 구획하는 영역들을 단순히 나열하게 되면 도시사가 파국으로 치닫게 될 것이라고 말한다. 또한 사료 자체가 보여주지 못하는 도시적 특성을 규명하기 위한 사료들의 효과적인 조합의 중요성을 환기시킨다.

1970년대 나온 도시사의 주요 성과로는 19세기 중반 오스만화(Haussmannisation)라는 파리의 공간적 변화를 다룬 잔느 가이아르(Jeanne Gaillard)의 1975년 파리X대학 박사논문이 있다. 가이아르는 이 논문에서 파리의 도시 정비와 팽창의 배경, 토지 가격의 변화, 집주인과 세입자들의 갈등관계와 집세 상승, 파리로의 이주자와 도시 빈민의 삶의 형태, 학교와 구호소들, 상업과 산업 등을 종합적으로 다루고 있다. 19세기 중반 파리의 경제 · 사회 · 문화적 양상들을 종합하지만 초점은 공간 형태와 도시에서의

---

24) Jean-Claude Perrot, *Genèse d'une ville moderne: Caen au XVIII^e^ siècle*, Vol. 2 (Paris, Mouton, 1975), p. 553.

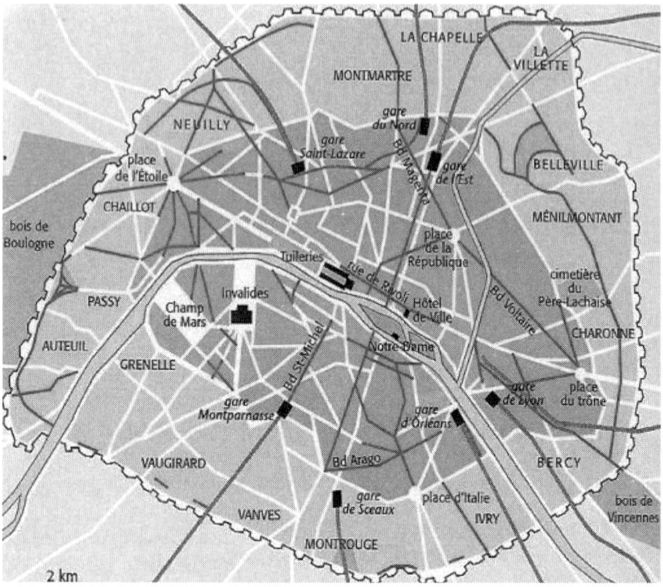


오스만화로 인한 대로정비와 파리의 확장. 가운데 짙은 부분이 18세기부터 1860년까지의 파리시 영역이다.

삶의 환경 변화에 맞추어진다. 제라르 자크메의 1979년 파리IV대학 박사논문으로 사후에 출판된 『19세기의 벨빌: 주변 소읍에서 도시로』는 파리의 가장 대표적인 민중 구역인 벨빌 구역이 19세기의 도시화 과정에서 어떠한 공간적 변화를 겪었는지, 이러한 변화가 이 구역에 사는 노동자들에게 정치 · 경제 · 사회 · 문화적 차원에서 어떤 영향력을 미쳤는지를 분석한다.[25]

1980년대와 1990년대 초반에 나온 도시사 연구의 대표적 성과물로는 장-클로드 페로의 제자로 18세기 중반부터 19세기 중반까지 프랑스 도시의

25) Jacques Rougeie, *Paris libre 1871* (Paris, Seuil, 1971). Jeanne Gaillard, *Paris, la ville 1852-1870*, Thèse. Univ. de Paris X (1975), (Paris, Harmattan, 1997). Gérard Jacquemet, *Belleville au XIX$^{e}$ siècle : du faubourg à la ville*, Thèse. Univ. de Paris IV (1979), (Vol. 2, Paris, Editions de EHESS, 1984). 자크메는 벨빌에 대한 박사논문으로 장래가 기대되는 도시사가라는 평가를 받았으나 1980년에 사고로 사망하였다.

성장 과정을 연구한 베르나르 르프티(Bernard Lepetit)의 1987년 파리I대학 박사논문이 있다.[26] 그는 프랑스의 여러 근대도시의 성장을 야기한 제반 요소를 종합적으로 고찰하였다. 여기까지는 캉을 연구한 그의 스승과 비슷하다. 하지만 그는 공간 조직 및 구성과 관련된 추상적 공간 개념이 실제 도시화 과정에서 어떻게 작용하고 실현되었는지에 더 많은 관심을 기울였다. 즉, 그는 도시공간을 사회집단이나 사회관계가 표출된 곳으로 보는 사회사적 시각의 도시사가 아니라 공간적 속성에 초점을 맞추는 도시사를 서술하였다. 이브 르캥의 제자인 장-뤽 피놀(Jean-Luc Pinol)은 1989년 리옹II대학 박사논문에서 19세기 말부터 제2차 세계대전까지 리옹의 도시 구조와 공간의 사회적 기능이 사회적 정치적 변화에 미친 영향력을 분석하였다.[27]

1970년대 역사가들은 직 · 간접적으로 브로델의 장기지속 개념을 수용하였다. 사회경제사가 폴 베로크(Paul Bairoch)는 1970년대 중반에 5세기에서 20세기까지 도시인구의 변화과정을 분석하면서 장기적인 도시화 과정을 고찰했다.[28] 1980년에 로쉬가 쓴 도시사 관련 사학사 논문은 1970년대 후반부터 도시사 연구가 서서히 장기지속이란 개념에서 벗어나고 있다고 논평한다.[29] 이는 19~20세기 도시사 연구가 본격화되었음을 의미한다. 19~20세기의 연구자들은 대혁명 이후 빠른 정치체제의 변화과정 때문에 장기지속이란 개념을 시간이해에 대한 방법론적 도구로 적절하게 사용할 수 없

---

26) Bernard Lepetit, *Armature urbaine et organisation de l'espace dans la France préindustrielle 1740-1840*, Thèse. Univ. de Paris I (1987), *Les villes dans la France moderne 1740-1840* (Paris, Albin Michel, 1988).

27) Jean-Luc Pinol, *Mobilités et immobilismes d'une grande ville: Lyon de la fin du XIX^e^ siècle à la Seconde Guerre mondiale*, Thèse de Univ. de Lyon II (1989), *Les mobilités de la grande ville. Lyon fin du XIX^e^- début XX^e^ siècle* (Paris, PFNSP, 1991).

28) Paul Bairoch, *Démographie urbaine: XV^e^-XX^e^ siècle* (Lyon, PUL, 1977).

29) Daniel Roche, "Urban history in France: achievements, tendencies and objectives", p. 12.

었다. 위에서 언급한 가이아르, 자크메, 피놀의 도시사 박사논문이 이를 보여준다.

라부르스 사회사의 쇠퇴 속에서 도시사 뿐만 아니라 사회문화사 연구도 본격적으로 시작되었다. 1970년대에 19~20세기를 연구하는 사회사가들은 이전 세대의 역사가들처럼 노동조합 투쟁사나 사회주의 정당의 역사에 매달리지 않았다. 대신 이들은 계급의식의 형성과정에 미친 사회적 문화적 일상생활에 천착하였고, 사회문화사적 도시사 연구는 이런 고민을 담아내기에 적합했다. 모리스 아귈롱(Maurice Agulhon), 이브 르캥 등 대표적인 사회사가들이 도시문제에 관심을 기울이면서 산업화 시기 도시 공간과 사회적 갈등의 상관성이 강조되기 시작했다.[30)]

이런 분위기 아래서 젊은 근현대사를 연구자들은 19~20세기 도시공간을 산업자본주의 발달의 성과와 모순이 가시적으로 등장한 흥미로운 연구의 대상으로 주목하였다. 이들은 19~20세기 도시를 탐구하면서 경제를 역사이해의 결정적 준거가 아닐지라도 여전히 고려되어야 할 것으로 받아들였다. 하지만 경제적 요인을 고려하면서 사회문화적 측면을 동시에 파악하는 유연성을 견지한 채 사회문화사적 도시 연구를 수행했다. 그 결과물들은 1980년대와 1990년대 중반까지 쏟아져 나왔다. 이 시기에 나온 19세기 후반과 20세기 초반 도시에 대한 연구는 노동운동사의 부족한 부분을 메워주는 연구에 집중되었다.

이들 연구는 대체로 산업도시나 대도시 근교의 노동자 도시들 가운데 정치적으로 좌파 정당이 시의 정치적 권력을 장악한 '붉은 도시(ville rouge)', 대도시에서의 이민 노동자 문제, 노동자 구역에서의 일상생활과 계급의식,

---

30) Maurice Agulhon, *Une ville ouvrière au temps du socialisme utopique: Toulon de 1815 à 1851* (Paris, Mouton, 1970). Yves Lequin, *Les ouvriers de la région lyonnaise 1848-1914* (Lyon, PUL, 1977).

대도시의 공간 구조와 노동자들의 사회운동 등에 집중되었다. 브뤼네(Jean-Paul Brunet)는 파리를 감싸는 적색도시들 가운데 하나였던 생-드니(Saint-Denis)를, 아니 푸르코(Annie Fourcaut)는 보비니(Bobigny)를 분석했다. 프레(J. P. Frey)는 프랑스 중부의 산업도시 르크레조(Le Creusot)에서의 계층별 공간 분화(ségrégration)를, 뷔르디(Jean-Paul Burdy)는 중부의 산업도시 생-테티엔(Saint-Etienne) 노동자 구역에서의 일상생활을, 에밀 티미므(Emile Temime)는 마르세유 이민 노동자들의 역사를 도시의 성장과 변화 속에서 고찰했다.[31)]

20세기 후반 대도시 외곽 주변부에 산재한 판자촌(bidonville) 지역의 열악한 환경과 폭력적 소요 등은 도시사 연구자들을 대도시의 교외지역(banlieue) 연구로 이끌었다. 사실 교외지역은 미국의 도시사 연구에서 20세기 초반기부터 주목을 받은 테마였다. 미국에서 교외는 백인 중산층의 집단적이고 폐쇄적인 주거지역으로 계획적으로 형성 발전하였다. 그러나 프랑스의 교외는 산업화 시기 이래로 빈곤한 국내외 이민 노동자들에 의해 규모가 성장하였다. 특히 파리의 교외지역은 혁명적 사회운동의 배양소이자 근거지였다. 1980년대 중반부터 도시사와 사회사 연구자들, 그리고 사회과학 분야에서의 도시 연구자들은 단독 혹은 공동연구를 통해 파리의 교외지역을 집중적으로 연구하였고, 그 성과물들이 1980년대 막바지와 1990년대 전반에 걸쳐 나타났다.

이에 따라 파리를 둘러싸고 있는 모든 소도시들의 형성 발전과정에 대한

---

31) Jean-Paul Brunet, *Saint-Denis, la ville rouge 1890-1936* (Paris, Hachette, 1980). Annie Fourcaut, *Bobigny, banlieue rouge* (Paris, PFNSP, 1986). J. P. Frey, *La ville industrielle et ses urbanités: la distinction ouvriers-employés, Le Creusot 1870-1930* (Paris, Mardaga, 1986). Jean-Paul Burdy, *Le Soleil noir: Un quartier de Saint-Etienne, 1840-1940* (Lyon, PUL, 1989). Emile Temime, éd., *Histoire des migrations à Marseille*, 4 vol, (Aix-en- Provence, Edisud, 1989-1991).

연구가 누적되었고, 이들 소도시 자체와 수도권이라는 거대한 도시권역에서의 삶의 조건, 경제적 상황, 노동자들의 투쟁, 자치행정 등이 연구되었다. 이들 연구는 장-폴 브뤼네나 지로(Jacques Girault)처럼 사회사적 전통에 충실한 노동사 연구자에 의해서도 수행되었으나 스스로를 도시사가로 인식하는 아니 푸르코, 다니엘 볼드만(Danièle Voldman), 알랭 포르(Alain Faure), 그리고 현대 도시사가들과 활발히 공동 작업을 해 온 도시사회학자 쉬잔나 마그리(Susanna Magri)와 크리스티앙 토팔로프(Christian Topalov) 등에 의해 이루어졌다.[32]

산업도시와 대도시의 주택문제에 대한 연구도 성과를 내었다. 19세기 주택문제에 대한 최초의 연구는 1960년대 중반에 로제-앙리 게랑(Roger-Henri Guerrand)에 의해 이루어졌다. 파리 라빌레트(La Villette) 건축학교에서 건축사를 강의하던 그는 사회주택의 기원에 대한 1966년의 박사논문에서 19세기 중반 이래 고용주의 가부장적 온정주의(paternalisme), 유토피안 사회주의, 빈곤 문제 해결을 위한 각종 사회단체 등 민간의 자발적 주도에 의한 다양한 노동자 주택 건설 시도를 사회주택의 기원이라 규정했다.[33]

1970년대에 나온 주택관련 연구는 마르크스주의에 입각한 정치경제학적

---

32) Annie Fourcaut, dir., *Un siècle de banlieue parisienne 1859-1964, Guide de recherche* (Paris, L'Harmattan, 1988). Danièle Voldman, dir., "Région parisienne, approches d'une notion 1860-1980", *Cahiers de l'Institut d'histoire du temps présent*, no. 12 (octobre, 1989). Susanna Magri, Christian Topalov, éd., *Villes ouvrières 1900-1950* (Paris, L'Harmattan, 1989). Alain Faure, dir., *Les premiers banlieusards. Aux origines des banlieues de Paris 1860-1940* (Paris, Créaphis, 1991). Jean-Paul Brunet, *Immigration, vie politique et populisme en banlieue parisienne fin XIX$^e$-XX$^e$ siècle* (Paris, L'Harmattan, 1995). Jacques Girault, dir., *Ouvriers en banlieue XIX$^e$-XX$^e$ siècle* (Paris, Ed. Atelier, 1998).

33) Roger-Henri Guerrand, *Les origines du logement social en France* (Paris, Editions ouvrières, 1966), Réédité, *Propriétaires et locataires: les Origines du logement social en France 1850-1914* (Paris, Quintette, 1987).

관점에서 노동인구의 주택개혁을 이끈 기업가의 가부장적 온정주의가 노동력의 안정적 재생산과 산업예비군의 효과적인 관리를 주목적으로 한다며 비판적 입장을 지녔다.[34] 반면에 1980~1990년대에 나온 산업도시의 노동자 주거조건의 개선에 관한 연구들은 주거개혁에 있어서 고용주들의 사회적 역할을 긍정적으로 해석한다. 이들은 주거개혁에 작용하는 고용주의 가부장적 온정주의가 지닌 상징적 사회통제 효과를 무시하지는 않는다. 하지만 경제논리에 충실한 자본가가 당장의 가시적 효과가 보장되지 않는 노동자 주거문제에 도움을 주는 것을 높게 평가해야 한다는 입장을 보인다. 주택문제에 대한 해결책이 가부장적 온정주의에서 사회정책으로 변화해 가는 과정에 주목하는 연구도 노동자들의 주택 소유의 가능성 확대, 주택시장에 대한 국가와 지방자치체의 개입 등을 강조하며 긍정적인 평가를 내린다.[35] 1980~1990년대는 사회당의 프랑수아 미테랑(François Miterrand)이 14년간 집권하면서 각종 사회정책이 크게 발전하였기에 막스 베버(Max Weber)가 강조한 행정적 합리성과 정치적 조정 능력에 대한 학문적 관심이 높아지던 시기였다.

사회사는 도시사의 성장에 크게 세 가지 측면에서 공헌하였다. 도시의 역사와는 다른 도시사 방법론을 모색하게 하였고, 라브루스적 사회사의 쇠

34) Susanna Magri, *Politique du logement et besoins en main-d'œuvre* (Paris, Centre de sociologie urbaine, 1972). Rémy Butler, Patrice Noisette, *De la cité ouvrière au grand ensemblela politique capitaliste du logement social 1815-1975* (Paris, F. Maspéro, 1977).

35) G. Groux, C. Levy, *La possession ouvriere, du taudis à la propriété XIX^e-XX^e siècle* (Paris, édition de l'Atelier, 1993). Jean-Paul Flamand, *Loger le peupleessai sur l'histoire du logement social en France* (Paris, édition La Découverte, 1989). Jean-Pierre Frey, *Le rôle social du patronat, du paternalisme à l'urbanisme* (Paris, L'Harmattan, 1995). Laurent Commaille, *Les cités ouvrières de Lorraine, 1850-1940. Etude de la politique patronale du logement*, Thèse Univ. de Metz (1999).

퇴에 대한 하나의 대안적 가능성으로 도시사의 필요성을 부각시켰으며, 사회문화사 연구자들의 도시 연구를 통해 도시 공간이 역사 연구의 주요 대상이라는 광범위한 인식이 형성되도록 도왔다. 1970년대부터 1990년대까지 수행된 사회문화사적 도시 연구의 결과만을 놓고 보면 앞서 언급한 장-클로드 페로의 예견이 어느 정도 달성된 것처럼 보인다.

그러나 사회문화사적 도시 연구와 구분되는 도시사의 독자적 영역과 방법론의 발전을 고민했던 베르나르 르프티와 장-뤽 피놀는 1993년에 집필한 프랑스 도시사에 대한 사학사적 글에서 "도시사가 사회에 내재한 연대성과 갈등에 대한 설명들을 제공해주면서 사회사의 일시적 난관을 덮여줄 수 있는 유일한 베일이라면, 도시는 또다시 무대로 설정되고 만다."고 비평했다.[36] 이는 도시사 연구가 도시 공간을 역사행위의 무대이자 동시에 주체로 파악해야 한다는 견해를 재차 강조한 것이다. 필자는 이런 입장에 동의하면서도 도시 자체를 역사적 탐구의 중요 대상으로 받아들인 사회사적 도시 연구가 도시사의 성장에 기여한 점 역시 무시되어서는 안 된다고 생각한다.

## 4. 문화사적 혹은 역사인류학적 도시사의 등장

사회사의 영향은 도시사의 중심 테마가 도시화가 진척되면서 등장한 다양한 사회문제에 집중하게끔 만들었다. 하지만 1970년대부터는 망탈리테사와 인류학적 역사학의 영향을 받아 도시의 문화적 현상과 특성에 대한 연구가 진행되어 그 성과물들이 하나씩 축적되어갔다. 이를 살피보기 전에 사학사적으로 중요한 위치를 차지하지만 우리 학계에 거의 소개되지 않은 루이 슈발리에(Louis Chevalier)를 언급해야만 할 것 같다.[37]

---

36) Bernard Lepetit, Jean-Luc Pinol, "France", p. 89.

그는 일찍이 1958년에 노동계급을 '위험한 계급'으로 간주했던 19세기 전반기 파리 부르주아들의 집단 심리와 가치체계를 연구하였다. 도시 공간에서 이웃해 살아가던 노동인구에 대해 공포감을 갖고 있던 부르주아들의 인식에 대한 그의 연구는 이후 도시사가들이 도시 공간 활용이 계급 · 계층에 따라 사회적으로 분화된 것을 분석하는 데 유용하게 활용되었다. 슈발리에는 또한 파리의 범죄구역, 매춘, 도시의 야간 놀이문화 등을 분석하면서 도시의 공간 형태와 구조에 인간의 심성 및 행위 양상들을 오버랩시키며 공간과 심성의 상호작용을 분석했다.[38)]

망탈리테사는 소위 아날 3세대로 일컬어지는 중세사가나 구체제 시기 연구자들에 의해 1970년대에 새롭게 부각되었다. 이들은 브로델이 강조한 전체사와 사회경제적, 물질적, 지리 환경적 구조사 대신에 아날의 창시자인 블로크와 루시앙 페브르(Lucien Febvre)가 보여준 왕권 이데올로기에 작용한 집단적 심리 체계와 '심성적 도구'란 개념을 재발견하였다. 그리고 이를 적극적으로 수용하여 사회경제적 요소만으로 설명될 수 없는 문화적 현상을 역사서술의 주요 영역으로 끌어들였다.

도시 공간과 망탈리테에 대한 대표적 연구로는 1972년에 나온 아를레트 파르주(Arlette Farge)의 18세기 파리에서의 범죄에 관한 박사논문이 있다. 로베르 망드루(Robert Mandrou)의 지도를 받은 이 논문은 식료품 절도에 대한 18세기 파리 하층민들의 망탈리테를 고찰하면서 거주 공간에 영향을 받는 도시 하층민의 집단적 가치체계를 언급한다.[39)]

---

37) 필자는 프랑스 범죄사에 관한 사학사 논문에서 슈발리에를 소개한 바 있다. 민유기, 「사회적 승인과 배제에 대한 문화사적 고찰: 프랑스 범죄사 연구동향을 중심으로」, 『역사와 문화』, 13호 (2007년 3월), 11-33쪽.

38) Louis Chevalier, *Classes laborieuses et classes dangereuses à Paris pendant la première moitié du XIX^e^ siècle* (Paris, Plon, 1958); *Montmartre du plaisir et du crime* (Paris, Robert Laffont, 1980).

도시 공간의 구조 변동이 도시민의 삶의 방식에 미치는 다양성과 복잡성에 대한 역사인류학적 도시사 연구의 필요성은 1980년대 초에 사회사가들로부터 제기되었다. 미셸 페로와 콜레트 페토네(Colette Pétonnet)는 1982년에 쓴 「도시영역에서의 문화인류학」이란 논문에서 "도시가 오래된 행동 방식에 도입하는 변화들을 발견해야만 하며, 도시가 어떻게 공간, 시간, 자연, 의례들과 사람들에게 새로운 관계를 설정하게 하는지, 그리고 어떻게 새로운 행동들을 익숙하게 만드는지, 궁극적으로 무엇이 도시의 특수성이 되는지 살펴보아야만 한다."라고 강조했다.[40) 같은 해 이브 르캥 역시 도시 노동자를 보다 명확히 이해하기 위해서는 도시공간에 대한 인류학적 접근이 필요하다고 강조했다.[41)

역사인류학은 망탈리테사를 더욱 확장하여 삶의 양식들, 사유의 체계들, 일상적 행동 양상들을 문화적 관점에서 이해하려고 한다. 여기에서 문화는 지식, 믿음, 예술, 도덕, 법률, 관습과 사회적 존재인 인간이 획득한 모든 능력(aptitudes)과 습성(habitudes)들을 묶어내는 일종의 종합이다. 역사인류학은 인간이 사적인 그리고 사회적인 삶을 조직해가는 방식을 탐구하면서 역사적 행위의 다양한 의미들을 밝히고자 한다. 역사인류학은 주체와 구조의 자율성을 인정하는 동시에 이 둘의 상호연관성을 인정한다. 인간의 삶과 역사적 행위를 결정하는 것은 구조 자체만도, 행위 주체의 의지만도 아니다. 인간의 삶은 구조와 주체의 의지, 욕망, 감정 등이 복잡한 사회문화적 맥락 속에서 맺고 있는 관계들을 통해서만 올바르게 이해될 수 있다. 역

---

39) Arlette Farge, *Délinquance et criminalité: le vol alimentaire à Paris au XVIII$^{e}$ siècle*, Thèse Univ. de Paris X (1972).

40) Michelle Perrot, Colette Pétonnet, "Anthropologie culturelle dans le champ urbain", *Ethnologie française*, no. 12-2 (1982), p. 116.

41) Yves Lequin, "Ouvriers dans la ville, XIX$^{e}$ et XX$^{e}$ siècles", *Le Mouvement social*, no. 118 (1982), pp. 3-6.

사인류학은 주체의 역사적 행위가 지닌 다의미성(multi-signification)과 사회문화적 역사적 변화과정이 지닌 다의미성을 파헤치고자 한다.[42]

역사인류학은 1970년대 프랑스 지성계에서 강한 영향력을 발휘한 미셸 푸코(Michel Foucault)의 성, 육체, 규율에 대한 연구 및 담론 분석 방법과 결합하였다. 리옹 뮈라르(Lion Murard)와 파트릭 질베르망(Patrick Zylberman)은 1976년에 19세기 탄광촌 주거지에 대한 공동연구에서 푸코를 수용한 역사인류학 연구의 모습을 잘 보여주었다. 이들은 훈육의 의도를 함축적으로 내포한 규범과 담론 분석을 통해 광산 노동자의 주거조건 개선이 노동자들의 도덕화를 추구했다고 강조한다. 이들은 1970년대 근대성에 대한 푸코의 비판적 시각을 적극적으로 수용했던 파리고등사범학교(ENS) 출신 젊은 인문사회과학자들이 결성한 연구 그룹의 일원이었다. 이 연구 그룹은 주거 공간을 인간의 행동 방식에 대한 훈육적 규범화가 이루어지는 장소로 파악했다.[43]

---

42) "Pour une histoire anthropologique: la notion de riécprocité", *Annales E.S.C.*, 29e année, no. 6 (novembre-décembre, 1974), pp. 1309-1380. André Burguière, "Anthropologique historique", in André Burguèrie, dir., *Dictionnaire des sciences historiques* (Paris, PUF, 1986), pp. 52-60. Lucette Valensi, Nathan Wachtel, "L' Anthropologie historique", in Jacques Revel, Nathan Wachtel, éd., *Une école pour les sciences socialesde la VIe section à l'Ecole des Hautes Etudes en Sciences Sociales* (Paris, Editions de EHESS, 1996), pp. 251-274.

43) Lion Murard, Patrick Zylberman, *Le petit travailleur infatigable ou le prolétaire régénéré: villes-usines, habitat et intimités au XIXe siècle* (Fontenay-sous-Bois, Recherches, no. 25, 1976). 육체에 대한 훈육적 규범화에 대해서는 Michel Foucault, *Surveiller et punir, naissance de la prison* (Paris, Gallimard, 1975), 오생근 옮김, 『감시와 처벌: 감옥의 탄생』 (서울, 나남, 1994); *Histoire de la sexualité, 1, La volonté de savoir* (Paris, Gallimard, 1976), 이규현 옮김, 『성의 역사 1. 앎의 의지』 (서울, 나남, 1990); *Histoire de la sexualité, 2, L' usage des plaisirs* (Paris, Gallimard, 1984), 문경자, 신은영 옮김, 『성의 역사 2. 쾌락의 활용』 (서울, 나남, 1990); *Histoire de la sexualité, 3, Le souci de soi* (Paris, Gallimard, 1984), 이혜숙, 이영목 옮김, 『성의 역사 3. 자기에의 배려』 (서울, 나남, 1990). Georges Vigarello, *Le corps redressé*

뮈라르와 질베르망은 1978년에 19세기 도시와 주택, 건강 문제에 관한 공저를 편집했다. 여기에는 19세기 소설 속의 사회주택 이미지, 파리 넝마주이에 대한 사회적 인식과 부르주아의 공포, 성병, 알코올 중독, 술집에 대한 부르주아의 담론, 결핵, 도시 빈민에 대한 구호 등을 분석한 글들이 실렸는데, 이들 글들은 모두 도시 공간에 대한 역사인류학적 인식을 바탕에 깔고 있었다.[44]

역사인류학적 도시사는 도시 공간의 사회적 문화적 기능과 구조 분석에 집중한다. 여기에서 도시 공간의 구조는 도시민의 주체적 행위를 통해 만들어지는 주체의 결과물이자 역으로 그 안에서 살아가는 도시민의 삶의 방식에 영향을 미치는 구조이다. 즉, 도시 공간은 구조이면서 주체이며, 주체이면서 구조이다. 이를 잘 보여주는 것이 1986년에 나온 플로랑스 부리용(Florence Bourillon)의 박사논문이다. 그녀는 파리 중심지 거주자들의 대중적 사교생활이 1850~1860년대 오스만화 전후로 어떤 변화를 야기했는지를 추적했다. 여기서 그녀는 도심 재개발로 인해 변모한 공간을 그곳에서 살아가는 이들의 행위에 영향을 미치는 구조이자 주체로 파악한다.[45]

역사인류학적 도시사에 대한 고민은 건축사학자들에게도 영향을 미쳐, 건축물의 기술적 발전이나 건축을 둘러싼 사회적 환경에 집중했던 전통적 건축사 연구와는 다른 방식의 연구를 자극했다. 예를 들어 모니크 엘브(Monique Eleb)와 안느 드바레(Anne Debarre)가 1980년대 말에 펴낸 연구서는 17~19세기 주택의 공간 구성이 삶의 양식과 거주자들의 망탈리테를 어

---

(Paris, Armand Colin, 1978).

44) Lion Murard, Patrick Zylberman, *L'haleine des faubourgs: ville, habitat et santé au XIX^e siècle* (Fontenay-sous-Bois, Recherches, no. 29, 1977).

45) Florence Bourillon, *Etude de la sociabilité dans un milieu pré et post-haussmannienle quartier des Art et Métiers à Paris entre 1850 et 1880*, Thèse, Univ. de Paris X (1986).

떻게 변화시켰는가에 초점을 맞춘다. 이들이 1990년대 중반에 펴낸 19세기 말 파리의 근대적 건축물에 대한 연구서는 주거 공간에 도입된 근대적 각종 생활 설비와 공간 조직, 이 같은 일상생활 공간의 변화가 거주자들에게 비가시적으로 부여하는 가족, 친밀성, 개인주의 등의 가치체계에 대한 사회문화적 표상을 분석한다.[46]

문화사적 혹은 역사인류학적 도시사는 이전의 역사서술 방법론들인 제도사, 정치사, 경제사적 도시사 연구, 사회문화사적 도시사 연구의 미흡했던 부분들을 보충하면서 종합적인 도시사 연구 방법론이 구성되는 데 이바지했다. 1980～1983년에 조르주 뒤비(Georges Duby)의 책임 아래 전 5권으로 『프랑스 도시사』가 출판되었다.[47] 고대, 중세, 근대, 산업시대, 현대 도시를 다루는 5권의 통사적 도시사는 첫째, 통사적 서술, 둘째, 다양한 역사서술 관점을 유기적으로 결합한 종합적 방법론, 셋째, 공간과 환경, 정치와 행정, 경제, 도시사회, 도시문화와 그 표상 등을 망라하는 테마라는 세 가지 특성을 지닌 독보적인 연구서이다. 아직 다른 국가들에서는 이 같은 도시사 서술이 나오지 않고 있다.

『프랑스 도시사』의 4권은 1840년에서 1950년까지의 도시사를 다루는데 인구와 경제성장, 도시계획과 재개발, 도시에 대한 미학 · 건축 · 예술적 담론, 도시의 일상생활, 도시문화, 계급과 사회갈등, 도시에서의 정치변화 등을 다루었다. 전 5권의 집필진은 르 고프, 르 로와 라뒤리, 샤르티에, 아귈롱, 르캥 등을 포함하여 22명이었고, 건축사학자, 지리학자들도 포함되었

---

46) Monique Eleb, Anne Debarre, *Architectures de la vie privée: maisons et mentalités XVII$^{e}$–XIX$^{e}$ siècles* (Bruxelles, Archives d'Architecture Moderne, 1989); *L'Invention de l'habitation moderne: Paris 1880–1914* (Paris, Hazan, Bruxelles, Archives d'Architecture moderne, 1995).

47) Georges Duby, dir., *Histoire de la France urbaine*, Vol. 5 (Paris, Seuil, 1980–1983). t.1. La ville antique, t.2. La ville médiévale, t.3. La ville classique, t.4. La ville de l'âge industriel, t.5. La ville aujourd'hui.

다. 집필진에 도시사가라고 할 수 있는 역사가는 드물었는데, 이는 대체로 20세기 중반에 태어나 도시화 과정 속에서 도시문제에 관심을 보이며 본격적으로 도시사를 전공한 연구자들이 1980년대 초에 여전히 박사논문을 집필 중이거나 막 학위를 마치고 학계에 선을 보인지 얼마 지나지 않은 신진 연구자였기 때문이다.

1990년대 중반까지 역사인류학적 도시사 연구는 사회문화사적 도시사와 마찬가지로 중요한 연구 결과물을 쏟아내었다. 위에서 서술한 대로 사회문화사적 도시사가 주로 19세기 후반부터 20세기 초반까지의 노동사와 관련되어 이루어진 반면 역사인류학적 도시사는 17~19세기에 집중되었다. 이브-클로드 르캥(Yves-Claude Lequin)의 지도를 받은 올리비에 포르(Olivier Faure)의 1989년 리옹II대학 박사논문은 리옹 지역의 위생과 공중보건 문제를 역사인류학적 관점에서 다룬다. 아를레트 파르주는 18세기 파리 거리에서의 일상생활, 폭력과 연대행위들을 탐구하면서 도시 공간 구성과 주거지 등을 망탈리테와 행위양식에 영향을 미치는 한 요인으로 파악했다. 18세기 파리의 민중문화를 다룬 다니엘 로쉬의 연구도 이 같은 입장을 견지한다.[48)]

사회문화사가, 역사인류학자라기 보다 도시사가라는 정체성을 지녔던 베르나르 르프티의 지도로 쓰인 이자벨 바쿠쉬(Isabelle Backouche)의 1995년 사회과학고등연구원 박사학위 논문은 도시사 연구자가 역사인류학적 시각을 잘 수용했음을 보여준다. 이 박사논문은 1750년에서 1850년까지 파리의 센 강에 대한 정비 구상과 이의 실현, 센 강의 사회문화적 표상에 대해 분석한다.[49)]

---

48) Olivier Faure, *La médicalisation de la société dans la région lyonnaise au XIX^e^ siècle*, 1800-1914, Thèse, Univ. de Lyon II (1989). Arlette Farge, *Vivre dans la rue à Paris au XVIIIe siècle* (Paris, Gallimard, 1992); *La vie fragile: violence, pouvoirs et solidarités à Paris au XVIII^e^ sècle* (Paris, Seuil, 1992). Daniel Roche, *Le peuple de Paris: essai sur la culture populaire au XVIII^e^ siècle* (Paris, Fayard, 1998).

19세기 말 센 강의 풍경.

사회사적 영향을 보다 중시했던 도시사가 아니 푸르코가 1996년에 편집 출판한 『분리된 도시: 18~20세기 프랑스의 도시 분화 문제』는 도시 공간의 사회적 분화라는 사회사의 중심적 테마를 다루지만 구역, 거리, 주택이라는 다양한 공간, 담론 · 이념 · 표상, 공공정책과 기업가, 도시민의 실천이라는 네 가지 커다란 범주 아래 공간 분화에 대한 정치 · 경제 · 사회 · 문화 제반 양상들을 종합적으로 파악한다. 이브-클로드 르캥의 지도를 받은 카트린 쥐프의 박사논문은 20세기 사온-에-루아르(Saône-et-Loire) 지역의 폴란드 이민자들을 분석하면서 이들 외국 이민자들의 사회적 통합과 동화 과정을 사회적, 문화적, 역사인류학적 시각에서 종합적으로 파악한다.[50] 이

49) Isabelle Backouche, *La Seine et Paris 1750-1850: pratiques, aménagements, représentations*, Thèse de EHESS (1995). 베르나르 르프티는 1996년에 48세의 나이에 사고로 사망했다.

50) Annie Fourcaut, dir., *La ville divisée: les ségrégations urbaines en question France*

처럼 역사인류학적 시각은 사회사의 시각과 결합되어 도시사의 성장을 도왔고 1980~1990년대 이래 도시를 연구하는 이들이 종합적 도시사를 지향하게끔 추동하였다.

## 5. 프랑스 도시사의 새로운 연구 테마들

사회사와 역사인류학의 영향을 적극적으로 수용하면서 성장 발전한 프랑스의 근현대 도시사 연구는 앞에서 살펴본 전체사적 특성, 종합적 방법론의 특성, 학제간 연구 특성을 여전히 강조하고 있다. 여기서 전체사는 도시라는 삶의 공간에서 전개된 정치 · 경제 · 사회 · 문화적 활동의 상호관계를 파악하고 이런 다양한 활동들의 복합적 행위와 그 결과로 구성되는 도시의 구조를 분석하는 것을 의미한다. 즉, 특정 도시, 도시 내부의 한 구역, 도시들, 도시와 주변 지역, 도시와 국민국가, 도시와 글로벌 환경이라는 어떠한 층위에서의 연구라도 그 연구 공간을 구성하는 수많은 퍼즐 조각들을 짜 맞추어 부분의 합 자체보다 큰 전체상을 보여주는 완성된 퍼즐 형태를 만들어나간다는 의미에서의 전체사이다.

도시사의 종합적인 방법론은 1990년대 나온 젊은 도시사가들의 사학사적 논문들에서 다시금 강조되었다. 이 논문들에서는 도시사 연구가 "도시라는 실체가 지닌 다양한 측면들의 상호작용과 교류지점을 발견하는 것"[51]에 몰두하는 것이라고 규정했다. 또한 도시사가 "무분별하게 뒤범벅된 교차로가 아니라, 일반적인 것에서 특수한 것을 구분해 내기 위해 고민하는

---

*XVIII^e^-XX^e^ siècles* (Grâne, Creaphis, 1996). Catherine Juif, *Les polonais de Saône-et-Loire, intégration sociale, assimilation 1939-1980*, Thèse, Univ. de Lyon II (1994).

51) Rémi Baudoui, Alain Faure, Annie Fourcaut, Martine Morel, Danièle Voldman, "Ecrire une histoire contemporaine de l' urbain", p. 101.

종합(synthèse) 분과로서의 교차로가 되어야 한다."라는 점을 명확히 한다.[52)]

학제간 연구는 도시를 보다 잘 이해하기 위해 필수적이다. 도시사는 도시와 관련된 다른 학문 분야에 도움을 주고, 이들 분야는 도시사에 도움을 주면서 동반 성장하였다. 1980~1990년대 프랑스에서 나온 역사학 이외의 도시 관련 학문의 주요 성과를 몇 가지만 들어보자. 지리학자 마르셀 롱카욜로(Marcel Roncayolo)의 1981년 파리I대학 박사논문은 마르세유의 성장 과정에 나타난 도시공간의 구조적 변화의 양상을 분석한다. 조르주 뒤프(Georges Dupeux)는 19~20세기 프랑스의 도시화 과정 지도를 편집 출판했다. 프랑수아 로와이에(F. Loyer)는 19세기 파리의 건물과 길거리에 대한 건축사 연구를 수행했다. 피에르 라브단(Pierre Lavedan)은 고대부터 현대까지 파리의 도시구조 성장을 다룬 도시계획사의 고전을 출판했다. 이들 연구는 도시사 연구자들에게 기본적 참고자료로 활용된다.[53)]

오늘날 도시사가들은 도시 문제를 탐구하는 인문 · 사회과학, 자연과학 및 공학 분야의 여러 학자와 공동연구를 수행하고 있다. 또한 도시자치행정, 사회정책, 환경정책 등의 공적 필요성에 따라 도시사 연구에 대한 다양한 지원이 이루어지고 있다. 2002년에 출판된 『19~20세기 파리의 교통수단』은 도시사학자, 과학기술사학자, 환경생태공학자의 공동연구의 결과물이며 '프랑스 철도사 연구회'와 파리교통공사(RATP)의 연구비 지원을 받

---

52) Jean-Luc Pinol, "L' histoire urbaine contemporaine en France", p. 230.

53) Marcel Roncayolo, *Croissance et division sociale de l' espace urbain, essai sur la genèse des structures urbaines à Marseile*, Thèse, Univ. de Paris I (1981), publication, *Les grammaires d' une ville. Essais sur la genèse des structures urbaines à Marseille* (Paris, Editions de EHESS, 1996). Georges Dupeux, *Atlas historique de l' urbanisation de la France 1811-1975* (Paris, CNRS, 1982). François Loyer, *Paris XIX$^{e}$ siècle l' immeuble et la rue* (Paris, Hazan, 1987). Pierre Lavedan, *Nouvelle Histoire de l' urbanisme à Paris* (Paris, Hachette, nouvelle édition, 1993).

았다.[54)]

이 글의 앞부분에서 1967년에 간행된 도시의 역사 참고문헌 자료집에 대해 언급한 바 있다. 이 자료집의 제목에는 '도시의 역사'란 용어가 사용되었지만 1990년대 나온 참고문헌집은 '도시사'란 용어를 사용한다. 1960년대 말과 1970년대 초에 도시사 방법론이 모색된 이래 수행된 도시사 관련 연구 성과들은 1990년대에 정리되었다. 먼저 1965년에서 1990년 사이에 나온 10~15세기 중세 도시사 연구 성과 목록이 1992년에 소르본대학(파리 Ⅳ대학) 출판부에서 펴낸『프랑스 중세사 참고문헌집』에 포함되었다.[55)] 이들 목록에서는 중세 도시의 기원과 성장을 다룬 도시의 역사와는 다른 중세도시의 사회와 문화적 현상에 대한 도시사 연구의 성과물들이 확인된다. 이자벨 바쿠쉬는 이 목록 이후에 나온 중세 도시사 연구 성과를 포함하여 중세부터 20세기까지, 1965년부터 1996년 사이에 나온 도시사 성과물 3,167개를『프랑스 도시사, 중세부터 20세기까지: 참고문헌 안내 1965~1996』란 제목으로 1998년에 출판하였다.[56)]

1960년대 중반에서 1990년대 중반까지 30여 년간 나온 도시사 연구 3,167개는 20세기 후반에 프랑스에서의 도시사 연구가 양적으로 커다란 성장을 하였음을 증명한다. 이 참고문헌집은 10개의 커다란 분류 체계를 지

---

54) Dominique Larroque, Michel Margairaz, Pierre Zembri, *Paris et ses transports XIX$^e$–XX$^e$ siècles: deux siècle de décisiond pour la ville et sa région* (Paris, Editions Recherches, 2002).

55) B. Chevalier, J.-L. Biget, A. Derville, "Histoire urbaine en France X$^e$–XV$^e$ siècles", in Société des historiens médiévistes de l'enseignement supérieur, Michel Balard, éd., *Bibliographie de l'histoire médiévale en France* (Paris, Publications de la Sorbonne, 1992), pp. 17–31.

56) Isabelle Backouche, éd., *L'histoire urbaine en France Moyen Age–XX$^e$ siècle: guide bibliographique 1995–1996* (Paris, L'Harmattan, 1998). 중세 도시사 분야는 바로 위 각주에 소개한 참고문헌과 중세 도시사가 드니 멍조(Denis Menjot)의 도움을 받아 작성되었다.

닌다. 먼저 '기초적 연구'에는 도시의 모노그래프, 방법론, 사료, 도시화 과정 등으로 세분화되며 634개의 성과물이 소개된다. 이 가운데 도시화 과정이 247개, 도시 모노그래프가 320개이다. 둘째 '인구문제'에서는 도시의 인구증감, 출생과 사망, 질병, 의학과 병원, 이민과 이주, 가족구조를 포함하며 244개의 연구서와 논문이 소개된다. 셋째 '도시의 틀'에서는 구역과 교외, 건물과 기념물, 주택 등으로 세분화된 395개의 성과가 배치되었다. 넷째 '도시사회'에서는 사회집단, 일상생활, 종교생활, 사회문제, 범죄, 사회개혁, 여성과 소수자 등 623개의 성과물을 언급한다. 다섯째 '도시경제'에서는 도시의 경제활동, 농업, 산업, 상업, 소비, 생계비, 노동조건, 노동조합 등의 세분화된 항목에 304개의 성과를 언급한다. 여섯째 '교통과 통신'에서는 교통체계, 통신망, 소통수단과 방식에 관련된 65개의 성과를 소개한다. 일곱째 '정치적 삶과 행정'에서는 도시와 국가의 관계, 지역정치, 도시자치행정, 도시의 공공서비스 등의 항목에 391개의 성과를 배열한다. 여덟째 '도시정비와 환경'에서는 주거조건 개선, 신도시, 지역개발, 이상도시 구상, 도시정비와 환경문제 등과 관련된 134개의 연구 결과를 소개한다. 아홉째 '도시문화'에서는 도시민의 여가활동, 예술, 교육, 문화설비, 지식의 교환 등의 세분화된 항목에 294개의 성과물을 배치한다. 마지막으로 '도시의 표상'에서는 인구의 표상, 엘리트의 표상, 문학적 미학적 표상 등의 항목에 83개의 연구 결과를 소개한다. 마지막 두 개의 영역에서 소개된 연구들은 1980년대 말 이후의 연구가 대부분이다.

이를 통해 먼저 도시 모노그래프 서술이 20세기 후반에도 여전히 진행되었고, 중세와 구체제 시기 아날 역사가들이 강조한 장기지속적 도시화 과정에 대한 연구 역시 활성화되었음을 확인할 수 있다. 물론 가장 왕성하게 이루어진 연구는 사회사의 자극을 받은 도시사회의 각종 문제에 대한 연구임을 알 수 있다. 또한 도시의 공간적 요인 자체를 보다 강조하는 도시의 틀, 교통과 통신, 도시정비와 환경의 연구도 도시사의 중요한 영역임을 파악할 수 있다. 도시의 경제적 측면, 정치와 자치행정에 관한 연구 역시 무시되지 않았다는 점도 확인된다. 마지막으로 도시문화와 문화적 상징과 표상, 이미지, 정체성에 관한 연구가 1980년대 후반부터 본격화되어 1990년대 도시사의 주요한 연구 테마로 부각되었음을 확인할 수 있다.

1990년대 중반부터 오늘날까지 약 10여 년 동안에 커다란 주목을 받고 있는 연구 테마들이 바로 위의 마지막 두 개 영역의 연구들이다. 1996년에 뱅상 밀리오(Vincent Milliot)는 16~18세기 대중문학 속의 도시 이미지를 분석한 연구서를 펴냈다. 장-피에르 베르나르(Jean-Pierre A. Bernard)는 2001년에 19세 후반기 두 개의 분리된 파리에 대한 이미지, 즉 부유하고 화려하며 정돈된 부르주아 구역과 정비되지 못한 가난한 노동자 밀집 구역의 이미지와 표상을 비교 분석했다.[57] 1999년에 나온 브뤼노 브누아(Bruno Benoit)의 『리옹의 정치적 정체성』은 18세기 말부터 20세기 초까지 리옹 노동자들의 집단적 폭력과 이에 대한 도시 엘리트 계층의 기억을 교차시키며 도시의 정체성 구성과정의 사회문화적 긴장관계를 잘 그려낸다. 이브 르캥의 지도로 리옹II대학에서 2004년에 나온 두 편의 박사논문 가운데 하나는 19세기 파리 교외지역 엘리트 권력의 표상을, 또 다른 하나는 19세기 리옹 도시사회의 표상을 분석한다.[58]

도시문화, 이미지, 표상, 정체성이 새롭게 주목받는 도시사의 연구 테마

---

57) Vincent Milliot, *Paris en bleu: images de la ville dans la littérature de colportage, XVI^e-XVIII^e siècles* (Paris, Parigramme, 1996). Jean-Pierre A. Bernard, *Les deux Paris: les représentations de Paris dans la second moitié du XIX^e siècle* (Seyssel, Champ Vallon, 2001).

58) Bruno Benoit, *L'identité politique de Lyon: entre violences collectives et mémoire des élites, 1786-1905* (Paris, L'Harmattan, 1999). Juliette Aubrun, *La ville des élites locales: pouvoir, gestion et représentations en banlieue parisienne*, Thèse, Univ. de Lyon II (2004). Alexandre Nugues-Bourchat, *Représentations et pratiques d'une société urbaine: Lyon, 1800-1880*, Thèse, Univ. de Lyon II (2004).

로 등장했다고 해서 도시의 경제, 사회적 양상에 대한 연구가 사라진 것은 아니다. 특정 시기에 새롭게 등장한 방법론 및 새로운 연구 테마를 분석하는 여러 사학사적 글에서 오독하지 말아야 할 것은 역사 연구의 방법론적 혁신과 새롭게 부각된 연구 테마들이 그 이전의 방법론과 테마들을 전적으로 대체하는 것은 아니라는 점이다. 새로이 유행하는 방법론과 테마들은 기존의 역사 서술에서 무엇인가 아쉬운 부분들을 보완하기 위한 것이다.

도시문화와 표상에 대한 연구가 주목을 받던 1990년대에도 전통적인 도시의 정치, 경제, 사회에 대한 연구들이 꾸준히 진행되었다. 로쉬의 지도를 받은 장 미셸 로아(Jean Michel Roy)의 1998년 박사논문은 17~19세기 파리의 도시 공간과 식료품 시장의 장기적 변화과정에 천착한다.[59] 중세 도시사가 드니 멍조(Denis Menjot)와 근현대 도시사가 장-뤽 피놀은 1993년부터 1995년까지 프랑스 국립과학연구소(CNRS)의 학제간 연구 지원 프로그램의 후원을 받아 세 차례 도시사 국제학술회의(Table ronde internationale)를 개최하여 그 성과를 세 권의 연구서로 출판하였다. 1993년의 주제는 '도시와 물' 이었고 1994년의 주제는 '도시와 이민', 1995년의 주제는 '도시와 정치' 였다.[60]

물론 도시의 정치, 경제, 사회적 측면을 전면에 내세우더라도 문화사적 시각이 완전히 배제되지는 않는다. 1996년에 나온 『도시에서의 사회적인 것: 프랑스와 유럽 1750~1914』이란 연구서는 제목을 보면 사회사적 도시사의 관점에서 연구된 것처럼 보이지만 사회사적 그리고 역사인류학적 도

59) Jean Michel Roy, *Les marchés alimentaires parisiens et l'espace urbain du XVIIe au XIXe siècles*, Thèse de Univ. de Paris I (1998).

60) Denis Menjot, Jean-Luc Pinol, éd., *Water and Cities* (Historical Urban Studies, Leicester, Scolar Press, 1997); *Les immigrants et la ville, insertion, intégration, discrimination XIIe-XXe siècles* (Paris, L'Harmattan, 1996); *Enjeux et expressions de la politique municipale XIIe-XXe siècles* (Paris, L'Harmattan, 1997).

시사를 포괄하면서 도시의 사회정책, 위생과 공중보건 문제, 빈곤과 아동 문제 등을 다룬다. 또한 전체 5부로 구성된 책에서 마지막은 국제적 비교사에 할애되었다.[61]

비교 도시사는 1960년대부터 영국의 디오스와 미국의 핸들린(O. Handlin) 등 도시사의 발전에 크게 기여한 학자들에 의해 그 필요성이 강조되었다. 프랑스에서는 1970년대에 로쉬가 사회과학고등연구원(EHESS)으로 유럽 각국의 도시사가들을 초청해 비교 도시사의 필요성과 중요성을 환기시켰다. 1980년대에는 리옹II대학의 모리스 가르덩과 이브 르캥이 유럽의 18~20세기 도시화, 15~20세기 도시 주택문제에 대한 비교사적 연구서를 발간했다.[62] 프랑스에서 비교 도시사적 연구는 1990년대 본격화되었다. 1991년에 스트라스부르II대학 교수로 부임한 장-뤽 피놀은[63] 1990년대 중반에 '유럽 도시들의 문화, 예술, 사회'를 연구하기 위한 도시사학자, 건축학자, 미술사학자들의 학제간 도시사 모임을 구성해 프랑스국립과학연구소의 지원을 받았다(CNRS URA 1010). 이후 유럽 비교 도시사 연구가 활력을 띠게 되었다. 유럽연합의 성장 속에서 프랑스의 도시사학자들은 유럽 차원의 정체성 구성과 재구성을 위한 비교 도시사 연구를 진행했다. 그 성과물로 장-뤽 피놀이 책임 편집한 1860쪽 분량의 고대부터 현대까지의 『유럽 도시사』가 탄생하였다. 이 책은 유럽 도시들이 역사적으로 오늘날 유럽연합이 지향하는 '사회적이며 문화적인 유럽'의 정체성을 형성해 왔음을 강조한다.[64]

---

61) Jacques-Guy Petit, Yannick Marec, *Le Social dans la ville en France et en Europe 1750-1914* (Paris, Editions de l'Atelier, 1996).

62) Maurice Garden, Yves Lequin, *Construire la ville: XVIII^e-XX^e siècles* (Lyon, Presses universitaires de Lyon, 1983); *Habiter la ville: XV^e-XX^e siècles* (Lyon, Presses universitaires de Lyon, 1985).

63) 그는 2003년에 리옹II대학으로 옮겼으며 현재 프랑스도시사학회 회장을 맡고 있다.

오스만화 기간에 정비된 에투왈 광장은 파리의 근대적 도시 이미지 구성에 기여했다.

도시의 이미지, 정체성, 표상에 대한 연구, 비교 도시사 연구와 더불어 최근에 부각되는 도시사 테마는 환경생태사적 도시사와, 역사생태학적 도시사이다. 환경생태사적 도시사 연구는 도시와 도시 주변 지역의 환경에 대한 인식, 환경 변화와 관계된 정치적, 사회적, 문화적 갈등, 친환경적 도시를 가꾸기 위한 담론적, 실천적 행위 등을 역사적으로 고찰한다.[65] 이브-

64) Jean-Luc Pinol, dir., *Histoire de l'Europe urbaine* (Paris, Seuil, 2003), t. I, *De l'Antiquité au XVIII$^e$ siècle*, t. II, *De l'Ancien Régime à nos jours*.

65) 환경생태사에 대해서는 다음을 참고하라. J. R. McNeill, John Robert McNeill, Paul Kennedy, *Something New Under the Sun: An Environmental History of the Twentieth-Century World* (W. W. Norton & Company, 2001). Thomas S Martin, *Greening the Past: Towards a Social-Ecological Analysis of History* (International Scholars Publishers, 1997). Robert Delort, François Walter, *Histoire de l'environnement européen* (Paris, PUF, 2001). Jocelyne Pérard, Maryvonne Perrot, *L'homme et l'environnement: Histoire des grandes peurs et géographie des catastrophes* [Actes du colloque organisé à Dijon du 16 au 18 novembre 2000],

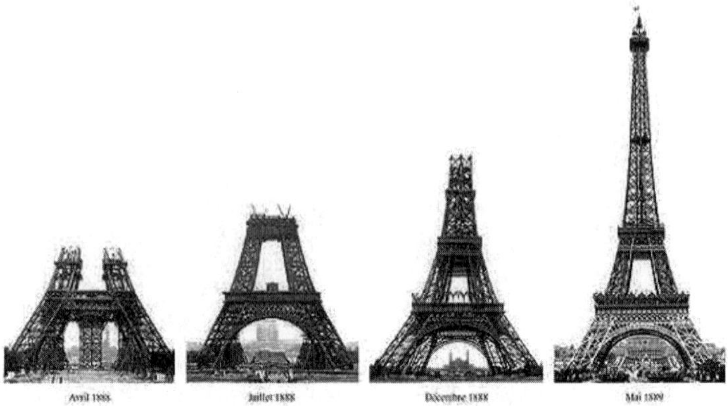

1889년 세계박람회를 위해 건립된 에펠탑은 파리의 대표적 랜드마크로 도시이미지 구성에 기여했다.

클로드 르캥(Yves-Claude Lequin)의 지도로 리옹II대학에서 2002년에 나온 한 박사논문은 19세기의 산업도시 그르노블(Grenoble)의 성장과 환경적 변화, 도시환경에 대한 사회적 문화적 인식 등을 분석한다.[66] 역사생태학(Historical Ecology)은 1990년대 중반에 등장한 개념으로 도시나 자연환경의 변화, 복원, 디자인에 있어서 역사적 문화적 전통에 대한 고려를 중시하고, 도시나 자연경관의 역사성을 강조한다.[67] 역시 이브-클로드 르캥의 지도로 2000년에 리옹II대학에서 나온 한 박사논문은 제2차 세계대전 이후 20년 동안 그르노블의 도시재건과 정비과정에서 도시의 역사적 경험과 문

---

(Centre Gaston Bachelard, 2003). Beck Delort, *Pour une histoire de l' environnement* (Paris, Editions du CNRS, 2007).

66) Estelle Baret-Bourgoin, *Environnement et sensibilités: les Grenoblois et leur ville au XIX^e siècle*, Thèse, Univ. de Lyon II (2002), publication, *La ville industrielle et ses poisons: les mutations des sensibilités aux nuisances et pollutions industrielles à Grenoble, 1810-1914* (Grenoble, Presses universitaires de Grenoble, 2005).

67) 역사생태학에 대해서는 다음을 참고하라. Carole L. Crumley, *Historical Ecology: Cultural Knowledge and Changing Landscapes* (SAR Press, 1994). William L. Balée, *Advances in Historical Ecology* (Columbia University Press, 2002).

화적 전통이 어떻게 활용되었는가를 분석한다.[68] 2007년 4월에 발행된 프랑스도시사학회의 학회지 『도시사』 18호는 '도시와 환경' 특집호였다.[69]

## 6. 프랑스 근현대 도시사 연구에 대한 전망

이제 앞으로의 프랑스 도시사 연구에 대해 전망해 보자. 먼저 지금까지 축적된 연구 성과를 바탕으로 더 많은 도시사 연구가 진행될 것으로 예상된다. 특히 연구 시기가 보다 확장될 것 같다. 이 글에서 살펴본 것처럼 근현대 도시사의 연구 시기는 20세기 중반에 머무르고 있다. 앙투안 프로는 1999년에 쓴 비평 글에서 1982년에 프랑스 인구의 74.4퍼센트가 도시에 거주한다는 통계를 제시하고, 1980~1990년대 등장한 대도시 교외의 사회적 위기가 "정치적 사회적 논쟁의 중심에 도시정책이 놓여있음"을 인식하게 해준다고 언급한다. 이어서 그는 이러한 역사적 현실이 역사연구자들에게 관심의 대상이 되지 않는 것을 역사가들의 '무관심(négligence)' 이자 '역할

---

68) Philippe Barrière, *Formes et usages du passé: Grenoble en ses après-guerre 1944-1964*, Thèse, Univ. de Lyon II (2000).

69) 2000년 창간호부터 2007년 4월까지 발행된 18호 가운데 3호 (2001년 6월), 6호 (2002년 12월), 9호 (2004년 4월), 12호 (2005년 4월)는 다양한 논문들을 실었고 나머지는 특집호로 발행되었다. 특집의 테마는 다음과 같다. '도시와 여가: 공간, 제도, 실천' 1호 (2000년 6월), '도시에서의 공포' 2호 (2000년 12월), '17~20세기 서양 도시에서의 직업 공간' 4호 (2001년 12월), '계몽시기 프랑스 도시 공간의 형태와 활용' 5호 (2002년 6월), '교회건물' 7호 (2003년 6월), '도시성 농촌성' 8호 (2003년 12월), '고대에서 중세까지 도시, 폭력, 권력' 10호 (2004년 8월), '도시에서의 교통' 11호 (2004년 12월), '도시적 구성과 재구성' 13호 (2005년 8월) '도시와 공간의 감정평가' 14호 (2005년 12월), '근대 이탈리아에서의 생활방식, 직업, 도제' 15호 (2006년 4월), '중세도시의 소비' 16호 (2006년 7월), '신도시와 대규모아파트단지' 17호 (2006년 12월). *Histoire urbaine*, no. 1-17 (2000~2007).

포기(démission)' 라고 지적하며 현대 도시사 연구의 중요성과 필요성을 강조한다.[70)]

20세기 중반 이후의 현대 도시사에 관한 연구가 적었던 것은 프랑스의 국가문서 관리 규정에 따라 공식적 사료가 50년이 지나서 공개되기 때문이었다. 하지만 도시사 연구에서 주로 사용하는 건축물 관리대장, 지적도, 등기 기록, 도시계획 설계도 등 도시의 구조와 형태, 기능에 관련된 일차적 사료들은 이 기간과 상관없이 열람할 수 있다. 파리시 고문서 보관소(Archives de Paris)는 1995년에 546쪽에 달하는 파리의 19~20세기 도시계획, 건축물, 녹지 공간과 관련된 소장 사료들의 분류 코드를 소개하는 자료집을 발간했다.[71)] 여기서 소개된 사료를 바탕으로 한 20세기 후반의 도시사 연구가 조만간 쏟아져 나올 것 같다.

연구 대상의 다변화도 이루어질 것 같다. 이 글에서 고찰한 대로 지금껏 수행된 대부분의 연구는 파리, 리옹 등 수도와 대도시, 몇몇 산업도시에 집중되었다. 사실 프랑스에서 모든 "도시적 변화는 수도에서 시작되었기 때문에"[72)] 파리를 대상으로 한 도시사 연구가 압도적으로 많을 수밖에 없었다. 앞으로는 연구가 제대로 이루어지지 않았던 다양한 중소도시들로 연구 대상이 확대될 것으로 전망된다. 도시문화의 이미지와 표상, 정체성에 대한 탐구, 비교사적 접근, 환경생태사적 접근도 더욱 증가할 것이다.

지금까지 프랑스 도시사 연구가 어떠한 과정을 거쳐 방법론적 정립을 하

---

70) Antoine Prost, "Une histoire urgente: le temps présent des villes", p. 126.

71) Jean-Marie Jenn, dir., *Paris XIXe-XXe siècles, Urbanisme, Architecture, Espaces verts, Bibliographie et sources imprimées à la Bibliothèque des Archives de Paros. Guide des sources d'archives conservées aux Archives de Paris* (Paris, Archives de Paris, 1995).

72) G. Duby, dir., *Histoire de la France urbaine* (Paris, Seuil, 1980-1983), t.4. dirigé par Maurice Agulhon, et avec Françoise Choay, Maurice Crubellier, Yves Lequin, Marcel Roncayolo, *La ville de l'âge industrielle cycle haussmannien 1840-1940*, p. 77.

게 되었고, 도시사의 성장에 자극을 준 요소들은 무엇이었는지를 고찰하였다. 또한 프랑스 도시사의 특성이 무엇인지, 최근에 주목을 받고 있는 연구테마들은 무엇인지를 검토하였고, 향후 프랑스 도시사 연구는 어떻게 전개될 것인지를 전망하였다. 이를 간략히 정리하면서 글을 끝맺음하고자 한다.

프랑스에서 19세기 이래 20세기 중반까지 활발히 진행된 것은 도시의 역사 서술이었다. 도시의 일대기와는 달리 공간의 특성을 강조하고 도시를 역사의 배경이나 무대로서만이 아니라 행위 주체이자 구조로 파악하고자 하는 도시사 방법론은 1960년대 말과 1970년대 초에 그 기초를 형성하였다. 이 시기에 사회경제사의 쇠퇴에서 비롯된 사회사의 막다른 길을 열어주는 하나의 대안적 연구로 도시사가 제기되기도 했다. 사회경제사를 대체해 간 사회문화사적 연구들과, 공간의 논리를 강조하는 도시사 연구는 상호영향을 미치면서 근현대 도시사의 성장에 기여했다. 또한 인구사, 망탈리테사, 역사인류학 등의 자극을 통해 도시사가 더욱 발전할 수 있었다. 대체로 1990년대 중반 이후 도시문화에 대한 연구가 주된 경향이 되었고, 최근 10년 동안에는 비교도시사, 환경생태사적 도시사가 새롭게 부각되었다.

'역사와 도시화' 특집호였던 『아날: 경제, 사회, 문명』의 1970년 4호는 특집 안내 글에서 "도시에 대한 역사적 성찰은 가장 오늘날의 문제"임을 언급하며, 도시화 과정이 낳은 다양한 도시문제들에 대한 보다 깊이 있는 이해는 역사에 대한 이해로부터 가능하다고 적었다.[73] 그로부터 30여 년이 지난 1999년에도 위에서 언급한 것처럼 현대 도시사에 관심을 두지 않는 것이 역사가의 책임 방기라는 비평이 제기되었다. 이 사이에 나온 도시사 연구 성과가 3천여 개가 넘는데도 이런 비평이 나온 것은 계속해서 진행 중인 도시화와 도시정책에 대한 사회적 논의에 역사가의 학문적 기여가 더 많이 필요하다는 인식을 반영한다.

---

73) *Annales E.S.C.*, année 25, no. 4, numéto spécial (1970), p. 830.

프랑스 도시사 연구의 발전과정과 특성, 앞으로의 전망을 분석한 이 글이 도시사 연구가 걸음마 단계에 있는 우리 학계에 작은 자극이 되기를 희망한다. 학문이 현실과 완전히 분리된 별개의 활동이 아니라면, 우리 학계에서도 도시사에 대한, 아니 굳이 도시사라 규정하거나 규정되지 않더라도 실질적 삶의 공간인 도시에 대한 폭넓은 역사적 연구가 활성화되어야 할 것이다. 좀 더 사회적이고 문화적인, 보다 민주적이며 보다 인간적인, 친환경적인 도시환경을 만들어가는 노력에 도시사 연구는 커다란 공헌을 할 수 있을 것이기 때문이다.

5장

# 도시의 사회사에서 도시의 문화사로?

### - 독일 도시사 연구의 최신 동향

| 최용찬 |

## 1. 세계적 도시사 연구의 붐과 독일 도시사 연구

최근 들어 우리 학계에 도시사 연구 성과물들이 하나둘씩 축적되어 가고 있다. 이런 흐름 속에서 2007년 2월에 나온 전문 연구서인 『도시이론과 프랑스 도시사 연구』는 도시사가 주류 역사학의 장르로 부상하게 될 것이라는 전망에 작지 않은 파장을 일으켰다. 이 책의 저자는 도시사 연구가 "역사학 연구 전체의 활성화에 기여할 뿐만 아니라 도시와 관련된 기존의 다양한 사회과학 제 학문 분야와 문화학(Cultural Studies) 같은 새로운 학문의 발전에 이바지할 것"이라고 지적하면서 특히 "도시문화의 여러 양상, 도시 이미지와 정체성, 도시경관 등에 대한 연구, 비교도시사 연구가 확대될 것"이라고 역설했다.[1] 더욱이 2007년 6월 서울에서 개최된 제50회 전국역사

1) 민유기, 『도시이론과 프랑스 도시사 연구』(심산, 2007), p. 34.

학대회 때 자유패널을 구성한 '도시사연구회'는 도시사 연구 발표를 통해 한국 도시사 연구의 밝은 미래를 더욱 앞당겨 놓았다. 이 행보는 무엇보다도 도시의 역사가 역사학의 주류로의 진입을 위한 첫걸음이었다는 점에서 충분한 가치가 있다.[2] 이런 징후만을 가지고 도시사가 21세기의 한국 역사학의 새로운 화두가 될 것이라고 진단한다면, 그것은 섣부른 신념이라고 말들을 할 수도 있을 것이다. 그러나 하나 둘 날아드는 철새가 임박한 봄날의 소식을 전하는 전령사임은 그야말로 자연의 섭리 아닌가.

그런데 사실 도시사 연구에 대한 관심이 고조하는 현상은 한국에서만 일어나는 특수한 현상이 아니라 전 세계에서 일어나는 보편적 현상이다. 좀 더 정확히 표현하자면, 1990년대 이후 새로운 도시사 연구의 재활성화 작업을 구미 역사학계가 이미 선도적으로 수행해 왔고, 적어도 한국 서양사학계의 젊은 연구자들은 그것을 국내에 적극적으로 소개하는 중이다. 하지만 그러한 움직임의 활력은 외국의 도시사 연구의 최신 경향을 그대로 답습하여 무조건적 수용을 종용하는 것에 그치지 않았고, 이른바 '비판적 수용'이라는 더욱 진지한 자세로 독자적인 도시사 연구를 내놓기 시작한 국내의 신진 연구자들에 의해서 더욱 촉진되고 있다. 가령, 근대 도시사 연구의 경우, 미국 도시사에 대한 박진빈의 연구[3]와 프랑스 도시사에 대한 민유기의 연구[4]가 돋보인다. 이들의 작업은 한국 역사학계의 도시사 연구의 지향점을 한층 구체적으로 제시해 주었다는 점에서 좋은 본보기이다. 독일 도시사의 경우에도 1997년에 에디트 엔넨의 『도시로 본 중세유럽』[5]이 번역

2) '도시사연구회'의 발표주제는 '도시화와 사회갈등'인데, 이날 발표된 논문은 대부분 '도시의 사회사'의 범주에 속한다고 할 수 있다. 이에 대해서는 역사학회(편), 『동북아의 평화와 역사서술-자국사와 지역사』(2007), pp. 566-623.

3) 박진빈, 『백색국가 건설사』(앨피, 2007).

4) 민유기, 앞의 책.

5) 에디트 엔넨, 안상준 옮김, 『도시로 본 중세유럽』(한울, 1997).

출간되면서 독일의 중세 도시사 연구의 수준이 국내에 소개되었고, 2003년 2월에는 「19세기 후반 독일 루르지역 산업도시의 지역자치」라는 한해정의 박사학위논문이 나온 상태이다. 19세기 후반 산업도시인 에센과 도르트문트의 근대적인 행정체계 구축 과정을 용수 및 가스공급 문제를 통해 고찰한 이 논문은 '도시의 환경사' 라는 측면에서 대단히 흥미롭게 읽힌다.[6] 그러나 그녀의 논문은 19세기와 20세기 독일의 근대도시의 역사에 관한 연구의 최신 경향에 대해서 자세한 정보를 제공해 주지 못한다는 점에서 아쉬움이 남는다. 그렇다면, 도대체 독일에서 진행되고 있는 도시사 연구의 최신 동향은 과연 어떠할까?

이 글은 독일 근대 도시의 역사에 관한 독일 도시(사)학계의 최신 연구 동향을 담는 일종의 스케치 그림과도 같다. 2절에서는 최근 독일에서 대두한 두 가지 도시담론, 곧 '도시의 죽음' 담론과 '도시의 부활' 담론을 소개한 다음, 독일 근대도시 담론의 향후 방향이 '죽음' 담론에서 '부활' 담론 쪽으로 진행되고 있다는 점을 지적하면서 근대 도시담론의 추이에 대해 묘사해 보고자 한다. 3절에서는 도시의 '부활' 과 함께 시작된 '도시 르네상스' 시대를 맞이하여 새롭게 설립된 도시사 연구소의 설립 취지와 현재 진행 중인 주요 활동에 대해서 간략하게 소개하고자 한다. 마지막으로 4절에서는 근대 도시사 연구들 중에서 대단히 흥미로운 최근의 연구 성과들을 간단히 소개함으로써 독일 도시사 연구의 새로운 쟁점으로 떠오른 '도시의 문화사' 의 새로운 가능성에 대해 논의해 보고자 한다. 그를 통해서 21세기 역사학의 기대주로 떠오르고 있는 도시사 연구의 새로운 주제와 이론, 그

---

6) 한해정, 『19세기 후반 독일 루르지역(Ruhrgebiet) 산업도시의 지역자치(Kommunalpolitik) - 에센(Essen)과 도르트문트(Dortmund) 시의 용수 및 가스공급을 통해 본 급부행정의 형성』, 고려대학교 박사학위논문, (2002); 「용수 및 가스공급을 통해 본 19세기 후반 독일 루르지역(Ruhrgebiet) 도시의 지역자치 - 에센(Essen)과 도르트문트(Dortmund) 사례」, 『서양사론』, 79 (2003), pp. 29-54.

리고 방법론에 대한 윤곽이 더욱 뚜렷하게 드러날 것이다.

## 2. '도시의 죽음'에서 '도시의 부활'까지: 독일의 도시담론의 추이

1996년 프랑스 사회학자 알렝 뚜렌(Alain Tourlaine)은 독일의 주간지 『시대(*Die Zeit*)』에서 도시 및 도시사회의 미래에 대해 대단히 회의적인 전망을 내비쳤다. "도시의 발전을 어떤 맥락에서 생각하든지 간에, 도시는 산산이 깨어졌고 자신의 몸을 더 이상 가눌 수 없는 지경이 되었다. 도시는 더 이상 근대 승리의 상징이 아니고 오히려 점점 더 몰인정해져 가는 사회 내부 갈등의 상징이다." 이것은 그야말로 '도시의 종말(Das Ende der Stadt)' 선언과도 같다.[7] 그런데 이것을 자본주의에 대한 어느 사회학자의 악감정의 피력이라고 폄하하기에는 그 후폭풍이 너무도 거세다. 이른바 "도시의 붕괴"[8]와 "도시의 쇠락"[9] 담론들이 연이어 선언되면서 대단히 심각할 정도의 사회적 반향이 생겨났다. 몇 년 뒤에는 미국의 유명한 도시계획이론가인 존 프리드맨(John Friedmann)이 급기야 '도시는 죽었다'고 도시의 사망 기사를 발표하기에 이르렀다. "도시는 죽었다. 도시의 인구가 증가하고 수평

---

7) Alain Tourlaine, "Das Ende der Stäte?", *Die Zeit*, Nr. 23 (1996년 5월 31일), p. 24.

8) Fred Siegel, *The future once happened here. New York, D.C. L.A., and fates of America's big cities* (New York, 1997). Karl-Dieter Keim, "Der Zerfall des Urbanen", Wilhelm Heitmeyer, ed., *Was treibt die Gesellschaft auseinander? Bundesrepublik: Auf dem Weg von der Konsens zur Konfliktgesellschaft*, Bd. 1 (Frankfurt am Main, 1997), pp. 245-286.

9) Thomas Krämer-Badoni, Werner Petrowsky, ed., *Das Verschwinden der Städte. Forschungsbericht der ZWE "Arbeit und Region" der Universität Bremen* (Bremen, 1997).

적으로 팽창할 때, 많은 사람들은 도시를 구조하고, 부활시키기 위해, 그리고 도시 스프롤(urban sprawl) 현상[10]을 저지하고, 도시의 감수성과 도시 질서를 회복하려고 무던히 애를 썼다. 그러나 도시의 죽음을 재촉하는 힘들은 저지되지 않았고, 더 이상 역전시킬 수도 없었다."[11] 이와 같은 도시의 사망선고는 '역사의 종말'과도 같은 세기말의 비관적 분위기와 뒤섞이면서 한층 더 불안하고 우울한 상태를 지속시키고 있다.

그러나 21세기 첫날에 대한 두려움이 곧장 환희로 뒤바뀌면서 미래사회에 대한 밝은 전망이 다시 힘을 얻게 되었다. 이른바 '도시의 부활'이 재언명됨에 따라 도시의 창조적 성격에 대한 이야기가 자연스럽게 다시 거론되었다. "창의도시"[12], "문화산업"[13], "창의산업"[14], "혁신분위기"[15] 혹은 "창의계급"[16]과 같은 이름들은 창의성과 도시 생활세계 사이의 개념적 결합을 보여주는 좋은 사례이다. 독일에서는 이러한 낙관적인 분위기가 '도시의 르네상스(Renaissance der Stadt)' 시대로 자리 매김 되면서 미래 도시의 새로운 가능성에 대한 적극적인 검토가 점차 활성을 띠기 시작했다.[17] 한편, 도시사회의 전통적인 공간구조의 해체와 함께 도시와 교외 구조의 융합에 기초를 둔 새로운 유형의 도시, 곧 "중간도시", "모서리도시", "제3의 도

---

10) 도시의 급격한 팽창과 지가상승 등으로 도시 주변이 무질서하게 발전하는 현상을 말한다.

11) John Friedmann, *The Prospect of Cities* (Mineapolis, 2002), p. xi.

12) Charles Landry, *The Creative City. A Toolkit for Urban Innovators* (London, 2000).

13) Derek Wynne, *The Culture Industry: Arts in Urban Regeneration* (Avebury, 1992).

14) Justin O'Connor, "The Definition of 'Cultural Industries'" (1999), cf., <www.mipc.mmc.ac.uk> (2006.08.23)

15) Philippe Aydalot, *Milieux Innovateurs en Europe* (Paris, 1986).

16) Richard Florida, "The Creative Class" (2002). cf. <www.creativeclass.com> (2006.08.23)

17) Dieter Läpple, "Thesen zu einer Renaissance der Stadt in der Wissensgesellschaft", Norbert Gestring, Herbert Glasauer et. al. ed., *Jahrbuch Stadt Region* (Opladen, 2003), pp. 61-77.

시", "그물도시" 등 새로운 대안적 도시에 대한 적극적인 검토가 진행되고 있다.[18] 다른 한편, 유럽연합의 본격적인 추진과 함께 독일의 유럽화 경향이 두드러지게 나타나면서 독일 도시의 유럽화 혹은 세계화에 대한 사회적 요구가 드높아졌다. 무엇보다도 연방수도 베를린의 재건축 사업은 이러한 요구에 대한 적극적인 응답이라고 이해할 수 있다. 이와 더불어 21세기형 거대도시 개발에 대한 사회적 여론의 조성 및 추진 전략은 그야말로 '도시의 부활'을 알리는 '복된 소식'과도 같다. 따라서 최근 독일 사회에서 베를린을 비롯한 '대도시(Metropolen)'에 대한 관심이 급증하고 있는 것도 바로 이러한 들뜬 분위기 속에서 쉽사리 이해된다.[19]

'도시의 죽음' 담론과 '도시의 부활' 담론이 제각각의 '담론의 질서'를 갖추어 가고 있던 2006년 9월 베를린에서 '도시화의 종말? 도시와 도시사, 그리고 도시연구의 시각 변화'라는 대단히 흥미로운 주제의 학술대회가 열렸다.[20] 이 학술대회는 위에서 언급한 두 담론 진영의 공방전에 종지부를 찍을 뿐만 아니라 독일 도시사학의 앞으로의 방향을 가리키는 이정표를 제시했다는 점에서 유심히 관찰해 볼만한 가치가 있다.

이 학술대회의 주최 측은 최근 들어 도시와 도시사, 그리고 도시연구에

---

18) Oliver Frey, "Ein neuer Stadttypeus in der Wissenschaft. Die amalgame Stadt der kreative Milieus", *Historisches Forum*, 8 (2006), pp. 135-150.

19) 특히 Dirk Bronger, *Metropolen, Megastäte, Global Cities. Die Metropolisierung der Erde* (Darmstadt, 2004)를 보라.

20) 이 학술대회에 대한 첫 사전 공지는 베를린 훔볼트대학교의 역사학 포털 사이트인 H-Soz-u-Kult의 2006년 1월 10일자에 나왔다. 이 공지는 Forum: Das Ende der Urbanisierung? Wandelnde Perspektiven der Stadtgeschichte를 위한 논문 투고를 받는다는 형식으로 게재되었다. <http://hsozkult.geschichte.hu- berlin.de/termine/id=4848&view=print> (2007.11.12) 그리고 이때 투고된 것 중에서 선정된 논문들은 9월 11일부터 9월 15일까지 같은 제목의 학술대회에서 발표되었다. 그리고 이 논문들은 다시 훔볼트대학교의 인터넷자료 학술지인 *Historisches Forum*의 8집(2006)에 모두 게재되었다. 이에 대해서는 <http://edoc.hu-berlin.de/e_histfor/8>를 보라.

대한 전문가들의 관심이 부쩍 느는 활발한 움직임을 감지한 것이 학술대회를 마련하게 되는 계기가 되었다고 밝혔다. 그들의 기본 발상에 따르면, 19세기부터 유럽의 도시공간은 점차 급진적인 변모의 장소, 촉진과 세계적인 기술진보와 동의어가 되었다. 그 이후부터 "근대의 비전은 항상 '도시적인 것'과 동일시되었다." 하지만 1970년대 이후 근대주의의 매력이 감소하면서 도시는 진보의 상징으로서의 의미를 상실하게 되었다. 그때부터 획기적인 현상으로서의 도시를 역사화하고자 하는 노력이 엇비슷하게 진행되었다. "도시계획과 도시건축, 도시사회학, 건축과 도시사 영역에서 "탈도시적(post-urbaner)" 혹은 "신도시적(neo-urbaner)"인 연구시각들이 유행함에 따라, "도시화" 과정이 과연 유럽의 산업구조의 변동에 의해 추진된 현상 자체만으로 역사화될 수 있는지의 문제가 제기되고 있다."[21] 다른 한편에서는 위에서 언급한 구조변동 이후에도 도시생활의 메타포와 모범인 도시의 문화적 이미지는 르네상스를 맞이하고 있다.[22]

이런 역사적 맥락에서 도시화 현상의 종언이 과연 타당한가의 문제를 검토한 이 학술대회는 최종적인 결론을 유보하고는 있지만, 적어도 도시사 연구의 시각의 변화에 대한 필요성에 대해서는 참석자들 사이에서 일정한 공감대가 형성되었다는 것을 확인했다. 이 학술대회에서 발표된 글 중에서도 모리츠 푈메르(Moritz Föllmer)와 합보 크노흐(Habbo Knoch)의 「경계와 도시의 근대성 - 도시의 상호작용 공간의 사회사에 대한 시론」[23]과 키르스

21) Das Ende der Urbanisierung?, *Historisches Forum*, 8 (2006).

22) Editorial: Das Ende der Urbanisierung? Wandelnde Perspektiven auf die Stadt, ihre Geschichte und Erforschung (2006.09.11). <http://hsozkult.geschichte.hu-berlin.de/forum/type=diskussionen&id=...> (2007.05.05).

23) Moritz Föllmer, Habbo Knoch, "Grenzen und urbane Modernitöt. Überlegungen zu einer Gesellschaftsgeschichte städtischer Interaktionsräume", *Historisches Forum*, 8 (2006), pp. 85-99.

독일통일 이후 베를린의 건설 붐.

텐 바그너(Kirsten Wagner)의 「도시의 시각적 질서 – 케빈 린치(Kevin Lynch)의 도시 풍경」[24]이 가장 주목받았다. 이들 발표문들은 '도시의 문화사' 서술, 특히 도시의 공적 공간에 대한 문화사적인 도시사 서술이 '종말'과는 전혀 다른 궤도로 나아가고 있다는 것을 분명하게 예시해 주고 있다는 점에서 그 가치를 인정받았다.[25]

이와 같이 부정적인 도시담론에서 긍정적인 도시담론으로의 발상 전환은 마침내 '도시의 르네상스' 시대의 선포로 이어졌다. 그에 따라, 독일의 근대도시의 역사에 대한 연구는 여러 도시사 연구소의 신설과 함께 새로운 전기를 맞이하게 되었다. 다음 3절에서 2000년 이후에 새로 신설된 도시사 연구소의 설립 취지와 주요 활동을 검토하고 그 의미가 무엇인지에 대해서 살펴보자.

---

24) Kirsten Wagner, "Die visuelle Ordnung der Stadt. Das Bild der Stadt bei Kevin Lynch", *Historisches Forum*, 8 (2006), pp. 101-121.

25) Editorial: Das Ende der Urbanisierung?.

## 3. '도시 르네상스' 시대의 도시사 연구소의 설립과 활동

2002년에 독일의 도시사학자들이 자신들의 도시사 연구 성과를 알리기 위해서 영어로 편집한 책『도시민족을 향하여 – 1780년 이후의 독일』을 출간했다. 이 책의 편집을 맡은 독일 기센대학 교수인 프리드리히 렝어(Friedrich Lenger)에 따르면, 독일은 중세 후기와 근대 초기의 도시에 대해서는 항상 큰 관심이 있었지만, 실제 점점 더 많은 사람이 도시에 살았던 시대인 19세기와 20세기에 대한 관심은 정작 별로 많지 않았다.[26] 하지만 최근에 와서는 그가 지적한 경향은 완전히 뒤바뀌기 시작했다. 1970년대 중반 이후 점차 사회사의 일부로 제 자리를 잡았던 도시사 연구가 21세기에 들어서면서부터 실로 다양한 양상으로 전개되기 시작했다.[27] 그에 따라 도시사 연구자들은 '얼마 전부터 도시사 연구의 봇물이 터졌다'며 흥분을 감추지 못하고 있다.[28] 독일의 수도 베를린의 경우만 하더라도 도시사 연구자들의 수적 증가는 물론이거니와 그와 더불어 도시사 프로젝트가 부쩍 늘고 있고, 이러한 추세는 무엇보다도 도시사 전문 연구기관의 설립으로 나아갔다. 이런 점에서 독일의 도시사 연구의 거점 지역으로 거듭난 베를린에서 2000년 이후에 설립된 세 곳의 도시사 전문 연구 기관의 설립 취지와 주요 활동을 살펴보는 것은 의미가 있을 것이다.[29]

---

26) Friedrich Lenger, ed., *Towards an urban nation – Germany since 1780* (Oxford, New York, 2002), p. 1. 이 책에는 클라우스 텐펠데, 기젤라 메텔레, 프란츠-조세프 브뤼게마이어, 한스-울리히 탐머, 악셀 쉴트, 스테판 차페의 논문이 실려 있다.

27) *Ibid*., p. 5.

28) Moritz Föllmer, Habbo Knoch, "Grenzen und urbane Modernität. Überlegungen zu einer Gesellschaftsgeschichte städtischer Interaktionsräume", *Historisches Forum*. 8 (2006), p. 85.

29) 세 연구 기관에 대한 기본적인 정보에 대해서는 각 기관의 인터넷 홈페이지를 참고하라. '도시사와 도시화 연구협회'의 홈페이지 주소는 <http://www.gsu.uni-saarland.

먼저 '도시사와 도시화 연구협회(Gesellschaft für Stadtgeschichte und Urbanisierungsforschung e. V.; 이하 GSU)'가 2000년에 베를린에서 설립되었다. 이 단체는 같은 해 8월 30일에 베를린에서 개최된 '유럽도시사학회(European Association for Urban History)'의 다섯 번째 국제대회에서 독일 도시사 연구자들을 묶는 총회의 성격을 갖는 조직으로 결성되었다. 지금 현재 자알란트대학 역사학과의 문화사와 매체사 담당 교수인 클레멘스 침머만(Clemens Zimmermann)이 의장직을 맡은 이 협회의 집행부는 독일 도시사 연구의 대표적인 인물들인 마르티나 헤슬러, 디터 쇼트, 하인츠 라이프, 크리스토프 베른하르트, 클레멘스 비셔만, 악셀 쉴트, 게르트 쿤으로 구성되어 있다.

이 협회의 설립 취지는 협회 정관에 자세히 나와 있다. 도시사와 도시화 영역의 학문을 진흥시키고 학제간의 연구를 육성하는 것을 목적으로 하는 이 협회는 첫째, 전문적인 학술대회와 콜로키움의 진흥, 둘째, 독일의 대학 대내외적 연구 기관 간의 연구협력 추진, 셋째, 학문 후속 세대의 양성, 넷째, 전문 기관지 및 연속 간행물 발행을 도모한다. 지난 7년 동안 이 단체는 각각의 세부영역에서 대단히 정력적인 활동을 추진해 왔다. 그중에서 눈에 띄는 사업 중 하나는 2005년 10월 7일과 8일 양일간 콘스탄츠 대학에서 열린 학술대회이다. '학문 후속 세대 양성'이란 목적을 위해 열린 이 학술대회에서는 주로 도시와 지식, 도시와 사회적 격리, 도시와 자연이라는 세부 주제들에 관련된 논문이 발표되었는데, 이들 논문은 대부분 문화학적인 근대문화 개념을 밑바탕으로 한 글들이란 점에서 주목의 대상이 되었다.[30] 또

---

de/index.htm>(2007.11.9), 베를린기술대학교의 '대도시 연구소'는 <http://www.metropolitanstudies.de/index.php?1>(2007.11.9)이고, 훔볼트대학교의 '게오르크 짐멜 대도시 연구소'는 <http://www.gsz.hu-berlin.de/php/index.php> (2007.11.9)이다.

30) Monica Neve, "Gesellschaft für Stadtgeschichte und Urbanisierungsforschung(GSU) Nachwuchstagung", <http://hsozkult.geschichte.hu-berlin.de/tagungsberichte/id=

이 협회가 주관하여 2008년 7월 초 4일간 베를린에서 열리게 될 국제학술대회는 '환경사에서의 도시의 위상' 이라는 주제만으로도 벌써 이목을 끌고 있다. 더욱이 이 단체는 유럽도시사학회와 같은 국제적인 단체와의 연대를 도모함으로써 도시사 연구의 세계화 사업을 점차 구체적으로 진행해나갈 계획이다. 덧붙여 이 협회는 그동안에 도시사 학술지로 급부상한 『근대도시사 정보』를 공동 발간함으로써 독일 내에서의 도시 혹은 도시사 담론을 보급하는 데 주도적인 역할을 수행해내고 있다.

두 번째로 주목할 만한 도시사 전문 연구 기관은 베를린기술대학교 산하의 '대도시 연구소(Center for Metropolitan Studies; 이하 CMS)' 이다. 이 연구소는 2003년에 대도시라는 주제에 관한 역사적이며 동시에 오늘날의 문제 제기에 답해줄 학제간 및 국제적 연구를 추진하는 기관으로 탄생했다. 이 연구소의 연구 중점 주제는 대략 대도시와 사회적 유동성, 교외화 현상과 도시재건, 문화경제와 혁신과정, 대도시와 보안, 그리고 통합과 배제 등이다. 이 연구소가 표방하는 설립 목적은 다음과 같다. 사회의 도시화의 가속화에 따라 미래의 발전공간인 대도시가 사회적, 건축적, 정치적, 환경적 및 경제적 요구들에 직면해 있으며, 이를 위해서 대도시 연구 영역에서 대학 내의 기초연구와 일반의 심화연구를 결합시키고, 국제적으로 후진을 양성하며, 학문과 경제, 정치와 시민사회 주체들의 협력과 대화를 강화한다. 현재 같은 대학의 근대사 교수인 하인츠 라이프(Heinz Reif) 교수가 이끄는 이 연구소는 원래 이 대학의 역사와 예술사 연구소 산하에 있던 '유럽 도시사 연구팀' 이 진행해 온 30년 동안의 연구 성과를 밑바탕으로 세워진 것이다.

무엇보다도 대학 부설 기관으로서의 지위를 갖는 이 연구소는 연구와 함께 교육도 주된 과제로 설정해 두고 있다. 그중에서도 특히 베를린과 뉴욕을 잇는 대서양 대학원 과정인 "20세기 대도시의 역사와 문화"라는 프로젝

---

1038>.

트를 운영하고 있다. 독일연구공동체(DFG)의 지원을 받는 이 교육과정에는 베를린기술대학교와 베를린자유대학교, 베를린훔볼트대학교와 뉴욕대학교, 그리고 콜롬비아대학교가 협력 대학으로 참여하고 있다. 이 교육과정의 목적은 우선 20세기 유럽과 북미의 대도시에 대한 학제간 및 비교 연구를 자극하고 오늘날 대도시의 문제를 연구하는 데 있다. 더 나아가 이 연구소는 결과 지향적인 국제적 후진양성을 목적으로 하는데, 공동 논문 심사와 공동 세미나 형식의 공동 교육 프로그램을 진행하고 있다. 마지막으로 대학 간의 협력을 증진시키고 이웃 연구 영역들 사이의 공동 작업을 더욱 손쉽게 하며, 대서양 간 대화를 촉진하려는 목적을 지닌다.

독특한 대학원 교육과정과 함께 여기에서 소개할 만한 것은 '역사적 도시연구(Historical Urban Studies)' 라는 학부 과정이다. 2006년 겨울학기부터 시작된 이 과정은 4학기 동안 진행되는데. 이 과정에서 학생들은 도시를 역사적 시선에서, 그리고 학제간의 시각에서 고찰하는 방법을 배우고 있다. 이제까지 3학기 동안 진행된 개설 교과목의 추이를 살펴보면, 2006년도 겨울학기에는 총 8과목이 개설되었는 데 반해, 2007년 학기에는 11개 과목이, 2007년도 겨울학기에는 총 17개가 개설되는 등 개설 과목수가 점차 느는 추세이다. 이는 도시사를 배우고자 하는 학생들이 점점 증가하고 있기 때문이다. 개설 과목명을 살펴보면, 도시문화사 범주에 포함될 만한 과목의 숫자가 2006년도에는 1과목이던 것이 2007년도에는 2과목으로, 그리고 2007년 겨울학기에는 무려 6과목으로 급증했다. 이 숫자는 결국 이 연구소에서 도시문화사에 대한 교육의 비중을 높이고 있다는 것을 말해준다. 그중에서도 특히 2학기 연속 개설된 '19세기, 20세기 대도시의 문화' 라는 과목에서 역사적 대도시의 문화 비평을 위해 보들레르와 벤야민, 그리고 짐멜의 고전적인 작품들을 읽히는 점이 눈에 띈다. 이렇듯 도시문화 현상에 대한 관심의 증가는 이 연구소에 제출된 연구 보고서에서도 확인된다.[31)]

마지막으로 베를린훔볼트대학교는 2005년 8월 30일 '게오르크 짐멜 대도시 연구소(Georg-Simmel-Zentrum für Metropolenforschung; 이하 GSZ)'의 정관을 확정 지었다. 이 정관의 1조는 GSZ가 학제간 연구소임을 명시했다. 독일의 도시 연구 현황에 대한 비판적인 현실 인식의 맥락에서 시작된 이 연구소는 당시 독일에는 아직 '대도시(Metropolen)'의 역사와 발전, 그리고 의미에 관해 연구하는 전문 기관이 없다고 밝혔다. 독일은 원래 프랑스나 영국과는 달리 대단히 분산적인 도시 시스템을 갖고 있기 때문에 모든 사회 영역에서 고도의 중앙집중성을 갖춘 도시가 별로 없다. 그럼에도 불구하고 최근 '세계도시(Global Cities)'로의 변모 과정에서 발생하는 여러 가지 도시문제들, 곧 '불평등의 증가, 사회공간의 양극화, 이민과 도시경제, 도시발전의 통제와 조정 문제' 등등에 관한 심층적인 진단의 필요가 강력히 요청되었다. 게다가 한편 대도시의 도시성의 팽창을 위한 중요한 기회가 될 수도 있고, 다른 한편 여러 가지 문제와 갈등의 요소가 될 수도 있을 법한 대도시의 다문화성의 미래에 대한 우려와 관심 때문에, 이민과 도시의 상관성에 대한 심층적인 분석에 대한 사회적 요구가 높아지고 있는 실정이다. 바로 이러한 맥락에서 자연과학까지도 포괄하고, 대도시 조직의 기술적인 문제나 환경적인 측면에도 국한되지 않는, 인문학과 사회과학, 자연

---

31) Heinz Reif, "Metropolen. Geschichte, Begriffe, Methoden", *CMS Working Paper Series*, No. 001-2006; Margit Mayer, "Metropolitan Research In Translantic Perspective", *CMS Working Paper Series*, No. 002-2006; Wolfgang Kaschuba, "Berliner Straßenleben: Szenen und Szenarien" *CMS Working Paper Series*, No. 003-2006; Ignacio Farias, Susanne Stemmler, "Deconstructing 'Metropolis': Critical Reflections on a European Concept", *CMS Working Paper Series*, No. 004-2006; Thomas Bender, "History, Theory & the metropolis", *CMS Working Paper Series*, No. 005-2006; Sandra Huning, Johannes Novy, "Tourism as an Engine of Neighborhood Regeneration? Some Remarks Towards a Better Understanding of Urban tourism beyond the 'Beaten Path", *CMS Working Paper Series*, No. 006-2006; Bas vand Heur, "The Clustering of Networked Creativity: Between Myth and Reality", *CMS Working Paper Series*, No. 007-2006.

과학과 생명과학을 모두 아우르는 학제간의 통합적인 공동 연구가 절실했던 것이다.

그런데 왜 하필이면 연구소의 이름이 '짐멜 연구소'일까? 이 연구소의 주체들은 오늘날의 대도시 현상을 분석하는 데 있어서 같은 대학 출신의 유명한 사회학자 게오르크 짐멜(Georg Simmel)의 문화비판이 대단히 유용하다고 인식했다. 그들이 특별히 지목한 짐멜의 글은 「대도시와 정신생활」(1903)[32]인데, 이 글에는 대도시의 본질과 기능, 그리고 의미에 대한 다채로운 분과학문들의 사고를 오롯이 담고 있다고 그들은 확신했다. 따라서 이 연구소가 짐멜의 이름을 적극적으로 차용하는 이유는, 전형적인 사회적 경험공간인 대도시가 현대 도시인들의 '근대적인 생활양식'의 모태(matrix)가 된다는 짐멜의 대도시 문화인식론을 정확히 이해하고자 하는 바람은 물론, 학제간의 대도시 연구를 위한 중요한 초석이 바로 짐멜에 의해 마련될 수 있다고 믿었기 때문이다. 그에 따라 이 연구소는 대도시 연구 분야에서 학제간 프로젝트를 실행함으로써 대학의 학문적 프로필을 강화하려는 과제를 지닌다. 이 연구소에서는 수많은 대도시 연구자들이 함께 모여 통합적인 연구와 교육 활동을 수행한다.

그래서 이 연구소의 목적은 훔볼트 대학의 다양한 분과의 잠재력을 활용하여 대도시의 과거와 현재와 미래의 발전을 이해하는 데 적합한 혁신적, 탈경계적 발상을 실험하고 강화하는 것에 놓여 있다. 이러한 목적을 수행하기 위해서 연구소는 지금 현재 대략 10가지 주제를 중점적으로 연구하고

---

32) 게오르크 짐멜, "대도시와 정신생활", 김덕영 윤미애 옮김,『짐멜의 모더니티 읽기』(새물결, 2005), pp. 35-53. 짐멜은 "현대 특유의 삶의 산물들에서 그 내면적 측면에 대한 질문, 즉 문화라는 신체에 담긴 영혼에 대한 질문에 답하기 위해서는 그러한 구조들에서 삶의 개인적 내용들과 초개인적 내용들 사이에 어떤 등식이 성립하는지, 그리고 개인의 인격이 외부의 힘들과 화해하는 적응 능력들이 어떠한지를 살펴보아야" 하는 것이 자신의 글의 과제라고 밝혔다. pp. 35-36.

있다. ① 지식, 창의성, 혁신, ② 물과 도시, ③ 이민, 차이, 정체성, ④ 관리, 통제, 통합, ⑤ 환경과 도시, ⑥ 공간, 풍습, 격리, ⑦ 이미지, 상상, 상징, ⑧ 대도시와 동유럽, ⑨ 공공성, 안전, 통제, ⑩ 건강, 질병, 위험. 이 중에서 도시의 문화사적인 시각에서 대단히 주목을 받는 주제는 역시 일곱 번째 주제인 '이미지, 상상, 상징'이다. 기본적으로 대도시를 문화적으로 코드화된 공간이란 발상에서 출발하는 이 연구는 이미지와 상징을 통해서만 경험되고 체험되는 공간으로서의 도시의 표상들에 특히 주목하고 있다.

지금 이 시각에도 독일에서 최근에 신설된 도시사 관련 연구소들은 대단히 적극적인 자세로 갓 시작된 '도시 르네상스'를 주도해 가고 있다. 채 10년도 지나지 않은 상황이지만, 그 사이에 실로 엄청난 양의 도시사 관련된 연구서들이 '범람'하고 있는 정도이다. 그것은 기존의 '도시의 사회사' 연구에서부터 최근의 주목받고 있는 '도시의 문화사'적인 연구에 이르기까지 실로 다채로운 양상으로 전개되고 있다. 여기서 그러한 연구서들을 자세하게 소개한다는 것은 필자의 능력을 넘어서는 일이다. 그래서 다음의 4절에

독일통일 이후 새롭게 정비된 제국의회 내부.

서는 기존의 '도시의 사회사' 적인 범주를 넘어서 새로운 연구 범주로 떠오른 '도시의 문화사' 적인 연구 중에서 신선한 느낌을 주는 몇 가지 성과들을 간략하게 소개하는 정도로 독일의 근대 도시사 연구의 최신 동향에 대한 스케치를 마무리하고자 한다.

## 4. 독일의 근현대 도시사 연구의 지평 확대

### 1) 도시의 표상과 도시의 문화사

최근 독일 하노버대학교의 역사학과 교수 아델하이트 폰 잘데른(Adelheid von Saldern)이 진행한 '도시사와 도시화 연구' 프로젝트에서 출간한 두 권의 책이 주목의 대상이 되고 있다. 『연출된 일체감』[33](2003)과 『연출된 긍지』[34](2005)가 그것이다.

첫 번째 책은 '동독 도시들에 나타난 지배의 재현' 에 대해, 후자는 '나치즘과 동독, 그리고 서독 사회에서 나타난 도시의 재현' 에 대한 연구 결과를 묶어낸 책이다. 전자는 특히 '도시와 독재' 라는 소단위 연구 프로젝트의 결과물인데, 이 연구는 '도시축제' 라는 문화적 행위가 "국가권력"의 무대인 동시에 "도시의 자기주장"의 무대라는 인식을 바탕으로 해서 도시축제의 목표는 항상 공동체와 집단적 정체성의 연출, 정확히 말해, 국민과 도시와 국가의 "연출된 일체감"이라고 주장했다. 이러한 통합과 합의 형성은 장기적으로 "민족의 교량"으로 현 체제를 안정화하는 역할을 하며, 동시에 도시

---

33) Adelheid von Saldern, ed., *Inszenierte Einigkeit. Herrschaftsrepräsentationen in DDR-Städten* (Stuttgart, 2003).

34) Adelheid von Saldern, ed., Inszenierter Stolz. Stadtrepräsentationen in drei deutschen Gesellschaften (Stuttgart, 2005).

의 이미지 정치에 크게 이바지한다고 주장한다.

반면에, 두 번째 책은 지역 도시사의 하나로 독일의 여러 지방 도시들, 즉 라이프치히와 하노버, 게라와 로슈토크 등에서 벌어진 도시축제와 기념비와 시립 박물관 등을 통한 '도시의 표상'에 주목하는데, "도시의 자기 연출의 결정체"인 이러한 문화적 표상들이 도시의 구조들과 행동방식과 그 의미를 재구성하는 데 이바지한다고 주장한다. 왜냐하면 이러한 도시의 문화적 표상들은 도시의 자기 이미지를 문화적으로 드러냄으로써 도시민들의 정체성과 결속감을 한층 더 강화시켜 주기 때문이다. 따라서 문화적 표상을 매개로 한 "긍지의 연출"을 통해 우리는 "사회적 공간으로서의 역사적 도시에 대한 의문의 실마리를 풀 수 있고, 그를 통해 지배체제에 대한 일반적인 인식을 확보할 수 있게 될 것"이다. 결국 사회적, 역사적 및 문화적 공간인 도시의 다채로운 표상들에 의한 "일체감의 연출"과 "긍지의 연출"은 도시민들의 '집단적 기억' 변화의 적극적인 계기를 마련해주고, 동시에 시민적 정체성의 구조적 전환을 추동해냄으로써 궁극적으로는 도시의 이미지 쇄신을 추동하는 동력으로 작동한다. 이러한 미시적 도시 공간의 문화적 표상은 결국 거시적인 국가의 정체성 확립과 이미지 구축 정치, 그리고 기억의 정치학과 직결된다는 측면에서 대단히 중요하다.[35)]

'문화사 지향의 도시사 연구'라고 이름할 만한 이들의 참신한 연구는 도시공간에 대한 새로운 인식 기반에서 출발한다. 그들의 발상에 따르면, 도시공간은 우선 사회적 공간이다. 그곳에서 다양한 개인들이 일상생활을 함께 영위해 간다. 그러나 사회공간으로서의 도시공간은 정태적 공간이 아니라 항상 동태적 공간이다. 왜냐하면 도시공간은 시간의 흐름에 따라 끊임없이 변화하고 있기 때문에 역사적 콘텍스트 안에서만 그 의미가 있다. 이

---

35) Adelheid von Saldern, ed., *Inszenierte Einigkeit*., pp. 9-58; Adelheid von Saldern, ed., *Inszenierter Stolz*, pp. 11-27.

런 의미에서 도시공간은 반드시 역사적 공간으로 자리 매김 될 때에만 그 본질에 대한 정확한 이해가 가능해진다.

그런데 이러한 도시 공간의 의미는 사실 권력주체들이 도시공간을 과연 어떻게 전유(Aneignung)하는가에 의해 결정된다고 할 수 있다. 따라서 특히 도시공간의 문화적 전유를 통한 근대적 공간 주체들의 공간 연출 행위는 도시공간의 본질을 파악하는 데 있어서 대단히 중요한 의미를 지닌다. 이런 맥락에서 볼 때, 도시공간은 사회적 공간이자 문화적 공간이며, 동시에 역사적 공간으로서의 다층적인 공간 의미(들)를 획득한다. 바로 이런 인식 속에서 '도시의 표상'은 사회적 공간인 도시공간 안에서 벌어지는 도시적 연출 행위가 시민적 긍지를 어떻게 만들어내고 있는지, 그러한 문화적 긍지가 시민의 자의식에 과연 어떤 영향을 미치는지, 그리고 그렇게 형성된 시민의 문화적 정체성이 보다 큰 차원의 국가적 정체성 형성에는 과연 어떻게 이바지하는지 등과 같은 의문에 대한 실마리를 충분히 제공해 줄 수 있다.[36]

### 2) 도시몽타주와 도시의 매체사

마티아스 바우어(Matthias Bauer)는 2007년에 나온 20세기 수도 베를린의 매체사와 문화사에 관한 책 『베를린 – 20세기 수도의 매체사와 문화사』의 편집자 발문을 쓰면서 '몽타주(Montage)'가 현대 세계, 곧 대도시의 특징을 잘 드러내는 개념이라고 말했다.[37] 그에 의하면, 몽타주 개념이 현대의 생

---

36) Adelheid von Saldern, "Symbolische Stadtpolitik – Stadtpolitik der Symbole. Repräsentationen in drei politischen Systemen", Adelheid von Saldern, ed., *Inszenierter Stolz*, pp. 29-80.

37) Matthias Bauer, "Zwischen Montage und Demontage. Die Medien- und Kulturgeschichte Berlins im 20. Jahrhundert," Matthias Bauer, ed., *Berlin. Medien-*

활세계가 노동분업에 의해 제작되고, 갖가지 조각들로 조합된, 그리고 종종 파편적으로만 인식되는 '사회적 구성물' 이란 점을 인식시켜 준다는 것이다. 더욱이 예술적 세계를 생산하는 새로운 방법을 의미하는 몽타주 개념은 움직이는 그림들의 교차 편집을 통해서 다양한 사건들의 고리 사이를 드나드는 영화 이야기를 만들어낸다. 이런 점에서 볼 때, 현대의 대도시는 돌과 철, 건축물과 교통 차량, 극적인 사건이나 지루한 일상으로 이루어진 '거대한 몽타주' 에 비교되고, 마치 단편영화처럼 빠른 속도로 스쳐 지나가는 혹은 반복되어 일어나는 행위들의 전시장이 된다.

바로 이 대목에서 자연스럽게 도시몽타주의 내용이 중요해진다. 사실 도시몽타주는 도시의 주체들이 자신의 도시를 과연 어떤 형상으로 그려내는가에 따라 그 내용이 사뭇 달라진다. "도시〔기계〕는 모든 가능성에 이바지한다. 실제로 지속적으로 변하는 매체도구인 20세기 베를린은 다양한 목적을 위해 이용되었다."[38] 예컨대, 1920년대 베를린의 경우, 근대주의자들은 새로운 생활방식과 사고방식을 실험할 수 있는 근대의 전시장으로 제국수도를 이용하고자 했는가 하면, 근대주의에 반감을 지닌 다른 당대인들은 그 도시를 방탕과 퇴폐의 공간으로 전유하고자 했다. 결국 도시의 역사도 도시주체의 역사로 귀결되는 것이다. 바로 이런 의미에서 베를린의 문화적 메트로폴리스로의 부상과 몰락, 그리고 분열의 역사를 독특한 도시몽타주 개념으로 고찰할 필요성을 제기하는 바우어의 발언은 귀담아들어 볼 만한 가치가 충분히 있다.[39]

사실 도시와 매체와의 상관성에 대한 역사적 연구는 '도시 속의 매체' 와 '매체 속의 도시' 라는 주제로 각각 나누어져 오랫동안 연구돼 왔다. 전자는

---

*und Kulturgeschichte einer Hauptstadt im 20. Jahrhundertv* (Tübingen, 2007), p. 7.

38) Matthias Bauer, ed., *Berlin. Medien*, p. 8.

39) Matthias Bauer, "Zwischen Montage und Demontage." p. 8.

주로 매체 자체가 도시적 현상이라는 시각에서 도시의 풍경에 미친 매체의 역할에 주목하는 반면에,[40] 후자는 매체에 담긴 도시의 풍경이 과연 어떤 역사적 의미가 있는가를 분석하는 데 치중해 왔다.[41] 도시사적인 측면에서 볼 때, 이들 연구 모두는 대단히 중요하다. 그러나 도시몽타주적 도시사처럼 '도시가 곧 매체'라는 독특한 인식에서 출발하는 도시사 연구는 도시 혹은 도시문화의 매체성을 직접적인 연구대상으로 삼기 때문에 한층 더 '두터운' 도시사 서술의 가능성을 보여준다. 예컨대, 도시매체 혹은 매체도시의 문화사는 민속학적 도시연구나 도시 생애사 연구와의 접목을 통해 21세기 도시사 연구의 새로운 지평 확대를 추동해낼 수 있다.[42]

### 3) 녹색도시와 도시의 환경사

최근 독일에서는 도시사와 환경사와의 만남이 적극적으로 주선되고 있다. 미국의 도시환경사학자인 요엘 타르(Joel A. Tarr)의 말처럼, 도시사는 다소간에 환경적인 문제들을 다루지 않고서는 서술 자체가 불가능할지도 모른다.[43] 이른바 '도시의 환경사'는 사실 위생과 오염, 자원과 재화, 그리

40) Werner Faulstich, *Medien zwischen Herrschaft und Revolte* (Göttingen, 1998), pp. 69–108.

41) Bernd Roeck, ed., *Stadtbilder der Neuzeit. Die europäische Stadtansicht von den Anfängen bis zum Photo* (Ostfilbern, 2006).

42) 민속학적 도시연구에 대해서는 Rolf Lindner, *Walks on the Wild Side. Eine Geschichte der Stadtforschung* (Frankfurt am Main, 2004). Wolfgang Kaschuba, "Perspektiven ethnologischer Stadtforschung"<http://www.gsu.uni-saarland.de/ims/ims.htm> (2007.11.17). 도시의 생애사에 대해서는 남상희, 『공간과 시간을 통해 본 도시와 생애사 연구 – 독일 도시의 사례를 중심으로』(한울아카데미, 2001)를 보라.

43) Joel A. Tarr, "Urban History and Environmental History in the United States. Complementary and Overlapping Fields", Christoph Bernhardt, ed., *Environmental Problems in European Cities in the 19th and 20th Century* (Münster, 2001), pp. 25–39.

고 도심환경 등을 포함하여 실로 다양한 주제와 대면할 수 있다. 최근에는 도시의 녹색환경에 관한 관심이 급증하면서 녹색도시에 대한 사회적 요청이 크게 늘고 있다. 가령, 2003년 9월 독일에서 녹색환경을 요구하는 몇몇 단체들이 '녹색도시(Die grüne Stadt)'라는 새로운 포럼을 결성했다. '녹색은 생명이다'라는 선언서를 제시한 포럼 '녹색도시'는 "정확한 장소에 올바른 식물을 심어서 적당한 돌봄에 의해 모두에게 알찬 결실을 거둘 수 있는 학제간의 담론을 조성"하는 데 그 목적이 있다고 밝혔다.[44]

이러한 시대적 요청에 따라 도시환경사학자들은 19세기와 20세기 초 유럽의 산업화와 도시화가 많은 주민층으로 하여금 "자연에 가까운" 휴식처에 대한 바람을 갖게 하는 데 결정적인 자극이 되었다는 사실을 발견하게 되었다. 가령, 드레스덴의 경우, 일명 "작센의 스위스" 휴양지가 좋은 사례가 된다.[45] 그와 함께 도시의 삶의 질을 높이기 위해서 도심지에 녹색 공간을 늘리고자 했던 역사적 사례에 대한 관심도 증가했다. 그에 따라 바젤의 성 페터스 광장에는 13세기에 이미 나무가 심겼고,[46] 레겐스부르크의 도나우섬은 1654년에 가로숫길이 놓이자 이내 즐겨 찾는 산책로가 되었으며,[47] 18세기 후반에 이미 왕들의 공원도 도시민에게 개방되었다는 사실이 밝혀졌다.

끝으로 덧붙이고 싶은 것은 최근 독일의 '정원도시(Gartenstadt)'에 관한 연구가 새로운 주목의 대상이 되고 있다는 점이다. 그중에서도 특히 도시의 환경사적인 측면에서 관심의 대상이 된 것은 디르크 슈베르트(Dirk

---

44) 그들의 녹색 선언은 <http://www.die-gruene-stadt.de/manifest/manifest.php> (2007.11.19)를 참고하라.

45) Verena Winiwarter, Martin Knoll, *Umweltgeschichte* (Köln, 2007), p. 205.

46) Hans Walden, Stadt - *Wald. Untersuchungen zur Grüngeschichte Hamburgs* (Hamburg, 2002).

47) Katharina Kellner, *Pesthauch über Regensburg. Seuchenbekämpfung und Hygiene im 18. Jahrhundert* (Regensburg, 2005).

Schubert)의 테오도르 프리츠(Theodor Fritsch, 1852~1933)에 관한 연구이다. 이제까지 도시계획의 역사에 관련된 거의 모든 책들은 자연스럽게 영국의 에벤에저 하워드(Ebenezer Howard)의 『내일: 진정한 개혁으로 가는 길』(1898)을 정원도시 발상의 기원으로 지목해 왔다.[48] 그러나 슈베르트는 프리츠의 소책자인 『미래의 도시』(1896)[49]가 하워드의 책보다 2년 일찍 세상 빛을 보았기 때문에 프리츠의 책이 "당대 정원도시의 진정한 토대"가 되었다는 새로운 사실을 밝혔다.[50] 이른바 '프리츠의 재발견'은 미래도시에 대한 기획이 사회개혁주의적 노선 내에서만 논의된 것이 아니라 보수주의적인 성향을 지닌 집단들 사이에서도 진지한 논의의 대상이 되었다는 역사적 사실을 확인해 준다. 더 나아가 이러한 독일 민족주의적인 미래도시계획이 이후 나치즘의 이데올로그들에 의해 적극적인 전유의 대상이 되었다는 점은 독일의 근대 도시담론의 역사적 의미를 둘러싼 새로운 '역사가 논쟁'을 기대해 볼만큼 대단히 중요한 의미가 있기 때문에 그 귀추가 주목된다.[51]

---

48) Ebenezer Howard, *To-morrow: A Peaceful Path to Real Reform* (London, 1898), 이 책의 2판은 *Garden Cities of To-morrow* (London, 1902). 한글 번역본은 『내일의 전원도시』, 권원용, 조재성 옮김, (한울, 2006).

49) Theodor Fritsch, *Die Stadt der Zukunft* (Leipzig, 1896). 이 책의 2판은 *Die Stadt der Zukunft: Die Gartenstadt* (Leipzig, 1912)에 다시 출간되었다.

50) Dirk Schubert, "Theodor Fritsch and the German (*völkische*) version of the Garden City: the Garden City invented two years before Ebenezer Howard", *Planning Perspectives*, 19 (2004), pp. 3-35. *Dirk Schubert, Die Gartenstadtidee zwischen reaktionärer Ideologie und pragamatischer Umsetzung* (Dortmund, 2004).

51) Gottfried Feder, *Die Neue Stadt* (Berlin, 1939). Dirk Schubert, "Gottfried Feder. Vom nationalsozialistischen Ideologen und Wirtschaftstheoretiker in der Weimarer Republik zum Städtebautheoretiker des Faschismus", *Die alte Stadt*, 3 (1986). T. Schenk, R. Bromley, "Mass-Producing Traditional Small Cities: Gottfried Feder's Vision for a Greater Nazi Germany", *Journal of Panning HIstory*, 2-2 (2003), pp. 107-39.

## 5. 도시 사회사에서 도시 문화사로

최근 훔볼트대학교 역사학 교수인 하르무트 켈블레(Harmut Kaelble)가 『유럽 사회사』라는 책을 출판하면서 독일 혹은 유럽 사회사의 현주소에 관한 대단히 흥미로운 견해를 밝혔다. 그의 입장에 따르면, 온전한 의미의 사회사란 구조와 제도의 역사뿐만 아니라 의미와 상징, 의식과 신화의 역사까지도 포괄하는 것이기 때문에 "사회사와 문화사 혹은 정치사 사이의 경계가 간단히 그어질 수 없다."[52] 그의 발언은 넓게는 현재 독일의 사회사학의 주요 흐름을 가리키는 표현일 뿐만 아니라 좁게는 독일의 도시사학이 나아가는 지금의 궤적을 일컫는 말로 받아들여질 수 있다.

만일 그의 발언이 옳다면, 최근 독일에서 진행되고 있는 도시사 연구의 최신 경향을 '도시의 사회사에서 도시의 문화사로' 라는 식으로 규정하는 시도는 지나친 도식화라는 인상을 줄 수도 있다. 하지만 '전환' 은 '대체' 가 아니라 외연의 '확대' 와 내포의 '심화' 를 뜻하는 과정의 개념으로 이해되어야 한다. 그래야만 상반된 도시담론의 '불안한' 공존성이 제대로 파악될 수 있고, 그러한 대립 지형도가 시시각각 변하는 현실을 쉽게 이해할 수 있게 된다. 그리고 2000년 이후에 신설된 독일 도시사 연구소들이 다루는 주제의 외연과 내포를 바로 그러한 확대와 심화라는 시각에서 바라볼 때, 거점 연구소로서의 도시사 연구소의 위상 정립은 물론이거니와 현재의 독일 도시사학의 정체성에 대한 정확한 이해가 비로소 가능해진다. 따라서 도시사 연구가 역사학 연구 전체의 활성화에 기여할 뿐만 아니라 도시 인문학과 같은 새로운 학문의 발전에 이바지할 가능성은 독일의 도시사 연구의 최신 동향에서도 확인된다.

---

52) Hartmut Kaelble, *Sozialgeschichte Europas. 1945 bis zur Gegenwart* (München, 2007), p. 15.

2부

# 미국의 도시사 연구

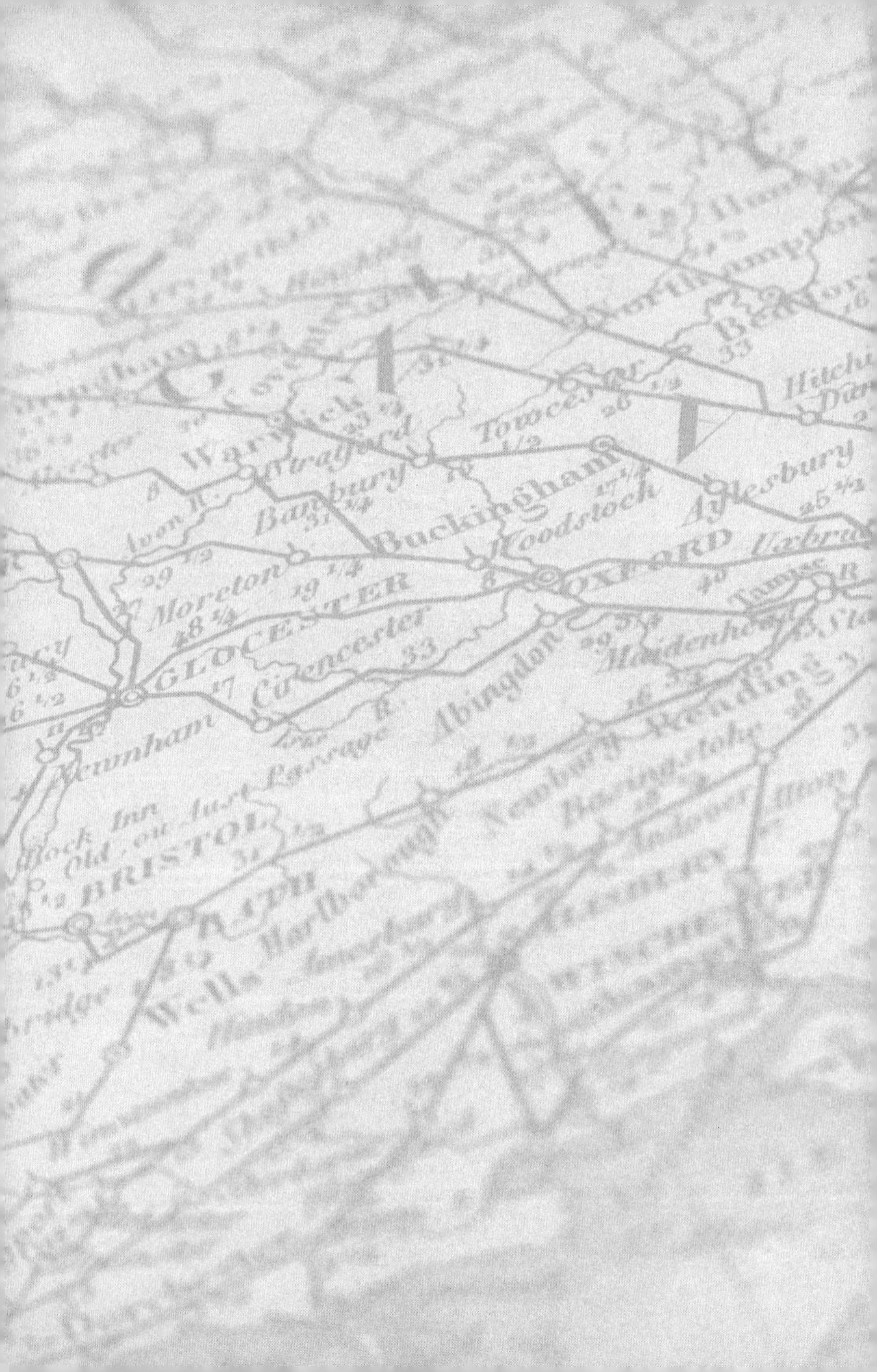
Buckingham
OXFORD
Woodstock
Banbury
Moreton
Abingdon
Reading
Maidenhead
Towcester
BRISTOL
Wells

6장

# 미국의 도시사 연구와 역사의 공간적 차원

| 배영수 |

## 1. 역사의 공간적 차원

지난 1979년 *Radical History Review*는 "역사의 공간적 차원"이라는 제목 아래 특집호를 내고 역사가들에게 공간에 관심을 기울이라고 촉구한 바 있다. 물론 역사가들이 공간에 대해서 전혀 무관심한 것은 아니어서, 지리적 조건을 포함하여 자연환경을 역사의 무대로서 취급하거나 도시사 분야에서는 공간의 기능적 분화에 대해서 비교적 활기있게 논의하기도 했다. 그러나 역사학계에서 논의의 초점은 언제나 공간 자체가 아니라 특정한 공간 속에 들어 있는 사회였다. 그에 반해서 지리학계에서는 이미 1960년대 말부터 공간과 사회의 관계를 재검토하여 공간 형태를 사회적 과정 일부로 이해하는 경향이 대두하였다. 이 특집호는 그런 마당에 나온 만큼 공간에 대한 관심을 촉구하는 데서 그치지 않고 새로운 문제의식을 제기하고 있었다. 그것은 간단히 말해서 공간을 역사의 무대가 아니라 그 산물로 보자는 것, 따라서 공간의 변형 자체를 역사학적 연구 대상으로 삼자는 것이라 할

수 있다.[1)]

이제 돌이켜 보면 그에 대한 호응은 폭이 좁았다고 할 수밖에 없지만, 극히 최근에 이르러 공간에 대한 연구가 활발해지는 동시에 문제의식도 새로운 방향으로 전환하는 것이 아닌가 생각된다. 아직도 연구 성과가 제대로 축적되지 않았기 때문에 확신하기는 어렵다. 그럼에도 불구하고 1980년대 중엽부터 지리학계에서 공간 형태와 사회적 과정의 관계에 대해서 새로운 해석이 제기되었고, 공간에 관한 한 역사가들의 연구가 지리학계의 동향을 뒤쫓아 왔다는 점을 고려할 때, 그러한 진단이 가능하다는 것이다. 과감하게 단순화시킨다면, 1970년대 말에 제기된 문제가 왜 공간이 오늘날 우리가 보는 것처럼 변형되는가 하는 데 집중되었던 반면에, 요즈음에는 공간이 그러한 변형을 통해서 거꾸로 사회에 어떤 영향을 끼치는가 하는 문제가 주목을 끌고 있다고 할 수 있다.

이 글은 그처럼 변하고 있는 동향을 검토하면서 바람직한 연구 방향을 모색하고자 하는 데 의도가 있다. 공간의 문제가 도시에 국한된 것은 물론 아니지만, 지금까지 있었던 논의가 도시 공간에 집중되어 있으므로, 이 글도 그러한 범위를 벗어나지 않을 것이다. 다른 한편, 이 글은 역사학 범위를 크게 벗어날 것이다. 공간에 관한 연구는 지리학계가 선도해 왔으므로, 지리학에 의지하지 않고서는 도시사의 최근 동향을 올바르게 파악할 수 없기 때문이다. 지리적인 범위에 관해서 덧붙인다면, 도시사 연구가 활발한 미국을 중심으로 하되, 필요에 따라서 유럽의 몇몇 나라에 대해서도 논의할 것이다. 주제가 공간의 개념이라는 이론적인 문제를 밑에 깔고 있기 때문에 학문적 영역이나 정치적 경계에 따라서 논의의 테두리를 그을 수 없다고 생각된다.

---

1) "The Spatial Dimension of History", *Radical History Review*, 21 (Fall, 1979).

## 2. 도시사와 공간의 개념

도시사는 연구대상을 지리적으로만 규정해서 성립되는 분야이기 때문에, 연구 주제의 측면에서 보자면 외적으로 특징이 뚜렷하고 내적으로 일관성이 있는 하나의 독립된 분야로 인정하기 어려울 만큼 다양한 내용을 담고 있다. 그러므로 도시사의 주제는 연구자의 관심에 따라서 시기적으로 폭이 큰 변화를 겪어왔다. 미국의 역사가들은 유럽보다 뒤늦게 1930년대에 와서야 도시에 대해서 관심을 기울이기 시작했는데, 당시에 주목을 끈 것은 무엇보다도 농촌에서 도시로 집중되는 인구이동, 도시의 특징적인 경제 · 사회생활, 그리고 도시문화라고 할 수 있다.[2] 그보다 한 세대 후에 나타난 이른바 "신도시사"는, 스티븐 선스트롬(Stephan Thernstrom)의 지적처럼, "구"도시사와 선명하게 구분하기 어려운 점도 있지만, 주제의 측면에서는 과거와 달리 무엇보다 도시인의 지리적 · 사회적 이동과 같은 '이름없는' 민중의 사회적 경험에 관심을 기울였다.[3]

---

2) Arthur M. Schlesinger, *The Rise of the City, 1878-1898* (New York, Macmillan, 1933). Carl Bridenbaugh, *Cities in Wilderness: The First Century of Urban Life in America, 1625-1742* (New York, Ronald, 1938). Lewis Mumford, *The Culture of Cities* (New York, Harcourt, Brace and Co., 1938).

3) Stephan Thernstrom, "Reflections on the New Urban History", *Daedalus*, 100-2 (Spring, 1971), pp. 359-375. 다음도 참고하라. Eric E. Lampard, "Urbanization and Social Changes; on Broadening the Scope and Relevance of Urban History", Oscar Handlin and John Burchard, eds., *The Historian and the City* (Cambridge, Mass., MIT Press, 1963), pp. 225-247. Leo F. Schnore, "Furthur Reflections on the 'New' Urban History: A Prefatory Note", Leo F. Schnore, ed., *The New Urban History: Quantitative Explorations by American Historians* (Princeton, N.J., Princeton Univ. Press, 1975), pp. 3-11. 신도시사의 예로는 다음을 보라. Stephan Thernstrom, *Poverty and Progress: Social Mobility in a Nineteenth-Century City* (Cambridge, Mass., Harvard Univ. Press, 1964). Stephan Thernstrom and Richard Sennett, eds., *Nineteenth-Century Cities: Essays in the New Urban History* (New Haven, Yale Univ. Press, 1969).

따라서 도시사 안에서도 공간 형태라는 주제는 전혀 도외시당했다고 할 수는 없어도 오랫동안 경시되었고, 1960년대 초에 와서야 비로소 주의를 끌기 시작하였다. 근대 도시의 공간 구조에 관한 근래의 역사학적 접근에서 효시가 되는 것이 1962년에 나온 샘 배스 워너 2세(Sam Bass Warner, Jr.)의 교외화 연구라면, 공간에 대하여 역사가들의 주의를 환기시키고 연구를 격려한 것은 다음해에 오스카 핸들린(Oscar Handlin)이 발표한 논문이라고 할 수 있다.[4] 여기서 핸들린은 근대 도시가 그 바깥에 있는 세계와 불가분의 관계를 맺고 있으며 바로 거기서 도시사의 핵심적인 과제가 유래한다고 지적하고, 그런 과제로서 도시의 사회질서와 도시인의 사회적 적응 이외에 도시 공간의 조직을 들면서 근대 도시에서 공간이 기능적으로 분화되는 과정을 개관한다. 이들의 모범과 격려보다 더욱 중요한 것은 도시사와 도시 사회학의 교류라고 생각된다. 시카고 대학의 사회학 교수 로버트 파크(Robert E. Park)와 어니스트 버지스(Ernest W. Burgess) 등이 1925년에 『*The City*』라는 저서를 내놓은 이후에, 이른바 시카고학파(Chicago School)가 형성될 정도로 도시에 관한 사회학적 연구가 활발하였다.[5] 이들은 생태학에 주로 의존하여 도시를 생존경쟁의 원리에 따라 움직이는 생태계처럼 취급하면서 사회집단들이 도시 공간에 침입 · 계승 · 지배하는 과정에 주목하였다. 여기서 시작된 지역공동체 연구의 전통이 미국 사회학계에서 면면히 이어져 오다가, 2차대전 이후에 전개된 대중 교외화(mass suburbanization) 현상을 계기로 더욱 활기를 띠어 1950년대 말부터는 학계는 물론이요 세간

4) Sam Bass Warner, Jr., *Streetcar Suburbs: The Process of Growth in Boston, 1870–1900* (Cambridge, Mass.: Harvard Univ. Press, 1962). Oscar Handlin, "The Modern City as a Field of Historical Study", Handlin and Burchard, eds., *Historian and the City*, pp. 1–26.

5) Robert E. Park, Ernest W. Burgess, and Roderick D. McKenzie, *The City* (Chicago, Univ. of Chicago Press, 1925).

의 이목을 끌었다.[6] 이런 사회학계의 동향에 긍정적이든 부정적이든 간에 역사학자들이 영향을 받아 교외화의 기원을 비롯하여 도시 공간에 대해서 주의를 기울이게 된 것으로 보인다.[7]

그 결과 1970년대 중엽에 이르면 근대 도시의 공간이 변형되는 양상과 과정이 분명하게 드러나게 되었다. 산업자본주의가 발전하기 이전에, 도회지는 대부분 규모가 작고 기능이 거의 분화되지 않았으며 도회지의 가정은 흔히 생산 현장일 뿐 아니라 소비 장소이기도 하였다. 구체적으로 말하자면, "작업공간과 생활공간은 대개 완전히 통합되어 있었고, 그래서 직공은 물론이요 가족 성원들도 문자 그대로 작업장의 위나 뒤에서 살았다."[8] 19세기 초부터 공장제도가 발달하고 노동규율이 엄격해지기 시작함에 따라, 작업은 시간상으로 점차 휴식과 구분되었지만 공간상으로는 여전히 생활에 가까운 위치에 있었다. 왜냐하면 이른바 "걷는 도시(walking city)"[9]에서는 도시의 중심부에 상업과 산업, 그리고 노동력이 집적되어 있었기 때문

---

6) 예로서 다음을 보라. Bennett M. Berger, *Working-Class Suburb: A Study of Auto Workers in Suburbia* (Berkeley: Univ. of California Press, 1960). Herbert J. Gans, *The Levittowners: Ways of Life and Politics in a New Suburban Community* (New York, Pantheon, 1967). William Kornblum, *Blue Collar Community* (Chicago, Univ. of Chicago Press, 1974).

7) 영국에서도 비슷한 동향이 나타났는데, 이에 관해서는 다음을 보라. H. J. Dyos, *Victorian Suburb: A Study of the Growth of Camberwell* (Leicester, Leicester Univ. Press, 1961). Asa Briggs, *Victorian Cities* (New York, Harper & Row, 1965). H. J. Dyos, ed., *The Study of Urban History* (London, Edward Arnold, 1968). H. J. Dyos and Michael Wolff, eds., *The Victorian City: Images and Realities*, vol. 2 (London, Routledge & Kegan Paul, 1973).

8) Kenneth T. Jackson, *Crabgrass Frontier: The Suburbanization of the United States* (Oxford, Oxford Univ. Press, 1985), p. 15. 다음도 참고하라. Carl Bridenbaugh, *Cities in Revolt: Urban Life in America, 1743-1776* (New York, Alfred A. Knopf, 1955). Gary B. Nash, *The Urban Crucible: Social Change, Political Consciousness, and the Origins of the American Revolution* (Cambridge, Mass., Harvard Univ. Press, 1979).

9) Warner, *Streetcar Suburbs*, pp. 15-21.

이다. 단지 부유층은 중심지의 혼잡하고 열악한 환경을 피하고 "낭만적 교외(romantic suburb)"에 살기 위해서 주변지역으로 이주했고, 또 그 지역의 주민들도 매력있는 주거지를 개발하려고 노력하였다.[10] 19세기 말에는 중산층 가족들도 주변지역으로 이주함으로써 샘 워너가 명명한 "전차 교외(streetcar suburb)"가 형성되었다.[11] 대공황이 시작되기 전까지는 숙련노동자들도 도심지에서 빠져나갔고, 거기에는 저임금 미숙련노동자들이 남게 되었는데 그들도 대부분 취업 장소에서 상당히 떨어진 곳에 정착하여 직업 간의 구분선을 넘어서서 서로 뒤섞여 살게 되었다. 그렇게 해서 최근까지 유지된 공간 조직의 기본 패턴이 자리 잡았다. 물론, 현실은 이보다 훨씬 복잡하다. 사회 · 경제적 지위는 물론이요 가족 구성과 민족이라는 요소 때문에 주거 패턴이 복잡해졌고, 그래서 동심원이나 부채꼴, 혹은 덩어리 같은 패턴이 혼재했던 것이다.[12] 여기서 중요한 것은 다만 미국의 도시에서

10) Mumford, *Culture of Cities*, pp. 210-218; *The City in History: Its Origins, Its Transformations, and Its Prospects* (New York, Harcourt, Brace & World, 1961), pp. 482-524. Jackson, *Crabgrass Frontier*, pp. 45-86. Henry C. Binford, *The First Suburbs: Residential Communities on the Boston Periphery* (Chicago, Univ. of Chicago Press, 1985).

11) Warner, *Streetcar Suburbs; The Private City: Philadelphia in Three Periods of Its Growth* (Philadelphia, Univ. of Pennsylvania Press, 1968).

12) Park, Burgess, and McKenzie, *City; Homer Hoyt, The Structure and Growth of Residential Neighborhoods in American Cities* (Washington D.C., Federal Housing Administration, 1939). Duncan Timms, *The Urban Mosaic: Towards a Theory of Residential Differentiation* (Cambridge, Cambridge Univ. Press, 1971). Colin G. Pooley, "Choice and Constraint in the Nineteenth-Century City: A Basis for Residential Differentiation", James H. Johnson and Colin G. Pooley, eds., *The Structure of Nineteenth-Century Cities* (London, Croom Helm, 1982), pp. 199-233. Richard A. Walker, "The Transformation of Urban Structure in the Nineteenth Century and the Beginnings of Suburbanizaion", Kevin Cox, eds., *Urbanization and Conflict in Market Societies* (London, Methuen, 1978), pp. 165-212, Richard A. Walker, "A Theory of Suburbanization: Capitalism and the Construction of Space in

대체로 자동차 시대가 오기 전에 이미 주거지역이 상공업지역 등으로부터 기능적으로 구분되었을 뿐 아니라 주거지역의 계급적 분리도 확연하게 나타났다는 점이다.

이렇게 도시 공간의 역사적 구조가 밝혀지자 새로운 문제점이 떠올랐다. 그것은 무엇보다도 왜 그렇게 공간이 변형되었는가 하는 의문으로 집결된다. 지리학자 데이비드 하비(David Harvey)는 1975년에 발표한 논문에서 사회학자들이 제시한 기존 주거지 분화(residential differentiation) 이론이 비슷한 사람들끼리 모여 산다는 단순한 생각에서 벗어나지 못했다고 비판한 바 있다.[13] 사실 시카고학파의 이론적 핵심은 생태학과 고전경제학이 결합한 "여과(filtering)", 즉 주택시장에서 수요와 공급을 통해서 조절되는 과정을 거쳐서 주거지가 사회 경제적 지위에 따라 분화된다는 것이고, 워너 등 많은 도시사 연구자들도 보다 나은 환경을 찾는 수많은 도시인들과 그런 요구에 부응하는 수많은 개발업자들이 도시의 경관을 바꾸어 나갔다는 점을 밝혀냄으로써 그것을 뒷받침해준 셈이다. 그러나 이 설명은 시야를 조금만 넓혀도 설득력을 잃기 시작한다. 유럽대륙으로 눈을 돌려서 프랑스의 경우를 보면 19세기 전반기에 벌써 교외가 주거지역으로 변모하는데, 그리로 나간 것은 부자가 아니라 노동자들이었고, 이후에도 엘리트와 중산층이 중심부를 차지하고 노동계급은 주변부로 밀려나가는 패턴이 대체로 유지된다.[14] 이와 같은 패턴은 "여과"와 "낭만적인 교외" 대신에 선택과 강제, 그

---

the United States", Michael Dear and Allen J. Scott, eds., *Urbanization and Urban Planning in Capitalist Society* (London, Methuen, 1981), pp. 383-429. Kathleen Neils Conzen, "Patterns of Residence in Early Milwaukee", Schnore, ed., *New Urban History*, pp. 145-183. William M. DeMarco, *Ethnics and Enclaves: Boston's Italian North End* (Ann Arbor, Mich., UMI Research Press, 1981).

13) David Harvey, "Class Structure in a Capitalist Society and the Theory of Residential Differentiation", R. Peel, M. Chisholm and P. Haggett, eds., *Processes in Physical and Human Geography: Bristol Essays* (London, Heinemann, 1975), pp. 254-369.

리고 화려한 도심을 특징으로 삼고 있는 것이다.

하비의 비판 아래에는 그러한 설명을 받아들이는 사회학자나 역사학자들과는 다른 전제, 구체적으로 말해서 공간과 사회의 관계에 대해서, 그리고 나아가서는 공간의 개념 자체에 대해서 상이한 견해가 깔려 있다. 기본적으로 그들은 공간이란 사회에 대해서 의미 있는 영향력을 미치지 못한다고 가정한다. 이 가정은 분명히 19세기 말부터 학문적 전문화 때문에 강화되었지만, 원래는 계몽사상의 유산이다. 왜냐하면 계몽사상을 통해서 서양의 지적 전통 속에 진보에 대한 신념이라는 시간적인 이상이 뿌리를 내리게 되었는데, 그 핵심에는 자연에 대한 인간의 지배라는 관념이 들어 있었다. 그리고 이 관념은 공간, 특히 유럽인들이 15세기에 대양 항해를 통해서 '발견' 한 공간을, 도전하는 자연환경으로서 인식하고 정복하려는 태도를 내포하고 있었다. 계몽사상의 조류를 따라 발달한 자연과학은 늘 그렇듯이 공간을 다루면서 그것이 가지고 있는 관계로부터 분리해서 추상화시키는 방법에 의존했고, 그 결과 공간이란 끝이 없고 형체가 없으며 내용도 없는 공백이라는 개념에 도달하였다. 그러므로 공간은 움직이지 않으며 존재조차도 아닌 무엇이었고, 그래서 원인이 될 수는 없었다. 이 관념이 사회과학과 역사학에 유포되었고, 결국에는 "공간이 사회이론에서 종속적인 위치에 처하게 되는 상태"[15]에 이르게 되었다.

---

14) John Merriman, *The Margins of City Life: Explorations on the French Urban Frontier, 1815-1851* (Oxford, Oxford Univ. Press, 1991). 더욱 폭넓은 시각은 다음 글에서 볼 수 있다. Michael Wagenaar, "Conquest of the Center or Flight to the Suburbs?: Divergent Metropolitan Strategies in Europe, 1850-1914", *Journal of Urban History*, 19-1 (Nov., 1992), pp. 60-83.

15) Edward W. Soja, *Postmodern Geographies: The Reassertion of Space in Critical Social Theory* (London, Verso, 1989), p. 31. 다음도 참고하라. David Harvey, *The Condition of Postmodernity: An Enquiry in the Origins of Cultural Change* (Oxford, Basil Blackwell, 1989), pp. 240-259. Robert David Sack, *Conceptions of*

따라서 공간이 혹시 고려 대상이 되더라도 그것은 용기(容器), 즉 역사가 전개되는 무대 이상의 것이 아니다. 우리 시대에서 가장 지리를 예민하게 의식한다고 알려진 아날학파도 마찬가지다. 페르낭 브로델(Fernand Braudel)은 "전체사"를 강하게 주창한 창건자로 유명한데, 그는 역사를 장기지속, 동향(conjoncture), 그리고 사건이라는 세 개의 수준으로 나누고, 자신의 대작인 『*The Mediterranean*』에서 제1부를 첫째 수준, 즉 "환경에 대한 관계 속의 인간"의 역사에 할애한다. 여기서 그는 지리에 특히 주의를 기울이는데, 그것은 "구조적 현실이 서서히 전개되는 과정을 재발견하고 시간이 매우 긴 시각으로 사물을 보는 데 지리가 도움이 된다."고 믿기 때문이다.[16] 그러나 버나드 베일린(Bernard Bailyn)이 이 책에 대해서 쓴 날카로운 서평에서 비판하고 있듯이, 브로델은 이 세 개의 수준을 "지중해 세계의 유기적 전체성에 대한 파악"으로 통합시키는 데 실패하고 있으며, 따라서 동향의 역사와 사건의 역사가 가지는 공간적 차원을 탐색하지 못한 채로 내버려 두고 있다.[17] 바로 그 때문에 『*The Mediterranean*』의 제2판 서문에서 브로델은 스스로 접근방법을 수정하여, "원래 이 책을 정당화시키는 근거가 되었던 공간과 시간(지리와 역사)의 변증법"에서 후퇴한다.[18]

---

*Space in Social Thought* (Minneapolis, Univ. of Minnesota Press, 1980), pp. 3-31. Salomon Bochner, "Space", *Dictionary of the History of Ideas*, vol. 4 (New York, Charles Scribner's Sons, 1973), pp. 295-307.

16) *The Mediterranean and the Mediterranean World in the Age of Philip II* (New York, Harper & Row, 1972), p. 23.

17) Bernard Bailyn, "Braudel's Geohistory- A Reconsideration", *Journal of Economic History*, 11-3 (Summer, 1951), pp. 277-282. 다음도 참고하라. Michael Harsgor, "Total History: The Annales School", *Journal of Contemporary History*, 31-1 (Jan., 1978), pp. 1-13. Alan R. H. Baker, "Reflections on the Relations of Historical Geography and the Annales School of History", Alan R. H. Baker and Derek Gregory, eds., *Explorations in Historical Geography: Interpretative Essays* (Cambridge, Cambridge Univ, Press, 1984), pp. 1-27.

## 3. 새로운 공간 개념

다른 한편 최근에 많은 지리학자가 공간에 대해서 새로운 시각을 개발해 왔는데, 이것은 역사의 공간적 차원을 검토하는 데 매우 유용하리라고 생각된다. 지리학은 오랫동안 역사학과 사회과학으로부터 고립되어 있었다. 전통적으로 인접 영역이라고 하는 역사학과 긴밀하게 교류해야 할 역사지리학조차도 "경관에 변화를 가져오는 요인으로서 인간에 관심을 두기보다는 인간이 변형시킨 경관에 집중함으로써"[19] 분야 간의 협조를 증진시키는

---

18) Braudel, *The Mediterranean*, p. 16. 브로델은 이후에 더욱 후퇴를 해서 Civilization and Capitalism에서는 세계경제와 전국시장의 지리적 테두리를 교통 기술의 견지에서 논하는 이외에는 공간에 관해서 언급하지 않는다. 이에 관해서는 다음을 보라. vol. 1, *The Structures of Everyday Life: The Limits of the Possible* (New York, Harper & Row, 1979), pp. 415–430; vol. 3. *The Perspective of the World* (New York, Harper & Row, 1984), pp. 21–45, pp. 315–322. 그 부분적인 이유는 전체적인 틀과 주요한 개념을 임매뉴얼 월러스틴(Immanuel Wallerstein)에게서 빌려 쓰고 있는데, 월러스틴이 중심부와 주변부 같은 공간적인 용어로 뜻하는 것이 분업이라는 데 있다. 이에 관해서는 다음을 보라. Immanuel Wallerstein, *The Modern World-System I: Capitalist Agriculture and the Origins of the European World-Economy in the Sixteenth Century* (Orlando, Academic Press, 1974), pp. 15–16, pp. 100–103, pp. 116–117, pp. 347–357.

19) Alan R. H. Baker, "Historical Geography: A New Beginning", *Progress in Human Geography*, 3-4 (Dec., 1979), pp. 560–570, 인용은 p. 561. 공간에 대한 지리학자들의 새로운 논의에 대해서는 다음을 보라. H. C. Darby, "On the Relations of Geography and History", *Transactions and Papers of the Institute of British Geographers*, 19 (1954), pp. 1–11. Alan R. H. Baker, "On Ideology and Historical Geography", Alan R. H. Baker and Mark Billinge, eds., *Period and Place: Research Methods in Historical Geography* (Cambridge, Cambridge Univ. Press, 1982), pp. 233–243. Carville Earle, *Geographical Inquiry and American Historical Problems* (Stanford, Stanford Univ. Press, 1992), pp. 1–23; William Norton, *Historical Analysis in Geography* (London, Longman, 1984), pp. 17–61. Derek Gregory, *Ideology, Science and Human Geography* (London, Hutchinson, 1978).

데 실패하였다. 그러나 1960년대 말에 일군의 이단적인 지리학자들이 지리학계 연구작업이 과연 사회적 적실성을 가지고 있는지 의문을 제기하고 비판적인 사회이론, 특히 마르크스주의를 수용한 이래, 사회적 과정과 공간형태의 관계가 주목을 끌었다.

그들에게는 앙리 르페브르(Henri Lefebvre)라는 선구자가 있었는데, 그는 프랑스 마르크스주의에서 독자적인 노선을 걸은 인물로서 자본주의가 생명력을 가지고 있는 것은 공간을 통해서 확장되기 때문이라고 주장하였다. "자본주의가 백 년 동안 그 내적 모순을 해결하지는 못했지만 완화할 수 있었던 것은," 그의 말을 빌자면, "공간을 점령하고 공간을 생산함으로써였다." 여기서 그가 말하는 것은 자연 공간이 아니라 사회적 공간인데, 이는 게오르그 짐멜(Georg Simmel)이 같은 용어로 사회학적 세계를 뜻한 것과 달리[20] "조각으로 잘라 내서 사고파는 상품"을 가리킨다. 바로 거기서 자본주의는 일상생활을 지배해 왔고, 그리하여 자본주의적 사회관계가 계속해서 재생산되게 했다는 것이다. 르페브르는 "(생산수단은 물론이요 생산관계의) 재생산이 이루어지는 곳은 사회 전체일 뿐 아니라 공간 전체다."라고[21] 주장한다. 그의 사상이 형성하고 있는 광대하고 미묘한 영역을 검토한다는

20) David Frisby, *Simmel and Since: Essays on Georg Simmel's Social Theory* (London, Routledge, 1992), pp. 98-117.

21) Henri Lefebvre, *The Survival of Capitalism: Reproduction of the Relations of Production* (New York, St. Martin's, 1976), p. 19, p. 21, p. 83; *The Production of Space* (Oxford, Oxford Univ. Press, 1991). 다음도 참고하라. Derek Gregory, *Geographical Imaginations* (Cambridge, Mass., Blackwell, 1994), pp. 348-416. Soja, *Postmodern Geographies*, pp. 76-93. Andrew Merrifield, "Place and Space: A Lefebvrian Reconciliation", *Transactions of the Institute of the British Geographers*, NS, 18 (1993), pp. 516-531. Mario Rui Martins, "The Theory of Social Space in the Work of Henri Lefebvre", Ray Forrest, Jeff Henderson, and Peter Williams, eds., *Urban Political Economy and Social Theory: Essays in Urban Studies* (Aldershot, Gower, 1982), pp. 160-185.

것은 여기서 필자가 관심을 두는 것과는 매우 다른 어려운 작업이다. 요점은 르페브르가 사회와 공간의 관계를 문제로 제기하고 공간이 사회적 구성물이라는 관념을 주장했다는 점이다.

프랑스의 사회학자 마뉴엘 카스텔(Manuel Castells)은 도시학에서도 특히 소비를 이해하는 데 구조주의적 마르크스주의를 도입함으로써 이단적인 지리학자들 사이에서 한때 상당한 영향력을 행사했는데, 그도 이런 관념에 찬동한다. 다른 한편으로 그는 르페브르가 이 관념을 지나치게 밀고 나가서 공간이 인간의 자유로운 창조의 산물인 것처럼 보이게 하였다고 하면서 이를 인간주의라고 비난한다. 이 비난은 물론 그가 알튀세의 영향을 받아 인간의 능동성을 경시하는 데서 나온 것이다. 여기서 카스텔이 강조하고자 하는 바는 공간이란 사회구조와 사회관계의 연관에 따라서 특정화된다는 점인 것 같다. 그에게 공간은 "그것을 통해서 표출되는 사회적 과정에서 그 의미가 도출되는 사회적 형태"다.[22] 그래서 카스텔은 공간을 사회적 과정의 견지에서 해석하자고 제안한다.

데이비드 하비는 그와 같은 관념들을 마르크스주의 정치경제학의 시각에서 발전시키려고 노력하면서 1970년대 초 이래 지리학계의 새로운 동향을 주도하였다. 그의 작업 전체는 사회적 공간의 개념에서 출발한다. 그는 공간의 개념이 다양하다고 지적하고, "공간을 어떻게 하면 적절하게 개념화시킬 수 있는가 하는 문제는 공간에 연관된 인간의 실생활을 통해서 해결된다."라고 선언한다. 따라서 그는 근대 물리학의 공간 개념을 거부한다. 다른 한편, 사회와 공간의 관계를 면밀하게 검토하고서, 이렇게 주장한다. "공간 형태는 … 사회적 과정이 전개되는 무대와 같이 움직이지 않는 객체가 아니라, 사회적 과정이 공간적인 것과 똑같이 사회적 과정을 '포함' 하는

22) Manuel Castells, *The Urban Question: A Marxist Approach* (Cambridge, Mass., MIT Press, 1977), p. 430.

물체라고 생각된다."[23)]

그는 이 주장을 궁극적으로 "자본의 도시화"라는 테제로 발전시켰다. 그에 따르면, 자본주의 아래서 자본은 일차적 순환과정, 즉 상품의 생산과정에서 잉여가치를 착취하는데, 여기서는 투자 기회에 비해서 자본이 과도하게 축적되며 잉여자본을 순환과정에서 제거하지 않으면 그 가치가 저하되는 경향이 있다고 한다. 그러므로 흔히 국가의 개입 아래서 진행되기는 하지만, 자본은 이차적 순환과정, 바꾸어 말해서 생산과 소비를 모두 증진시키는 데 도움이 되는 물리적 하부구조의 건설에 유입된다. 이렇게 투자한 결과는 건조 환경(built environment), 즉 도시의 경관 전체를 형성하는 교통망, 공장, 사무실, 주택, 학교, 공원 같은 것들로 나타난다. 끝으로, 자본의 삼차적 순환과정은 생산력의 발달에 기여하는 과학과 기술에 대한 투자와 노동능력의 재생산에 연관된 사회적 비용에 대한 투자를 가리키는 것이므로, 건조 환경과는 직접적으로 관계가 없다. 어쨌든 자본주의 사회가 "그 자체의 모습에 따라" 창조한 이 건조 환경을 이해하는 데는, 자본과 노동의 갈등이 특히 중요하다. 자본 중에서는 두 개의 분파가 도시 공간을 창조하는 데 주로 개입되어 있는데, 하나는 지주나 부동산에 투자하는 금융기관처럼 지대를 차지하려고 하는 분파고 다른 하나는 물리적 구조를 건설함으로써 이윤을 얻으려는 분파다. 노동자는 이런 자본 분파들과 갈등하는 관계에 있다. 왜냐하면 노동자는 "건조 환경을 소비수단으로, 그리고 재생산을 위한 수단으로 사용하기" 때문이다. 더욱이 자본 일반이 건조 환경을 둘러싼 갈등에 개입하는데, 그것은 건조 환경이 잉여자본의 출구일 뿐 아니라, 주택소유 · 생계비 · 소비 · 노동규율 등 노동자를 지배하는 지렛대를 제공하기 때문이다. 하비에게는, 그러므로 도시 공간이란 자본주의 아래서

---

23) David Harvey, *Social Justice and the City* (London, Edward Arnold, 1973), pp. 10-11, p. 13; 최병두 옮김, 역, 『사회정의와 도시』(서울, 종로서적, 1983).

진행되는 사회적 과정에 통합된 부분이다. 그는 "건조 환경의 생산과 사용은 모든 측면에서 자본의 순환이라는 궤도 속에 들어 있다."라고 선언한다.[24)]

내용이 풍부한 하비의 테제를 이처럼 짤막하게 요약하기는 어렵지만, 이렇게만 살펴보아도 자본의 과축적(overaccumulation)과 가치저하(devaluation) 같은 개념을 중심으로 이론적인 논의가 필요하다는 것을 알 수 있다. 더욱이, 그의 주장이 대체로 경험적 연구보다 마르크스의 저작에 더 많이 의존하고 있으므로, 테제 전반을 역사적 증거에 비추어서 충분히 검토해야 할 것이다. 그래도 하비는 공간이 변형되는 역동적인 과정에 대해서 주의를 환기시킨다는 점에서 도시 공간을 주제로 연구하는 역사가들에게 흥미 있는 시각을 제공하는 것으로 보인다. *Radical History Review*의 편집인들이 "역사의 공간적 차원"이라는 제목으로 1979년에 낸 특집호에서 강조한 것은 바로 그러한 시각이다. 그들은 브로델이나 그 외 여러 역사가의 저작에는 충분히 개발된 공간적 범주가 없다는 점과 함께, 마르크스주의 지리학자들이 너무 추상적인 논의에 빠져서 공간이 변형되는 구체적인 과정에 관심을 기울이지 않는다는 점을 지적한다. 이어서 그들은 "공간적 관계란 사회적 자원의 소유와 사용을 놓고 여러 집단이 벌이는 치열한 투쟁과 협상의 산물이라고 보는 복합적인 견해"를 주장한다.[25)] 로이 로전즈윅(Roy Rosenzweig)이 공원과 놀이터에서 벌이는 여가 활동을 포함해서 노동계급의 여가 패턴을 연구한 자신의 저서에서 채택한 시각도 바로 그러한 것이다.[26)]

---

24) David Harvey, *The Limits to Capital* (Oxford, Basil Blackwell, 1982), p. 234. 다음도 참고하라. David Harvey, *The Urbanization of Capital: Studies in the History and Theory of Capitalist Urbanization* (Baltimore, Johns Hopkins Univ. Press, 1985); *Consciousness and the Urban Experience* (Oxford, Basil Blackwell, 1985); Gregory, *Geographic Imaginations*, pp. 348-416.

25) Editors' Introduction, *Radical History Review*, 21 (Fall, 1979), pp. 3-9, 인용은 p. 5.

엘리자베스 블랙마(Elizabeth Blackmar)도 뉴욕시의 주택시장에 대한 중요한 연구에서 바로 그러한 시각을 채택하고 있는데, 여기에는 미묘하면서도 중요한 함의가 있다. 그에 따르면, 식민지 시대의 맨해턴(Manhattan) 지역 부동산 소유자들은 지리적으로 토지가 풍부한 가운데서도 인위적인 희소성을 조성하였다. 그것은 한편으로 그들 스스로 토지의 사회적 독점 상태를 만들어 나갔고, 다른 한편으로는 18세기 말에 이르기까지 점점 더 많은 노동자가 사용자인 호주의 가구에서부터 독립해서 임대 주택을 이용하게 되었기 때문이다. 그렇게 해서 형성된 주택시장을 통해서 뉴욕의 부동산 소유자들은 지대를 거두어들이는 힘을 갖게 되었고, 이를 이용해서 그들은 남쪽 맨해턴 지역을 업무지구로 만드는 한편 자신들이 들어가 살 "훌륭한" 주거지역을 개발하였다. 이 지리적 변화 때문에 독립해 있던 장인들이 부동산에 대한 통제권을 잃게 되었는데, 부동산은 그들이 자신의 가구 안에서 경제활동을 조직하고 피부양자의 노동능력을 사용하는 가부장적 권한의 기초였으므로, 그들과 견습공 등 피고용인의 관계가 와해되는 사회적 변화도 뒤따랐다.[27] 블랙마 자신은 분명하게 지적하지 않지만, 이것은 공간이 사회적 과정에 연루되어서 사회적 변화에 영향을 끼친다는 점을 시사한다.

이 점은 사회적 과정에 대한 공간적 시각을 의미하는 것으로 생각할 수 있는데, 이 시각은 하비가 드러내 놓고 말하지는 않아도 그의 테제 속에 잠재해 있는 것이다. 다시 말해서, 공간이 사회적 구성물일 뿐 아니라 사회적

---

26) Roy Rosenzweig, *Eight Hours for What We Will: Workers & Leisure in an Industrial City, 1870-1920* (Cambridge, Cambridge Univ. Press, 1983). 다음도 참고하라. Roy Rosenzweig and Elizabeth Blackmar, *The Park and the People: A History of Central Park* (Ithaca, Cornell Univ. Press, 1992).

27) Elizabeth Blackmar, *Manhattan for Rent, 1785-1850* (Ithaca, Cornell Univ. Press, 1989), pp. 14-108.

과정 일부이기도 하다면, 그것은 거꾸로 사회적 과정에 영향을 줄 수도 있다. 사실 이 시각은 존 앰즈던(Jon Amsden)이 *Radical History Review* 특집호에 게재된 그의 논문에서 조심스럽게 탐색해본 적이 있다. 그는 역사학적 분석에서 공간적 차원이 중요하다는 점을 강조하기 위해서, 실례로 1979년 6월 어느 토요일에 로스앤젤레스에서 있었던 인종주의 반대 집회를 든다. 이 지역의 활동가들은, 토요일에는 라플라시타(La Placita)라는 집회장으로 유명한 광장 주변에 많은 사람이 모여든다는 점을 염두에 두고, 그리로 통하는 거리를 중심으로 도심지에서 행진을 벌임으로써 사람들의 관심을 끌어 대규모 군중집회를 하고자 하였다. 그러나 집회허가가 난 장소는 거기서 상당히 떨어져 있는 다른 광장이었고, 시위대가 거기로 행진하면서 군중을 지나치자마자 행진은 와해하기 시작하였다. 라플라시타에서 따라나선 사람은 전혀 없었고, 대부분의 활동가들도 시당국이 집회를 하는 데 불편하게 공간을 조직해 놓은 광장을 보고는 주저했던 것이다. 앰즈던은 이 사건에서 "건조 환경이 때로는 개인과 집단의 행위에 심대한 영향을 끼칠 수 있다는 관념에 대한 놀라운 확신"을 얻는다고 주장한다. 그러나 그는 이 관념을 더 이상 밀고 나가지 않는다. 앰즈던은 다만 조심스럽지만 모호한 호소, 즉 "사회가 시간을 통해서 변하는 과정뿐 아니라 지리적으로 조직되어 있는 방식에 따라 사회를 이해하는 능력과 성향, 바꾸어 말해서 '공간적 상상력'"을 역설할 뿐이다.[28)]

공간적 시각은 존 메리먼(John Merriman)의 『*The Margins of City Life*』에 내포되어 있다. 19세기 전반기 프랑스 도시의 주변지역에 대한 이 연구에서, 그는 어떻게 공간적 한계성이 부르주아지와 프롤레타리아 사이의 사회적 분화와, 그리고 결국에 가서는 제2제정에 이르는 정치적 과정에 기여했

28) Jon Amsden, "Historians and the Spatial Imagination", *Radical History Review*, 21 (Fall, 1979), pp. 11-30, 인용은 pp. 12-14.

는지 보여준다. 예를 들어 이 책에서 다루는 다양한 도시 주변지역 중에서 랭스(Reims)의 근교(faubourg)에서는, 모직물 노동자들이 작업의 집중, 기계화의 영향, 사회생활의 조직, 그리고 공상적 사회주의와 공화주의의 영향 등 요인들 때문에 정치적으로 동원되었다. 메리먼은 "그러나 대규모 산업화와 도시 성장에 부수된 공간적 요소 또한 1848년 혁명에 뒤이은 사회적 · 정치적 갈등에 기여했다."라고 강조한다. 왜냐하면 노동자들은 자신의 경제적 역할로 인해서 도시의 한계지에 살게 됨으로써 이웃관계에 기초한 연대의식과 함께 도심에서 배척당한 소외감을 얻었고, 그의 주장에 따르면 바로 이것이 그들이 동원되는 과정에서 "주요한, 아마 결정적이라고도 할 수 있을 역할을 했기" 때문이다. 그러므로 노동자들이 "사회적인 동시에 공간적인 정체성(正體性)과 연대의식"을 기초로 정치적으로 도전하고 다른 한편으로 엘리트가 그 지배력을 주변지역에까지 확장하려고 노력함으로써 발생한 갈등이, 이 시기와 그 이후에도 프랑스 역사의 주요한 주제가 되는 것으로 보인다.[29)]

그렇지만 메리먼은 공간적 시각에 대해서 분명하게 논하지 않는다. 이 책은 그가 사회적인 동시에 공간적이라고 보는 한계성(marginality)이라는 개념에 초점을 두고 있으므로, 공간에 대한 그의 관심은 19세기 프랑스 도시의 한계 속에 머물러 있다. 따라서 이 책의 어느 부분에서도 그는 그 이외의 공간에 대해서 생각하거나 공간의 개념 내지 공간과 사회의 관계를 검토하지 않는다. 역사가 지리와 어떻게 얽혀 있는지를 일반적으로 이해하고자 하는 이들에게, 그는 결국 사회적 과정에 영향을 미치는 공간이란 무엇인가 하는 기본적인 의문을 미루어 버리는 셈이다.

아직도 계몽사상의 유산에 얽매여 있는 이들에게는 이 의문 자체가 좋은 문제로 비치지 않는다. 예를 들어 영국의 사회학자 존 어리(John Urry)는 공

29) Merriman, *Margins of City Life*, p. 195, p. 200, p. 227.

간과 사회의 관계를 검토하는 자신의 논문에서, 사회적 실체 사이의 시간적 관계는 물론이요 공간적 관계도 생각하는 것은 필요한 일이라고 선언하지만, 공간과 사회가 상호 작용을 한다고 생각한다는 것은 범주상의 오류라고 굽히지 않고 고집한다. 그 이유는 다름이 아니라 사회와 달리 공간은 실질적인 것이 아니라는 점이다.[30] 물론 유클리드(Euclid)의 공간, 즉 19세기에 와서 구조와 대비시켜서 공허한 것으로 인식하게 된 공간은 그렇다. 사실 우리는 이 오래된 관념에 너무나 철저하게 길들여져 있기 때문에, 공간이라는 말만 들어도 벌써 마음속에 기하학적인 모형을 떠올리게 된다.

그러나 현실은 그렇게 추상적인 것이 아니다. 공간은 또한 추상화시킬 수 없을 만큼 구체적이기도 하다. 실제로 공간은 우리의 일상생활을 너무나 친밀하게 감싸고 있어서, 흔히 우리는 그것이 토지라는 물질적 기초를 가지고 있다는 뻔한 진실에 유의하지 않는다. 공간은 이 기초 위에 있기 때문에 무엇보다도 생산과 재생산의 조건으로서 소유하고 이용하는 대상이다. 또한 공간은 이 기초 위에 있기 때문에 재산관계를 포함해서 사회적 관계를 매개하는 실질적인 것이다. 공간, 즉 르페브르적 의미의 사회적 공간은 사회적 관계에서 떼어 놓을 수 없을 만큼 거기에 개재한다. 그것은 용기일 뿐 아니라 매체(媒體)이기도 하다.

몇몇 지리학자들은 바로 이 개념을 사회이론에 통합시키려고 노력한다. 데릭 그레고리(Derek Gregory)는 이 개념을 옹호하는 지도적인 지리철학자로서 구조화(structuration) 이론에 기대를 거는데, 그것은 거기서 "사회적 관계와 공간적 구조의 상호 관계를 과학적 탐구의 중심적 초점으로서 본격적으로 복원시키는 작업에 필수적인 구체성으로의 복귀"를 발견하기 때문이다.[31] 그렇지만 이는 설득력이 없다. 구조화 이론, 특히 그레고리가 주목

30) John Urry, "Social Relations, Space and Time", Derek Gregory and John Urry, eds., *Social Relations and Spatial Structures* (London, Macmillan, 1985), pp. 20-48.

하는 앤소니 기든스(Anthony Giddens)의 이론에서 시간과 공간은 모두 사회체제의 구성에 필수적인 것으로 간주되지만, 공간을 매체로 보는 개념은 용납되지 않는다. 기든스는 시간과 공간이 행동을 둘러싸는 환경 이상의 것이라고 말하면서도, 시간 지리학(time-geography)의 틀 속에서 개인의 행동을 분석할 때는 시간과 공간을 환경으로서만 취급한다. 사실 그의 이론은 구조의 이중성(duality of structure)이라는 관념, 다시 말해서 개인들 사이나 집단들 사이가 아니라 개인과 사회체제 사이의 상호 작용이라는 문제틀을 핵심으로 삼고 있기 때문에, 사회적 관계를 매개하는 공간이 들어설 자리가 없다. 끝으로 기든스는 "사회 변화 이론을 모색하는 작업은 … 실패로 끝날 수밖에 없다."는 전제에서 시작하고 있으므로, 그의 구조화 이론을 변화하는 사회적 관계에 대한 역사학적 접근과 조화시킨다는 것은 거의 불가능할 것으로 생각된다.[32] 그와 마찬가지로 나이걸 스리프트(Nigel Thrift)가 사회적 행동의 결정에 대한 마르크스주의 이론을 개발하기 위해서 구조화 이론이 가지는 함의를 탐색해보는 작업을 하고 있는데, 거기서도 공간은 용기 이상의 것이 아니라고 생각된다.[33]

에드워드 소자(Edward W. Soja)도 공간과 사회이론을 결합시키려고 노력하는데, 그는 "제삼의 해석 지리학, 즉 공간성(spatiality)을 사회적 산물(내지 결과)이자 동시에 사회생활의 형성요인(내지 매체)이라고 … 인정하는 지

---

31) Derek Gregory and John Urry, "Introduction", Gregory and Urry, eds., *Social Relations and Spatial Structures*, pp. 1-8, 인용은 p. 3. 다음도 참고하라. Derek Gregory, "Human Agency and Human Geography", *Transactions of the Institute of British Geographers*, NS, 6-1 (1981), pp. 1-18.

32) Anthony Giddens, *The Constitution of Society: Outline of the Theory of Structuration* (Berkeley, Univ. of California Press, 1984); *Central Problems in Social Theory: Action, Structure and Contradiction in Social Analysis* (Berkeley, Univ. of California Press, 1979). 인용은 Giddens, *Constitution of Society*, xxviii.

33) Nigel Thrift, "On the Determination of Social Action in Space and Time", *Environment and Planning D: Society and Space*, 1 (1983), pp. 23-57.

리학"을 주창한다. 그는 사회와 공간 사이의 양방 통행식 흐름을 "사회 · 공간적 변증법(socio-spatial dialectic)"으로 공식화하고, 그것을 역사적이고 지리적인 유물론으로 발전시키려고 시도한다. 이 변증법은 공간성, 즉 공간 자체가 아니라 사회에 의해서 조성된 공간적 구조를 가리키는 특정한 개념에 기초를 두고 있다. 소자는 공간성이란 물리적 · 심리적 공간에서 분리시키거나 그것으로 환원시킬 수 없는 것이라고 주장한다. 이것은 시간성(temporality)과 더불어 "사회적 행동과 관계(계급관계를 포함해서)가 물적으로 구성되고 구체화하는 방식"을 규정하는 구조가 된다. 그리하여 그는 이 구성/구체화 과정이 변증법적 유물론에 공간적 차원을 도입하는 데 도움이 될 문제 틀이라고 생각한다.[34)]

"사회 · 공간적 변증법"은 면밀하게 검토할 필요가 있다. 여기서 공간적인 것은 곧 사회적인 것이 되는데, 이는 소자가 공간성이 사회적 산물이자 사회적 매체라는 의미에서 그것을 실질적인 것으로 간주하기 때문이다.[35)] 그가 이 점을 강조하는 이유는 적어도 부분적으로는 역사적 유물론에 지리적 차원을 도입하기 위해서, 그리고 공간적 물신주의, 즉 사회적인 것을 공간으로 물화시키고 그리하여 계급투쟁에 대한 관심을 분산시키는 경향을 피하기 위해서인 것으로 보인다.[36)] 그러나 그렇게 함으로써 소자는 공간이 인간 생활의 맥락으로서 항상 물리적 속성을 갖는다는 점을 잊어버리는 것 같다. 이 내재적 맥락성은 공간이 상품의 형태를 취하든 그렇지 않든 간에 사회적 과정 속으로 통합될 때 획득하는 실질성과 공존하고 또 연관된다. 이 두 속성 중에 어느 한 쪽에만 배타적으로 초점을 맞추면 공간에 대한 오

---

34) Soja, Postmodern Geographies, pp. 76–137. 인용은 p. 7, p. 129.

35) Andrew Sayer, "The Difference that Space Makes", Gregory and Urry, eds., *Social Relations and Spatial Structures*, pp. 49–66.

36) Edward W. Soja and Costis Hadjimichalis, "Between Geographical Materialism and Spatial Fetishism", *Antipode*, 11–3 (1979), pp. 3–11.

앙리 르페브르.

데이비드 하비.

해가 생긴다. 예를 들어 사회학자 피터 손더스(Peter Saunders)는 도시사회학을 개관하는 논문에서 맥락성만 강조함으로써, 사회적인 것을 공간적인 것에서부터 분리시키고 비공간적 사회과학으로 돌아가자는 설득력 없는 주장을 결론으로 제시한다.[37] 반면에, 소자는 자신의 공간성 개념 속에 맥락성이 잠재해 있음에도 그것을 억누르고 실질성만 강조한다. 그는 실질성에 기초를 둔 공간 이론을 개발하는 데 너무나 일면적으로 관심을 쏟고 있어서, 공간이 맥락으로서 갖는 특수성을 이론화한다는 것이 과연 가능한 일인가 하는 의문에 대해서 조금도 개의치 않는 것 같다.[38] "사회 · 공간적 변증법"은 주로 철학적 사색을 통해서 공식화되었는데, 그가 이것을 경험적 연구로 뒷받침하지 않는 것도 아마 그러한 일면적 관심 때문이 아닌가 싶다.

---

37) Peter Saunders, "Space, the City and Urban Sociology", Gregory and Urry, eds., *Social Relations and Spatial Structures*, pp. 67–89.

38) David Harvey, "The Geopolitics of Capitalism", Gregory and Urry, eds., *Social Relations and Spatial Structures*, pp. 126–163. Doreen Massey, "New Directions in Space", Gregory and Urry, eds., *Social Relations and Spatial Structures*, pp. 9–19.

## 4. 공간 개념과 주거지 분화 이론

그렇다면, 사회적 구성물이자 사회적 매체로서의 공간이라는 개념을 경험적인 측면에서 검토해볼 필요가 있겠는데, 이 점에서는 주거지 분화 이론에 대한 논쟁을 살펴보는 것이 좋을 것 같다. 왜냐하면 이 논쟁은 1970년대 중엽에 시작된 이래로 얼마 되지 않아서 정체 상태에 빠져서 오늘날까지 오게 되었는데, 그 이유가 무엇보다도 바로 그러한 공간의 개념, 구체적으로 말해서 공간적 구조와 계급의 형성과 해체 과정 사이의 관계를 어떻게 설정하느냐 하는 문제에 있다고 생각되기 때문이다.

앞에서 개략적으로 살펴본 근대 도시의 공간 분화 양상을 놓고, 도시학자들은 그것이 사회적으로 어떤 함의를 갖는가 하는 문제에 관심을 두게 되었다. 많은 학자가 지역공동체의 생태학적 혹은 문화적 변동에 주목한[39] 반면에, 일부는 다른 의문, 즉 공간적 구조가 사회적 관계에 어떤 영향을 끼치는가 하는 문제를 다루어 왔다. 이들의 의문은 특히 주거지 분리(residential segregation)에 집중되어 있다. 이미 1960년대 말에 샘 워너와 존 포스터(John Foster) 같은 역사가들이 그에 관해서 언급한 바가 있지만,[40] 이 문제가 본격적인 관심의 대상으로 부각된 것은 데이비드 하비가 1975년에 발표한 논문에서 주거지 분화 이론을 마르크스주의적 관점에서 분석하려고 시도했을 때부터였다. 하비는 주거지 분화가 자본주의적 사회관계와 긴밀하게 연관되어 있다고 믿고, 주거 지역에 따라 사회적 이동의 기회와 사회적 분위기가 서로 다르며 인구가 집중된 큰 지역이 작은 지역공동체로 분리되면 계급의식의 발전이 저해된다고 주장한다. 이 논문은 경험적 기초가 없

---

39) 주 6을 보라.

40) Warner, Private City, p. 173. John Foster, "Nineteenth-Century Towns- A Class Dimension", Dyos, ed., *Study of Urban History*, pp. 281–299.

어서 결론이 매우 가설적인 명제들로 끝나는데, 그 중에는 주거지 분화를 "계급관계와 사회적 분화가 생산되고 유지되는 과정에 영향을 주는 필연적인 매개적 요소"로 간주해야 한다는 제안이 들어 있다.[41]

하비가 이 제안을 끌어낸 곳은 적어도 부분적으로는 존 포스터가 초기 산업자본주의에 관한 자신의 저서[42]에서 암묵적으로 제시한 구체적인 테제인 것 같다. 하비는 이 책에 대한 서평, 즉 주거지 분화에 대한 논문보다 겨우 몇 개월 앞서서 발표된 서평에서, 포스터의 저서를 "토론 주제의 금광"이라고 칭찬하면서 "직업에 기초한 당대의 편협성"이 포스터가 계급의식을 다루면서 서술한 노동계급 내의 직업별 주거지 분리에 근거를 두고 있었다고 생각한다.[43] 그렇지만 이는 전적으로 바른 생각이라고 할 수 없다. 포스터는 마르크스-레닌주의자로서 19세기 중엽 영국의 사회적 안정이 제국주의와 노동귀족에 의지해서 조성된 것이라고 주장한다. 대규모 국외투자에 따른 수익이 있었기 때문에 직업 간이 아니라 숙련노동자와 미숙련노동자 사이에 임금 격차가 커졌고, 그래서 대중적인 노동계급 운동이 와해하였다는 것이다.[44] 더욱이 포스터는 공간에 관해서 비교적 분명하게 언급하는 논문에서 계급별 주거지 분리에 대하여 명백하게 논의한다. 그는 부르주아지가 노동자들의 눈에 띄지 않는 곳에 사는 도시에서는 노동자들이 빈부 격차에 대해서 민감하지 않았다는 점을 지적하면서, 엘리트가 "노동계급의 사회 비판의식이 발달하는 지역별 가능성"에 영향을 끼쳤다고 주장한다. 부르주아지가 가까이 살면 노동자들이 빈부 격차에 예민해진 반면에, 부르

41) Harvey, "Class Structure", p. 368.

42) Foster, *Class Struggle and the Industrial Revolution: Early Industrial Capitalism in Three English Towns* (London, Weidenfeld and Nicolson, 1974).

43) David Harvey, *Review of J. Foster, Class Struggle and the Industrial Revolution, Journal of Historical Geography*, 1-1 (Jan., 1975), pp. 109-111, 인용은 p. 110.

44) Foster, *Class Struggle*, pp. 161-250.

주아지가 보이지 않으면 노동자들이 기존 사회적 관계에 순응하는 경향이 있었다는 것이다. 이어서 그는 "물론 부르주아지가 존재하느냐 그렇지 않으냐 하는 사실 하나만으로 노동자들의 연대나 분열을 설명할 수는 없다."라고 경고한다.[45)]

데이비드 캐너다인(David Cannadine)은 이 경고에 주의를 기울이지 않은 채 포스터의 주장을 비판한다. 그는 주거지가 분화되어 있지 않으면 인격적인 관계가 가능하고 그래서 사용자와 노동자 사이의 협조가 쉬워지며 노동계급 의식이 억제된다고 함으로써 포스터에 반대되는 명제를 제시한다. 이어서 그는 주거지 분리도 계급형성에 상반되는 영향을 끼친다고 주장한다. 주거지가 분리되면 비슷한 신분을 가진 사람들끼리 모여 살게 되기 때문에 사회적 정체성(正體性)과 연대의식이 발달할 수 있다. 반면에 주거지가 분리되면 준거 집단이 없어지므로 상대적 빈곤과 사회적 불평등에 대해서 둔감해지기도 하다. 포스터의 견해를 포함해서 모두 네 개가 되는 이 상반되는 견해 사이에는 타협의 여지가 거의 없고, 그래서 캐너다인은 "공간적 분리와 사회적 계급 사이의 연관에 관해서는 일관성 있는 이론이 없다."고 선언한다. 따라서 그가 장래의 연구과제로 제안하는 것도 없다. "땅 위의 형상"과 "사회 속의 형상" 사이의 관계는 공허하거나 무의미하다고 생각하고 이 문제 틀을 그냥 무시해버리거나, 아니면 그 관계가 의미가 있고 상호 인과적이라는 검증되지 않은 주장을 받아들이라는 것이다.[46)] 캐너다인이 이런 결론에 도달한 것은 무엇보다도 계급과 같이 복합적인 과정을 공간적 구조에만 초점을 맞추어서 분석하려는 불합리한 접근 방법에 기인한다고 생각된다.[47)]

---

45) Foster, "Nineteenth-Century Towns", p. 298.

46) David Cannadine, "Residential Differentiation in Nineteenth-Century Towns: From Shapes on the Ground to Shapes in Society", Johnson and Pooley, eds., *Structure of Nineteenth-Century Cities*, pp. 235-251, 인용은 p. 247.

도시 지리학자 리차드 해리스(Richard Harris)도 이 정체 상태를 깨뜨리려고 시도하지만 비슷한 이유 때문에 실패하고 만다. 그는 주거지 분리가 계급 간의 무지와 계급 내의 결속에 기여한다고 주장한다. 그렇지만 이어서 계급 간의 무지 때문에 노동자들이 사회적 불평등에 둔감하고 정치에 소극적인 태도를 보이는 반면에, 계급 내의 결속 때문에 정치적 활동이 활발해진다고 덧붙인다. 그래서 주거지 미분화에 대해서 논하지 않고서도, 해리스는 주거지 분리의 정치적 결과가 모호하다는 점을 인정하게 된다. 그렇기 때문에 그는 분리의 결과가 "매우 부수적인" 것이라고 지적하고, 계급구조, 주택문제, 통신기술, 그리고 정치적 활동을 감안해야 한다고 제안한다.[48] 그러나 해리스는 왜 이런 요소들이 중요한지 설명하지 않는다. 이것은 바꾸어 말하면 계급의 형성과 해체에서 공간적 구조가 차지하는 위치를 설정하는 적절한 분석 틀이 그의 논문에는 없다는 것을 뜻한다.

## 5. 역사가의 탐험을 기다리는 공간적 맥락

그렇다면 주거지 분리의 사회적 영향을 규명하려면 적절한 분석 틀에 의지하는 경험적 연구가 필요하다고 하겠다. 주거지 분리에 관한 논쟁이 공간과 사회의 관계라는 문제 틀에서 유일한 것은 아니지만 핵심적이므로, 한

47) Mark Billinge, "Reconstructing Societies in the Past: The Collective Biography of Local Communities", Baker and Billinge, eds., *Period and Place*, pp. 19-32.

48) Richard Harris, "Residential Segregation and Class Formation in the Capitalist City: A Review and Directions for Research", *Progress in Human Geography*, 8-1 (Jan., 1984), pp. 26-49, 인용은 p. 41. 다음도 참고하라. Geraldine Pratt, "Reproduction, Class, and the Spatial Structure of the City", Richard Peet and Nigel Thrift, eds., *New Models in Geography: The Political-Economy Perspective* (London, Unwin Hyman, 1989), vol. 2, pp. 84-108.

걸음 더 나아가 일반화해서 말한다면 사회적 구성물인 동시에 사회적 매체라는 공간의 개념은 더욱 면밀한 경험적 검토를 요청한다고 할 것이다.

역사학은 그러한 검토에 기여하는 동시에 역사에 대한 이해를 넓히는 혜택도 얻을 수 있을 것으로 보인다. 역사학을 다른 학문과 구분 짓는 가장 특징적인 요소 한 가지는 맥락의 중요성, 즉 맥락이 사실의 인과관계와 의미에 미묘하고도 상당한, 때로는 결정적인 차이를 가져온다는 점에 유의한다는 것이라 할 수 있다. 그렇지만 역사학자들이 전통적으로 강조하는 맥락은 시간적인 것이지, 사실을 둘러싸는 나머지 맥락, 즉 공간적 맥락은 아니다. 이 점에서 본다면 브로델이 역사와 지리를 통합하려고 시도한 것은 무의미하다고 할 수 없다. 그가 공간을 용기로 간주하여 실패한 데서, 공간이 사회적 구성물이자 매체라는 개념은 공간의 실질성을 도입함으로써 어떻게 르페브르적 의미의 사회적 공간이 사회적 관계에 개재해서 그것을 매개하는지 이해하는 데 도움을 줄 것이다. 이 개념은 또한 공간의 맥락성을 부인하지 않음으로써 어떻게 공간이 그 물리적 속성을 통해서 사회적 상호작용을 가능케 하고 또 저해하는지 이해하는 데 도움이 될 것이다. 현실에서는 분리되지 않는 이 두 가지 점에서, 공간은 역사의 나머지 맥락을 구성한다고 생각된다. 바로 이런 뜻에서 공간적 맥락은 역사학자의 탐험을 기다리는 영역이 아닌가 한다.

7장

# 미국 도시사 연구의 특성과 논점

| 박진빈 |

## 1. 미국 도시사의 역사

서양에서 도시의 역사(History of Town and City)나 도시사(Urban History)에 대한 관심은 오래전부터 존재해왔다. 고대 도시국가, 그리고 근대 자본주의의 모태였던 중세도시에 대한 연구는 이미 19세기부터 활성화되었기 때문이다. 하지만 본 논고가 살펴볼 도시사(Urban History)는 그저 어떤 도시를 분석단위로 하는 역사를 모두 포함하는 것이 아니다. 또한 '수도 서울 600년' 처럼 특정 도시의 생성, 발전, 퇴보 등 도시의 일생을 다루는 연보류도 아니다. 그보다는 도시 내의 다양한 이해집단 사이의 관계, 그리고 도시 환경과 인간의 상호작용에 대한 근본적인 분석을 연구의 중심 주제로 하는 역사학을 의미한다.

즉, 지금부터 살펴볼 도시사에서 다루는 도시는 그저 인간이 만든 공간으로서 역사의 밑그림에 그치는 것이 아니라 도시만이 가진 특질(urbanity)에 의해 역으로 인간의 삶에 영향을 미치기도 하는 주체로 다루어진다. 그러므로 도시사에서 도시와 도시민은 각각이 배경인 동시에 동인이며, 구조인 동시에 행위자이기도 한 상호작용의 관계를 맺는다.

그중에서도 이 글이 초점을 맞추어 다룰 미국사에서 도시사는 또 하나의 특성이 있다. 그것은 바로 미국 역사의 시작이 산업화 및 근대화와 동반되어 진행되었다는 점이다. 물론 유럽인의 도래 이전에도 선주민(Native Americans)의 역사가 있지만, 하나의 국가로서 미국의 시작은 유럽에서 건너온 백인의 이주 및 정착과 더불어 시작된다. 따라서 미국의 도시사는 대략 17세기 중반부터 시작된다는 점에서 그 대상범위가 좁혀진다고 볼 수 있다.

이 글은 그와 같이 미국사의 특성 속에서 발전한 미국 도시사의 역사를 되짚어보고, 연구의 주요 주제와 논점들을 분석하는 것을 목표로 한다. 특히 미국 역사의 특징들을 고스란히 드러내는 중요한 연구 분과로서 도시사의 장점들이 지적될 것이며, 시대별로 도시의 성장과 발달의 특징들이 어떻게 연구에 반영됐는지 주요 저작들을 중심으로 비평적으로 살펴볼 것이다. 그리고 마지막으로 최근 도시사의 동향을 정리하고, 간략하나마 전망을 전개할 것이다.

미국에서 도시와 도시에서의 현대인의 삶에 대해 학문적 관심을 표한 것은 사회학 분과에서 가장 먼저 이루어졌다. 이른바 '시카고학파'의 주축을 형성했던 로버트 파크(Robert Park)와 어니스트 버지스(Ernest Burgess) 등이 1925년에 내놓은 『도시(*The City*)』가 바로 그 시발점이 되는 연구였다. 이들은 도시를 하나의 생태계로 취급하고, 그것이 성장, 번성, 그리고 소멸하는 과정을 논했다. 또한 그 과정에서 주요 역할을 하는 사회집단들이 도시 공간을 침입, 지배, 계승하는 과정에 초점을 맞추어 설명했다.

역사분과에서 도시를 본격적으로 연구하기 시작한 것은 1930년대 말에 들어서였다. 아서 슐레징거(Arthur Schlesinger)가 기념비적인 논문인 「미국사에서 도시(The City in American History)」를 발표한 것을 계기로 몇몇 사학자들이 도시의 특수한 문제와 그 역사를 연구하기 시작했는데, 초기에는 선구적인 사회학의 성과로부터 지대한 영향을 받아 도시의 성장, 인구의 유입과 같은 문제가 주요 주제를 구성했다. 하지만 그렇다고 도시사가 당장 활발한 연구 성과를 내놓거나 역사학의 주요 분과로 여겨진 것은 아니었다. 대체로 '시간의 학문'으로 규정되던 역사학에서 공간의 역할은 사건이나 인물의 배경 이상으로 생각되지 않는 경향이 있었기 때문이다.

도시사의 상대적 미개발은 당시 역사계의 전반적 분위기와도 관련이 있다. 당시만 해도 역사의 중심은 정치사, 외교사, 지성사와 같은 전통적으로 연구되어 온 '엘리트 역사'에 있었다. 중요한 것은 '소수의 엘리트가 어떻게 생각하고 무슨 정책을 만들었는가?'였기 때문에 도시민의 다양한 구성이라거나 역사에서 공간의 역할은 주요 관심사가 될 수 없었다. 이런 분위기가 바뀐 것은 1960년대 이후였다. 이때에 미국사는 소수 정책결정자를 넘어서는 다양한 집단과 상호작용에 관심을 가지기 시작했다. 인종, 민족성, 계급, 여성 등이 중요한 분석의 대상이 되었고, 전국적 문제뿐 아니라 지역별 차이와 가치들, 다양한 사회적 가치와 문화에 대한 연구들이 폭발적으로 증가했다. 이러한 역사학계의 지각변동으로부터 도시사 분야도 강력한 추동력을 얻게 되었다.

비록 1960년대에 본격화되었다고는 하지만, 미국사의 여정을 돌이켜보면 도시사의 방법을 통한 접근이 설득력을 확보하는 것은 당연하다고 판단할 수도 있다. 왜냐면 원주민사를 차치한다면 미국의 역사는 기본적으로 도시의 건설로 시작되었기 때문이다. 1607년에 영국 왕 제임스 1세(James I)의 특허장을 받아 최초의 영국 식민지를 건설하게 되었던 버지니아컴퍼니(Virginia Company)가 도착 즉시 시작한 일은 마을을 건설하는 일이었다. 그보다 수년 뒤인 1620년 비바람이 몰아치는 악천후에 종교적 망명을 꾀하며 북부해안에 도착한 퓨리탄(Puritan)들이 제일 먼저 힘썼던 일 역시 자치공동체를 세우는 일이었다. 이런 점을 생각해본다면 미국의 역사는 도시의

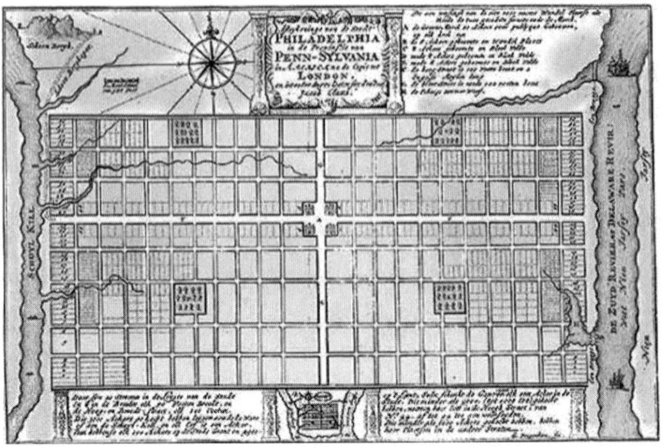


펜실베이니아(Pennsylvania) 설립자인 윌리엄 펜(William Penn)은 필라델피아(Philadelphia)를 계획도시로 건설하기 위해 미리 개발계획을 수립했다. 그가 1683년에 광고에 사용한 지도의 모습.

역사로 시작된다고 평가할 수 있다. 시대별로 도시의 발전 변화 모습을 분석함으로써 미국사의 여정을 추적하는 것이 가능하다는 뜻이다.

그런 의미에서 1960년대에 나온 도시사 연구의 본보기가 된 두 선구적 연구를 소개하는 것이 의미가 있을 것이다. 하나는 1962년에 출판된 샘 배스 워너(Sam Bass Warner Jr.)의 『노면전차 교외(*Streetcar Suburbs: The Process of Growth in Boston, 1870~1900*)』이다. 워너의 책은 도시 성장의 단계와 과정을 다룬 역작으로, 산업화와 더불어 진행된 기술의 발전이 어떻게 도시를 변화시켰는지 분석한다. 특히 그는 19세기 말 보스턴 근교 교외에 새로 지어진 주택들에 대한 면밀한 조사를 통해 도시 규모의 팽창과 그에 대한 계층별 반응에 대한 일종의 유형화를 시도했다.[1]

또 다른 중요한 연구는 1964년에 쓰인 스티븐 선스트롬(Stephen Thernstrom)의 『가난과 진보(*Poverty and Progress: Social Mobility in a Nineteenth*

---

1) Sam Bass Warner Jr., *Streetcar Suburbs: The Process of Growth in Boston, 1870-1900* (Cambridge, Harvard University Press, 1962).

*Century City)*』이다. 이 책에서 선스트롬은 19세기 후반 도시 노동자의 생활상 변화를 센서스 자료 분석을 통해 논한다. 이 연구는 두 가지 점에서 큰 의미를 지닌다. 첫째 흔히 도시 노동자에게 좋은 기회였다고 여겨지는 이 시기가 실제로 사회계급의 유동성이 약했다는 점을 밝혔으며, 둘째 기존에 이용되던 문서사료 대신 양적인 수치자료를 통해 이를 설명했다는 점이다.[2)]

수많은 도시사 책들이 쏟아져 나오는 지금, 이미 수명이 40년은 넘은 이 연구들을 자세히 언급하는 이유는 이 책들이 후세에 미친 영향이 어마어마하기 때문이다. 이들이 본격적으로 다룬 도시화의 여러 작용과 부작용, 도시 내 다양한 계급과 계층의 문제, 그리고 과정과 유동성이라는 분석의 틀 등은 분명 미국 도시사에서 가장 중요한 핵심어들이다. 또한 양적인 사료와 질적인 사료의 이상적인 결합이라는 면에서도 이들의 연구는 여전히 신세대 도시사 연구자들이 읽어야 하는 고전으로 꼽힌다.

한편 1970년대에는 컴퓨터를 이용한 사회과학적 연구방식의 도입이 도시사 연구를 자극하고 발전시키는 조건을 형성했다. 이때 특히 일련의 학자들이 통계학적 방법을 도입한 사회사의 한 분과로서 도시의 역사를 연구하게 되면서 '신도시사'의 출발을 알렸다. 시오도어 헐쉬버그(Theodore Hershberg)의 필라델피아 사회사 프로젝트팀(Philadelphia Social History Project)의 자료 축적과 데이터베이스화, 이를 통한 고난도의 통계방법을 동원한 도시분석은 이후 마이클 캣츠(Michael Katz)와 그의 동료들의 통계적 도시사 방법론으로 계승되었다.[3)]

---

2) Stephen Thernstrom, *Poverty and Progress: Social Mobility in a Nineteenth Century City* (Cambridge, Harvard University Press, 1964).

3) Theodore Hershberg ed., *Philadelphia: Work, Space, Family and Group Experience in the Nineteenth Century* (New York, Oxford University Press, 1981). Michael B. Katz, Michael J. Doucet, and Mark J. Stern, *The Social Organization of Early Industrial Capitalism* (Cambridge, Harvard University Press, 1982).

헐쉬버그는 워너, 선스트롬 류의 도시사는 엄밀한 의미에서 새로운 역사학이 아니라고 비판했다. 그에 따르면, 워너나 선스트롬이 하는 일은 다른 역사와 마찬가지일 뿐이며 단지 그 공간적 배경이 도시였을 뿐이다. 그보다는 도시 경험의 특별한 특성, 즉 '과정으로서의 도시'를 연구하는 것이 진정하게 새로운 분과로서 도시사라고 헐쉬버그는 주장했다. 이에 워너는 헐쉬버그류의 사회사적 도시사를 기능주의적이며 불완전한 방법론이라 비난했다.[4] 1970년대부터 1980년대 초반까지 계속된 이 논쟁에서 절대적 승자는 없었다. 좁은 범위의 센서스 데이터에 대한 현미경 분석을 바탕으로 양적 역사학을 지나치게 강조한 쪽이나 반대로 그 가치를 전혀 인정하지 않은 쪽이나 모두 한계에 도달할 수밖에 없기 때문이다.

도시사 분과 내의 논쟁은 결론적으로 도시사 연구를 더 풍성하게 해주고 다양화시키는 긍정적 영향을 미쳤다. 대부분의 도시사가들은 어느 한 쪽의 방법에만 편중되기 보다는 각 방법론의 장점을 배워 그들의 연구 성과를 보다 풍부하게 하는 데에 노력을 집중했기 때문이다. 또한 도시사 가운데에서도 이민이나 노동 인구를 다루는 연구들과 같이 주제에 따라 양적인 방법이 특별히 잘 이용될 수 있는 분과가 존재한다는 점도 새롭게 깨달게 되었다. 이에 따라 1970~1980년대 이후로 도시사 연구는 기존의 주제들에 변함없는 관심을 보이면서 양적인 방법을 비롯한 다양한 도시 관련 사료 이용법의 발전을 병행하는 성과를 이룩해왔다고 평가할 수 있다.

서양의 다른 주요 국가들과 마찬가지로 도시사학회의 결성이 이루어져 보다 체계적이고 지속적인 도시사 연구가 학제적으로 진행될 수 있었던 것도 바로 1970년대 이후의 일이었다. 미국 도시사학회(Urban History Associa-

---

4) Theodore Hershberg, "The New Urban History: Toward an Interdisciplinary History of the City", *Journal of Urban History*, 5 (November, 1978), pp. 3-40. Bruce Stave, "A Conversation with Sam Bass Warner, Jr.: Ten Years Later", *Journal of Urban History*, 11 (November, 1984), pp. 83-113.

tion)는 1974년부터 계간 기관지인 『도시사 연구(*Journal of Urban History*)』를 발행하기 시작했고, 현재 격년으로 도시사학회를 개최하고 있다. 지난 2006년 10월 애리조나 템피(Tempe, Arizona)에서 열린 도시사학회는 3일간에 걸쳐 100여 개의 발표와 6차례의 특별 세션이 마련되어 열띤 연구교류의 장을 펼쳤다. 도시사학회 이외에도 1986년에 출범한 미국 도시및지역계획사학회(Society for American City and Regional Planning History)가 도시사학회가 열리지 않는 격년마다 번갈아 학회를 개최하며 역시 계간지인 『계획사 연구(*Journal of Planning History*)』를 발행한다. 따라서 1980년대 이후 주로 이 두 학회를 중심으로 역사, 정치, 지리, 사회, 문화, 건축 등을 전공으로 하는 도시사 연구자들이 활발한 교류와 연구를 진행하고 있다.

## 2. 시대별 미국 도시사의 주요 주제

현실적으로 수많은 박사학위 논문 및 저서들이 하나의 도시를 배경으로 한 연구임을 참작하면, 미국사에서 '도시사'로 분류될 연구는 너무나 많다. 하지만 제목에 도시 이름이 들어간다고 해서 '도시사'라 볼 수 없다는 것을 염두에 두고, 현재 연구되는 도시사의 주요 주제들을 간략히 소개해 볼까 한다. 미국에서 즐겨 다루어지는 도시사 연구의 주제는 당연하게도 미국 도시의 특수성을 잘 반영하고 있다. 건국 이래 계속하여 성장, 팽창, 이동해온 미국의 특성상, 도시화와 인구의 구성, 유동성, 이민 등의 문제는 시대를 막론하고 중요한 주제임은 재차 강조할 필요가 없다. 이런 부분을 참작하고 이제 시대별로 특히 중요하게 다루어지는 도시사의 주제와 대표저서들의 논점을 평가해보자.

### 1) 식민지 시대(1607~1790)

미국 도시사 연구에서 흥미로운 부분 중 하나는 미국 역사의 시작(원주민사 제외)에 바로 도시들이 있다는 점이다. 주지하듯 미국이라는 국가의 역사는 각기 다른 정착민들이 유럽에서 건너와서 도시를 건설하면서 시작되었다. 이때 유럽에서 건너온 사람들은 이미 도시적인 배경을 가지고 온 사람들이 많았고, 특히 각 이주 집단을 이끈 지도자 부류는 도회적인 엘리트들이 대부분이었다. 남부의 초기 역사는 지극히 자본주의적 사고방식으로 상업과 부동산 개발을 통해 이윤을 낼 거점으로서 개척 도시들에 의해 시작되었다. 또한 북부에서는 종교 지도자들이 주도하는 공동체의 건설이 주된 흐름이었다.

여기서 주로 다뤄진 주제들은 보스턴, 뉴욕, 필라델피아, 뉴포트, 찰스턴 등 첫 도시들의 형성과 정착지 건설의 문제, 식민지 공간 이용을 둘러싼 원주민과 유럽인의 조우 및 대결, 주요 도시들의 상업 및 내륙 진출 교두보로의 역할, 범 대서양 경제체제 내에서의 미국 도시의 지위와 도시민의 활동 등이 있다. 즉, 식민지 초기 도시의 발전 양상과 도시민(그리고 원주민) 사이의 사회적 문화적 관계들이 주요 연구의 대상이다.

샘 배스 워너는 필라델피아의 발전을 3단계로 나누어 분석하는 책 『사적인 도시(*The Private City: Philadelphia in Three Periods of Its Growth*)』에서 식민지 시대 계획도시의 양상을 문학적 필치로 그려냈다. 이 시기 연구자 가운데 가장 중요하다고 볼 수 있는 게리 내쉬(Gary Nash) 역시 꾸준히 연구성과를 내는데, 특히 주목할 것은 『도시 용광로(*The Urban Crucible: Social Change, Political Consciousness, and the Origins of the American Revolution*)』이다. 이 책에서 내쉬는 정착 도시들의 성장 양상을 추적하고, 이 도시들이 혁명에서 어떠한 역할을 했는지 서술했다. 또한 이 책은 특히 도시의 상업적 기반과 복잡한 사회적 계급 및 관계에 대한 면밀한 분석을 한 것으로 유명하다. 그 외에도 초기 항구도시의 발전과 도시민의 생활상을 다룬 린 위디(Lynn Withey)의 『식민지 시대의 도시 성장(*Urban Growth in Colonial Rhode Island: Newport and Providence in the Seventeenth Century*)』도 언급할 가치가 있다.[5]

이 시기에 대한 도시사 연구에서 부족한 부분은 초기 이주 정착민 가운데 대부분이었던 노동을 담당한 가난하고 평범한 유럽인들의 역사 복원 문제이다. 물론 사료의 부족이라는 어쩔 수 없는 장벽이 가로막고 있지만, 원주민 역사도 제자리를 찾아가는 오늘날 역사학의 발전을 고려해 보면 더 미룰 수 없는 과제일 것이다. 특히 이들이 어떤 동선으로 이동해 왔으며, 미국에 가져온 유럽적 배경이 무엇이었는지 추적한다면 식민지사 연구에 있어서 중요한 기여를 하게 될 것이다. 또한 영국 이외의 다른 지역 출신들이 미국의 도시에서 서로 어떤 교류와 상호이해의 양상을 발전시켰는지를 탐구함으로써 초기 식민지 시대에 존재한 다양한 유럽 국가와 민족의 역사를 재발견한다면 이 시대의 도시사는 더욱 풍성해질 것으로 전망한다.

### 2) 건국에서 내전까지(1790~1860)

미국이 독립에 성공해서 건국했을 때만 해도 유럽의 변방에 있는 약소국이었을 뿐이다. 그 누구도 장래를 예측할 수 없었던 이 신생국이 약 100년 후에는 세계 최고의 강대국이 되어 있었던 배경에는 19세기 내내 이룩한

5) Sam Bass Warner, Jr., *The Private City: Philadelphia in Three Periods of Its Growth* (Philadelphia, University of Pennsylvania Press, 1968). Gary Nash, *The Urban Crucible: Social Change, Political Consciousness, and the Origins of the American Revolution* (Cambridge, Harvard University Press, 1979). Lynn Withey, *Urban Growth in Colonial Rhode Island: Newport and Providence in the Seventeenth Century* (Buffalo, SUNY Press, 1984).

눈부신 발전이 있었다. 특히 내전 후인 19세기 말의 산업화가 결정적인 역할을 하지만, 19세기 초중반 내내 진행되는 영토의 획득과 미국인의 정체성 형성 역시 이후 시기 발전의 기반을 제공했다는 중요성을 지닌다.

건국에서 내전까지 약 70여 년간의 시기에서 도시사의 중요한 주제는 주로 이러한 급속도의 발전에 연관된다. 산업화와 더불어 진행된 경제적 발전의 장소로서 도시와 도시적 삶의 변화, 도시 인프라의 구축, 노동자와 도시 하층민 문제 등이다. 또한 지역적 특성(즉 북동부 공업지대, 서부 정복지, 남부 농업지역)에 대한 연구 역시 도시사와 밀접한 상호작용을 한다.

산업화와 도시화의 영향으로 새로이 형성되는 도시 임금노동자 계층의 경제활동, 사회적 지위, 그리고 자의식을 다룬 션 윌렌츠(Sean Wilentz)의 『민주 찬가(*Chants Democratic: New York City and the Rise of the American Working Class, 1788～1850*)』는 뉴욕을 중심으로 미국 현대 민주주의의 형성 장소로서 도시를 평가했다. 역시 뉴욕에 대한 연구인 크리스틴 스텐슬(Christine Stansell)의 『여성의 도시(*City of Women*)』는 도시화의 결과로 생겨난 새로운 형태의 빈곤 문제, 특히 이 기간 여성 도시민의 생활에 대해 밀도 높은 분석을 했다. 산업화 이후 구 동부 도시들에 나타나는 여러 '도시문제'들은 이처럼 수많은 연구의 관심사이다.

윌렌츠와 스텐슬의 연구가 동부 대도시에 초점을 맞추고 있다면, 리차드 웨이드(Richard Wade)의 『도시 개척지(*The Urban Frontier: Pioneer Life in Pittsburgh, Cincinnati, Lexington, Louisville, and St. Louis*)』는 소위 서부 도시들을 다룬다. 특히 초기 공업지역인 오하이오 강 주변 도시들이 어떻게 경제적 중심지로서, 그리고 서부정복의 전초기지로 역할을 수행하는지 밝혔다.[6]

---

6) Sean Wilentz, *Chants Democratic: New York City and the Rise of the American Working Class, 1788-1850* (New York, Oxford University Press, 1984). Christine Stansell, *City of Women* (New York, Alfred A. Knopf, 1982). Richard Wade, *The Urban Frontier: Pioneer Life in Pittsburgh, Cincinnati, Lexington, Louisville, and St.*

서부정복 시대 정착민들의 전형적인 모습을 담은 사진. 광활하게 열린 토지 위에 집 한 채이지만, 배경에는 순식간에 읍락이 조성될 것이다. 대규모의 이주운동이 벌어지면 서부의 읍락은 하루아침에도 생겨났기 때문이다.

도시 행정과 정경유착의 문제, 나아가 시정개혁의 주제에 천착하여 시대별로 대표작을 집필한 저명한 도시사학자 존 티포드(Jon Teaford)는 『미국 도시정부의 혁명(*The Municipal Revolution in America: Origins of Modern Urban Government, 1650~1825*)』에서 이 시기 도시 정부의 기본구조 형성과정을 설명했다. 다양한 사회적 문화적 관계에 대해서는 다소 빈약하지만, 티포드의 연구는 도시 행정과 인프라 구축에 대한 개설서로서 손색이 없다. 한편 뉴욕시의 주택시장 형성 양상을 다양한 이해집단들의 상호작용을 중심으로 분석한 엘리자베스 블랙마(Elizabeth Blackmar)의 『맨해튼은 임대 중(*Manhattan for Rent, 1785~1850*)』은 주택 매매 및 임대 거래문서에 대한 면밀한 분석을 통해 공간의 역사로서 도시사의 표준을 제시했다는 찬사를 받았다.[7)]

---

*Louis* (Cambridge, Harvard University Press, 1959).

7) Jon Teaford, *The Municipal Revolution in America: Origins of Modern Urban Government, 1650-1825* (Chicago, University of Chicago Press, 1975). Elizabeth Blackmar, *Manhattan for Rent, 1785-1850* (Itahca, Cornell University Press, 1989).

어느 시기이나 마찬가지이기는 하지만, 도시사의 성과들이 특정 대도시에 집중되고 있다는 점은 당연한 일인 동시에 한계로 평가될 수 있다. 특히 이 시기에 형성되는 서부 도시들은 이전의 구 동부 도시와는 전혀 다른 시대적 맥락과 특성이 있고 급속도로 발전했다. 이러한 특성을 부각시키면서 서부 도시사를 연구한다면 미국사의 전반에 걸쳐 존재하는 주된 흐름이자 동인인 '서부정복'에 대해 새로운 논점을 제공하는 성과를 기대해 볼 수 있을 것이다.

### 3) 이민, 개혁, 도시문화(1870~1930s)

19세기 말~20세기 초 도시사의 화두인 이민, 도시문제, 혁신주의 개혁은 바로 이 시대 미국사의 주요 주제이기도 하다. 그만큼 이 시대에는 도시가 가장 중요하고 핵심적인 변화의 중심지였다. 산업화의 급진전과 더불어 새로운 인구의 유입은 도시 환경의 급격한 낙후를 초래했고, 미국인들은 비로소 '도시문제'를 발견하게 되었다. 도시 인구가 농촌 인구를 넘어서던 이 때 미국인이 발견한 도시문제는 곧 가난과 이민, 그리고 흑인의 문제였다. 이 시기에 대한 도시사 연구는 주로 그러한 변화 양상을 분석하고, 그 속에서 각 도시들이 어떻게 대응했는지 탐구하는 데에 집중되어 있다.

우선, 그중에서도 특히 이민과 이민문제는 가장 많은 관심이 쏠리는 주제이다. 미국은 늘 이민의 나라였지만 이 시기 이민의 규모는 실로 엄청난 것이었다. 유럽과 아시아, 그리고 남부 흑인 등 국내외 이민의 주요 거점은 산업도시들이었기 때문에, 이민의 문제는 도시사에서 자주 다루어지는 부분이다. 이와 모라스카(Ewa Morawska)의 동유럽 이민 공동체 연구인 『빵에는 버터를(*For Bread with Butter: Life-Worlds of East Central Europeans in Johnston, Pennsylvania, 1890~1940*)』은 새로운 산업사회의 질곡을 극복하기 위해 동원된 유럽 이민이 가져온 문화적 자산과 민족 공동체의 역할을 분석했다.[8] 모라스카와 같은 연구는 각 이민 집단별로, 도시별로 꾸준히 성과물을 늘려가고 있는 추세인데, 각각의 결론은 완전히 일치하지 않는다. 모라스카처럼 유럽의 유산과 미국의 환경이 상호작용을 통해 새로운 이민도시를 만들어 내는 경우도 있으나, 본래의 전통은 유지하지 못하고 미국 문화에 휩쓸려가는 이민 집단의 성격을 설명해내는 연구도 있다.[9] 이는 일정정도의 유형화와 더불어 각 공동체의 특성을 고려해서 개별적 특징을 강조할 필요도 있음을 시사한다.

이 시기는 외국 이민뿐 아니라 남부 흑인의 북부로의 이동이라는 내부 이민도 큰 파장을 불러 일으켰다. 흑인 대이동을 다룬 연구로는 제임스 그로스만(James Grossman)의 『희망의 땅(*Land of Hope: Chicago, Black Southerners, and the Great Migration*)』이 가장 유명하다. 이 책은 남부 흑인의 시카고로의 대이동의 배경과 그 과정, 그리고 결과를 흑인 공동체 내부의 능동적 활동을 중심으로 추적했다. 케빈 보일(Kevin Boyle)은 재즈에이지로 불리는 1920년대 사회분위기 속에 지위 향상을 꿈꿨던 흑인 이주자와 백인 거주민 사이의 도시공간을 둘러싼 갈등과 폭력적 대결을 추적하는 『정의의 문(*Arc of Justice: A Saga of Race, Civil Rights, and Murder in the Jazz Age*)』으로

---

8) Ewa Morawska, *For Bread with Butter: Life-Worlds of East Central Europeans in Johnston, Pennsylvania, 1890-1940* (New York, Cambridge University Press, 1985). 다른 도시를 배경으로 하지만 비슷한 주제를 다룬 언급할 만한 좋은 연구들이 많다. 하지만 대부분은 도시사 성과라고 보기보다는 이민사로 분류되는 것이 타당할 것이다. 대표적으로 캘리포니아 남부 지역과 멕시코 이민을 다룬 George Sanches, *Becoming Mexican American: Ethnicity, Culture and Identity in Chicano Los Angeles, 1900-1945* (New York, Oxford University Press, 1993).

9) 각 입장의 차이에 대해서는 다음의 고전들을 참고하라. Oscar Handlin, *The Uprooted* (Little, Brown and Company, 1973). John Bodnar, *Transplanted: A History of Immigrants in Urban America* (Indiana University Press, 1985). John Higham, "Integrating America: The Problem of Assimilation in the Nineteenth Century", *Journal of American Ethnic History*, 1 (Fall, 1981), pp. 7-25.

흑인 대이동과 도시문화 모두에 시사점을 제시하는 연구를 했다는 평가를 받았다.[10)]

도시화 및 산업화의 결과로 거대한 인구이동과 인구 구성의 변화가 빚어낸 갈등 구조에 대한 연구도 많다. 대표적으로 올리버 전즈(Oliver Zunz)의 『변화하는 불평등의 외면(*The Changing Face of Inequality: Urbanization, Industrialization and Immigrants to Detroit, 1880~1920*)』은 대규모 공장화가 수많은 이민을 끌어당긴 디트로이트가 어떤 변화를 겪었는지, 그리고 역으로 변화하는 도시의 환경이 도시민에게 어떤 영향을 끼쳤는지 분석한 수작이다.[11)]

한편 이 시기 도시화와 도시 문화의 형성에 대한 탁월한 연구들이 많다. 케이시 파이스(Kathy Peiss)의 『값싼 즐거움(*Cheap Amusements: Working Class Women and Leisure in Turn-of-the-Century New York*)』은 이 시기에 취업을 통해 새로운 구매력을 가진 집단으로 떠오른 10대 후반~20대 초반 도시 여성들의 여가 생활과 소비문화를 다루었다. 티모시 길포일(Timothy Gilfoyle)은 뉴욕시의 부동산 가치의 변화와 정치적 상황의 변동이 매춘의 양상과 담론 변화에 미친 영향을 추적하는 『성애의 도시(*City of Eros: New York City, Prostitution, and the Commercialization of Sex, 1790~1920*)』를, 조지 천씨(George Chancey)는 같은 도시를 배경으로 동성애자들이 만들었던 공간, 그들의 언어, 의식, 문화에 대한 『게이 뉴욕(*Gay New York: Gender, Urban Culture, and the Making of the Gay Male World, 1890~1940*)』을 썼

---

10) James Grossman, *Land of Hope: Chicago, Black Southerners, and the Great Migration* (Chicago, University of Chicago Press, 1989). Kevin Boyle, *Arc of Justice: A Saga of Race, Civil Rights, and Murder in the Jazz Age* (New York, Henry Holt and Com., 2004).

11) Oliver Zunz, *The Changing Face of Inequality: Urbanization, Industrialization and Immigrants to Detroit, 1880-1920* (Chicago, University of Chicago Press, 1982).

뉴딜 개혁의 대상으로서 도시공간. 시카고 헐하우스(Hull House)의 개혁가들이 이민 슬럼가를 걷고 있다(1910년대).

다.[12] 이 시기 도시 문화에 관련된 연구에 젠더사가 집중되어 있다는 점, 그리고 대부분이 뉴욕을 다루고 있다는 점은 특이할 사항이다.

이처럼 많은 도시문제와 새로운 도시의 양상이 발전함에 따라, 문제를 해결하기 위한 시도들도 개진되었으니 때는 바야흐로 미국 사회의 개혁기인 혁신주의 시대(Progressive Era)였다. 혁신주의 운동에 대한 연구 가운데 도시사에 해당하는 것들은 주로 부패한 도시와 정경유착의 문제에 대한 해결책을 제시했던 혁신주의 도시개혁에 관한 것이다. 그 가운데 가장 대표적인 것은 존 티포드(Jon Teaford)의 『예고되지 않은 승리(*The Unheralded Triumph: City Government in America, 1870~1900*)』로, 이 책에서 티포드는

12) Kathy Peiss, *Cheap Amusements: Working Class Women and Leisure in Turn-of-the-Century New York* (Philadelphia, Temple University Press, 1986). Timothy Gilfoyle, *City of Eros: New York City, Prostitution, and the Commercialization of Sex, 1790-1920* (New York, Norton, 1992). George Chancey, *Gay New York: Gender, Urban Culture, and the Making of the Gay Male World, 1890-1940* (New York, Basic Books, 1994).

혁신주의 도시개혁의 중추적 원동력을 제공한 것은 개혁가라기보다는 효율성과 생산성에 대한 진보적 시각을 가진 기술자와 전문가집단이었다고 주장했다.[13]

혁신주의 개혁은 공황 이후에 다시 추진력을 발휘하여 뉴딜정책으로 이어지게 되는데, 뉴딜정책에서 도시문제에 개입한 대표적인 예는 주택 및 주거정책이었다. 작은 정부를 추구하던 미국 정부가 개개인의 사적인 거래 문제로 일축하고 일체의 개입을 자제했던 주거환경 문제가 드디어 공공정책의 대상이 되기 시작했던 것이다. 게일 레드포드(Gail Radford)의 『미국을 위한 현대적 주거(*Modern Housing for America: Policy Struggles in the New Deal Era*)』에서 뉴딜정책의 주거개혁이 도시의 주거 환경을 어떻게 변화시켰는지 분석했다.[14]

레드포드의 연구가 찬사를 받았던 이유는 현대 도시사에서 주요 쟁점인 도시 주택문제의 연대를 뉴딜 시기로 끌어올렸기 때문이었다. 또한 그녀는 '현대화'라는 담론을 통해 노동자의 도시공간 문제를 해결하려 했던 개혁의 의도를 재현해 냄으로써 뉴딜에 대한 재평가를 시도했다. 하지만 문제는 그녀가 다룬 몇몇 성공적인 주택단지의 사례가 극히 예외적인 존재들이라는 것이다. 이는 혁신주의 및 뉴딜 개혁기의 도시사가 앞으로도 유의해서 다루어야 하는 문제임을 보여준다. 이후 시기 전반적인 도시 문제들과의 연관성에 대한 고려 없이 완전히 격리된 개별 사례들을 지나치게 강조하는 것은 무리가 따르기 때문이다.

---

13) Jon Teaford, *The Unheralded Triumph: City Government in America, 1870-1900* (Baltimore, Johns Hopkins University Press, 1984).

14) Gail Radford, *Modern Housing for America: Policy Struggles in the New Deal Era* (Chicago, University of Chicago Press, 1996).

### 4) 교외화, 탈산업화, 재개발, 세계화(1945년 이후)

제2차 세계대전 이후 현대는 미국 도시사에서 가장 많은 연구서가 집중된 시기이다. 그만큼 미국 도시사 연구는 1945년 이후에 대한 연구가 절대적인 다수를 점하며, 1960년대 이후에 대한 연구도 엄청나게 많다. 이는 국가사로는 비교적 짧은 미국의 특수한 상황 때문이기도 하겠지만, 미국사 자체가 현대에 대한 관심에 큰 비중을 둔 사정을 반영하기도 한다. 이런 맥락에서 도시사 연구는 특히 오늘날 미국 도시 문제를 규명하기 위한 문제의식에서 출발하는 예가 많음을 알 수 있다.

대전 후 최근 60여 년간 미국 도시는 많은 변화를 겪었다. 그중에서도 첫 번째는 도심지 공동화 및 교외화 현상이었다고 말할 수 있을 것이다. 도심지의 낙후, 공업단지의 남하, 자동차의 엄청난 보급, 연방정부의 주택자금 대부 정책 등으로 인해 수많은 미국 가정이 오랫동안 삶의 근거였던 도시를 떠나 외곽으로 이주했다. 기존 대도시 근교에 건설된 교외는 더 쾌적하고 여유로운 공간의 이용을 가능케 했고, 구도시에 있었던 문제들로부터 자유롭게 이러한 발전을 계획할 수 있다는 이점이 있었기에 큰 각광을 받았다.

하지만 문제는 이와 같은 인구의 이동이 모두에게 열린 기회가 아니었다는 점이다. 노후한 도시를 떠나 교외 신도시를 건설할 수 있었던 사람들은 중상층 이상, 그리고 인종으로는 백인이 절대다수를 차지했다. 따라서 이 시기 도시에 대한 연구는 '백인 대 탈주'에 대한 비판적 시각을 기반으로 여기에 다양한 정치(연방정부 정책), 경제(탈산업화), 사회(계급, 인종적 구분), 문화(교외 생활방식, 대량소비사회)적 요소들이 어떻게 작용했는지 분석한다.

존 바우먼(John Bauman)의 『정부임대주택, 인종, 그리고 재개발(*Public Housing, Race, and Renewal: Urban Planning in Philadelphia, 1920~1974*)』은 현대 미국 도시의 큰 문제 가운데 하나인 정부임대주택이 왜, 어떻게 현재와 같은 문제를 만들게 되었는지 분석하고 인종적 계급적으로 분리된 정

휘황찬란한 거대빌딩의 마천루와 멀지 않은 거리에 공동화 현상으로 인해 슬럼화된 구역이 공존하는 LA 중심지의 모습.

책의 문제를 구명했다. 교외 연구로는 케네스 잭슨(Kenneth Jackson)의 연구가 선구적인데, 『잡초 개척지(*Crabgrass Frontier: The Suburbanization of the United States*)』에서 그동안 이상적이라 여겨져 온 교외가 얼마나 정치적, 사회적, 문화적 분리를 토대로 구성된 인공적 공간인지 파헤침으로써 이후 교외 연구에 큰 영향을 미쳤다. 한편 마크 로즈(Mark Rose)는 『주간고속도로(*Interstate: Express Highway Politics, 1939~1989*)』에서 교외화가 급진전할 수 있었던 배경에 주간 고속도로 건설이 있었다고 주장하고, 부동산 개발 정책과 짝을 이루는 연방의 고속도로 건설 정책의 양상을 추적했다.[15)]

현대 도시사 연구의 주요 주제 가운데 두 번째는 낙후한 도심지 재개발의 역사를 다룬다. 재화와 인간이 교외로 빠져나가며 버려졌던 구도시들은 1960년대 이후 쇄신을 시도한다. 하지만 이 과정을 거치고도 해결되지 않

15) John Bauman, *Public Housing, Race, and Renewal: Urban Planning in Philadelphia, 1920–1974* (Philadelphia, Temple University Press, 1987). Kenneth Jackson, *Crabgrass Frontier: The Suburbanization of the United States* (New York, Oxford University Press, 1987). Mark Rose, *Interstate: Express Highway Politics, 1939–1989* (Knoxville, University of Tennessee Press, 1990).

는 최하층 빈민, 즉 '하위계급(underclass)'의 문제와 여전히 존재하는 인종 갈등의 문제 등은 도시 공간의 연구에서 핵심적인 부분을 차지한다. 하위계급 연구로는 마이클 캣츠(Michael Katz)와 동료의 공저인 『"하위계급" 논쟁(*The "Underclass" Debate: Views from History*)』이 탁월하다. 이들은 하위계급이 지난 시기의 빈민과 어떻게 무엇이 다른지 정확한 분석을 시도하면서, 대도시 주거지 분화, 인종차별주의, 사회복지 정책의 딜레마 등을 중심으로 오늘날 하위계급의 형성을 추적했다.[16]

도시별로 들어가 보면 아놀드 힐쉬(Arnold Hirsch)의 『두 번째 게토 만들기(*Making the Second Ghetto: Race and Housing in Chicago, 1940~1960*)』는 시카고를 배경으로, 그리고 토마스 서그루(Thomas Sugrue)의 『도시 위기의 기원(*The Origins of Urban Crisis: Race and Inequality in Postwar Detroit*)』은 디트로이트를 배경으로 주거공간의 흑백분리와 이를 뒷받침한 연방정부의 정책, 지역정부의 무능력, 그리고 백인 주민단체의 배타성 등에서 1960년대 이후 인종폭동과 하위계급 형성의 역사적 기원을 찾고 있다.[17]

한편 도시 내의 흑인 공동체의 역동성을 구명하는 연구도 최근 본격적으로 등장하고 있는데, 그들만의 문화 공간을 형성하면서 차별의 어려운 시기를 헤쳐나간 시카고 흑인 공동체를 다룬 아담 그린(Adam Green)의 『인종을 팔다(*Selling the Race: Culture, Community, and Black Chicago, 1940~1955*)』라는 신간이 주목을 받고 있다. 또한 LA 도시공간의 현대사를 흑인의 처지에서 조망한 존 사이즈(John Sides)의 연구도 탈산업화와 재개발의

16) Michael Katz, ed., *The "Underclass" Debate: Views from History* (Princeton, Princeton University Press, 1993).

17) Arnold Hirsch, *Making the Second Ghetto: Race and Housing in Chicago, 1940–1960* (Chicago, University of Chicago Press, 1998). Thomas Sugrue, *The Origins of Urban Crisis: Race and Inequality in Postwar Detroit* (Princeton, Princeton University Press, 1998).

여전히 만들어지는 대규모 주택단지의 전형적인 모습. 성냥갑과도 같은 비슷한 형태의 주택이 만들어지면서 서부와 남부의 도시들은 여전히 확장 중이다.

시기에 도시 흑인의 자율적 공간 이용에 대해서 논하는 중요한 책이다.[18] 힐쉬와 서그루의 연구가 백인 개혁가의 입장에서 실패한 사업으로서 재개발을 다룬 데에 반해, 이들의 연구는 도시를 배경으로 하층 흑인의 자율적 공간 이용과 확보를 주장한다는 점에서 그 의미가 크다.

세 번째로, 1945년 이후 공업단지의 남하로 말미암아 혜택을 입은 이른바 '선벨트' 남부 도시들의 발전상 역시 현대 도시사의 중요 주제이다. 냉전기 군수산업의 발전과 더불어 성장하게 되는 남부 도시는 인구의 구성, 정치적 태도, 문화적 유산 등의 면에서 특수한 모습을 띠게 된다. 일반화할 수는 없지만, 분명 보수적인 공화당 일당 지지 체제가 1960년대 후반 이후 지속하고 있다는 점은 간과할 수 없다. 더욱이 인구의 남하는 남부가 연방 전체의 정치에서 차지하는 비중을 가중시키고 이른바 '미국의 남부화

18) Adam Green, *Selling the Race: Culture, Community, and Black Chicago, 1940–1955* (Chicago, University of Chicago Press, 2007). John Sides, *LA City Limits: African American Los Angeles from the Great Depression to the Present* (Berkeley, University of California Press, 2003).

(Southernization of America)' 현상까지 나타나게 만들었다.[19] 남부 도시에 대한 연구의 필요성은 이런 시대적 맥락에서 매우 중요하다.

서부와 남부의 도시들은 동부 도시들과 비교해서 그 발전의 시대가 다르고, 때문에 기존의 산업도시라든가 19세기 말 도시화와 다른 양상으로 발전한 경우가 많다. 이런 경우 모더니티와 포스트모더니티가 동시에 발생하는 공간으로서 이들 도시에 대한 연구는 흥미로운 주제가 된다. 특히 오늘날 아직도 '확장(sprawl)' 중인 남, 서부 도시들의 인프라 구축, 환경, 자본의 이동과 인구 유입에 관한 연구들이 활발하게 진행 중이다. 또한 비교사를 통해 두세 개 도시의 발전 양상을 비교분석하는 연구들도 쉽게 발견된다. 이 모두 도시의 지역적 특성에 관심을 둔 성과라 평가할 수 있다.

최근 남부사에서 중요한 도시사의 성과가 나오고 있다는 점은 고무적이다. 매튜 래시터(Matthew Lassiter)의 『침묵하는 다수: 선벨트 남부의 교외정치(*The Silent Majority: Suburban Politics in the Sunbelt South*)』는 남부 주요 도시들을 아우르며 1960년대 말을 기점으로 전통적인 민주당 1당 지역이었던 남부를 공화당 지지로 돌아서게 했던 리차드 닉슨(Ricahrd Nixon) 대통령의 '남부전략(Southern Strategy)'의 성공 배경에 백인 중상류층의 밀집 공간이었던 교외의 발달이 작용했다는 분석을 개진했다. 케빈 크루즈(Kevin Kruse)의 『백인 대 탈주(*White Flight: Atlanta and the Making of Modern Conservatism*)』 역시 애틀랜타의 경우에 천착하면서 흑인 민권운동의 회오리 속에서 '침묵하던 보수적인 다수'를 결집하는 공간으로서 형성된 교외를 역사적으로 분석한다.[20]

---

19) 박진빈, 「미국의 보수화와 군산복합체 신남부의 힘」, 『역사비평』, 64호, 2003, 39-59쪽.

20) Matthew D. Lassiter, *The Silent Majority: Suburban Politics in the Sunbelt South* (Princeton: Princeton University Press, 2006) ; Kevin M. Kruse, *White Flight: Atlanta and the Making of Modern Conservatism* (Princeton: Princeton University Press, 2005).

이처럼 남부 및 서부 도시의 연구는 기존 도시사 연구가 동북부의 구도시들에 집중되었던 것을 분산시킬 뿐 아니라, 지역별로 비슷하면서도 독특한 도시 발달과 위기 구조의 형성을 역사적으로 다루는 성과를 지속적으로 축적하고 있다. 앞으로 더욱 요구되는 부분은 남부 및 서부 도시들의 동북부 도시와는 다른 정체성과 이미지 구축에 대한 연구들이다. 이 도시들은 어떠한 새로운 도시의 외관(facade)을 만들며, 이는 어떤 의도의 표현인가? 그리고 그 의도는 어떠한 방식으로 실현 혹은 불발되는가? 이와 같은 질문을 계속한다면 현대 도시사는 더욱 풍부한 성과를 낼 수 있을 것이다.

## 3. 미국 도시사 연구에 대한 전망

미국에서 도시사는 감히 단언컨대 지금의 관심분야들을 계속하여 탐구하게 될 것이다. 팽창과 이동을 통한 도시화, 인구의 유동성, 이민과 인종의 문제 등은 시대를 불문하고 미국 도시의 중요한 문제점으로 남아있을 것이며, 따라서 도시사의 주요 분야가 될 것이다. 다만, 이러한 비슷한 분석의 틀을 가지고 그간 다루어지지 않았던 도시에 대한 연구가 그 지평을 넓힐 것이며, 또 이미 많이 연구된 도시에서도 새로운 사료를 가지고 새로운 집단, 혹은 구역에 대한 이야기가 나오게 될 것이다.

또한 최근 도시사 연구자들의 행보를 관찰해보면 비교사에 대한 관심이 증가하고 있음을 알 수 있다. 박사학위 논문들은 여전히 하나의 도시를 중점적으로 다루는 경향이 강하지만, 두세 도시를 비교분석하는 연구들도 꾸준히 늘고 있다. 비교사를 시도한 연구들은 대부분 파편적이며 비교의 수준이 얕다는 평가를 받는 경향이 많지만, 최근에는 우수한 성과들도 보이고 있다.[21] 비교사 진척은 세계사적인 도시사 연구의 유행과도 관련이 있다. 즉, 미국 내 도시들의 비교뿐 아니라 세계 여러 도시의 비교와 교류로 중요한 연구 과제로 떠오른 것이다. 이런 추세는 앞으로 당분간 계속될 것으로 예측된다.

또한 20세기 중반 이후 현대사에 집중된 미국 도시사의 특성 역시 앞으로 지속할 것이며, 이는 바람직한 현상이다. 미국적 특성상 오늘날의 문제에 대한 관심에서 출발한 연구가 꾸준히 배출될 것이며, 세계화의 추세에 따른 세계 도시들의 연결과 교류의 역사는 보다 본격적이고 깊이 있는 성과를 보여주게 될 것으로 보이기 때문이다. 위에서 살펴본 바와 같이 미국사에서 도시사는 이제 중요 분과로 이미 자리 잡았으며, 시대별로 중요한 연구주제들이 도시 공간에 대한 이해를 중심으로 이루어질 때 더욱 심층적인 분석이 가능함을 증명해 보였다. 위에서 지적한 시대별 연구의 한계점들을 극복하는 더욱 밀도 높은 연구들이 지속적으로 배출된다면, 도시사는 미국의 과거와 현재에 도사린 핵심적 문제들에 대한 강력한 분석과 비판의 주춧돌 역할을 할 수 있을 것이다.

21) 이러한 연구들 가운데 최근 좋은 평가를 받은 것으로 Margaret Pugh O'mara, *Cities of Knowledge: Cold War Science and the Search for the Next Silicon Valley* (Princeton, Princeton University Press, 2004)가 있다. 필라델피아, 애틀랜타, 샌프란시스코, 뉴욕 등을 오가며 냉전시대 정치와 과학의 접점이 어떻게 도시를 배경으로 펼쳐지는지 분석했다.

3부

# 동북아시아의 도시사 연구

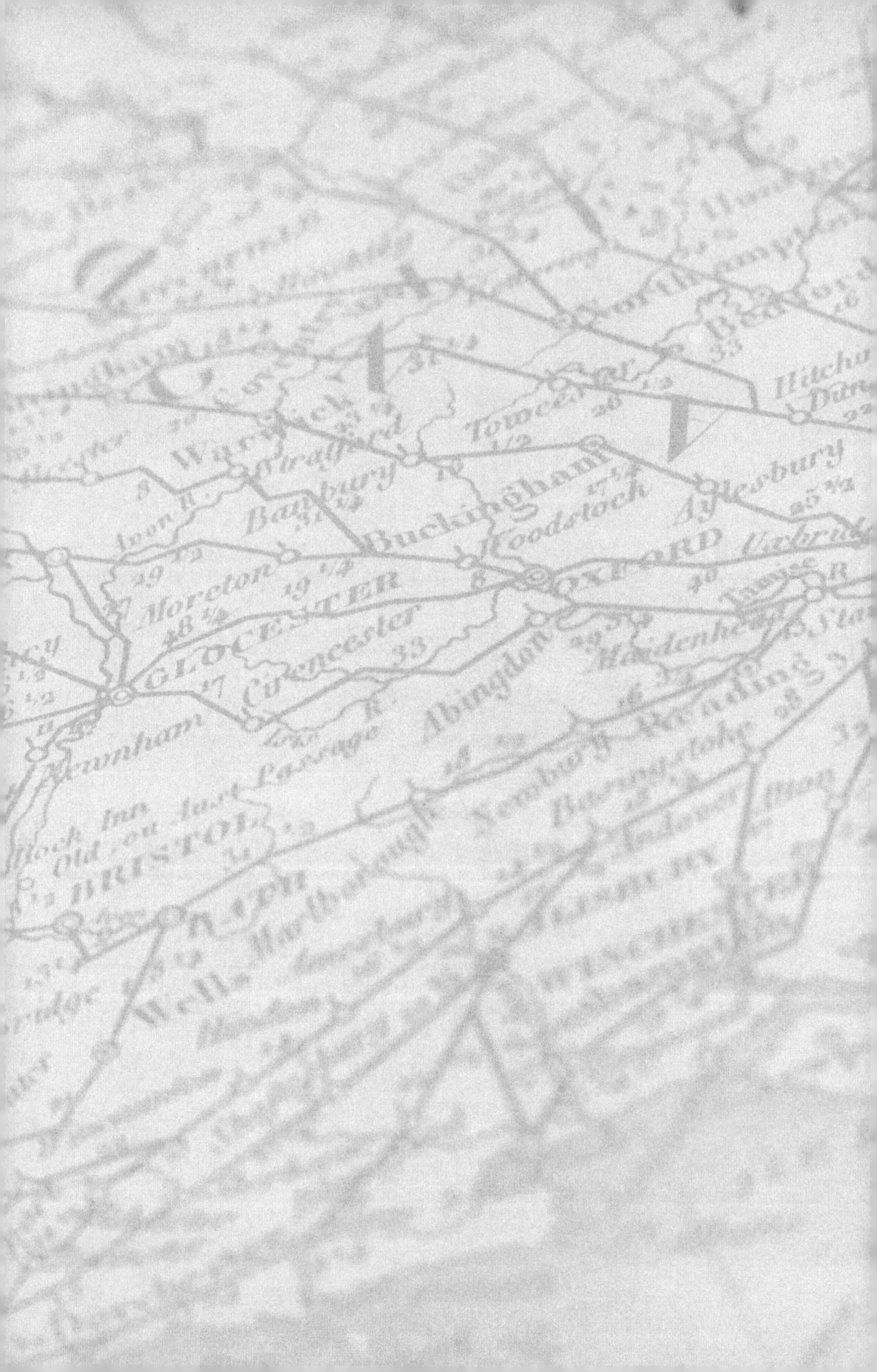
Towcester
Aylesbury
Banbury
Buckingham
Woodstock
Moreton
Cirencester
Newnham
Abingdon
Reading
BRISTOL

8장

# 한국 근현대 도시사 연구에 대한 비평과 전망

| 민유기 |

## 1. 한국 도시사 연구 미발달 이유

최근 도시사 연구에 대한 관심이 증가하고 있다. 이는 우리 사회에서 주요 도시의 도심 재개발이나 신도시 건설이 진행되고, 여러 지방자치단체가 도시와 인근 지역의 역사와 전통을 문화관광 자원화하는 일에 몰두하고 있기 때문이다. 도시에 대한 역사적 탐구는 현재와 미래 도시의 기능과 환경을 보다 인간적인 것으로, 보다 사회적인 것으로 만들기 위해 필수적이다. 또한 다양하고 풍요로운 도시 혹은 지방문화를 재발견하고 이를 발전시켜 문화 콘텐츠를 증대하는 데 기여한다.

한국사 분야에서 도시에 대한 연구는 1994년 서울 '정도(定都) 600주년'을 기점으로, 또한 1990년대 이후 지방자치단체의 지역문화 활성화 노력에 발맞추어 증가하였고 흥미로운 연구 성과들이 하나둘씩 축적되어가고 있다. 하지만 그럼에도 불구하고 도시사는 여전히 한국 역사학계의 변방에 머무르고 있다. 그 이유는 무엇일까? 이 글에서는 서양 각국은 물론 동아시아 주변국인 중국과 일본보다 한국의 도시사 연구가 상대적으로 미발달한 원인을 고찰해보고, 최근 10여 년간 한국 도시사 연구의 주요 성과물들에 대해 소개 및 비평을 하고자 한다. 궁극적으로 이 글은 현재 한국 도시사 연구의 좌표를 확인하고, 앞으로 한국 도시사 연구가 나아가야 할 방향을 전망하는 목적을 지닌다.

도시사(urban history)는 19세기 급격한 산업화와 도시화가 낳은 사회적 문화적 구조 변동과 이것이 인간 삶에 미친 변화를 설명하는 '도시적 특성(urbanity)' 이란 개념이 일반화되기 시작한 20세기 초 이후에 등장한다. 20세기 중반까지는 특정 도시의 탄생, 성장, 변화를 다루는 도시의 일대기(city biography)로서의 '도시의 역사(history of town)' 혹은 시사(市史) 연구가 진행됐다. 하지만 1960년대부터 서양 각국에서 도시사 연구자 그룹이 생겨나 연구영역, 방법론, 사료 등에 대한 집단적 고민의 결과로 도시사의 기초가 확립되었다. 이후 정치사, 경제사, 사상사, 사회사는 물론이고 도시사 보다 뒤늦게 등장한 문화사와 여성사 분야의 이론과 방법론들을 적극적으로 수용하면서 영역을 넓혀나갔다. 도시사는 건축사와 도시계획사의 일부 영역과 시사(市史) 연구를 포함한다. 도시사는 도시성에 대한 탐구였기에 주로 근현대에 집중되었으나 현재는 고대도시나 중세도시에 대한 연구에도 근현대 도시사 연구의 주요 방법론이 적용되고 있다.

도시사 연구에서는 도시를 사회 · 문화적 변화의 구조이자 주체로 파악한다. 도시민의 투쟁이 공간 구조를 변화시키기도 했고, 공간 구조 자체가 역사적 행위를 유발하는 원인이 되기도 하기 때문이다. 도시사 연구는 도시라는 분석단위 안에 사회사, 문화사, 여성사 등 역사학의 하부 분과들이 지닌 다양한 시각들을 유기적으로 결합시킨다. 도시 공간에서는 계급, 인종, 젠더, 상이한 문화적 가치 등이 경계를 넘나들고 '충돌' 혹은 '공존' 하면서 지속적으로 새로운 문화를 창출하기 때문이다. 도시사 연구에서는 문헌사료뿐 아니라 다양한 시각적 사료분석이 필수적이다. 주요 건축물 및 도시계획 설계도면, 지적도, 사진, 지도, 삽화, 축제나 행사 안내서, 도시문화를 다룬 화가들의 그림, 오늘날의 모습을 담은 현장 사진 등이 주요 사료로 활용된다.

1960년대 이후 연구가 본격화된 서양 각국과 이와 비슷한 양상을 띠면서 발전한 일본의 도시사 연구 및 1980년대 개혁개방 이후 국가적 차원의 지원으로 본격화된 중국의 도시사 연구에 비해, 한국 도시사 연구는 걸음마도 제대로 떼지 못한 단계에 있다. 한국사 연구자들은 이런 평가가 너무 인색하다고 여길지 모르지만 서양에서의 도시사 연구 방법론이나 경향들과 비교해보면 정확한 평가일 것이다. 물론 시사 연구는 관찬사서(官撰史書)의 전통 속에서 일찍이 시작되었다. 하지만 손정목이 1976년에 쓴 「우리나라 도시연구의 현재와 방향」이란 논문에서 각 도시의 시사편찬위원회나 행정기관이 발행한 시사를 "사료적인 역할 밖에 기대할 수 없는" 것이라 평한 것처럼[1] 특정 도시의 연대기적 고찰과 이에 대한 서술은 도시사의 기초일 뿐이다. 그는 같은 논문에서 시사와 구분되는 개항기의 조계(租界) 거류지에 대한 연구, 일제강점기 상업과 시장에 관한 일부 연구를 소개하며 "도시의 사적 고찰이 아직도 처녀지의 상태에" 있다고 말한다.[2] 또한 도시사 연구 미발달의 원인으로 전근대시기에 도시가 존재하지 않았다는 정체론적 생각, 도시사를 과학사나 의학사와 같은 특수사로 생각하는 경향, 방대한 사료와 여러 관련 분야와의 연관성 등 도시사 연구의 어려움 등을 들고 있다. 이러한 지적은 타당하다.

도시에 대한 학문적 정의는 서양학계에서도 통일적이지 않다. 인구의 밀집도를 강조하는 경우 도시라 부를 수 있는 인구 밀집의 기준이 2천 명 이

1) 손정목, 「우리나라 도시연구의 현재와 방향 – 도시사학의 연구」, 『도시문제』(1976), 61쪽.
2) 손정목, 같은 논문, 58쪽.

상인지 5천 명 이상인지 같은 유럽에서도 프랑스와 영국이 다르다. 상공업에 종사하는 인구비율이나 정치적 경제적 자율성을 기준으로 하더라도 중세 이래 개별 도시 간의 편차가 심한 편이다. 막스 베버(Max Weber)가 도시의 이념형으로 설정한 ① 성채, ② 시장, ③ 도시의 자치적 법령, ④ 구성원 간의 결사체, ⑤ 거주민이 참여하는 선거를 통해 구성된 의회 권력을 갖춘 도시는 중세 유럽에서도 서유럽에 한정된 것이었다.[3)]

따라서 전근대 시기 도시가 발달하지 않았다는 인식을 버리고 일본의 에도시기 도시사 연구처럼 근세 도시사 연구가 활성화될 필요가 있다. 또한 도시사를 도시의 성장사로 사고하는 태도를 버려야 한다. 도시사가 도시공간의 물리적 형성과 성장만을 다루는 도시 발달사가 아니라 도시적인 모든 현상, 도시 공간구조가 영향을 미친 역사적 행위까지를 다루기 때문이다. 문헌사료를 넘어서는 방대한 새로운 사료의 발굴과 활용, 인접학문과의 연관성을 중시하는 것은 한국사학계에서 점차 수용되고 있지만 더욱 관심을 기울일 필요가 있을 것 같다.

손정목의 지적은 그 자신에게 되돌아간다. 전우용은 그와의 대담기록에서 손정목을 '한국 도시사 연구의 개척자'라고 적었지만[4)] 필자가 보기에 그는 도시사 연구의 필요성을 인식하고 강조한 '한국 도시 연구의 개척자'이다. 손정목이 썼다는 '20만 장에' 달하는 글 가운데 단행본과 주요 연구논문들을 읽어가다 보면 도시계획사나 도시의 물리적 공간 변천사가 대부분이며 도시사회상에 관한 종합적 역사이해가 부족하다. 이는 전우용의 지적처럼 역사학계의 관련 성과들을 대체로 무시하고 있기 때문이다. 1980년

3) Max Weber, Max. "Die Stsdt. Eine soziologische Untersuchung", *Archiv für Sozialwissenschaft und Sozialpolitik*, vol. 47 (1921); *The Cities* (Chicago, Free Press, 1958), pp. 80-81.

4) 전우용, 「손정목 - 한국 도시개발과 도시사 연구의 개척자」, 『역사비평』 (2002년 겨울호), 174쪽.

대와 1990년대 출판된 개항기 도시사회경제사, 일제시기 도시화 과정, 일제시대 도시사회상, 조선시대 도시사회 등에 대한 그의 연구서들은 인구, 주택, 빈곤, 도시 인프라 망, 도시행정 제도, 도시화, 매춘, 주요건물 등 도시사의 주요 테마들을 망라한다.[5] 하지만 『서울 600년사』와 마찬가지로 도시의 정치, 경제, 사회, 문화의 모든 소재들에 대한 사실(事實)들의 병렬적인 나열에 그친 경우가 많고, 새로운 역사해석의 시도나 역사적 의미부여는 하지 못하고 있다. 사회경제사를 연구한 한국사학계의 원로들과 사회사가들이 손정목의 도시연구 성과를 역사학 분야로 포용하지 못한 것은 이 같은 학문적 이유에서일 것이다.

만약 그가 '참고할 것이 거의 없었다.' 라고 단정한[6] 역사학계의 연구 성과들을 하나하나 꼼꼼히 분석 수용하면서 원고료 때문에 썼다는 20만 장 대신에 10만 장 혹은 2만 장 정도만의 저술을 남겼다면 사회경제사가나 사회사가들을 자극하면서 도시사 연구를 촉발시켰을지 모른다. 발생하지 않았던 일들을 가정하거나 상상하는 일은 역사적 글쓰기에서 금기시되는 것이지만 손정목이 역사학자들과 지적 교류를 했더라면 한국의 도시사 연구가 서양 도시사 연구 경향과 비슷하게 발전한 일본 수준까지 도달했을지 모른다고 생각해 볼 수는 있을 것이다. 아쉬움에도 불구하고 손정목은 앞으로도 한국 도시사 연구자가 반드시 사학사적으로 정리하고 비평하고 넘어가야 할 넓은 산이다. 또한 그가 남긴 방대한 분량의 자료, 특히 해방 이후 도시에 대한 글은 비록 저널리즘적 성격을 띤다 할지라도 일차사료로서의 역할이나 이차사료로의 역할을 충분히 할 것이다.

서양에서는 사회사가들이 근대화와 산업화를 연구하다 도시사 분야로

---

5) 손정목, 『조선시대 도시사회연구』 (일지사, 1977); 『한국 개항기 도시사회경제사 연구』 (일지사, 1982); 『한국 현대도시의 발자취』(일지사, 1988); 『일제강점기 도시화 과정연구』 (일지사, 1996); 『일제강점기 도시사회상 연구』 (일지사, 1996).

6) 전우용, 앞의 논문 (2002), 206쪽.

영역을 확장한 경우가 많다.[7] 하지만 한국에서는 손정목식의 도시연구를 도시사로 인식했던지, 아니면 개항기와 일제강점기 연구의 초점을 식민지 근대화론과 자본주의 맹아론 등을 낳은 사회경제사나 민족해방투쟁사에 두었기 때문인지 이런 현상이 명확하게 목격되지는 않는다. 하지만 사회경제사가들의 연구 성과물들 곳곳에서 도시사적 관점과 고민의 흔적은 발견되며, 도시사를 통한 사회경제사의 연구 성과가 더 풍부해질 수 있다는 인식이 표출되기도 했다. 이태진은 1992년에 조선시대 사회경제사 연구에서 농촌중심의 연구를 반성하고 도시에 대해서도 관심과 주의를 기울어야 한다는 주장한 바 있다.[8]

강만길은 1987년에 펴낸 『일제시대 빈민생활사 연구』에서 토막민(土幕民)이라는 근대적 도시빈민의 탄생을 사회사적으로 분석해 후학들에게 많은 반향을 불러일으켰다. 그는 이 연구의 목적을 "식민시대 민중생활의 실태를 밝히는 것"과 이를 통해 식민시기 말기 "모든 민족운동전선이 사회주의적 경제정책을 채택한 원인의 하나를 밝히는 것"이라고 규정했다.[9] 이 책은 시간이 어느 정도 흐른 지금도 도시 하층민에 대한 역사적 연구에 많은 시사점을 주는 도시빈민 연구에 대한 주요 텍스트로서 가치를 지닌다. 또한 도시빈민의 일상생활에 미친 도시공간 구조에 대한 도시사적 성찰이 엿보인다.

1980~1990년대 사회경제사 연구자들은 차가운 머리와 뜨거운 가슴을 조화롭게 유지하며 실증적 객관성과 해석적 당파성의 팽팽한 긴장감을 보여주는 뛰어난 성과물들을 내어놓았다. 다만 도시를 사회경제적 변화나 민중운동이 발생한 배경이나 무대로 간주하는 경우가 많은 것 같아 아쉬움을

---

7) 프랑스의 이브 르켕(Yves Lequin)의 대표저작은 이를 잘 보여준다. Yves Lequin, *Les ouvriers de la région lyonnaise 1848-1914* (Lyon, PUL, 1977).

8) 이태진, 「조선후기 양반사회의 변화」, 『한국사회발달사론』 (일조각, 1992).

9) 강만길, 「일제시대 빈민생활사 연구」 (창작과 비평사, 1987), 19쪽.

던져준다. 강병식은 일제시기 서울의 토지를 연구하면서 토지소유자의 사회적 카테고리 분석, 토지소유자 거주지의 공간적 분화 등을 분석했다.[10] 그의 주된 목적은 도시지역에 대한 식민지적 경제수탈의 본질을 규명하는 것이었고, 따라서 도시사적 분석은 강조되기 어려웠지만 도시공간에 대한 고민의 흔적은 묻어있다.

역사 연구의 방법론이 발전하는 이유는 기존의 방법론을 활용한 연구 성과들에 나타나는 아쉬운 점들을 보완하기 위한 것이다. 새로운 연구 경향은 기존의 연구 성과들로부터 나온다. 즉 기존 연구 결과만으로 특정 시기의 총체적인 역사상을 보다 명확하게 파악하기 어려울 때 새로운 관점과 접근법이 요구되는 것이다. 예를 들어보자. 법제사 연구가 성과물들을 축적하여 과거 인간이 만들어 낸 제도들의 실체와 변화에 대한 이해가 쌓이면서 이들 제도를 만들어낸 사회경제적 구조나 흐름에 대한 이해가 필요해지고 결국 사회경제사적 방법론이 부각된다. 또한 사회경제사적 연구 성과가 축적된 이후에 사회경제적 구조가 영향을 미치는 문화적 형태에 대한 관심이 고조된다. 도시사 연구도 마찬가지이다. 일반적으로 사회경제사 연구는 서양에서도 특정 도시의 상공업 형태, 상공업 집단, 경제성장 과정에 집중하면서 도시공간을 역사의 무대로만 인식하는 경향이 짙었다. 도시사는 도시공간을 무대이면서 동시에 역사적 행위나 구조를 형성시키는 주체로 파악한다. 도시사적 입장에서 상공업을 연구하는 것은 사회경제사 연구 성과들을 보충해줄 수 있다.

한국의 사회경제사가들의 연구 성과가 없었다면, 즉 도시사를 연구하는데 도움을 주는 연구 성과가 축적되지 않았다면 도시사 연구가 시작되기 어려웠을 것이다. 한국의 도시사 연구의 본격적인 시작은 1970~1980년대 사회경제사의 연구 성과들이 축적된 이후에나 가능했다. 한국의 도시사 연

10) 강병식, 『일제시대 서울의 토지 연구』(민족문화사, 1994).

구는 1990년대 중반부터 산발적으로, 2000년대 들어와서는 보다 집중적으로 성과물을 내놓고 있다. 이는 역사학 연구자의 양적 질적 팽창과 더불어 역사 연구의 다양한 이론과 방법론이 한국사학계에 어느 정도 수용되었기 때문이라고 판단된다. 또한 지구지역성(glocalism)시대 도시사와 지방/지역사 연구의 필요성에 대한 인식이 확대되고 있다는 점도 도시사 연구를 자극한 요소이다. 1990년대 중반 지방자치제의 시작 이후 전통적 향토사 연구는 전문 역사학자들의 지방/지역사 연구를 촉진했다. 사실 지방/지역사는 도시사와 밀접한 관련을 맺고 있다. 주로 대도시 연구에서 시작된 서양의 도시사 연구도 중소도시들과 지역으로 연구대상을 확대해갔다.

최근의 여러 주요 성과들에도 불구하고 한국의 도시사 연구는 시기와 연구 대상의 차원에서 아직 제한적이다. 시기적으로 도시사 연구는 개항기와 식민시기에 집중되어 있다. 조선시대 도시 공간에 대한 연구는 사회경제사적 연구 성과가 양적으로 축적되고 정도 600주년 기념사업을 통해 서울에 대한 관심이 활발해진 1990년대 들어서 시작되었지만 한양이 건설된 조선초와 18~19세기 조선의 사회경제적 성장기에 집중될 뿐이다. 조선시대 지방 도시에 대한 도시사 연구는 거의 없는 실정이다. 이는 "지방도시에 대한 관심보다는 향촌 문제나 중앙정부의 지역지배로 접근하기" 때문이다.[11] 장지연은 조선시대 도시사회사 연구 현황을 정리하면서 "조선시대 도시사에 대한 연구는 아직 연구사를 정리할 만한 수준에 이르지 못하고 있다."라고 평가했다.[12] 따라서 시기를 기준으로 도시사 연구 성과들을 소개하고 비평하는 것은 아직 무리이다. 아래에서는 도시의 규모와 성격에 따른 구분을 통해, 즉 시기를 막론하고 서울과 지방도시를 구분하여 그간의 도시사적 연구가 어떤 성과를 내놓고 있는지, 이들 성과들에 아쉬운 부분이 무엇인

---

11) 장지연, 「조선시대 도시사회사 연구의 현황과 과제」, 『명청사연구』, 17호 (2002), 85쪽.
12) 장지연, 같은 논문, 87쪽.

지 검토할 것이다.

## 2. 서울(한양, 한성, 경성) 도시사 연구

서울에 대한 연구는 정도 600주년을 전후로 본격화되었으며 '서울학연구소'를 중심으로 체계를 잡아가고 있다. 조선시대 서울에 대한 연구는 앞에서 언급한 시기적 편중 외에 연구 주제의 편중도 나타난다. 장지연은 조선시대 서울에 대한 연구 주제의 편중을 1) 도시입지와 구조, 2) 인구와 도시민의 생활, 3) 행정편제와 영역의 변화로 구분하였다. 즉 지리적 측면, 인구학적 측면, 법제사적 측면에 머무르고 있다. "한성부 및 5부(五部)에 대한 연구들은 대부분 법제적, 행정적인 차원에서 연구되었다. 이 기관들은 조선시대 서울 주민의 생활을 일차적으로 규제하고 관여하였던 만큼, 주민 생활과의 연관성이라는 측면에서 보다 심도 있게 연구될 필요가 있다."라는[13] 장지연의 주장은 도시 행정체계와 도시민의 삶의 환경 조건과의 상관성에 대한 사회사적 문화사적 도시사 연구를 촉구한 것으로 이해된다. 앞으로 조선시대 연구자들이 이런 연구를 진행하길 기대한다.

지금까지의 조선 초기 서울에 대한 연구는 한양 건설과정에 대한 것이 대부분이다. 이중 흥미로운 연구로 한양의 형성과정을 3단계로 구분하고 각각의 단계에 작동한 도시건설의 이념과 한성 거주민의 특성을 분석한 고동환의 논문이 있다. 그에 따르면 태조의 한양은 고려의 수도인 개경을 모델로 했고 이는 풍수적 도읍관(都邑觀)에 영향을 받았다. 태종은 종묘와 사직 등 국가의 주요 상징시설을 한양에 있게 해 한양을 주례에 입각한 제후도시로 변화시킬 기반을 확립했고, 세종은 한양을 중화체제 내의 제후도시

13) 장지연, 같은 논문, 81쪽.

로 재정립하면서 유교적 이념을 정착시켰다.[14] 도성민은 신왕조에 협조적인 주민들로 유사시 왕과 왕족을 호위하는 임무가 주어졌기 때문에 향촌민과 달리 전세와 부역, 군역이 면제되었다. 한성부 주민이면서도 도성 안의 방제(坊制)에 편입된 주민과 도성 밖 면리제(面里制)로 편입된 주민 간의 차별은 "신분적 차별이 공간적 차별과 연계되는 원리가 한양의 주민 지배방식을 통해 어느 정도 관철"되었음을 보여준다.[15] 서울에서 공간의 사회적 분화는 도시 형성기부터 시작되었다.

한양의 인구를 산정하는 방식은 사회학적 인구학자들과 역사학자들 간에 호구대장에 대한 사료비평적 논쟁을 일으켰다. 이를 소개하는 것은 이 글의 목적에 맞지 않는다. 우리의 관심을 끄는 것은 호구 통계자료를 근거로 인구변화를 밝힌 후 17세기 후반 이후 도시문제가 발생한 것으로 파악하는 고동환의 글이다. 연구자 자신이 "거시적 안목에서 조선 후기 인구추세를 조망하고자 한 것으로 매우 제한적인 의미만을 지니는 것"이라 규정한 것처럼[16] 이 연구에는 사료상의 문제에서 기인하는 인구통계의 불확실성이 존재한다. 하지만 18세기 서울 인구가 사회적 이동에 의해 증가했으며, 이로 인해 1) 도시빈민의 형성, 2) 개간의 진전과 주택부족, 3) 경제범죄의 증가라는 맹아적인 도시문제가 발생했다는 견해는 구한말에 보다 명확해지는 서울의 도시문제에 대한 연속적 시각을 갖도록 해준다.

이태진은 이미 1994년에 서울의 근대도시로의 변화에 대한 연속성을 강조한 바 있다. 그는 일본이 한국을 통치하면서부터 서울이 근대적 도시의 모습을 갖추었다는 견해가 1912년 일본거류민단이 펴낸 『경성발달사(京城

14) 고동환, 「조선초기 한양의 형성과 도시구조」, 『지방사와 지방문화』, 8권 1호 (2005), 91-92쪽, 98-99쪽.

15) 고동환, 같은 논문, 99-100쪽.

16) 고동환, 「조선후기 서울의 인구추세와 도시문제 발생」, 『역사와 현실』 28호 (1998), 211쪽.

發達史)』에서 주창되어 1930년대에 나온 『경성부사(京城府史)』에서 체계화되었지만, 18세기 왕의 도성 주민과의 접촉기회의 확산과 대한제국기 고종의 수도개조사업을 통해 자체적인 근대도시의 모습을 갖추려는 노력이 있었다고 강조한다.[17)] 수도개조 사업이 고종의 의지에 의해 주도되었다는 견해는 민족주의적 사관에서 나온 것으로, 그의 연구에는 일제 강점 이전 조선의 내재적 근대화 노력이 있었다는 역사적 사실을 강조하는 긍정적인 부분이 많지만 아쉽게 느껴지는 부분이 있다.

황실의 도시정비 노력에 대한 도시민이나 개화사상가들, 대한제국기의 각종 시민단체의 입장과 대응이 무엇이었는지에 대한 아래로부터의 시각이 부족하다는 것이다. 2000년에 나온 『고종시대의 재조명』에서도 한성의 도시개조사업이 잘 소개되었다. 하지만 고종이 추구한 근대화의 성격이 무엇인지에 대한 분석의 밀도가 낮은 편이다. 정치적, 사회적, 경제적, 문화적 측면에서 상호중첩되어 나타나는 서양 근대화의 어떤 양상을 수용하려 했는지, 식민 지배를 통해 이식된, 그것도 일본의 시각에서 굴절되어 이식된 근대화와 대한제국이 추구한 근대화가 어느 지점에서 같고 어느 지점에서 다른지에 대한 역사적 평가가 필요하다.

앞에서 언급한 것처럼 사회경제사의 연구 성과들 내에서 도시사에 대한 고민의 흔적들이 발견된다. 이를 잘 보여주는 것은 2000년에 나온 『서울상업사』에 실린 논문들이다.[18)] 이 책에서 전우용은 대한제국기와 일제시기 남대문시장의 형성과정을 통해 도시공간과 도시민의 긴장관계, 즉 공간구조와 행위주체들의 사회적 관계를 고찰했다. 전우용은 남촌과 북촌의 대표적 상업공간인 종로와 본정의 상가를 소재로 한 다른 논문에서 '자주적 근대화의 상징' 인 종로상권이 본정상권에 밀려 퇴락하는 과정에 작용한 식민

17) 이태진, 「18~19세기 서울의 근대적 도시발달 양상」, 『서울학연구』 4호 (1994).
18) 고동환 외, 『서울상업사』 (태학사, 2000).

권력의 의도를 분석했다.[19] 이 논문은 근대 도시공간의 사회적 분화라는 도시사 연구의 핵심테제를 염두에 둔 것으로, 이러한 분화를 낳은 근대 식민도시의 권력문제를 제기하는 주목할 만한 글이다.

좋은 글에는 더 나아갔으면 하는 일말의 아쉬움과 후속 연구에 대한 기대감도 생기기 마련이다. 식민도시를 다루는 모든 연구자들과 매한가지로 그의 글을 읽다 보면 민족 개념의 중압감 속에서 근대적 도시공간에 작동하는 민족자본이건 식민자본이건 '자본'의 논리에 대한 분석이 선명하게 부각되지 않는다는 느낌을 받는다. 남촌-북촌 분화 구조가 경성의 공업 공간 배치에 미친 영향을 분석한 배성준의 논문도 마찬가지이다.[20]

식민시기 경성의 남북 공간분화는 전통 왕조도시의 기능별 공간 배치에서 유래한 것으로 식민시기 이전부터 존재하는 역사적 현상이다. 조선시대 이미 북촌과 남촌의 공간적 분리가 나타나며 이는 정치적 행위들에도 영향을 미친다. 하지만 위에서 언급한 18~19세기 서울의 도시변화를 다룬 이태진의 글을 제외하고는 조선시대 전반에 걸친 한성의 기능적 공간분화나 주거지 형성에 대한 연구는 쉽게 찾아보기 어렵다. 구한말로 한정한다면 박찬승이 1880년대부터 1910년대 한성의 일본인 거주지 형성과정을 분석한 것이 있다.[21]

도시사 연구를 가장 많이 진행하고 있는 전우용은 우리 사회의 소수자 집단인 화교에 대한 논문도 발표했다.[22] 이 논문은 한국인의 화교에 대한 태도와 인식의 변화를 역사적 맥락에서 분석한 것으로, 도시사의 주요 테마인 도시 내부의 소수자 문제를 다룬 자체만으로 의미를 지닌다. 그가 한

---

19) 전우용, 「종로와 본정 – 식민도시 경성의 두 얼굴」, 『역사와 현실』, 4호 (2001).

20) 배성준, 「'경성'지역 식민지 공업의 형성」, 『한국사학보』, 18호 (2004).

21) 박찬승, 「서울의 일본인 거류지 형성 과정 – 1880년대~1903년을 중심으로」, 『사회와 역사』, 62호 (2002); 「러일전쟁 이후 서울의 일본인 거류지 확정 과정」, 『지방사와 지방문화』, 5권 2호 (2002).

22) 전우용, 「한국 근대의 화교 문제」, 『한국사학보』, 15호 (2003).

정된 분량의 글에서 미처 언급하지 못했던 것으로 생각하는 도시사회 내부의 소수자 집단으로서의 화교들의 자기 정체성 유지 문제에 대한 후속 연구가 기다려진다.

도시 내부의 인종별, 민족별 생활공동체 문제는 서양 도시사 연구, 특히 미국 도시사 연구의 핵심적 테마 가운데 하나였다. 도시공간의 점유와 사용을 둘러싼 민족 간, 인종 간 갈등은 미국역사 초기부터 존재한다. 미국 도시사 연구자들은 시카고학파의 공간점유를 둘러싼 경쟁, 지배, 침입, 계승과정 이론을 접목한 도시 내부의 인종문제, 공동체 문제 등을 다룬 많은 연구 성과를 축적했다.

한성의 일본인 거주지 형성 연구의 아쉬움은 한성의 다양한 사회적 집단 간의 공간점유를 둘러싼 갈등의 양상이 입체적으로 제시되지 않는다는 점이다. 개항장 조계 거류지에 대한 연구들에서도 마찬가지이다. 도시화 과정과 공간적 불평등이 낳은 사회갈등에 대한 고민은 박은숙의 개항기 한성의 하층민 저항운동 연구에서 표출된다. 저자의 말처럼 사회경제적 변동기 하층민의 저항운동은 이후 "각종 도시민운동과의 연결성을 파악하는 데 유용"할 것이다.[23)]

한국 도시사 연구에서 상대적으로 많이 연구된 것은 일제시기 도시계획 문제일 것이다. 일제시기 경성도시계획에 대한 연구 가운데 관련 법령의 해제 성격을 띠거나 도시계획안 내용을 설명하는 글을 제외하고 보다 체계적인 도시사적 분석을 시도한 것으로는 염복규의 연구가 있다.[24)] 식민시기 도시계획이 낳은 공간변동과 이러한 공간구조 변동의 희생자들인 하층민의 생활조건 문제, 하층민 주택문제의 심화를 동시에 고려하는 그의 문제의식은 해방 이후 한국 현대도시계획의 문제가 일제시기 도시계획에서부

---

23) 박은숙, 「개항기(1876~1894) 한성부 하층민의 저항운동과 그 성격」, 『한국사연구』 105호 (1999), 192쪽.

24) 염복규, 「1933~43년 일제의 "경성시가지계획"」, 『한국사론』, 46호 (2001).

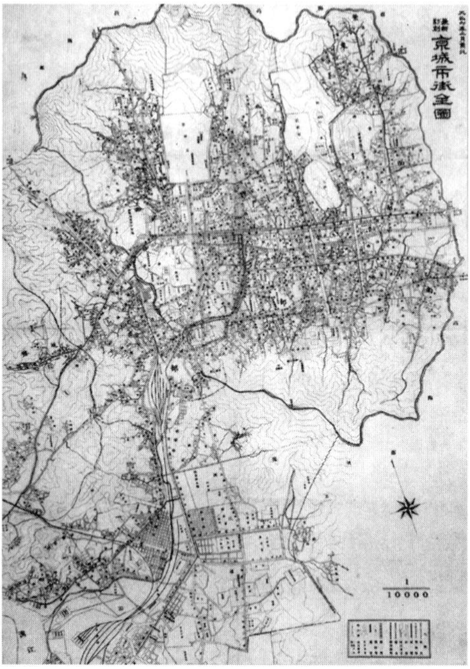


1917년 경성 지도.

터 기인한다는 것에서 출발한다.[25] 그는 근대적 도시계획에 따른 공간이 "민족 간, 계층 간의 쟁투, 토지의 공공성과 사유제 간의 모순 등 여러 요소들이 뒤얽히며 형성, 변용, 그리고 확장되었다."고 파악한다.[26] 그의 글에는 해방과 예속으로의 이중적 근대성, 계몽의 변증법 등에 관련된 성찰적 근대화 논의에 대한 이해가 묻어있다.

경성과 도쿄의 도시계획에 대한 비교도시사 연구는 한국 도시사 연구에서 방법론적으로 진일보한 것으로 언급돼야 한다. 김백영은 "제국 본토의 수도와 식민지의 수도 양자 간에 도시공간의 구조 및 형성 과정의 차이, 그 공간을 지배한 도시 권력의 성격의 차이를 독해"하고자 하였다.[27] 특히 경성과 도쿄에서의 도시계획에 나타나는 "역사적 배경, 법제도적 · 담론적 실천양상, 물리적 · 공간적 실천양상"이라는 세 가지 층위

25) 염복규, 「일제말 京城지역의 빈민주거문제와 '시가지계획'」, 『역사문제연구』, 8호 (2002).

26) 염복규, 「식민지근대의 공간형성 근대 – 서울의 도시계획과 도시공간의 형성, 변용, 확장」, 『문화과학』, 39호 (2004), 219쪽.

27) 김백영, 「왕조 수도로부터 식민도시로 – 경성과 도쿄의 시구개정에 대한 비교연구」, 『한국학보』, 112호 (2003), 77쪽.

를 비교분석하면서 도시공간에서 실현되는 상이한 지배 권력의 의도를 파악하고자 했다.[28)]

김백영은 경성과 도쿄라는 전통도시가 근대도시로 변해가는 과정에 작용한 역사적 유산의 연속과 단절의 차이점과 공통점, 도시경관의 정비가 지닌 두 도시에서의 공통적 함의를 살펴본 후, 도시계획에 작용한 국가권력, 도시권력, 식민권력의 관계를 통해 '위로부터의 근대화'를 설명한다. 결론적으로 도쿄의 이중 도시적 양상과 이런 양상에 식민집단과 피식민집단의 갈등을 포함한 경성의 '3차원적' 도시양상을 도출해낸다. 그가 쓴 서울의 식민도시화과정에 대한 비교도시사적 연구 논문도 흥미롭다.[29)]

일제시기 도시사 연구에서 최근에 특히 두드러지는 영역은 일상생활사, 근대적 도시문화사이다. 예들 들어, 김진송의 댄스홀 분석, 소설을 통해 도시화와 도시적 감수성을 분석한 최혜실과 강심호 등 흥미로운 문학 혹은 문화학 연구들이 쏟아져 나왔다.[30)] 하지만 이런 테마들에 대한 연구는 도시문화사에 대한 대중적인 관심사를 끌어올리는 장점을 가졌음에도 불구하고 해당 시기의 역사적 맥락에 대한 정치, 경제, 사회, 문화 제반 영역들의 종합적이고 복합적인 역사이해가 깊이 있게 수행되지 않았다는 아쉬움이 남는다. 도시문화의 제 양상에 대한 다양한 학문 분야에서의 연구는 역사학자들과 공동연구를 통해 보다 풍부해지리라 전망된다.

도시공간에서 전개된 일상생활과 문화현상의 여러 테마들에 대한 연구를 묶어낸 『일제의 식민지배와 일상생활』같은 역사사회학 연구들은 역사적

---

28) 김백영, 같은 논문, 79쪽.

29) 김백영, 「러일전쟁 직후 서울의 식민도시화 과정 - 비교식민지도시사적 고찰」, 『지방사와 지방문화』, 8권 2호 (2005).

30) 김진송, 『서울의 딴스홀을 許하라』 (현실문화연구, 1999). 최혜실, 「경성의 도시화가 1930년대 한국모더니즘 소설에 미친 영향」, 『서울학연구』, 9호 (1998). 강심호, 「일제 식민지 치하 경성부민의 도시적 감수성 형성과정연구 - 1930년대 한국 소설에 나타난 도시적 소비문화의 성립을 중심으로」, 『서울학연구』, 21호 (2003).

맥락에 대한 이해를 기초로 하고 있다.[31] 하지만 역사적 현상으로서 근대화, 근대성, 제국주의, 식민지성에 대한 명확한 이해와 설명이 체계적으로 정리되지 않는다. 미국에서 나온 『한국의 식민지근대성』도 마찬가지이다.[32]

『일제의 식민지배와 일상생활』에서 김동노는 '식민지 근대화론'과 '자본주의 맹아론' 같은 민족주의적 입장이 "서로 다른 근대화의 가능성을 언급하고 있지만 이들은 근대가 곧 선이며 역사의 진보를 의미한다는 인식에 일치"한다며 근대화를 긍정적으로 파악하는 한국 역사학계의 문제를 지적한다.[33] 이는 전적으로 타당하다. 서양 학계에서 근대화는 더 이상 역사적 진보와 완전히 동일시되지 않는다. 근대화는 서양의 장기적인 역사적 경험으로 정신적 해방과 계몽의 측면, 정치적 민주주의, 절차와 제도의 합리성, 경제적 발전, 인간 삶의 시공간적 압축에 따른 문화적 소통과 증대라는 해방적 측면을 가지지만 동시에 자본주의적 억압, 근대화 기획 중심세력의 전 사회적 헤게모니 장악, 이 과정에 순응하지 못한 이들의 타자화와 배제, 혹은 폭력적 종속이라는 예속적 측면을 동시에 지닌다. 식민지성에는 근대 민족국가의 형성과정에서 민족 간의 억압이란 요소가 선명하게 각인됐지만 서양 각국에서 19세기 노동자와 빈민 거주 지역을 내적 식민지로 인식하고 규정한 것처럼, 식민지성 자체에 민족문제와는 다른 계급관계와 사회문제가 포함된다.

근대성 자체는 야누스적이다. 포스트모더니즘의 기초는 근대성이 지닌 진보라는 한쪽만을 강조하던 것에 대한 문제제기로부터 시작한다. 근대도시는 통합과 배제를 동시적으로 지향하는 근대화과정에 작용하는 권력의 문제를 잘 드러낸다. 도시는 "근대성의 산실이자 임상실험실이며 도서관이

---

31) 연세대학교 국학연구원 편, 『일제의 식민지배와 일상생활』 (혜안, 2004).
32) Shin, Gi-Wook, ed., *Colonial Modernity in Korea* (Harvard University Press, 1999).
33) 연세대학교 국학연구원 편, 앞의 책, 18쪽.

다."[34] 따라서 도시사 연구는 근대성 탐구의 중심이 된다. 특히 식민도시는 근대도시 자체의 이중성에 식민성을 둘러싼 긴장관계가 결합한 '3층적' 특성이 있으며, 따라서 근대성의 폭력적 특징이 명확하게 드러낸다. "식민도시는 특별하기 때문에 중요한 것이 아니라 그 내부의 정치과정이 더욱 선명하기 때문에 의미가 있는" 것이다.[35] 문제의 핵심은 이 지점이다.

김동노가 『일제의 식민지배와 일상생활』의 목적이 식민시기의 다양한 모습을 일상생활의 영역에서 찾고자 하는 것이라 규정한 것처럼 이 책은 백화점, 패션, 만문만화(漫文漫畵) 등에 대한 흥미로운 분석들을 하고 있다. 그런데 여기서 다루는 일상생활이 식민도시에서 살아가는 모든 사회계층들의 일상생활이 아니라 특정 계층의 일상생활이라는 데 문제가 있다. 서양 역사학계에서 새로운 연구 영역으로 일상생활사가 제기된 것은 '밑으로부터의 역사'에 기반을 둔 사회사 연구가 영역을 확장해가는 과정에서였다. 식민시기의 일상문화 연구들이 도시문화사 연구 테마의 확대라는 긍정적 역할을 함에도 불구하고, 일상에 내재한 사회적 관계의 규명 없이 그야말로 '다양한 일상생활의 단면들'만을 보여주는 것은 아닌지 의구심이 생기기도 한다.

도시의 일상생활사 연구는 도시화가 낳은 도시적 심성과 문화적 가치체계의 변화에 숨어있는 사회적 긴장 관계에 대한 분석이 있어야 한다. 식민도시의 일상생활과 문화에 대한 역사적 탐구 역시 전통도시에서 근대적 식민도시로의 변화가 낳은 일상의 변화에 의식적으로 혹은 무의식적으로 침투하고 내재된 자본주의, 제국주의, 근대성, 식민성을 매개로 한 사회적 긴장관계의 분석까지 도달해야 하지 않을까?

---

34) Robert E. Park and Ernest W. Burgess, *The City* (Chicago, The University of Chicago Press, [1925]1967), p. 46.

35) AlSayyad, Nezar, ed., *Forms of Dominance: On the Architecture and Urbanism of the Colonial Enterprise* (Aldershot, Avebury, 1992), p. 5.

미국에서 활동하는 한국사 연구자들이 영어로 출판한 『한국의 식민지근대성』도 마찬가지이다. 식민지근대화론과 수탈론의 또 다른 논쟁선상에서 쓰인 이 책에 대한 국내 학계의 다양한 서평들의 내용과 책 자체 내용에 대한 비평은, 근대화에 대한 한국 역사학계의 다양한 연구와 논쟁들과 마찬가지로, 이 글의 성격에서 벗어나는 것이다. 여기서는 도시사적 관점에서 이 책의 장단점을 간략하게 언급하고자 한다.

한국 근현대사의 민족주의적 해석에 대한 불편함을 기초로 한 이 책은 식민 지배를 통해 도입된 근대성의 다양한 양상들을 검토하고 있다. 식민지근대화론이건 수탈론이건 사회경제사적 연구에 집중해온 것을 비판적으로 바라보며 사회적, 문화적 측면을 부각시키고, 식민지근대성이 잘 표출되는 도시문화에 대한 연구를 자극하는 데 학문적 의미가 있다. 하지만 정치, 경제, 사회, 문화 제반 영역에서, 식민도시의 공간변동, 도시경관의 변화, 전통적이고 근대적인 문화의 접목, 도시사회정책 등에서 작용하는 제국주의 지배 권력의 헤게모니적 성격에 대한 입체적 분석이 이루어지지 않았다.

박세훈은 식민지근대성이란 개념을 받아들이지만 도시사회정책에 내재한 식민권력의 규율화 논리를 분석하고 있다. 특히 식민시기에 "착종된 근대성의 구조가 일종의 '첫 단추를 끼우는(pattern-setting)' 효과"를 발휘하여 해방 이후 근대화 과정에서 표출된 위로부터의 동원 현상이 자연스럽게 받아들여졌다고 지적한다.[36)]

한국의 도시사 연구자들이 식민시기 도시에 연구를 집중하는 이유는 그의 표현처럼 해방 이후의 근대화 과정이 지닌 여러 문제점들의 역사적 근원이 어디인가를 밝히고 싶었기 때문일 것이다. 이런 문제의식 하에서 기

---

36) 박세훈, 「동원된 근대: 일제시기 경성을 통해 본 식민지근대성」, 『한국근대미술사학』, 13집 (2004), 144쪽.

존의 도시사 연구 성과들을 기초로 하면서 역사학 연구자들의 도시사에 대한 관심의 증대와 연구의 확대가 이루어질 것으로 전망된다. 특히 식민시기 전후 전통도시와 근대도시의 여러 테마들에 대한 연구, 전통적 혹은 근대적 중소도시에 대한 연구 성과가 쌓여간다면 19~20세기에 걸친 장기적인 한국 근대화 과정에 대한 보다 종합적인 역사이해와 평가를 할 수 있을 것이다.

서울에 대한 도시사 연구 성과에 대한 소개와 비평을 맺기 전에 언급할 필요를 느끼는 것은 장규식이 서울에서 일어난 근현대사의 주요 역사적 행위들을 공간의 성격에 접목시켜 분석한 책이다. 저자는 서문에서 '역사+공간=문화자원'이라 인식하면서, 역사와 공간을 결합시켜 "문화산업의 수요에 부응하는 응용인문학으로서 역사학의 가능성을 타진"한다고 했다.[37] 도시의 정체성과 이미지 연구는 최근 서양 도시사 연구의 중요한 흐름이다. 그의 문제의식의 실마리는 도시의 문화적 이미지와 정체성에서 비롯된다. 책은 서울 중심부에서 일어난 역사적 사건에 대한 소개를 통해 어떤 공간에서 어떤 중요한 역사적 행위가 발생했는지, 그 행위를 낳은 공간구조의 특성은 무엇인지를 안내하는 답사기의 성격을 지닌다. 이런 시도는 앞으로 도시사를 연구하고자 하는 학생들, 예비 도시사가들뿐 아니라 일반 독자들에게 도시문화사에 대한 흥미를 제공할 것이다.

## 3. 개항장과 지방도시 연구

서울에 비해 지방의 여러 도시에 대한 연구는 매우 적은 편이며, 주로 개항장들에 집중되었다. 이들 연구에서는 개항장의 상업구조와 외인 거류지

37) 장규식, 『서울, 공간으로 본 역사』(혜안, 2004), 6쪽.

에 대한 도시사적 분석이 일부 포함되긴 하지만 대체로 식민통치의 제도사나 사회경제사의 사례 연구에 머무른다. 개항장들에 대한 이러한 연구 성과들은 앞으로 개항도시의 공간구조 변동과 도시민의 역사적 행위와의 상관성, 근대도시의 정체성 문제에 대한 연구의 초석이 될 수 있을 것이다. 아래에서는 개항장에 대한 여러 연구 가운데 도시사적 시각에서 주목할 만한 성과와 개항도시가 아닌 지방의 도시들에 대한 흥미로운 연구 결과물들을 간략히 소개하고 비평을 가하고자 한다.

조선은 1876년 병자수호조약에 의해 부산, 원산, 인천을 개항한 이래 1908년 청진의 개항까지 10개의 항구를 개항했다. 개항장에 대한 연구의 시작은 조계지에 대한 제도사 연구에서 비롯되었고,[38] 1970~1980년대 사회경제사적 연구의 연장선상에서 확대되었다. 이들 연구에서는 개항장이 일제의 경제수탈과 이에 대한 조선인의 저항 공간으로서 파악되었다. 개항 이후 전통적인 도시의 상업형태가 왜곡되거나 변형되는 과정에 대한 연구는 조선의 자본주의의 맹아적 형태가 일제에 의해 어떻게 소멸하고, 식민지 통치체계에 들어맞는 경제구조로 탈바꿈했는가를 보여주고자 하는 목적에서 이루어졌다.[39] 이런 연구에서는 도시공간의 문제가 거의 다루어지지 않았다. 건축사학자들은 1980년대부터 개항장에 들어선 근대적 건축물들과 이로 인한 도시 경관의 변화를 탐구하였다.[40] 이들 연구들은 도시 건조물과 경관이 지닌 사회경제적 문화적 맥락과 관련하여 종합적인 역사이해에는 이르지 못했으나 도시사 연구자들이 검토해 볼 필요가 있을 것이

38) 이현종, 『한국 개항장 연구』 (일조각, 1975).

39) 예를 들어 이헌주, 「개항기 군산항의 유통권 변동과 무역구조」, 『사학연구』, 55~56합집 (1998).

40) 김태영, 이광노, 「한국개항장의 외인관 연구 I – 인천 제물포항」, 『대한건축학회논문집』, 4권 2호, 통권 16호 (1988); 「한국개항장의 외인관 연구 II – 부산 및 마산항」, 『대한건축학회논문집』, 4권 3호, 통권 17호 (1988); 「한국개항장의 외인관 연구 III – 목포 및 군산항」, 『대한건축학회논문집』, 4권 5호, 통권 19호 (1988).

다. 최근 몇 년 전부터는 개항장의 도시공간의 확대와 건축물들, 문화경관의 변화에 대한 도시문화사적 연구가 활발히 진행되고 있다.

개항장은 새로운 외국의 문물, 근대적 문물이 도입되는 통로였다. 따라서 다른 지역에 비해 근대적인 생활양식의 변화를 손쉽게 발견할 수 있다. 최근의 개항장 연구는 대체로 문화적 양상에 대한 고찰을 통해 근대적 특성을 분석하는 방향으로 진행되고 있다. 대표적인 연구는 고석규의 근대도시 목포의 연구가 있다.[41] 이 연구는 장규식의 서평처럼 한국 도시사 연구의 한 단계 도약을 보여준다.[42] 서양 도시사 연구에서 1980년대부터 강조된 문화경관(Cultural landscape) 이론을 수용하면서 목포의 도시정체성 문제를 다루고 있기 때문이다.[43] 이 책은 목포의 시사를 단순한 연대기적 도시 발달사가 아니라 도시공간의 사회적 분화, 문화경관의 변화, 도시 대중문화의 형성과정 등에 주목하면서 심도 있게 파헤친 역작으로, 다른 지방도시를 연구하는 이들에게 많은 자극을 준다.

목포 전문가인 고석규는 2006년 발표한 논문에서 목포의 대중문화를 통해 식민지 근대성을 규명하고자 시도했다. 이 논문의 목적은 목포의 "대중문화를 소재로 대중문화 공간과 거기서 일어난 문화행위들을 통해" 근대화 과정에서 표출된 '도시공간의 이중성'을 고찰하고, 목포의 근대도시문화는 어떤 성격의 것이었는지를 검토하여 '식민지 근대성'을 밝히려는 데 있다.[44]

---

41) 고석규, 『근대도시 목포의 역사, 공간, 문화』 (서울대 출판부, 2004).

42) 장규식, 「서평: 한국 도시사 연구의 새로운 지평 – 근대도시 목포의 역사, 공간, 문화 (고석규, 서울대 출판부, 2004)」, 『역사와 현실』, 56호 (2004).

43) Cf., James M. Rubenstein, Robert S. Bacon, *The cultural landscape : an introduction to human geography* (St. Paul, West Pub., 1983). Elizabeth Barlow Rogers, *Landscape design: a cultural and architectural history* (New York, Harry N. Abrams, 2001).

44) 고석규, 「근대도시 목포의 대중문화를 통해 본 식민지 근대성」, 『지방사와 지방문화』, 9권 1호 (2006), 93쪽.

이 글에 따르면 목포의 일본인 지역과 조선인 지역의 경관 차이를 지배한 것은 종교, 학교, 체육시설의 차이였다. 종교, 학교, 체육, 청년운동 등에서 조선인과 일본인은 서로 다른 공간과 환경 속에서 서로 다른 활동을 하였는데 이런 차별적 이중 공간구조를 지닌 근대도시 목포에서 극장 같은 대중문화 시설들은 절충적인 '타협공간의 역할'을 맡아 배치되었다.[45]문화시설들은 무안통이란 목포 최초의 신식 거리이자 조선인 마을과 일본인 마을을 연결하는 최초의 도로에 있었다. 이 공간에서 행해지던 대중문화들을 통해 "신파성=이율배반성으로 표현되던 대중들의 정서가 반복 재생산되어 목포의 대중문화 성격을 규정"지었다.[46] 이 논문은 문화설비가 배치된 공간의 기능에 대해 분석하면서 도시 대중문화가 일본인과 조선인 모두에게 미친 영향을 도출해내는 흥미로운 도시문화사 연구이다. 하지만 식민지 근대성, 대중문화의 신파성에 대한 보다 엄밀한 개념 정의가 필요하다는 인상을 준다.

김주관의 「개항장 공간의 조직과 근대성의 표상」이란 논문은 "상징적 표상으로서의 문화경관"을 이해하고 "텍스트 관점에서의 고지도(를) 해독"하여 목포 개항장의 설립과 함께 진행된 도시화의 과정에서 어떻게 이원적인 공간의 조직이 이루어졌으며, 이들 다른 공간에 왜 다른 의미가 부여되었는가, 즉 왜 조계지를 중심으로 한 지역은 근대성을 표상하는 것으로, 또 조선인의 거주지를 중심으로 한 공간은 전근대성을 표상하는 것으로 진행되었는가를 "기호학적 과정으로 파악"하고자 하였다.[47] 고지도를 텍스트 삼아 기호학적인 해석을 시도하는 이 글은 사료의 차원에서, 역사이해의 방법론적 차원에서 무척이나 새롭고 흥미로운 성과물이다.

---

45) 고석규, 같은 논문, 106쪽.

46) 고석규, 같은 논문, 118쪽.

47) 김주관, 「개항장 공간의 조직과 근대성의 표상」, 『지방사와 지방문화』, 9권 1호 (2006), 134-137쪽.

하지만 아쉬운 것은 전통적인 사료를 활용하여 고지도라는 시각적 사료가 보여주는 역사상을 보완적으로 설명하지 않는다는 점이다. 즉 일제시기 목포 주민들이 일본인 지역의 근대적 건축물이나 도시 인프라 망 확충에 대해 가졌던 입장과 태도에 대한 문헌사료를 충분히 언급하지 않고 있다. 따라서 논문의 여기저기에서 역사가가 조심스러워 해야 하는 사료에 근거하지 않는 추론들이 등장한다.

논문의 저자는 현재 목포시민들이 "신도심에 대해 돈 있는 사람들이 사는 곳, 사는 데 편리한 곳 등으로 인식하고 있으며, 이러한 인식은 무엇보다도 신도심에 세워진 현대적인 건축물에 기인하는 바가 크다."라고 설명하면서 바로 이어 "개항기에 있어 조선인들도 이와 유사한 연장선상에서 일본인 거주지에 대한 인식을 형성하였을 것으로 여겨진다."라고 추론한다.[48] 일제시기 신문이나 당대 목포시민들의 다양한 공적 사적 기록물들에서 이런 인식에 대한 근거를 찾아 제시하지 않는다면 이런 추론적 해석이 역사적 실체에 접합한 지 아닌지 확인하기 어렵다. 이런 문제는 문화경관 이론을 활용한 도시문화사 연구가 자칫 인간을 소외시키고 건축물과 공간의 표상 자체만을 가지고 역사적 이해를 시도한다는 오해를 불러일으키게 할 수 있다.

같은 글의 결론은 "근대적 가로망의 형성 그 자체는 도시사적인 측면에서는 의미가 있을지라도, 실제 그 안에서 생활하는 사람들에게는 큰 의미가 없었을 것으로 여겨진다. 이는 가로망은 그 규모에 비추어 지도나 조감할 수 있는 위치에 있을 경우에 인식되는 것이지 일상적으로는 파악할 수 없는 수준에 있는 것이기 때문이다."라고 적고 있다.[49] 도시사 연구에서 근대적 도로망 형성이 중요한 이유는 도시공간의 정비가 도시민의 삶과 문화

48) 김주관, 같은 논문, 148쪽.

49) 김주관, 같은 논문, 152쪽.

에 영향을 미치기 때문이다. 1850~1860년대 파리에서 오스만이 수행한 도시재정비는 좁고 구불구불한 길들을 대로로 확장했는 데 이는 전통적인 도시적 삶의 방식과 일상문화의 변화를 가져왔고, 이에 대해 파리 시민들은 다양한 방식으로 불만을 표출했으며, 도시환경의 변화 자체는 1871년 파리 코뮌의 한 원인이 되기도 했다.[50]

도시사 연구는 인간의 행위와 도시 공간 구조가 맺는 상관성을 파악하는 것을 기초로 한다. 근대적 가로망이 생활하는 사람들에게 의미가 없었을 거란 서술은 이해하기 어렵다. 논문의 저자가 결론에서 "일상적인 수준에서 공간이 갖는 의미는 특정의 공간 위에 구축된 건축물의 형태나 공간이 갖는 기능, 편의성, 상징적 수단 등에 의해서 보다 쉽게 인식되는 것으로 보인다."라고[51] 서술한 부분은 충분히 설득력이 있어 보인다. 하지만 글 전체에서 도시민의 도시공간에 대한 인식에 대해 구체적 사료를 통한 제시가 부족하다는 느낌이 든다.

개항장에 대한 최근의 흥미로운 연구로 중국의 천진(天津)과 인천의 개항장을 비교한 것이 있다. 강경락은 천진과 인천에 조계가 성립된 19세기 중반부터 1930년대까지, 수도에 근접한 지정학적 공통점을 지닌 두 도시가 개항을 통해 어떻게 근대도시로 발전하여 갔는가에 대한 비교도시사 연구를 수행했다. 비교의 주 항목은 "도시의 확장과 성장, 대외무역의 발전과 역할, 근대 상공업의 발전과 사회구조의 변모"이다. 그의 고민은 "개항이 본격적인 근대도시로 성장하는 데 어떻게 영향을 주었고, 도시화 과정에서 어떤 차이와 공통점을 낳았는지"를 고찰해 "동아시아 근대도시의 성격을 이해하고, 근대도시를 중심으로 새롭게 형성된 근대경제 구조의 성격과 한계를 이해하는 단서를 제공"하는 것이었다.[52]

50) Cf, Jacques Rougerie, *Paris libre 1871* (Paris, Seuil, 1971), pp. 9-29.

51) 김주관, 앞의 논문, 153쪽.

이 연구에 따르면 천진과 인천은 개항을 통해 근대도시로의 외양적 팽창이 급속히 이루어졌으나, 천진은 비교적 고르게 지속적으로 성장하였던 반면, 인천은 1930년대 중반에 집중적으로 불균형적으로 팽창이 이루어졌다. 또한 천진은 초기 산업화의 과정에서 자율적 시기를 가질 수 있어 제한적이나마 자생적 공업화의 길을 걸을 수 있었으나, 인천은 일본의 식민지 지배 경제 구조 속에서 수탈과 유통의 통로로서 역할을 수행함으로서 근대공업이 성장할 수 없었다. 이런 차이점에도 불구하고 개항으로 인한 두 도시의 근대도시의 성장과정은 불균형적이었고, 결국 외적으로 팽창한 기형적 거대도시를 생성시켰다.[53] 이런 비교도시사 연구가 더욱 활성화되어 동아시아 근대도시 전반에 대한 역사이해의 폭이 넓어지기를 기대해본다.

개항장이 아닌 지방도시에 대한 연구 가운데 눈여겨봐야 할 것은 대전과 대구의 도시화 과정에 대한 연구이다. 먼저 송규진은 식민도시 대전을 연구하여 이 도시가 경부선 철도 건설로 말미암아 본격적으로 형성됐음을 밝힌다. 대전은 "철도공사를 위해 이주해 온 일본인들이 조성한 이른바 일본인 도시였다."[54] 일본인 거주자들은 호남선 철도 분기점 유치, 보병 80연대 유치, 교육시설 확충 등을 위한 로비활동을 벌여 자신들의 이해관계를 보장받으며 도시를 성장시켰다. 경부선 건설은 식민도시로서 대전 형성의 기초가 되었고, 호남선의 개통으로 "조선의 주요 간선철도가 모두 대전을 통과함으로써 이후 대전의 상공업에도 큰 변화가 생겼고 대전의 도시화도 급격하게 진행되었다."[55]

이 연구는 논문의 저자가 밝힌 대로 식민도시의 건설이 대전지역 조선인

---

52) 강경락, 「천진과 인천의 개항장 비교 연구」, 『중국학보』, 53집 (2006), 186쪽.

53) 강경락, 같은 논문, 209쪽.

54) 송규진, 「일제강점 초기 '식민도시' 대전의 형성과정에 관한 연구: 일본인의 활동을 중심으로」, 『아세아연구』, 45권 2호 (2002), 203쪽.

55) 송규진, 같은 논문, 212쪽.

에게 미친 정치, 경제, 사회, 문화적 영향까지는 미처 다루고 있지 않지만, 식민시기 도시 성장의 다양한 원인에 대한 연구의 필요성을 제시한 것만으로도 의미를 지닌다.

대구의 도시화 과정을 다룬 김일수의 논문은 최근에 나온 한국 도시사 연구 성과물들 가운데 꼭 검토해볼 가치가 있는 글이다. 식민시기 도시정치의 3차원적 특성, 즉 도시화 과정에서 표출된 일본 식민권력과 조선인 피지배민의 민족갈등, 도시 인프라 망을 둘러싼 일본인 내부의 갈등과 조선인 내부의 갈등 양상을 모두 아우르는 폭넓은 시각을 보여주기 때문이다. 논문의 저자는 그간 일제강점 기간에 대한 연구가 주로 "민족운동의 영역으로서 정치, 식민지 경제구조의 영역으로서 경제사 등에 집중"되었고, 이에 따라 "물리적, 사회적, 문화적 공간으로서 도시에 대한 직접적인 연구는 초기 단계"라며 필자가 앞에서 서술한 한국 도시사 연구의 미발달 원인을 명확히 하고 있다.[56)]

대구의 도시화에 대한 그의 연구는 1905년에서 1920년대 전반기까지 대구의 식민도시로의 재편과 발전, 도시계획 입안과 실행과정에서 드러난 한일 민족 간의, 그리고 일본인 집단과 조선인 집단 내부의 이해관계 대립과 갈등을 분석하는 것이었다. 그에 따르면 대구의 도시화 과정은 부산, 포항, 목포 등 해안도시 및 대전 등 내륙도시와 다른 형태로 진행되었다. 이런 도시들은 대체로 일본인 시가지가 따로 형성되고, 거기에 각종 행정기관이 옮겨지는 "중심이동" 형태를 보이지만, 대구는 일본인 거주지가 형성되면서도 이내 일본인이 기존의 조선인 중심지역을 점거하고 도시공간을 확충해나가는 "중심점거" 형태를 보였다.[57)]

대구의 도시화 과정에 대한 연구 결과를 간략히 요약해보자. 대구의 중

---

56) 김일수, 「일제강점 전후 대구의 도시화 과정과 그 성격」, 『역사문제연구』, 10호 (2003), 84쪽.

57) 김일수, 같은 논문, 85쪽.

심은 1905년 경부선 개통과 함께 경상감영 관아를 기준으로 남쪽에서 북쪽으로 이동했고, 철로를 통한 육상교통의 발전에 반비례하여 낙동강을 통한 전통적인 수운이 점차 쇠퇴해 1920년대에 거의 소멸단계에 이르렀다. 대구 성벽의 철거는 대구를 일본인 중심의 식민도시로 개편하려는 의도에서 비롯되었고, 일본인들은 정부의 지원 아래 대구역 주변, 주요 간선도로와 토지를 차지하여 전통적인 대구의 중심부를 장악해 나갔다. 1911년에서 1917년까지의 시구개정사업을 통해 도심부의 일본인 점거 혹은 일본인에 의한 도심부 형성 과정이 완료되었다. 이 과정에서 일본인과 조선인의 이해관계 충돌뿐 아니라 일본인 사회 내부에서도 치열한 갈등이 발생했고, 조선인 사이에서도 이해관계를 둘러싼 갈등이 표출되었다. 대구부민은 도시계획안에 따라 조선인 주거지역에 대해 우선적 개발을 주장했으나 일본인들의 이익을 위해 계획안이 수정되면서 도시계획안에 비판적인 입장을 취했다. 대구역사 이전을 놓고 일본인 이해집단 간에도 갈등이 나타났다. 1924년 여름 수해에 대한 복구과정에서는 대구부 예산 사용을 두고서 조선인 대자본가집단과 중소자본가 및 유지들이 갈등하였다. 결국 1920년대 대구부가 자체적으로 구상한 도시계획은 실행 단계에서 여러 이해관계의 대립으로 무산되었다.

지금까지 일제시기 도시 연구자들은 민족갈등을 가장 중요하게 인식하면서 도시화 과정을 분석하였으나 김일수의 대구 도시화 과정에 대한 연구는 민족갈등 외에도 자본의 논리가 도시환경 변화에 강한 영향력을 발휘했음을 명확히 하고 있다.

글을 마치기 전에 언급해야 하는 연구가 하나 있다. 허영란의 『일제시기의 장시 변동과 지역주민』이란 박사학위논문이 그것이다. 이 논문은 장시(場市)를 "조선 후기 이래 전개되어 온 사회질서의 변화, 사고방식의 변화가 실질적으로 투사되는 생활의 현장"으로 설정하고, "장시를 둘러싼 사회적 갈등의 양상과 그 전개과정"이 "새로운 질서와 가치가 형성되는 과정을 반영"한다고 파악한다.[58] 이 논문은 4개의 장에서 각각 조선총독부의 장시 정책, 장시변동의 양적 추세와 질적 의미, 장시 시민의 행위, 장시와 주변 지역 농민들의 관계를 파헤친다.

사회경제사 분야의 이 논문은 전형적인 도시사 연구로 분류될 수 있다. 마르크스가 도시와 농촌의 대립 테제를 설정한 이후 서양의 주요 도시사가들은 특정 도시와 그 주변 농촌의 경제활동과 문화형태, 가치관의 변동을 분석하는 여러 연구를 수행하였다. 도시화는 단지 도시공간의 물리적 확장이나 도시 인프라 망의 확대만을 의미하지 않고 도시적 현상이 낳은 문화변동과 가치관의 변화까지를 포괄하는 개념이다. 논문의 저자는 "장시변동을 지역주민의 공적 사적 이익의 추구와 공공재의 확보를 둘러싼 지역주민의 실천"이라는 관점에서 접근하는데[59] 장시를 둘러싼 다양한 갈등은 물리적 사회적 문화적 공간으로서 도시를 둘러싼 인간 삶의 변화 양상을 잘 드러내 준다. 논문의 부록에서는 장시를 둘러싼 지역사회의 갈등 사례 49개를 1) 장시 내부 배치를 둘러싼 갈등, 2) 장시의 분구(分區) 분설(分設) 운동, 3) 장시 이전운동과 이전반대 운동, 4) 장시 간, 지역 간 경쟁, 5) 지방관청과 시민의 갈등, 6) 시민들 사이의 갈등이라는 6개의 범주로 구분하여 소개하고 있다. 이들 사료를 잘 활용하면 논문에서 미처 다루지 않았던 도시사의 여러 테마들에 대한 다양한 후속연구가 가능할 것이다.

## 4. 한국 근현대 도시사 연구 활성화를 위한 조건

도시사는 외국 학계에서도 비교적 뒤늦게 역사학의 주요 관심분야가 되

58) 허영란, 『일제시기의 장시 변동과 지역주민』, 서울대 박사학위논문 (2005), 9쪽.
59) 허영란, 같은 논문, 같은 쪽.

었고, 따라서 이론과 방법론, 연구 테마의 영역이 계속해서 확장되고 있다. 20세기 후반 이래 전 세계적으로 도시화가 빠르게 진척되면서 나타난 각종 도시문제는 도시성에 대한 역사적 탐구를 더욱 자극한다. 한국에서 도시사 연구는 아직 초보적인 수준이지만 이 글에서 살펴본 대로 하나둘씩 연구 성과들이 쌓여가고 있다. 하지만 일부 아쉬운 부분들이 많다. 앞으로 한국 역사학계에서 도시사 연구가 보다 활성화되기 위해서는 이런 부분들이 채워져야 할 것이다. 이를 위해 요구되는 것은 다음과 같다.

첫째, 연구 대상 도시가 확대되어야 한다. 서울과 몇몇 지방도시 이외의 다양한 지방 중소도시들에 대한 연구가 필요하다. 지방 중소도시들에 대한 연구는 지방/지역사 연구와 유기적인 결합을 통해 가능할 것이다.

둘째, 연구 테마들이 다양화되어야 한다. 도시의 인구변동, 인프라 망 확충, 도시행정과 정책을 둘러싼 정치적, 사회적 긴장관계, 도시와 주변지역 혹은 도시와 농촌의 긴장관계에 대한 연구, 도시화와 경제발전 과정 자체와 이에 영향을 미친 정치권력의 문제에 대한 연구, 도시의 다양한 계급 계층의 주거지, 조직화, 사회운동에 대한 연구, 전통적 가치관이 도시화 과정에서 변동되는 과정 등 서양의 도시사 연구자들이 30~40년간 성과를 축적해 온 도시사의 기초적인 테마들에 대한 연구가 필요하다. 이런 테마들에 대한 연구축적 없이 가장 최근의 연구경향만을 수용하여 연구가 진행된다면 이는 사상누각(砂上樓閣)이며 도시사의 발전에 부정적인 영향을 미칠 수 있다. 물론 그렇다고 최근의 주요 연구 주제들인 도시문화의 여러 양상, 도시이미지와 정체성, 도시경관 등에 대한 연구, 비교도시사 연구를 하지 말아야 한다는 것이 아니다. 이런 연구도 동시적으로 진행되어야 하지만 너무 유행만 쫓다가 기본적인 연구가 이루어지지 않아서는 안 된다는 말이다.

셋째, 도시사 연구를 먼저 시작하고 많은 결과물을 축적한 외국 도시사 학자들의 연구 방법론과 분석 틀, 도시공간에 대한 사회과학적 이론에 대한 비판적 수용이 필요하다. 역사가 이론의 정합성을 규명하는 작업은 아니지만 역사연구의 시작인 문제설정과 학문적 개념인식을 위해서, 구체적 사료나 관련 자료의 나열이나 해제에 그치지 않고 역사적 의미부여를 위해서 이론적 토대가 필요하다. 동서양 도시사 연구자들이 국내에 발표한 도시사 논문들을 검토하는 것도 유용할 것이다.

넷째, 학제간 연구를 시도해야 한다. 사회학, 인류학, 지리학, 건축사학, 도시계획학, 지역개발학 등 도시문제를 다루는 학문들의 성과를 비판적으로 수용하고, 이들 분야의 연구가 지닌 구체적인 현실 사례 분석을 수용하면서 역사적 맥락에 대한 이해가 부족한 지점을 보충해 주는 유기적인 학제간 연구가 필요하다.

한국에서 도시사 연구의 확대는 근현대사 일반과 근대화 과정에 대한 보다 폭넓은 이해의 시각과 분석의 틀을 제공해 줄 수 있을 것이다. 이 글은 한국 역사학계에서 도시사에 대한 관심이 증대되기를 바라는 마음에서 썼다. 최근의 도시사 연구 성과들을 모두 소개한다는 것은 불가능한 일이며, 필자가 주관적으로 중요하다고 생각되는 연구들 중에서도 일부만이 간략히 소개되었다.

서양 도시사 전공자로서 한국 도시사 현황을 파악하기 위해 서너 달에 걸쳐 관련 글들을 읽으면서 많은 흥분과 자극을 받았음을 밝힌다. 하지만 읽기과정에서 한국 도시사 연구자들이 쓴 글들의 의도를 잘못 파악했거나 내용을 오해했을 수도 있다. 언제든 관련 연구자들의 문제제기를 겸허하게 받아들일 예정이다. 도시사 연구자들의 지적 교환의 가속화와 한국 도시사 연구의 활성화를 기대한다. "도시는 변압기와 같다. 그것은 긴장을 증대시키고 교환을 가속화시켜주며 사람들의 삶을 끊임없이 섞는다."[60]

---

60) Fernand Braudel, *Civilisation matérielle et Capitalisme* (Paris, A. Colin, 1967); 주경철 옮김, 『물질문명과 자본주의』(까치, 1995), 695쪽.

9장

# 중국 도시사 연구의 현황과 전망

| 유해암(劉海岩) · 크리스틴 스테이플턴(Kristin Stapleton) |*

## 1. 중국에서의 중국 도시사 연구 개관

중국 도시사는 중국과 국외에서 비교적 새로운 학문 연구의 영역이다. 이 논고에서 우리는 중국 도시사 연구가 어떠한 조건하에서 발전해 왔으며, 제국 말기와 근대 중국 도시에 관하여 어떠한 연구 주제들이 주로 탐구됐는지 검토할 것이다.[1] 일본과 유럽에서.중국 도시사에 관한 많은 연구들이 출판되긴 했지만, 필자들의 역량의 한계로 인해 논의를 주로 중화인민

---

* 박상수 번역.

1) 청대 이전의 중국 도시사 연구의 현황에 관해서는 다음 참조. Victor Cunrui Xiong, "Recent Western Scholarship in the Field of Premodern Chinese Urban History to 1644", *Wall and Market: Chinese Urban History News*, 1, no. 2 (1996), p. 1, pp. 14-17; "Recent Approaches to the Study of Premodern Chinese Urban History", *Journal of Urban History*, 29, no. 3 (2003), pp. 187-98. 최근에 나온 논문 모음집 가운데 주로 전근대 도시들에 초점을 맞추고 있는 것으로는 千田稔 編, 『東アジアの都市形態と文明史』(京都, 國際日本文化硏究センター, 2002)가 있다.

공화국과 미국에서 이루어진 연구들로 국한하였다.[2] 우리는 국가의 학문적 풍토가 도시사 분야의 발전에 강한 영향력을 미쳐 왔다는 점에 주목한다. 그리고 마지막에는 도시사 연구의 미래와 현재 중국의 도시 연구 일반에서 도시사가 지니는 위상을 고찰하면서 글을 끝맺을 것이다.

중국에서 도시사 분야는 1980년대부터 발전하기 시작했다. 이 분야에서 초기에 관심의 대상이 되었던 것은 고대 도시들과 근대 개항장들에 대한 연구였다. 고대의 수도들에 대한 대부분의 연구는 그 도시들이 가장 번영했던 시기에 집중되었다. 특히 당대(唐代)의 장안과 명청시대(明淸時代)의 북경을 다룬 저작들이 많이 출판되었다. 또 특정 왕조 시대의 도시들에 초점을 맞춘 연구들도 등장하였다. 1990년대 말에는 일부 연구자들이 도시와 그 도시의 지역 환경을 결합시켜 연구하는 경우도 있었다.

명청시대에 강남(江南) 지방에서 시진(市鎭)의 성장은 매우 두드러진 역사적 현상이었기 때문에, 이에 대한 연구가 1980년대부터 도시사 분야에서 큰 비중을 갖게 되었다. 시진이란 용어의 의미에 대해 중국의 학자들 사이에 견해의 차이가 있긴 하지만, 일반적으로 그것은〔스키너는 이것을 "시장 도시(market town)"라고 불렀다〕은 행정 중심지가 아닌 소도시들을 가리킨다. 시진을 개별 연구의 대상으로 삼을 것을 처음으로 제안한 사람은 부의릉(傅衣凌)[3]과 대만 학자 유석길(劉石吉)[4]이었다. 1980년대 이후로 명청시대

---

2) 일본의 중국 도시사 연구에 관한 소개는 다음의 글들에서 찾아볼 수 있을 것이다. Kohama Masako, "Shanghai Research Group of Japan", *Wall and Market: Chinese Urban History News*, 1, no. 2 (Fall, 1996), pp. 4–6. Linda Grove, "Tokyo Research Group on the History of Tianjin", *Wall and Market: Chinese Urban History News*, 1, no. 2 (Fall, 1996), pp. 6–7. Takatsuna Hirofumi, "Japanese Research on Chinese Labor History", *Wall and Market*, 2, no. 2 (Fall, 1997), p. 1, pp. 12–15.

3) 일부 학자들은 傅衣凌이 1960년대에 처음으로 "明淸時代", "江南", "市鎭經濟"라는 용어들을 사용함으로써 고대 도시사의 연구 영역에서 서술 구조와 학술 용어들을 확립했다고 생각한다. 다음 참조. 庄維民, 『近代山東市場經濟的變遷』(北京, 中華書局, 2000). 傅衣凌, 「明淸時代江南市鎭經濟的分析」, 『歷史教學』, 1964年 第5期, 9–13; 이 글은 후

강남의 시진을 다룬 연구들은 주로 경제적인 문제에 초점을 두었다.[5] 일찍부터 사례 연구의 접근 방식을 택했던 근대 도시사의 많은 연구들과 달리 명청시대 시진에 관한 연구는 처음부터 여러 도시들과 지역을 시야에 넣은 접근에 중점을 두었다. 물론 청대 강남의 저명 도시인 경덕진(景德鎭)과 불산(佛山) 등 개별 시진에 관한 사례 연구들도 발표되었다.[6]

시진 연구자들의 관심을 끈 주된 이론적 문제는 첫째, 시진의 수와 밀도, 둘째, 시진의 지리적 분포에 관한 것이었다. 학자들은 시진과 부 · 주 · 현 소재지 간의 공간적 관계에 주목하였다. 즉 시진들이 그러한 행정 도시들 사이에 고루 분포되어 있었는가, 아니면 시진의 분포는 단지 환경적 조건에 의해서 결정되는 것인가의 문제가 그것이다. 셋째는 시진의 상권의 범위에 관한 것이었다. 그리고 넷째는 시진의 유형 분류였다. 이 시기에 강남의 시진들이 특화되는 경향이 있었다는 점은 일반적으로 받아들여졌기 때문에, 많은 연구자들은 기본적으로 시진을 경제적 기능에 따라 분류하는 접근법을 택하였다.[7] 하지만 일부 학자들은 역사적 발전, 환경적 조건, 인구 규모와 같은 요소들에 의거한 유형 분류 방식을 취하기도 했다.[8] 또한

---

에 傅衣凌, 『明淸社會經濟史論文集』(北京, 人民出版社, 1982)에 수록되었다.

4) 劉石吉, 『明淸時代江南市鎭硏究』(北京, 中國社會科學出版社, 1987).

5) 樊樹志, 『明淸江南市鎭探微』(上海, 復旦大學出版社, 1990). 包偉民 主編, 『江南市鎭及其近代命運(1840-1949)』(北京, 知識出版社, 1998). 陳學文, 『明淸時代太湖流域的商品經濟與市場網絡』(杭州, 浙江人民出版社, 2000). 李伯重, 『江南的早期工業化(1550-1850年)』(北京, 社會科學文獻出版社, 2000). 張海英, 『明淸江南商品流通與市長體系』(上海, 華東師範大學出版社, 2002). 다음의 글들은 지방의 시진들에 관해 1980~1890년대에 이루어진 연구들을 개관하고 있다. 任放, 『明淸長江中游市鎭經濟硏究』(武漢, 武漢大學出版社, 2003)의 第1章, 「明淸市鎭經濟硏究的回顧及相關問題」. 范金民, 「明淸江南城市文化硏究擧要(1976-2000年)」, 『人文論叢』(2003), 482-505.

6) 梁淼泰, 『明淸景德鎭城市經濟硏究』(南京, 江西人民出版社, 1991). 羅一星, 『明淸佛山經濟發展與社會變遷』(廣州, 廣東人民出版社, 1994).

7) 劉石吉, 『明淸時代江南』. 樊樹志, 『明淸江南市鎭探微』. 陳學文, 『明淸時代太湖流域的商品經濟與市場網絡』.

일부 연구들은 이러한 시진들에서의 도시 행정과 시진 내의 권력관계를 검토하기도 했다.[9]

중국사학계에서 아편전쟁이 일어난 1840년은 여전히 근대와 전근대의 구분선으로 받아들여지는데, 이러한 시대구분은 도시사 영역에도 들어맞는다. 명청시대 강남의 시진에 대한 연구들을 비롯한 도시사 영역의 일부 경향들은 이러한 구분선을 깨뜨리고자 했지만, 개항장의 출현이 중국의 도시들과 중국 사회 일반에 미친 거대한 충격은 개항이 역사적 분기점이란 점을 부정하기 어렵게 만든다. 또한 중국 도시사 연구의 현황을 살펴보더라도 19세기 중반부터 청 말까지의 중국 도시들에 대한 기존 연구들은 압도적으로 소수의 개항장 도시들에 초점을 맞추고 있다. 따라서 시대구분의 문제는 실질적으로 해결된 상태이다.

학제적(學際的) 연구의 개념은 도시사의 영역이 확장되고, 서양 도시사 연구의 영향을 받아 역사지리학과 건축학을 비롯한 다양한 학문으로부터 가져온 이론의 발전과 혼합으로부터 수혜를 입음에 따라 1990년대 이후부터 확립되었다.[10] 도시의 사회적 구조를 연구하는 일부 학자들은 사회학적 · 인류학적 방법을 사용하였다.[11] 그리고 근대 도시 공간에 대한 연구는

8) 任放, 『明清長江中游市鎮經濟研究』.

9) 趙世瑜와 孫冰은 "사건들"을 분석하고, 그것이 지방의 종족, 신사층, 민중 조직들, 공동체의 소외자들, 관리들 간의 권력관계에 대해 무엇을 말해줄 수 있는지 보여주기 위해 이러한 사건들이 어떻게 해결되었는지를 검토하였으며, 그 관계들이 시간이 지남에 따라 어떻게 변하였는지를 살펴보았다. 趙世瑜· 孫冰, 「市鎮權力關係與江南社會變遷 – 以近世浙江湖州雙林鎮爲例」, 『近代史研究』, 2003年 第2期, 124–52 참조.

10) 梁思成과 柳敦楨 등 선구적인 연구자들을 비롯하여 고대 도시의 계획과 건설은 오랫동안 건축 이론가들의 관심의 대상이었다. 그리고 근대 건축사는 특히 상해와 천진의 근대 건축사에 대한 저작들이 등장하였다. 陳從周,章明 主編, 『上海近代建築史稿』(上海, 三聯書店, 1988). 伍江, 『上海百年建築史(1840–1949)』(上海, 東濟大學出版社, 1997). 高仲林 主編, 『天津近代建築』(天津, 天津科學技術出版社, 1990).

11) 상해의 일부 학자들은 구조적 분석 방법을 사용하였다. 忻平, 『從上海發現歷史 – 現代

사회적 계급의 분포와 도시 구역의 위계 간의 관계를 탐구하기 위해 공간 분석 기법을 활용하였다.[12] 일부 역사가들은 전통적인 "혁명사(革命史)"와 "근대화사(近代化史)"의 이론적 · 방법론적 제약에서 벗어나고자 했다. 그들은 미시적 관점과 서사적 기법을 채택하여 도시 사회에 대한 연구를 수행하였으며, 자신들의 접근법을 "신(新)사회사"라고 불렀다.[13] 한편, 중국에는 역사적 통계 자료가 부족하기 때문에 역사 연구에서 언제나 계량화가 문제시되어왔다. 하지만 최근 몇 년 동안에는 중국의 학자들이 특히 도시 경제 · 인구사의 영역에서 계량적 연구를 수행하기 위해 많은 노력을 기울이고 있다.[14]

도시사를 어떻게 범주화할 것인가의 문제에서 중국의 도시사학자들은 대부분 도시사가 독립된 학문 영역으로 간주되어야 한다고 생각한다(비록 도시사의 중심 개념들은 여전히 다소 모호하지만 말이다). 도시사를 처음으로 주창한 이들이 그렇게 생각했던 이유는 도시사를 계급투쟁사관의 시기에 형성된 "지방사"로부터 분리시키기 위해서였다. 사회사의 부상 이후 일부 사회사학자들은 도시사의 학제적 성격 때문에 도시사를 사회사의 구성 요

---

化進程中的上海人及其社會生活(1927-1937)』(上海, 上海人民出版社, 1996). 熊月之 主編, 『上海通史 第5卷 - 晩清社會』(上海, 上海人民出版社, 1999) 참조.

12) 劉鳳雲은 『明淸城市空間的文化探析』에서 도시공간의 배치 · 구성 · 문화의 관점에서 명청시대 도시들을 조사 · 분석하였다(北京, 中央民族大學出版社, 2001). 또한 천진의 도시 공간과 사회 구조 간의 관계를 다룬 劉海岩의 다음의 연구 참조. 『空間與社會: 近代天津城市演變』(天津, 天津社會科學院出版社, 2003).

13) 이러한 접근법의 대표적 사례는 중화민국시기의 북경에 관한 楊念群의 연구이다. 그는 새로 도입된 서양식 공공 위생 제도가 북경 지역 사회의 공간적 변형에 끼친 영향을 탐구하면서, 근대적이고 과학적인 수단에 의존하는 서양식 공공 위생 제도가 삶과 죽음의 전통적 조절 형식과 공간적 의례들을 어떻게 침해하는지를 검토하였다. 楊念群, 「民國初年北京的生死控制與空間轉換」, 楊念群 主編, 『空間記憶社會轉型 - "新社會史"硏究論文精選集』(上海, 上海人民出版社, 2001), 131-207.

14) 任放, 『明淸長江中游市鎭經濟硏究』.

소로 보기 시작했다. 하지만 또 다른 측면에서 20세기 중국 역사 연구의 발전을 평가해 보면, 도시사는 새롭고도 상당히 영향력 있는 학문 영역으로 간주될 수 있다.

근대 중국 도시사 연구는 1980년대부터 성황을 이루었다. 당시에 상해(上海), 천진(天津), 무한(武漢), 중경(重慶)의 역사는 "철학 · 사회과학 7.5 기간(제7차 5개년 계획기간) 국가 중점 연구 과제"에 포함되었으며, 그에 따라 개항장의 역사에 관한 연구가 많은 인기를 끌었다. 또한 당시 도시사 연구는 스키너(G. William Skinner)와 같은 서양 학자들의 도시사 이론과 방법으로부터 많은 영향을 받았다. 하지만 중국의 학자들도 도시사의 성격과 이론, 그리고 방법에 대해 논의하기 시작했다. 사람들은 점차 "계급투쟁사관"의 족쇄로부터 해방되었다. 전술한 4개 도시에 대한 연구 프로젝트의 결과는 1993년까지 모두 간행되었으며, 도시사 연구의 한 단계를 종결지었다.[15] 이 시기에는 계속해서 학술회의들이 열리고, 발표되는 논문의 수가 점점 더 늘어갔다. 이는 중국의 학자들이 모두 새로운 연구 이론과 방법을 모색하고 있었음을 증명한다. 외국 학자들과의 학술 교류를 통해 외국 이론들이 흡수되었고, 문화혁명 시기에 절정에 달했던 이론적 경직성은 포기되었다. 그리고 새로운 이론적 접근법들이 수립되면서, 서사와 정의를 강조하는 장황한 접근 방식은 분석과 계량화를 강조하는 접근 방식으로 전환되었다. 학자들은 많은 주제 가운데서 특히 도시의 근대화 과정, 도시의 경제와 사회 구조의 기능, 도시의 정치적 · 사회적 지배, 도시 문화에 관심을 두기 시작했다.[16]

---

15) 張仲禮 主編, 『近代上海城市硏究』(上海, 上海人民出版社, 1990). 羅澍偉 主編, 『近代天津城市史』(北京, 中國社會科學出版社, 1993). 隗瀛濤 主編, 『近代重慶城市史』(成都, 四川大學出版社, 1991). 皮明庥 主編, 『近代武漢城市史』(北京, 中國社會科學出版社, 1993).

16) 이 시기의 도시사 연구에 대한 평가에 대해서는 劉海岩, 「近代中國城市史研究的回顧

1980년대 이후 중국 본토에서 출판된 도시사 관련 저작들은 다양한 장르를 망라하였다.

### 1) 통사(通史)

중국 본토의 역사가들 사이에서 "통사형(通史型)"이란 용어는 1960년대와 1970년대에 쓰인 『중국통사(中國通史)』와 같은 개론서를 가리킨다. 그것은 소위 "계급투쟁의 분석 틀"을 적용하여 주로 정치적 사건들을 중심으로 서술되었다. 물론 "통사"의 형태는 지방지(地方志) 편찬을 비롯한 중국의 전통적 역사 서술 방식에서도 영향을 받았다. 1980년대에 출현한 최초의 도시사 저작들은 이러한 "통사"의 범주에 포함된다.[17] 비판자들은 이러한 저작들이 "국가 통사의 지역 부분"에 지나지 않는다고 주장했다. 즉, 당시의 국가 교과서인 『중국통사』와 『중국근대사(中國近代史)』에서 다뤄지는 사건이면 모두 이러한 도시사 서술에도 포함되어 있다는 것이다. 하지만 당시에 도시사 연구자들은 "계급투쟁적" 역사학의 속박을 떨쳐내기 위해 한창 노력하는 중이었으며, 그들의 저서에는 도시의 특수한 성격을 드러내는 내용도 포함되어 있었다.

1990년대 말부터 일부 대도시들은 "통사"를 발행하기 시작했다. 이는 중국 역사서의 특수한 형태로 파악될 필요가 있다—중국에서 "통사"는 일반적으로 "정사(正史)"로 여겨진다. 현재 북경(北京)과 상해의 "통사"는 이미

---

和展望」, 『歷史硏究』, 1992年 第3期, 14-30 참조. 이 논문은 영어로도 발행되었다. "The Past and Future of Urban Histories Examining China's Modern Period (1840-1949)", *Social Sciences in China*, 14, no. 4 (1993), pp. 115-127.

17) 예컨대 다음과 같은 저술들이 이에 해당한다. 唐振常 主編, 『上海史』 (上海, 上海人民出版社, 1989). 天津社會科學院歷史硏究所, 『天津簡史』 (天津, 天津人民出版社, 1987). 北京大學歷史系 "北京史" 編寫組, 『北京史』 (北京, 北京出版社, 1985).

간행되었다.[18] 이러한 역사서들의 특징은 여러 권으로 되어 있고, 여러 명의 저자가 참여하였으며, 정부의 지원을 받았다는 점이다. 『상해통사(上海通史)』는 정사식의 형식을 바꾸고자 시도하였다. 이 책은 정치 · 경제 · 사회 · 문화에 관한 네 개의 항목으로 나뉘어 서술되었으며, 일부 항목들에는 상해 역사를 연구하는 학자들이 최근에 쓴 글들이 포함되어 있다. 아마 우리는 이러한 유형을 "신(新) 통사"라고 부를 수 있을 것이다.

### 2) 지방지(地方志)

1980년대 이후 "지방지 편찬"이 중국 전역에서 성황을 이루었다. 현(縣) 이상의 모든 행정단위들은 지방지판공실(地方志辦公室)을 설치하였으며, 대도시에서는 각 행정구역이 자체적으로 "지방지 편찬" 위원을 두기도 하였다. 그로 말미암아 대부분의 도시들은 다양한 종류의 "시 지방지"를 출판하였다. 비록 이러한 "지방지"들의 대부분이 "최근의 역사에 대해서는 길게, 고대의 역사에 대해서는 짧게 서술하는 원칙〔厚今薄古〕"을 채택하였고, 일부 "지방지"는 주로 해당 행정기관의 미덕을 기록〔樹碑立傳〕하는데 이용되었지만, 지방지의 형식상 "역사과정(歷史過程)"이 드러나고, 저자가 대체로 지방의 전문가나 예전의 지방 유지이며, 저술팀이 문서보관소와 다른 일차 사료들에 접근할 수 있기 때문에, 새로 쓰인 많은 "지방지"들은 상당한 연구의 가치를 지니고 있다. 또한 일부 대도시들은 다양한 주제들에 대해 "주제별 지방지"들을 편찬하기도 했다.

---

18) 北京社科院歷史硏究所, 『北京通史』 (北京, 燕山出版社, 1989). 熊月之 主編, 『上海通史』. 천진시도 천진 통사의 발행을 준비하고 있다.

### 3) 문사자료(文史資料)

"문사자료"는 전국 및 지방 정치협상회의('政協')의 지원으로 출판된 자료집이다. 정협에는 각 방면의 유명 인사들이 참여하고 있었으며, 1960년대부터 이들은 자신들의 회상, 또는 직접 목격하거나 전해들은 역사적 사건들에 대한 설명을 기록하도록 권장 받았으며, "문사자료위원회"라 불리는 전문 조직들이 구성되었다. 1980년대부터 모든 지역에서는 정기적 혹은 비정기적으로 "문사자료 선집"이라 불리는 간행물들이 발간되었다. 그 특징은 풍부한 내용, 다양한 주제, 많은 보고문을 담고 있다는 점이다. 이 "문사자료 선집"은 중국식 "구술사"로 간주할 수 있을 것이다. 이러한 간행물들은 도시사의 중요한 사료가 된다. 여기에 실린 글들은 대부분 저자 자신의 기억에 의존하기 때문에, 우리는 아마도 그 글들을 "도시의 기억"이라고 부를 수 있을 것이다. 하지만 "문사자료 선집"은 다양한 시기에 제작되었기 때문에, 그때마다 정치적 · 문화적 환경에 영향을 받은 경우도 많다.

### 4) 대중적 역사

특히 1990년대 이래 도시사에 대한 관심은 도시사학자들에 한정되지 않았으며, 다양한 종류의 도시사 서술이 등장하였다. 이러한 저작들의 형식과 내용은 매우 광범위하였으며, 일반적인 "도시의 일대기"를 넘어섰다. 일부 저서들은 학문적 · 사회적으로 상당한 영향을 끼치기도 했다. 1994년에 출판된 『성시계풍(城市季風) - 북경화상해적문화정신(北京和上海的文化精神)』(北京: 東方出版社)에서 양동평(楊東平)은 근대 도시의 부상에서부터 1930년대 북경과 상해의 문화에 대한 논의를 거쳐 1980년대 "신(新) 상해풍" 문화의 출현에 이르기까지 두 도시의 문화를 비교하였다. 북경의 홍위병부터 상해 주민과 북경 주민의 가치관 및 생활양식까지 이 저서에서는

1880년대 천진항.

다루지 않은 내용이 없었다. 정통 학자들이 가볍게 여겼던 이 책은 사회에 엄청난 반향을 일으켰으며, 도시 문화에 관한 문제가 대중매체에서 논의될 정도였다. 기자인 왕군(王軍)은 『성기(城記)』(北京: 三聯書店, 2003)에서 많은 양의 사료와 구술 인터뷰를 바탕으로 1950년대 이후 북경에서 벌어진 도시 건설에 관한 논쟁을 다루었다. 북경의 발전과 보존에 관해 건축가들과 정부 당국 간에 있었던 갈등은 현대 중국 도시사에서 가장 유명한 사건의 하나였다. 이 일로 자신의 의견을 고집했던 양사성(梁思成)과 같은 건축가들은 비난을 받아야 했다. 『성기(城記)』는 이 이야기에 생명을 불어넣었다. 그 외에 암흑가의 역사, 특히 상해의 갱단이나 중화민국시기 청방(靑幫)의 두목이었던 두월생(杜月笙)과 같은 흥미로운 인물의 역사도 1980년대 이후 대중적 도시사에서 관심의 대상이 되었다.[19]

## 2. 미국에서의 중국 도시사 연구 개관

미국에서 중국 도시사 연구의 기초를 닦은 인물들 가운데 가장 돋보이는 두 명의 학자는 윌리엄 스키너와 프레데릭 모트(Frederick W. Mote)이다. 이들의 강점은 둘 다 1940년대에 중국 도시에서 거주한 적이 있다는 것이었다. 1970년대에 출판된 여러 중요한 논문과 저서들에서 그들은 이후의 학자들이 계속해서 다루게 될 중국 도시사 연구의 논제들을 제시하였다.

중국 도시사 연구에 스키너가 끼친 영향에 대해서는 이미 언급한 바 있다. 그는 청 말의 중국이 8개의 대구역(macroregion)으로 구성되었으며, 각각의 대구역에서는 핵심부(macroregional core)를 중심으로 여러 중심지들이 위계적 체계를 이루었다고 보았다. 이러한 이론은 핵심 도시와 주변의 소도시 및 촌락 간의 경제적 · 정치적 관계를 탐구하는 지역적 분석을 자극하였다.[20] 남경(南京)과 소주(蘇州)의 역사에 관한 모트의 저작은 청 말 도시들의 문화를 다루면서, 명대와 청대의 사회에는 초기 근대의 유럽과 달리 도시와 농촌의 명확한 구분이 나타나지 않는다고 주장하였다.[21] 또한 스

---

19) Brian G. Martin, *The Shanghai Green Gang: Politics and Organized Crime, 1919–1937* (Berkeley, CA., University of California Press, 1996). Frederic Wakeman, Jr., *Policing Shanghai, 1927–1937* (Berkeley, CA., University of California Press, 1995). 청방에 관해 영어로 쓰인 이 두 연구서의 참고문헌 목록에는 이 주제에 관해 중국어로 쓰인 많은 학술적 · 대중적 서적들이 열거되어 있다.

20) Skinner의 "대구역" 이론의 틀은 *The City in Late Imperial China* (Stanford, CA., Stanford University Press, 1977)에 수록된 그의 논문에 드러나 있다. Skinner가 편집한 이 책에는 그 외에도 많은 논문들이 실려 있다. Susan Naquin과 Evelyn S. Rawski는 *Chinese Society in the Eighteenth Century* (New Haven, CT., Yale University Press, 1987)의 제5장에서 Skinner의 이론을 요약하고 검토한다. 최근에는 지리학자인 Carolyn Cartier가 Skinner의 이론적 틀과 그것의 활용에 대해 비판한 바 있다. "Origins and Evolution of a Geographic Idea: The Macroregion in China", *Modern China*, 28, no. 1 (2002), pp. 79–142.

키너와 모트는 중국 도시사 분야에 몇몇 핵심적인 이론적 통찰을 제공했을 뿐만 아니라, 중국 도시들에 대한 학술회의를 개최하고, 학생들로 하여금 도시를 역사 분석의 중요한 대상으로 삼도록 격려하면서, 미국의 중국 도시사 연구를 상당히 진척시켰다.[22]

1980년대에 윌리엄 로우(William Rowe)가 쓴, 한구(漢口)의 역사에 관한 두 권의 책은 미국의 중국 도시사 연구에서 중대한 분기점이었다. 그는 제1권의 서문에서, 미국의 학계는 중국의 도시들에 대해서 아직 "인도네시아의 소도시들을 다룬 기어츠(Geertz), 중세 이슬람의 도시들을 다룬 래피더스(Lapidus), 그리고 산업화 이전 유럽의 개별 도시들을 다룬 몇몇 저자들이 보여준 복합적인 제도적 · 사회적 분석에 근접하는" 연구 성과를 산출하지 못하였다고 적었다.[23] 19세기 한구에 대한 로우의 상세한 묘사는 역사가들이 제국의 관료체계를 넘어서, 도시의 형성에 가장 중요한 역할을 하는 상인과 지역 엘리트들의 삶을 들여다볼 수 있음을 실증하였다. 로우는 중국의 도시 상인들이 고향에 대한 강한 충성심 탓에 도시를 위해서는 그다지 헌신하지 않았다는 막스 베버(Max Weber)의 주장을 정면으로 거부하

---

21) Frederick W. Mote, "The Transformation of Nanking", in Skinner, ed., *The City in Late Imperial China*, pp. 101-53; "A Millenium of Chinese Urban History: Form, Time and Space Concepts in Soochow," *Rice University Studies*, 59, no. 4 (1973), pp. 35-65. Mote의 주장에 대한 최근의 평가에 대해서는 David Faure & Tao Tao Liu ed., *Town and Country in China: Identity and Perception* (New York: Palgrave, 2002)의 introduction, pp. 1-16 부분 참조.

22) The City in Late Imperial China 외에도 Skinner는 Mark Elvin과 함께 *The Chinese City between Two Worlds* (Stanford, CA., Stanford University Press, 1974)를 편집하였다. 이 책은 1840년부터 1949년까지의 시기에 초점을 맞추고 있다. 강남지역의 도시화에 관한 Elvin의 선구적인 연구는 *The City in Late Imperial China*에 수록되어 있다. 이 글에서 Elvin은 영어권 독자들에게 이 주제에 관해 일본에서 이루어진 연구들을 소개한다.

23) William T. Rowe, *Hankow: Commerce and Society in a Chinese City, 1796-1889* (Stanford, CA., Stanford University Press, 1984), p. 11.

였다. 그러면서 그는 오랫동안 간과되었던 주제인 중국의 도시 통치에 주목하고, 중국과 유럽에서의 도시 발전에 관한 비교 연구를 장려하였다. 한구의 상인 집단 내에서 뚜렷한 도시적 의식이 발전했다는 그의 주장은 이후 중국 도시들에 "공공영역(public sphere)"이 존재했는지, 그리고 그 성격은 무엇이었는지에 관해 벌어진 논쟁에 영향을 주었다.

한구에 대한 로우의 연구가 이루어진 시기는 도시사 분야가 미국과 유럽의 역사가들 사이에서 형태를 갖춰나가던 때였다. 이러한 발전은 세계 다른 지역의 도시사에 대한 관심도 자극하였다. 1980년대에 미국의 일부 중국사학자들은 서양 도시사 연구로부터 출현한 이론과 개념들을 사용하기 시작했다. 앨리슨 드레이-노베이(Alison Dray-Novey)는 청대의 북경에 대한 연구를 통해 기드온 조버그(Gideon Sjoberg)가 『산업화 이전의 도시(*Preindustrial City*)』(New York: Free press, 1960)에서 도시의 통치에 관해 논의한 내용들, 특히 산업화 이전의 도시들이 근대 도시들보다 훨씬 느슨하게 통제되었다는 주장이 청대의 북경에서 나타나는 증거들과는 모순된다고 주장하였다.[24] 데이비드 스트랜드(David Strand)는 미국의 도시정치학 문헌들에 대한 기초적 지식을 통해 1920년대 북경의 정치를 고찰하면서, 중앙의 권위가 취약한 시기에 다양한 지방 공동체와 도시의 이익 집단들이 어떻게 상호작용하였는지 보여주었다.[25] 에밀리 호니그(Emily Honig)는 도시의 인종 집단들에 관한 미국 학계의 이론들을 이용하여 상해의 "열등인" 집단인 강소 북부 사람들〔蘇北人〕을 연구하였다.[26] 그리고 근대 북경의 변화를 다

24) Alison Dray-Novey, "Policing Imperial Peking: The Ch'ing Gendarmerie, 1650-1850", PhD diss., Harvard University, (1981); "Spatial Order and Police in Imperial Beijing", *Journal of Asian Studies*, 52, no. 4 (1993), pp. 885-992.

25) David Strand, *Rickshaw Beijing: City People and Politics in the 1920s* (Berkeley, CA., University of California Press, 1989). 또한 Christian Henriot, *Shanghai, 1927-1937: Municipal Power, Locality, and Modernization* (Berkeley, CA., University of California Press, 1993)도 참조.

룬 사명정(史明正)의 연구에는 공익사업과 공공장소를 강조하는 미국적 특성이 나타나 있다.[27)]

1980년대 말과 1990년대에 중국의 지방 당안관(문서보관소)들이 외국인 학자들에게 개방됨에 따라, 청말 민국 초기 도시의 변화에 관한 연구가 급증할 수 있는 계기가 마련되었다. 많은 지방 당안관들은 청말(1901-1911)의 신정(新政) 시기와 중화민국 초기에 세워진 학교, 상회, 위생국, 경찰대, 은행과 같은 기관들에 관해 놀랄 정도로 풍부한 양의 문서들을 보유하고 있다. 미국의 많은 대학원생이 20세기 초 중국 도시들과 이 시기 도시 단체들에 관한 연구에 착수하였다. 이들 가운데 리 매키삭(Lee McIsacc), 사명정, 크리스틴 스테이플턴은 학회 보고서, 서평, 논문초록, 저명 학자들의 논문 등을 게재한 『성곽과 시장: 중국 도시사 소식(*Wall and Market: Chinese Urban History News*)』이라는 학보를 발행하여 학문적 소통과 협동 작업을 장려하였다. 또한 이들은 주로 미국과 유럽을 연구하는 『도시사 연구(*Journal of Urban History*)』의 독자들에게 근대 중국 도시사의 최근 경향을 소개하기 위한 특집호도 편집하였다.[28)]

조셉 에셰릭(Joseph Esherick)이 편집한 『중국 도시의 개조: 근대성과 민족 정체성(*Remaking the Chinese City: Modernity and National Identity, 1900~*

---

26) Emily Honig, *Creating Chinese Ethnicity: Subei People in Shanghai, 1850-1980* (New Haven, CT., Yale University Press, 1992).

27) Mingzheng Shi, "Beijing Transforms: Urban Infrastructure, Public Works, and Social Change in the Chinese Capital, 1900-1920", PhD diss., Columbia University (1993); "From Imperial Gardens to Public Parks: The Transformation of Urban Space in Early Twentieth-Century Beijing", *Modern China*, 24, no. 3 (1998), pp. 219-254.

28) 특집호인 *Journal of Urban History*, 27, no. 1 (2000)에는 청 말 북경의 사회적 공간을 다룬 Richard Belsky의 논문, 천진의 하층계급을 다룬 關文斌(Kwan Man Bun)의 논문, 홍콩의 구룡성(九龍城寨)의 운명에 대한 논쟁을 다룬 Seth Harter의 논문이 실려 있다. 이 특집호에는 史明正(Mingzheng Shi)이 작성한, 영어로 된 중국 도시사 관련 문헌 목록도 수록되어 있다.

*1950)*』(Honolulu: University of Hawai'i Press, 1999)에는 1980년대 이후 시작된, 청 말과 중화민국시기 도시들에 대한 많은 연구 프로젝트들이 수록되어 있다. 서문에서 에셰릭은 이 저작에 영감을 준 여러 주요 테마들 가운데, "20세기에 중국이 근대적이면서도 중국적인 도시를 건설하려는 시도"의 와중에서 부딪힌 어려움에 대해 설명하고 있다. 그리고 데이비드 스트랜드는 결론 장에서 국민 형성에서의 도시의 위상, 중국의 여러 도시에서 나타난 "근대성"의 특수한 모습들, 근대화에 대한 도시 일부 주민과 단체들의 저항, 철도가 미친 충격, 은행가 등 새롭게 등장한 전문직 종사자들 사이에서 이루어진 초(超)도시적(transurban) 생활양식의 발전 등 여러 사례 연구들이 지닌 다양한 관심사에 대해 개관한다. 이렇듯 20세기 초의 도시는 연구자들이 여러 다른 방향으로 연구를 진행할 수 있을 정도로 풍부함을 자랑하는 연구 영역이다.

미국에서 중국 도시사 연구는 제도적으로 잘 확립되어 있지 못하다. 중국의 상황과는 대조적으로, 미국에서는 중국사 일반에 대한 연구가 전국의 대학들에 분산되어 있다. 그리고 미국에는 근대 중국사의 한 하위분야를 집중적으로 연구하는 대학도 없다. 반면 독일에서는 하이델베르크 대학이 중국의 신문의 역사에 관한 대규모 프로젝트를 출범시켰다(http://sino.uni-heidelberg.de). 일부 중국 도시사학자들은 미국의 도시사학회(Urban History Association)에 참여하였지만, 학회 내에서 중국에 대한 지속적인 관심을 불러일으키지 못하고 주변화되는 경향을 보였다. 『성곽과 시장: 중국 도시사 소식(*Wall and Market: Chinese Urban History News*)』은 2001년에 인쇄 출판이 중단되었으며, 이 학보를 웹사이트로 전환하려던 계획은 아직 실행되지 못한 상태이다. 그럼에도 불구하고 도시사 부문에 관한 학회들은 꾸준히 개최되고 있으며, 아시아학회(Association for Asian Studies)의 연례 회의에는 지난 10년 동안 언제나 중국 도시사 관련 패널이 하나 이상씩 열려 왔다.

## 3. 중국 도시사의 새로운 주제와 중점 연구 분야

중국과 미국에서 다 같이 1990년대는 도시사 연구의 발전에서 새로운 경향이 출현한 시기였다. 중국인 학자와 외국인 학자 간의 교류가 늘어남으로써 새로 출판된 중문 및 영문 저작에서는 공통된 연구 주제들이 많아졌다. 하지만 접근방식과 강조점의 차이는 여전히 존재한다. 우리는 그러한 차이점들을 다음의 다섯 가지 연구영역에서 검토하도록 하겠다.

### 1) 도시 사례 연구에서의 새로운 방향

현재까지 중국에서 나온 개별 도시에 관한 출판물들 가운데 가장 수가 많고, 주제들의 범위도 넓은 것은 상해, 천진, 북경 등 대도시에 관한 연구였다.[29] 하지만 동시에 대도시 연구로부터 중소도시 연구로, 연안도시 연구로부터 내륙도시 연구로 나아가는 경향도 있었다.

중국에서 도시사학자들은 여러 종류의 기관들과 손을 잡았다. 대체로 각 성(省)이나 시의 사회과학원은 자기 지역의 도시사를 연구하는 학자들을 기용하였다. 이러한 연구 과정에는 지방 박물관이나 지방지판공실에서 일하는 학자들이 참여하기도 했다. 사회과학원 중에는 상해, 천진, 북경 등의 사회과학원이 도시사 분야에 가장 많은 관심을 기울이고 있고, 대학 중에

29) 예를 들어 다음과 같은 주제들이 연구되었다. 도시민들의 심성에 대한 연구: 樂正, 『近代上海人社會心態, 1860–1910』(上海, 上海人民出版社, 1991). 사회와 도시 생활에 대한 연구: 尙克强, 劉海岩 主編, 『天津租界社會硏究』(天津, 天津人民出版社, 1996); 忻平, 『從上海發現歷史』. 사회생활과 사회적 관행의 변화에 대한 연구: 李長莉, 『晩淸上海社會的變遷 : 生活與倫理的近代化』(天津, 天津人民出版社, 2002). 도시 공간과 사회적 구조에 대한 연구: 劉海岩, 『空間與社會』. 도시 행정과 도시의 기초적인 기관들에 대한 연구: 史明正, 『走向近代化的北京城 : 城市建設與社會變革 』(北京, 北京大學出版社, 1995).

서는 사천대학(四川大學)의 학자들이 도시사를 전문으로 다루고 있다. 사천대학은 현재 도시사학자를 양성하기 위한 특별 프로그램을 갖춘 유일한 학교이다.

미국에서의 상황은 그와는 다소 차이가 있다. 미국의 근대 중국 도시사 연구에서 오랫동안 관심이 집중되었던 것은 상해였다.[30] 그 이유 가운데 하나로 들 수 있는 것은 상해 연구의 경우 미국과 유럽에 있는 문서보관소의 자료들을 포함하여, 여러 언어로 된 다양한 문서들을 구할 수 있었다는 점이다. 또 다른 이유는 미국 학계에서 신문화사(New Cultural History)가 지닌 강력한 영향력이다. 청 말과 중화민국시기에 상해는 새로운 유형의 많은 문화들이 자라나는 곳이었다. 따라서 상해 연구는 그러한 문화들이 발전한 조건을 이해하기 위해서 필수적이었다. 또한 상해의 정치에 대한 프레데릭 웨이크만(Frederic Wakeman)의 연구와 국산품 애용운동에 대한 칼 거스(Karl Gerth)의 연구가 보여주는 것처럼 반(半)식민지 도시였던 상해는 제국주의의 작동 기제와 민족주의의 성장을 탐구할 수 있는 훌륭한 배경을 제공해준다.[31] 한편 노한초(盧漢超)는 근대 상해가 20세기 초에 농촌으로부터 상해로 이주한 수십만 명의 사람들이 가져온 농촌 문화에 의해서도 많은

---

30) Frederic Wakeman, Jr., Elizabeth Perry, Wen-hsin Yeh와 그들의 제자들을 비롯해 현재 혹은 예전에 University of California at Berkeley에 있었던 연구자들은 상해 연구재단을 설립하였다. 이들 중 많은 이들의 연구가 Wakeman, Jr. & Yeh eds., *Shanghai Sojourners* (Berkeley, CA., Institute of East Asian Studies, University of California, Berkeley, 1992)에 실려 있다. 우리가 여기서 짧게 언급했던 상해에 관한 영어로 된 연구들은 Jeffrey N. Wasserstrom, "Locating Old Shanghai: Having Fits about Where It Fits", in Joseph W. Esherick, ed., *Remaking the Chinese City: Modernity and National Identity, 1900-1950* (Honolulu, HI: University of Hawai'i Press, 1999), pp. 192-210과 Esherick이 쓴 이 책의 서문에 개관되어 있다.

31) Wakeman, Jr., *Policing Shanghai, 1927-1937*. Karl Gerth, *China Made: Consumer Culture and the Creation of the Nation* (Cambridge, MA., Harvard University Press, 2004).

영향을 받았음을 설득력 있게 주장한다. 이들은 새로운 환경에서도 예전의 공동체 관계와 소비 패턴을 재확립하고자 했다.[32] 상해의 특수한 경제적 · 정치적 맥락은 매우 다양한 종류의 정치적 · 문화적 현상들을 일으켰다. 또한 중화민국시기에 상해는 새로운 매체들의 중심지로서,[33] 중국 전역의 다른 도시들에 변화를 일으킬 수 있는 위치에 있었다. 현재 미국 역사학계에서 근대 상해에 대한 연구는 도시사 일반의 연구보다 앞서 있고, 더 활기찬 분야로 간주하여야 할 것이다. 우리는 상해에 관한 책들이 계속해서 출판될 것이며, 다른 도시들에 대해, 또는 근대적 신문, 영화, 백화점, 아파트와 같은 상해의 문화적 생산물들이 중국의 다른 도시들에 어떻게 퍼져 나가고, 영향을 주었는지에 대해 초점을 맞추는 연구서들도 서서히 증가할 것으로 예상한다.[34]

---

32) Hanchao Lu, *Beyond the Neon Lights: Everyday Shanghai in the Early Twentieth Century* (Berkeley, CA., University of California Press, 1999).

33) 중화민국시기 상해에 기반을 둔 새로운 매체들의 발전을 다룬 연구로는 다음과 같은 것들이 있다. Zhang Yingjin, *The City in Modern Chinese Literature and Film: Configurations of Space, Time, and Gender* (Stanford, CA., Stanford University Press, 1996). Christopher A. Reed, *Gutenberg in Shanghai: Chinese Print Capitalism, 1876-1937* (Vancouver, University of British Columbia Press, 2004). 또한 Heidelberg 대학의 연구진들은 이미 20세기 상해 지역의 신문들에 대한 연구를 많이 진척시켰다. 예컨대, Barbara Mittler, *A Newspaper for China? Power, Identity, and Change in Shanghai's News Media, 1872-1912* (Cambridge, MA., Harvard Asia Center, 2004) 참조.

34) 중화민국시기의 백화점과 새로운 소비 패턴에 대해서는 Sherman Cochran, ed., *Inventing Nanjing Road: Commercial Culture in Shanghai, 1900-1945* (Icatha, NY., Cornell University East Asia Papers, 1999)참조. Esherick, ed., *Remaking the Chinese City*에 실린 논문의 대부분은 중국의 다른 도시들에 대한 상해의 영향을 논의하였다. James H. Carter의 *Creating a Chinese Harbin: Nationalism in an International City, 1916-1932* (Ithaca, NY., Cornell University Press, 2002)는 1920년대에 상해에서 발전한 중국 민족주의의 취약성을 강력한 반제국주의적 감정과 비교해 분석하였다.

### 2) 지역(혹은 區域)-도시사와 도시망의 형성 및 발전

중국에서 지역-도시사 연구는 스키너의 "지역 체계 이론"에 영향을 받아 1990년대 초부터 발전하기 시작했다.[35] 10년이 경과 한 후 이러한 종류의 지역 연구는 다양한 결과물들을 내놓았다. 상해 사회과학원의 학자들은 남동부 해안 도시들에 관한 연구 프로젝트[36]와 장강(長江) 유역 도시들에 관한 연구 프로젝트[37]를 완수하였다. 이것은 지역 연구라기보다는 강 유역/해안의 도시망에 대한 연구 프로젝트였다고 할 것이다.[38] 사천대학의 학자들은 다양한 유형의 도시들을 개관하는 전국적 규모의 연구를 완료하였다.[39] 그리고 천진사회과학원의 학자들은 화북을 중심으로 한 지역 연구를 수행하였다. 그들은 "화북 근대 도시 체계 연구"라는 명칭의 프로젝트를 끝마친 뒤,[40] 1999년부터 2001년까지는 일본 학자들과 함께 "20세기 초 화북 도시 근대화의 추이"라는 명칭의 프로젝트를 진행하였다. 2001년 8월에는 "화북 도시 근대화에 관한 학술회의"에서 그와 관련된 연구 성과물들이 발표되었다.[41]

---

35) 隗瀛濤 · 謝放, 「近代中國區域城市研究的初步構想」, 『天津社會科學』, 1992年 第1期, 81-85. 劉海岩, 「回顧和展望」.

36) 張仲禮 主編, 『東南沿海城市與中國近代化』 (上海, 上海人民出版社, 1996).

37) 張仲禮 主編, 『長江沿江城市與中國近代化』 (上海, 上海人民出版社, 2002).

38) 중국 도시들의 유형 분류에 관한 이러한 종류의 연구의 또 다른 예로는 傅崇蘭의 『中國運河城市發展史』 (成都, 四川人民出版社, 1985)가 있다.

39) 隗瀛濤 主編, 『中國近代不同類型城市綜合研究』(成都, 四川大學出版社, 1998).

40) 이 연구 프로젝트의 참여자들이 그와 관련된 다음과 같은 논문들을 발표하긴 했지만, 연구 프로젝트의 결과물은 아직 단행본으로 출판되지는 않았다. 羅澍偉, 「試論近代華北的區域城市系統」, 『天津社會科學』, 1992年 第6期, 61-65. 張利民, 「近代華北城市人口發展及其不平衡性」, 『近代史研究』, 1998年 第1期, 191-215. 劉海岩,「近代華北交通的演變與區域城市重構, 1860-1937」, 『城市史研究』, 21 (2002). 24-48.

41) 이 연구 프로젝트의 결과물은 중국과 일본에서 모두 출판되었다. 중국어 논문들은 천진사회과학원출판사에서 2002년 3월에 발행한 『城市史研究』 특집호(제21집)에 게재

지역-도시 연구가 가장 발달한 분야는 명청시대 강남 지방의 시진이라고 할 수 있다. 최근에는 이러한 종류의 연구가 양자강 중류 지방의 시진들을 비롯한 다른 지역으로도 확산되었다.[42] 시진에 관한 연구에 대해서는 전술한 바 있다. 화북 지역 연구도 진전이 이루어지고 있는 또 다른 분야이다. 1980년대 이후 화북 촌락에 대한 연구는 경제사 영역에서 뜨거운 논쟁을 불러일으켰다. 하지만 상대적으로 화북의 도시들에 관한 연구는 드물었다.[43] 그 외에도 성을 연구의 범위로 삼은 몇몇 연구들이 등장하였다. 산동성(山東省)의 도시들에 관한 연구는 이러한 경향을 잘 보여준다.[44]

중국에서는 명청시대 시진의 연구가 지역-도시사 연구에서 가장 중요한 부분을 차지한다. 이 주제에 관한 연구는 대체로 특정 지역의 시진들을 다루며, 시진망의 구조와 성격을 중점적으로 고찰한다. 명청시대 시진들에 관한 저작들에서 시진망의 형성에 관한 논의는 대체로 시진과 주 · 현급 행정 도시 간의 공간적 관계에 초점을 맞춘다. 즉, 시진의 분포는 행정 도시에 의해 주로 영향을 받았는가(다시 말해 행정 도시를 둘러싸고 시진망이 형성되었는가), 아니면 시진의 특수한 지리적 · 환경적 성격에 영향을 받았는가

---

되었다. 일본어 논문들은 다음의 연구 보고서에 수록되어 있다. 渡邊徹 編, 『20世紀前半華北地域の都市近代化に對する日本の影響』(東京, 渡辺惇, 2002).

42) 任放, 『明淸長江中游市鎭經濟硏究』.

43) 1990년대 초에 中國社會科學院 近代史硏究所의 학자들이 출판한 근대 중국 북부 3개 성의 촌락들에 대해 면밀하고 통찰력 있는 연구는 "시진의 성장"에 대해 논하고 있다. 從翰香 主編, 『近代冀魯豫鄕村』(北京, 中國社會科學出版社, 1995) 참조. 또한 張利民, 『華北城市經濟近代化硏究』(天津, 天津社會科學院出版社, 2004)참조.

44) 王守中 · 郭大松, 『近代山東城市變遷史』(濟南, 山東敎育出版社, 2001). 산동 지방의 경제사를 다룬 다음 두 저작도 주목할 가치가 있다. 許檀, 『明淸時代山東商品經濟的發展』(北京, 中國社會科學出版社, 1998). 庄維民, 『近代山東市場經濟的變遷』. 許檀의 책 제4장은 특히 명청시대 산동지방의 상업 도시들의 발전에 대해 논하면서, 이 시기 산동 지방의 비(非)행정 상업 도시들이 상당한 성장을 경험했음을 주장한다. 庄維民의 책은 19세기에 이루어진 산동 지방 항구 도시들의 성장이 근대 산동 경제 발전의 기폭제이자, 자극제였음을 주장한다.

가 문제시되었다.[45] 일부 학자들은 또한 장강 중류 지방의 시진망을 분석하면서 각 시진의 규모 및 시진들의 수와 함께 시진의 밀도를 활용하였다.[46] 이러한 시진망 연구의 이론과 방법은 스키너의 이론으로부터 영향을 받은 것이지만, 몇몇 지역들에 대한 이러한 접근법의 적용은 풍부하고 통찰력 있는 성과들을 낳았다. 중국의 학자들은 시진의 상권과 같은 새로운 개념들을 발전시키기도 했다. 그러나 이러한 종류의 연구에는 아직도 명확하고 널리 받아들여지는 개념이나 용어들이 부족하다. 그리고 대부분 지역들의 경우 사료들이 불충분하기 때문에, 이 분야의 연구는 제한된 자료에 근거한 일종의 가설 설정에서 벗어나지 못하고 있다.

청조의 도시 체계에서 특징적인 현상은 운하 도시들의 성장이었다. 일부 학자들은 수도로 이어지는 운하와의 인접성 때문에 성장하게 된 이러한 도시들이 전통적인 도시 체계와는 무관한 초(超)지역적 도시망을 구성하였으며, 이 도시망이 운하 주변 지역에 심대한 영향을 미쳤다고 주장하였다.[47]

19세기 중반 이후, 중국 도시망의 변형은 두 개의 주요 영역에서 살펴볼 수 있다. 첫째, 개항장의 성장과 중추적 도시로의 발전은 행정 도시를 중심으로 형성된 전통적 도시망에 심대한 영향을 끼쳤다.[48] 둘째, 20세기 초 철도망의 건설은 철도 도시들의 성장을 일으켰으며, 그럼으로써 지역 도시망

---

45) 이 주제를 개관한 글로는 范金民, 「明淸江南城市文化」가 있다.

46) 任放, 『明淸長江中游市鎭經濟硏究』.

47) 傅崇蘭, 『中國運河城市發展史』. 19세기 말 만청시기(晩淸時期) 자강운동(양무운동) 기간의 운하 주변 지역의 쇠퇴에 대해서는 Kenneth Pomeranz, *The Making of a Hinterland: State, Society and Economy in Inland North China, 1853-1937* (Berkeley, CA., University of California Press, 1993)에 분석되어 있다.

48) 개항장의 성장이 미친 영향은 매우 심대하여 역사적 전환점으로 간주할 수 있을 정도이지만, 개항장 도시들에 관한 연구는 대체로 도시 그 자체에 한정되어 있으며, 이 도시들을 지역적 맥락 속에서 분석하는 경우는 드물다. 그리하여 사람들은 예를 들어 상해와 같은 대도시의 급속한 발전이 주변 지역과의 큰 관련 없이 이루어졌다고 믿기도 한다. 많은 학자들의 저술에서 이 도시들은 고립된 "모델"로서 다루어진다.

의 구조를 변화시켰다. 하지만 이러한 발전과정 속에서 도시망이 실제로 어떻게 변화했는지에 관한 연구는 아직 매우 적다.[49)]

근대 시기에 대해서는 도시와 주변 농촌 간의 관계에 대한 연구가 대체로 개항장과 배후지 간의 관계에 한정되었다. 그러나 이 영역에 대해서도, 대륙의 중국인 학자들은 많은 연구를 진행하지 않았다. 다만 1990년대 이후 일부 역사지리학자들이 이 분야에 관한 연구를 발표하였으며,[50)] 2004년에는 상해에서 "개항장과 후배지(後背地)에 관한 국제 학술회의"가 개최되었다.[51)] 대만 학자들은 이 문제에 대해 일찍부터 관심이 있었다. 1980년대 이후 대만에서는 개항장과 후배지의 관계에 대해 뜨거운 논쟁이 일었으며, 다수 학위논문, 연구논문, 논설 등이 발표되었다.[52)] 또다른 학자들은 천진과 몽골 평원 사이의 화북 지역에서, 천진을 통해 후배지와 세계 시장을 연결하는 시장들이 얼마나 다양한 수준에서 발전하였는가를 고찰하였다. 이러한 연구는 항구 도시와 후배지 간의 관계를 새로운 관점에서 검토하였으

---

49) 북경-한구 간 철도를 연구한 홍콩과 대만의 학자들은 철도의 건설과 지역 발전의 관계에 초점을 맞추었으며, 그들 중 일부는 이 철도가 지역-도시 발전에 미친 영향에 대해 논하였다. 何漢威, 『京漢鐵路初期史略』(香港, 中文大學出版社, 1979). 張瑞德, 『平漢鐵路與華北的經濟發展,1905-1937』(臺北, 中央研究院近代史研究所, 1987). 「近代華北交通的演變」에서 劉海岩은 화북 지역 도시망을 형성시킨 연안 항구 도시들의 성장과 철도망의 건설에 대해 논하였다. 이러한 발전은 중개 도시(intermediate city)들의 위치, 도시망의 구조, 도시 간의 기능적 관계를 비롯해 중국 북부 도시들의 모든 측면에 영향을 끼쳤다. David D. Buck은 "Railway City and National Capital: Two Faces of the Modern in Changchun", Esherick, ed., *Remaking the Chinese City*, pp. 65-89에서 장춘(長春)의 변화를 철도 건설의 결과로 파악한다.

50) 현재 이 주제에 관해 출판된 유일한 저작은 戴鞍鋼, 『港口, 城市, 腹地 : 上海與長江流域經濟關係的歷史考察 (1843-1913)』(上海, 復旦大學出版社, 1998)이다.

51) 『港口—腹地和中國現代化進程學術研討論文集』(上海, 復旦大學出版社, 2004).

52) 林滿紅, 「口岸貿易與近代中國: 臺灣最近有關研究之回顧」, 中央研究院近代史研究所 編, 『近代中國區域史研討會論文集』, 第1輯 (臺北, 中央研究院近代史研究所, 1986), 869-915; 「口岸貿易與中國內部的區間關係 : 1860-1930 年代之經驗」, 『港口—腹地和中國現代化進程學術研討論文集』, 14-27.

며, 그 관계의 형태를 묘사하기 위해 '수지 망상(樹枝 網狀: dendritic network)' 이라는 개념을 사용하였다.[53)]

영어로 출판된 최근의 연구들은 청 말 도시 체계 내의 경제적 관계를 조명하였다. 린다 쿠크 존슨(Linda Cooke Johnson)은 조약 체결 훨씬 이전부터 시작된, 상해를 중심으로 한 교역망의 성장을 개관하였다. 그리고 안토니아 피넌(Antonia Finnane)은 관(官)의 소금 독점이 양주(揚州)의 성장, 그리고 양주와 후배지의 관계에 어떻게 영향을 끼쳤는가를 보여주었다.[54)] 명대의 소주에 관한 연구에서 마이클 마르메(Michael Marmé)는 소주에서 중앙 정부의 재정적 요구가 장강 하류의 삼각주 지역의 상업화를 자극하였으며, 이로써 제국의 수도가 아닌 도시에 의해 지배되는 최초의 중국적 "세계 체제(world system)"가 만들어졌다고 주장하였다.[55)] 세계 체제 이론에 대한 증대되는 관심과 케네스 포메란츠(Kenneth Pomeranz)와 같은 세계사학자들의 작업은 중국 도시 체계의 성격과 그것이 세계 무역의 다른 중심지들과 갖는 관계를 이해하고자 하는 시도들을 더욱 고무할 것으로 보인다.[56)]

---

53) 關文斌 (Kwan Man Bun), 「描繪腹地: 近代中國通商口岸和區域分析」, 『城市史研究』, 13-14 (1997), 1-22; 「清末民初天津與華北的城市化: 一個網絡系統分析」, 『城市史研究』, 21 (2002), 49-66.

54) Linda Cooke Johnson, *Shanghai: From Market Town to Treaty Port, 1274-1858* (Stanford, CA., Stanford University Press, 1995). Antonia Finnane, *Speaking of Yangzhou: A Chinese City, 1550-1850* (Cambridge, MA., Harvard Asia Center, 2004).

55) Michael Marmé, *Suzhou: Where the Goods of All the Provinces Converge* (Stanford, CA., Stanford University Press, 2005).

56) Kenneth Pomeranz, *The Great Divergence: China, Europe, and the Making of the Modern Economy* (Princeton, NJ., Princeton University Press, 2000). Janet Abu-Lughod의 영향력 있는 저서인 *Before European Hegemony: The World System A.D. 1250-1350* (New York: Oxford University Press, 1989)에는 중국에 관한 장이 포함되어 있다. 이 장은 주로 Wang Gungwu, Jacques Gernet, Mark Elvin의 작업에 기초하였다.

미국의 학자들은 또한 20세기 중국의 도시 체계 변화의 전반에 관한 연구에도 착수하였다. 이를 주도하는 학자 가운데 한 명인 셔먼 코크란(Sherman Cochran)은 20세기 초에 발전한 새로운 상업 유통망 지도를 작성하는 작업을 하였다. 그리고 근대적 은행 제도를 다룬 브레트 시안(Brett Sheehan)의 연구는 은행들이 어떻게 중국의 도시들을 새로운 방식을 통해 동시에 연결하고 있었는지를 보여주었다.[57]

### 3) 도시의 유형과 형태

관례적으로 개항장 출현 이전의 중국의 전통 도시들은 행정 중심지(제국의 수도뿐 아니라, 부 · 주 · 현의 소재지 등이 여기에 포함되며, 이 도시들은 "정치도시"라고도 불린다)와 상공업 도시의 두 범주로 분류된다. 첫 번째 유형의 도시들이 담당하는 주된 기능은 행정이었다. 이 도시들은 주변의 농촌이 공급하는 물자에 의존하는 소비도시였으며, 정치적 중요성이 경제적 중요성보다 훨씬 컸다. 두 번째 유형인 산업 · 상업 도시들은 송대 "도시 혁명"의 소산으로, 명청시대에 커다란 발전을 겪었다.[58] 널리 받아들여지는 이러한 유형 분류를 뒷받침하는 논의들은 도시의 경제적 성격에 주목한다.

근대 도시들의 유형 분류에서 경제적 요소는 훨씬 더 중요한 것이었다. 근대 도시들은 일반적으로 다음과 같이 분류할 수 있다. 첫 번째 유형은 중국의 근대성을 가장 명백하게 보여주는 도시들로서, 여기에는 외국과의 조

---

57) Sherman Cochran ed., *Encountering Chinese Networks: Western, Japanese, and Chinese Corporations in China, 1880-1937* (Berkeley, CA., University of California, 2000). Brett Sheehan, "Urban Identity and Urban Networks in Cosmopolitan Cities: Banks and Bankers in Tianjin, 1900-1937", Esherick, ed., *Remaking the Chinese City*, pp. 47-64.

58) 韓大成, 『明代城市硏究』(北京, 中國人民大學出版社, 1991).

약에 의해 개항된 무역항구들뿐 아니라, 조약과 상관없이 무역에 개방된 항구들도 포함된다. 두 번째 유형은 공업 및 광업 도시들이다. 그리고 세 번째 유형은 중요한 교통의 결절점에 있는 도시들이다. 이러한 근대 도시들 가운데 일부는 중국의 전통 도시들로부터 발전한 것이었고, 일부는 새로 건설된 것이었다.[59)]

최근의 연구들은 또한 쇠퇴하던 도시들에도 초점을 맞추었다.[60)] 특정 도시의 성장과 쇠퇴는 중국의 도시 체계가 내륙의 행정 도시들을 중심으로 하는 체계로부터 해안의 근대적 상업 도시들을 중심으로 한 체계로 변화하였음을 보여주는 가장 두드러진 표지이다. 쇠퇴하는 도시들을 연구하는 학자들은 쇠퇴의 범위나 개념에 대해서 거의 논의하지 않았지만, 쇠퇴의 징후와 원인, 그리고 쇠퇴가 도시 체계에 미친 영향에 대해서는 많은 관심을 기울였다. 예컨대, 최근에는 19세기 말과 20세기 초 대운하 주변 도시들의 쇠퇴가 학문적으로 주목되었다.[61)] 연구자들의 관심을 끈 주제들로는 해안 지역의 경제 발전 이후 쇠퇴하게 된 전통적 경제 중심지와 수공업 도시들, 철도의 등장 이후 쇠퇴한 전통적인 육로 주변의 도시들을 들 수 있다.[62)] 내륙 도시인 성도(成都)의 "완만하고 힘겨운" 근대화 과정을 검토한 연구서를 비롯해, 도시의 쇠퇴를 다룬 사례 연구들 가운데 일부는 이미 출판되었다.[63)]

---

59) 隗瀛濤 主編, 『中國近代不同類型城市綜合研究』.

60) 다음 논문은 이 주제를 다룬 연구들을 평가하고 있다. 蔡雲輝, 「近十年來關于"近代中國衰落城市"研究綜述」, 『史學理論研究』, 2003年 第2期, 130-37.

61) 王守中 · 郭大松, 『近代山東城市變遷史』, 92-102와 傅崇蘭, 『中國運河城市發展史』의 관련 章

62) 隗瀛濤 主編, 『中國近代不同類型城市綜合研究』. 史革新 主編, 『中國社會通史(晚淸卷)』(太原, 山西教育出版社, 1996), 153-67. 周漢國 主編, 『中國社會通史(民國卷)』(太原, 山西教育出版社, 1996), 175-7 참조.

63) 何一民 主編, 『變革餘發展 - 中國內陸城市成都現代化研究』(成都, 四川大學出版社, 2002). 도시의 쇠퇴를 다룬 다른 연구로는 邯鄲, 大連, 九江, 鎭江에 관한 것들이 있다.

개별 도시들에 관한 사례 연구들은 모두 일정정도 시간의 흐름에 따른 도시 형태의 변화를 다룬다. 최근에 나온, 영어로 된 4권의 책은 도시사의 이러한 측면을 상당히 깊이 있게 고찰하였다. 청대까지 소주의 역사를 다룬 허역농(許亦農)의 면밀한 연구는 이 도시의 형태가 여러 세기 동안 크게 변하지 않았던(이 현상은 모트가 1973년에 소주에 대한 글에서 강조했던 것이다) 이유를 설명하면서, 도시의 건설 사업에 대해 국가가 통제력을 유지하였다는 점을 지적한다. 그는 비록 도시의 엘리트들이 풍수지리학의 개념들을 참조하여 도시 공간을 재해석해 왔지만, 소주의 형성에 풍수지리학자들의 역할은 크지 않았다고 주장한다. 또한 토비 마이어-퐁(Thobie Meyer-Fong)은 청 초의 양주에 관한 연구에서 도시의 문인층이 도시 공간에 문화적 의미를 불어넣었다는 점을 강조한다. 명청시대 북경의 사원 문화에 관한 수잔 나퀸(Susan Naquin)의 연구는 청대에 걸쳐 도시 주민들이 시외의 순례 사원들과 어떻게 연결되었는지를 보여주었다. 마지막으로 역사지리학자인 파이퍼 래 가우바츠(Piper Rae Gaubatz)는 청 제국의 북부와 서부 국경 지대 도시들을 검토하면서, 이 도시들의 건조 환경(建造環境, built environments)이 제국의 도시 설계 이론들을 더욱 엄격히 고수하고 있었을 뿐만 아니라 그곳에 사는 상이한 인종 집단들의 다양한 종교와 주거 양식을 반영하고 있었다고 주장하였다.[64)]

중국 도시사 연구에서 가장 흥미로운 미개척 분야는 아마도 1950년대 중국 도시들의 변화일 것이다. 미국의 사회과학자들은 지난 몇십 년간 이 주

---

64) Yinong Xu(許亦農), *The Chinese City in Space and Time: The Development of Urban Form in Suzhou* (Honolulu, HI., University of Hawai'i, 2000). Tobie Meyer-Fong, *Building Culture in Early Qing Yangzhou* (Stanford, CA., Stanford University Press, 2003). Susan Naquin, *Peking: Temples and City Life, 1400-1900* (Berkeley: University of California, 2000). Piper Rae Gaubatz, *Beyond the Great Wall: Urban Form and Transformation on the Chinese Frontiers* (Stanford, CA., Stanford University Press, 1996).

제에 대해 관심을 보여 왔다.[65] 당안 자료의 열람이 자유로워지고, 1950년대에 중국 도시들에서 살았던 사람들과 인터뷰할 기회가 늘어남에 따라, 역사가들은 1950년대의 변화를 보다 면밀하게 탐구할 수 있게 되었다. 현재까지 도시의 단위(單位) 제도의 변화를 다룬 몇몇 상세한 연구들이 출판되었다.[66] 우리는 1950년대 도시 생활과 관련된 또 다른 영역들을 다룬 논문과 책들이 급격히 증가할 것으로 예상한다. 그리고 그렇게 될 때 사회주의 중국의 도시들이 가진 특수한 성격에 대해 보다 충분히 설명할 수 있게 될 것이다.

### 4) 도시 사회와 문화

미국의 중국사학자들은 1970년대에 미국에서 부상한 사회사의 영향을 받으면서, 프랑스 역사가 장 셰노(Jean Chesneaux)의 초기의 연구들을 바탕으로 20세기 중국의 도시 노동자들에 대한 다량의 저작들을 내놓았다. 1980년대에 출판된 노동사 저서들 가운데에는 특히 산업 노동자의 계급 구조와 중국 근대 도시 노동의 젠더(gender) 측면에 주목하는 연구들이 많았다.[67] 하지만 놀랍게도 상점 점원, 하인, 행상인, 운수 노동자 등과 같이

---

65) John Wilson Lewis, ed., *The City in Communist China* (Stanford, CA., Stanford University Press, 1971).

66) 예컨대 David Bray, *Social Space and Governance in Urban China: The Danwei System from Origins to Urban Reform* (Stanford, CA., University of Stanford Press, 2005) 참조.

67) Gail Hershatter, *The Workers of Tianjin, 1900–1949* (Stanford, CA., Stanford University Press, 1986), *Dangerous Pleasures: Prostitution and Modernity in Twentieth-Century Shanghai* (Berkeley, University of California, 1995). Emily Honig, *Sisters and Strangers: Women in the Shanghai Cotton Mills, 1919–1949* (Stanford, CA., Stanford University Press, 1986). Elizabeth J. Perry, *Shanghai on Strike: The Politics of Chinese Labor* (Stanford, CA., Stanford University Press, 1993).

1949년 이전에 존재했던 다양한 유형의 도시 노동자들의 삶에 대한 연구는 거의 이루어지지 않았다.[68]

1990년대 이후 중국의 학자들은 도시 사회에 대한 연구에 점점 더 흥미를 갖게 되었다. 이는 부분적으로는 중국 사회사가 부상한 결과였다. 최근에는 도시의 사회적 구조[69], 도시의 사회 계급들, 특히 신상(紳商) 계급의 변화[70], 도시 인구[71], 도시의 사회생활[72] 등을 다룬 연구서들이 출판되었다. 지난 몇 년 동안 중국의 학자들은 도시의 하층 계급들에 대해 상당한 관심을 보였다. 미국의 학자들과 달리 중국에서서는 노동자들에 대한 연구는 거의 이루어지지 않았다. 오히려 많은 연구들은 거지, 빈민 등 주변화된 집단이라 불릴 수 있는 사람들에게 초점을 맞추었다.[73]

---

68) Di Wang(王笛)(중국어로 된 그의 논문은 각주 81번과 82번에 언급되어 있다)은 *Street Culture in Chengdu: Public Space, Urban Commoners, and Local Politics, 1870–1930* (Stanford, CA., Stanford University Press, 2003)에서 성도의 비공업 부문 노동 계급의 삶을 탐구한다. 또한 Hanchao Lu, *Beyond the Neon Lights* 참조.

69) 尙克强, 劉海岩 主編, 『天津租界社會研究』. 李明偉, 『清末民初中國城市社會階層研究(1897–1927)』(北京, 社會科學文獻出版社, 2005).

70) 이 분야에서 가장 영향력 있는 두 명의 학자는 朱英과 馬敏이다. 朱英, 『轉型時期的社會與國家: 以近代中國商會爲主體的歷史透視』(上海, 華東師範大學出版社, 1997); 馬敏, 『官商之間 社會劇變中的近代紳商 』(天津, 天津人民出版社, 1995).

71) 鄒依仁, 『舊上海人口變遷的研究』(上海, 上海人民出版社, 1981). 李競能 主編, 『天津人口史』(天津, 南開大學出版社, 1990). 高艷林, 『天津人口研究(1404–1949)』(天津, 天津人民出版社, 2002). 韓光輝, 『北京歷史人口地理』(北京, 北京大學出版社, 1996). 張利民, 「近代華北城市人口發展及其不平衡性」.

72) 1996년에 湖南出版社는 "中國古代城市生活長卷叢書"라는 제목의 총서를 출판하였다. 이 총서에는 명대와 청대에 관한 책도 포함되어 있다: 陳寶良, 『飄搖的傳通: 明代城市生活長卷 』. 趙世瑜, 『腐朽與神奇: 清代城市生活長卷』. 이 총서는 대중적 역사서이지만, 이 두 책은 도시사 연구를 소개하고자 하고 있다. 李長莉의 상해에 관한 책 『晚清上海社會的變遷』은 사회적 지위의 변화와 사회적 평등성이란 개념의 발전, 다양한 형태의 유흥과 여가 방식의 성장, 상업적인 소비문화의 형성 등에 대해 논의한다.

73) 이민자들에 대한 연구에는 池子華의 『中國近代流民』(杭州, 浙江人民出版社, 1996)이 있다. 그리고 거지에 관한 연구에는 曲彦斌, 『中國乞丐史』(上海, 上海文藝出版社,

### 5) 새로운 정치 형태 및 담론의 온상으로서의 중국 도시들

미국의 중국 도시사학자들 사이에서 최근에 학문적 논의가 가장 활발하게 이루어지는 주제는 지난 100년간 중국의 정치적 변화에서의 도시와 도시 주민들의 역할이다. 1980년대 말과 1990년대에 등장한 거의 모든 도시사 서술들은 청 말과 중화민국시기에 중국 도시들에서 "공공영역"이 발전했다는 논의에 주목한다. 공공영역에 관한 논의는 부분적으로는 독일의 철학자 위르겐 하버마스(Jürgen Habermas)의 서유럽 도시들의 정치적 자유주의의 역사에 관한 저술에서 영감을 얻은 것이었다. 하버마스가 제시한 18세기 유럽의 삶에 대한 다소 이상화된 상에 따르면, 다양한 계층의 사람들이 동등한 자격으로 커피 하우스나 공원에서 만나서 정치적 사안들에 대해 토론하는 것이 가능해졌고, 그럼으로써 활발하게 형성된 여론은 신문의 도움을 받아 도시와 국가의 사건들에 영향을 끼칠 수 있게 되었다. 강남 지역에 대한 메리 배커스 랭킨(Mary Backus Rankin)의 연구가 보여주는 것처럼, 19세기에 중국에서는 국가와 무관한 단체들이 성장하였다. 그리하여 일부 학자들은 청이 약화함에 따라 중국에서도 유럽과 유사한 현상이 발전하고 있었다고 가정하게 되었다. 그들은 "시민사회"가 국가의 쇠퇴로 생겨난 공백을 채우면서, 점차 강화되고 있었다고 주장하였다.[74)]

공공영역 논쟁으로 말미암아 19~20세기의 국가와 무관한 단체들과 그 구성원들, 이 단체들이 형성한 도시 공간, 그리고 이 단체들과 국가 및 보다 광범위한 주민들과의 관계에 대한 연구들은 1985년부터 1995년까지 일

---

1990)가 있다.

74) Mary Backus Rankin, *Elite Activism and Political Transformation in China* (Stanford, CA., Stanford University Press, 1986). 도시 정치의 변화라는 문제를 처음으로 제기하고, 공공영역에 관한 논의를 시작한 다른 저작들로는 Strand의 *Rickshaw Beijing*과 한구에 관한 로우의 저서들이 있다.

대 성황을 이루었다. 신유학을 연구한 저명한 학자이자, 그것의 인문주의적 잠재성을 강조했던 윌리엄 테오도르 드 배리(William Theodore de Bary)는 근대 중국의 공공영역과 시민사회의 성격에 관한 학술회의를 여러 차례 개최하면서 이러한 연구들을 장려하였다.[75]

1993년에 『근대 중국(*Modern China*)』은 공공영역 논쟁에 관한 특집호를 발간하였다. 이 특집호는 그에 관한 용어들을 정리하였으며, 이 문제에 관한 역사가들의 의견이 얼마나 갈려 있는지를 보여주었다. 청말 국가로부터 일정 정도의 자치권을 부여받은 공식적 단체들이 출현하고, 중화민국시기에 이러한 단체들의 수가 늘어남에 따라 대중이 도시의 정치에 광범위하게 참여할 수 있게 되었는가? 아니면 20세기 도시들에서 새로운 관리 기술과 사회 조직이 발전하고, 활용됨에 따라 국가 권력이 증가하였는가?[76] 이 주제에 대한 도시사학자들의 관심이 한동안 계속될 것임에는 의심의 여지가 없다. 20세기 도시 정치의 역동성을 보여줄 수 있는 사료들—법원과 경찰 기록, 지방 신문, 회고록—은 풍부하며, 아직 충분히 활용되지 못한 상태이다.

현재 이루어지고 있거나, 혹은 장차 진행될 연구들은 다른 도시 집단들이 제기했던 정치적 · 사회적 문제들에 대해, 그리고 이러한 집단들이 어떻게 통합되었고, 다른 집단이나 국가와의 관계를 어떻게 정의했는지에 대해 더 많은 것을 밝혀내게 될 것이다. 공공영역에 관한 논쟁이 한창일 때에 나온 두 편의 연구—1920년대 북경의 정치에서 노동운동가와 다른 활동가들

75) 이러한 학술회의의 논문 가운데 출판된 것이 있다. Charles Le Blanc et Alain Rocher, eds., *État, Société Civile et Sphère Publique en Asie de l'Est* (Montreal, Center for East Asian Studies, University of Montreal, 1998).

76) "'Public Sphere'/'Civil Society' in China?", *Modern China*, 19, no. 2 (1993)를 보라. 여기에는 Mary Rankin, Frederic Wakeman, Jr., William Rowe의 논문들이 수록되어 있다.

의 역할의 증대를 다룬 데이비드 스트랜드의 연구와 중화민국시기 상해의 동향회들이 도시와 국가의 정치 활동에 어떠한 기반을 제공했는지를 탐구한 브라이나 굿맨(Bryna Goodman)의 연구 — 는 이러한 접근법을 보여주는 훌륭한 사례이다.[77] 또한 게일 허섀터(Gail Hershatter), 안토니아 피넌스, 관문빈(關文斌, Kwan Man Bun) 같은 이들의 혁신적인 연구 덕분에 도시 문화와 정치의 형성에서의 여성의 역할도 밝혀지고 있다. 게일 허섀터는 20세기 상해의 성(性)노동자들이 사회경제적 조건의 변화에 맞춰서 그들의 사업을 어떻게 변화시켰는지를 보여주었으며, 안토니아 피넌과 관문빈은 각각 양주와 천진의 역사에 대한 연구에서 청대 도시 상업 문화에서 여성이 행한 역할을 다루었다.[78]

미국의 근대 중국사 분야에서 점차 지배적인 위치를 차지하게 된 문화사학자들의 연구는 중국 도시들의 형성에서 초국가적인 학문 담론과 사회과학 담론들의 힘을 강조하면서 도시 정치사의 논의들에도 영향을 주었다. 중국국민당 이데올로기의 발전과 그것의 정치적 실천이 1920년대 광주(廣州)의 상황으로부터 어떠한 영향을 받았고, 또 역으로 정부의 도시생활에 대한 통제 방식을 어떻게 변화시켰는지를 탐구한 마이클 친(Michael Tsin)의 분석은 아마도 이러한 경향을 보여주는 좋은 예일 것이다. 국민당은 누가 "사회"를 대변할 수 있는지를 결정짓는 정치적 담론을 지배하였다. "사회"라는 이 새로운 개념은 청 말의 자유주의 사상가들이 자신들의 지배를

---

77) Strand, Rickshaw Beijing; Bryna Goodman, *Native Place, City, and Nation: Regional Networks and Identities in Shanghai, 1853-1937* (Berkeley, University of California Press, 1995).

78) Hershatter, *Dangerous Pleasures*; Finnane, *Speaking of Yangzhou*; Kwan Man Bun, *The Salt Merchants of Tianjin: State Making and Civil Society in Late Imperial China* (Honolulu, HI., University of Hawai'i Press, 2001). Susan Glosser의 *Chinese Visions of Family and State, 1915-1953* (Berkeley, University of California Press, 2003)는 도시의 이상적인 가족상(像)의 변화를 다룬다.

정당화하고, 적들의 지배를 제거하기 위해 들여온 것이었다.[79]

중국의 도시사학자들 사이에서 "공공영역" 문제에 관한 논쟁은 미국의 학자들 사이에서만큼 활발하지 않았고, 그와 관련된 연구들도 거의 출판되지 않았다. 몇몇 학자들은 이러한 상황에 대해 매우 비판적인 입장을 취했다.[80] 구체적인 역사 연구에서 "공공영역"과 관련된 이론을 사용하고자 한 시도들 가운데에서 가장 대표적인 것은 왕적(王笛)의 작업이다. 20세기 초의 장강 상류 지역에 대한 연구에서 그는 공공영역의 발전이 전통적 단체들의 변화와 새로운 단체들의 형성이라는 두 가지 과정을 통해서 이루어졌다고 주장하였다. 상회(商會)와 공립학교들은 전자의 범주에 속하며, 대부분의 공공단체와 기타 사회 · 경제 조직들은 후자의 범주에 속한다. 그는 이러한 공공영역의 발전이 시민사회의 형성을 위한 기반을 조성하였다고 언급한다.[81] 또한 그는 청 말과 중화민국 초기에 성도(成都) 주민들의 삶에서 중요한 장소였던 차관(茶館)에 대한 연구에서 차관이 집 밖에서 이루어지는 "공적 생활"의 주된 공간이었음을 지적한다. 차관은 도시 주민들의

---

79) Michael Tsin, *Nation, Governance, and Modernity in China: Canton 1900–1927* (Stanford, CA., Stanford University Press, 1999). 근대 도시 정치와 사회를 문화사적으로 접근하는 또 다른 훌륭한 연구로는 Qin Shao의 *Culturing Modernity: The Nantong Model, 1890–1930* (Stanford, CA., Stanford University Press, 2003)와 Ruth Rogaski의 *Hygienic Modernity: Meanings of Health and Disease in Treaty-Port China* (Berkeley, University of California Press, 2004)가 있다. Kristin Stapleton은 이러한 새로운 도시 문화의 많은 요소들이 청말 신정(新政) 시기에 도시 개혁을 실시한 관리들의 전통적 정책과 일맥상통하는 것으로 보인다고 주장한다. Stapleton, *Civilizing Chengdu: Chinese Urban Reform, 1895–1937* (Cambridge, MA., Harvard Asia Center, 2000).

80) "1990년대에 '시민사회'와 '공공영역'에 관한 많은 이론이 등장하였고, 미국의 중국 도시사학자들을 비롯해 많은 사람이 이러한 접근법을 도입하였으나, 중국의 도시사 연구는 이에 대해 유효한 답변을 제공하지 못하였다." 楊念群, 「"地方性知識", "地方感"與"跨區域硏究"的前景」, 『天津社會科學』, 2004年 第6期, 119-125.

81) 王笛, 「晩淸長江上游地區公共領域的發展」, 『歷史硏究』, 1996年 第1期, 5-16.

"거실"이자 "자유의 공간"이었으며, 공적 공간이었다.[82]

다른 학자들은 상해와 관련해서 "공공영역"의 문제를 논하였다. 이들은 근대 중국에서 공공영역의 형성이 구국(救國), 개혁 등의 정치적 문제들과 직접적으로 연결되어 있었다고 주장했다. 이러한 이유로, 공공영역에 활발하게 참여한 신(新)지식인들은 문학이 아니라, 직접적으로 정치 단체들을 통해서 활동을 펼쳤다. 그들의 주된 관심사는 국민(nation)의 건설과 전통 질서의 개혁이었다. 근대 중국에서 공공영역의 표출은 초기에는 주로 학교, 신문, 학회가 이루어냈으며, 여기에 집회와 전보가 보조적으로 기능을 했다. 이는 살롱과 커피 하우스가 사회적 회합의 장소로 이용되었던 유럽과는 다른 양상이었다. 이후 중화민국시기에는 신문과 잡지가 공공영역에서 공중의 역할을 담당하였다. 어떤 사람들은 19세기 말과 20세기 초 상해에서 정치 집회가 매우 흔한 공적 표현의 방식이 되었다고 믿는다. 장원(張園)은 이를테면 상해의 하이드 파크(Hyde Park)였으며, 가장 유명한 집회 장소로서, 모든 종류의 공적인 정치 표현의 중심지가 되었다.[83]

서양의 모델에 따라 역사를 구성하는 함정에 빠지지 않고자 한 일부 학자들은 근대 중국 도시들의 "공공영역"과 "시민사회"에 관한 연구에 대해 신중한 태도를 보였다. 그들은 "시민사회" 이론의 도입이 근대 중국의 도시 사회를 이해하는 데 필요한 분석적 틀을 제공해줄 수 있다고 생각하지만, 서양의 도시들에서는 "공공영역"이 명확하게 존재했다는 점을 지적한다. 서양에는 신문, 정치적 회합, 사회 조직들을 매개로 커피 하우스에서 형성된 독자적인 도시민 계급, 즉 부르주아지가 존재했다. 반면에 중국에서는 이러한 "영역"이 존재하지 않았다. 중국 고유의 도시 자치 방식은 유럽과는 판이했으며, 양자는 혼동되어서는 안 된다.[84] 근대 중국에는 전국적인 차원

82) 王笛, 「二十世紀初的茶館與中國城市社會生活」, 『歷史硏究』, 2001年 第5期, 41-53.
83) 熊月之 主編, 『上海通史』, 3, 284-296.

1920년대 상해.

에서 하나의 "공공영역"의 모델이 없었고, 오히려 지역적 차이가 공적 생활에 반영되어 있었다. "공공영역"의 출현은 국가 통제로부터 분리된 공간에서 발생하지 않았고, 오히려 국가가 "공공영역"의 출현을 장려하고 그것을 통제하였다. 즉, 국가와 사회는 상호 영향을 주었다. 비록 어떤 상황에서는 양자의 관계가 대립적이기도 했지만 말이다.[85)]

## 4. 중국 도시학에서 도시사의 위치

지난 20년 동안 중국에서 도시사 분야의 인기는 매우 높아졌다. 이는 물론 모택동 이후 개혁개방 시기에 중국의 모든 도시들에서 일어난 엄청난

---

84) 楊念群, 『中層理論: 東西方思想會通下的中國史研究』(南昌, 江西教育出版社, 2001), 제3장. 85

85) 王笛, 「晚清長江上游地區公共領域的發展」,

발전으로부터 자극을 받은 것이었다. 중국은 새로운 도시의 시대에 접어든 듯하다. 이 문제에 관한 다른 논문들이 보여주는 것처럼, 현대 중국의 도시에 대한 연구 또한 중국과 국외에서 활발하게 이루어지고 있다. 도시사 연구는 이러한 현대 도시 연구에 얼마나 이바지할 수 있는가? 그리고 역으로 현대 도시 연구는 도시사 연구에 얼마나 이바지할 수 있는가? 현재로서는 실질적인 협력의 사례는 상대적으로 적다. 전술한 바 있는 도시 사회를 조직하는 "단위(單位)" 체계의 발전과 쇠퇴에 관한 연구가 아마도 이러한 협력이 잘 이루어진 분야일 것이다.[86] 일부 건축가와 도시 계획가들은 중국적 특징을 지닌 도시(및 역사적인 관광지)를 건설하는 데 필요한 지침을 얻기 위해 중국의 도시사를 참고하기도 했다. 그러나 현대식 대도시에 옛 형태들이 놓일 적당한 자리가 있을지는 이론가들 사이에서 논쟁이 벌어지는 문제이다.[87]

우리는 훨씬 더 많은 공동연구의 가능성이 존재한다고 보며, 그것을 통해 중국 도시들의 역사와 오늘날 중국 도시의 상황에 대한 더욱 풍부한 이해에 이를 수 있다고 생각한다. 특히 앞에서 언급했던, 중국 도시 간의, 그리고 중국 도시들과 세계 다른 지역의 도시 간의 경제적 · 정치적 · 문화적 관계의 변화와 같은 주제는 공동 작업이 기대되는 분야이다. 도시 자산의 이용과 관리에 관한 선례와 관례들을 파악하기 위해서도 역사가들과 사회

---

86) Frederic Wakeman, Jr.는 유력한 논문에서 국가 경찰력의 성장이 1911년과 1949년의 정치적 단절선을 넘어 20세기의 중국을 관통하는 중요한 연속성을 보여준다고 주장하였다. Wakeman, Jr., "Models of Historical Change: The Chinese State and Society, 1839-1989", in Kenneth Lieberthal et al., ed., *Perspectives on Modern China: Four Anniversaries* (Armonk, NY., M. E. Sharpe, 1991), pp. 68-102.

87) 예컨대 Lü Junhua, Peter G. Rowe, & Zhang Jie, *Modern Urban Housing in China: 1840-2000* (Munich, Prestel, 2001) 참조. 그리고 Peter G. Rowe와 Seng Kuan은 *Architectural Encounters with Essence and Form in Modern China* (Cambridge, MA., Massachusetts Institute of Technology, 2002)에서 근대 중국 건축의 개념과 관련된 이론적 문제들을 탐구하고 있다.

과학자들이 함께 연구할 수 있을 것이다. 그리고 중국의 도시적 이념과 가치관의 변화를 밝히는 데서도 보다 많은 것들을 함께 할 수 있을 것이다. 지난 몇십 년간 도시사가 성장하는 과정에서 많은 역사가들은 "향촌 중국"에 대한 지나칠 정도의 학문적 · 정치적 강조로 인해 오랫동안 간과되었던 중국 도시 문화의 여러 측면에 관해서 깊은 이해에 이르게 되었다. 특히 미국의 학자들에게 중국의 도시들이 지닌 삶의 활기는 매우 매혹적이었다. 수많은 도시사학자들이 각기 대도시들이 번영해 갈 수 있는 공동의 이상을 탐구하고자 심혈을 기울여 왔다. 우리는 현대의 중국과 세계에서 이러한 이상들이 어떻게 유지되고, 촉진될 수 있는지를 이해하는 데에 사회과학자들의 도움이 있기를 기대한다.

10장

# 일본 근세 도시사 연구의 전개와 과제

| 박진한 |

## 1. 방법으로서 도시사 연구

도시사란 도시라는 공간영역을 소재로 그것의 형성 및 발전과정을 탐구하는 학문분야라 할 수 있다. 도시사가 역사학 내에서 독립적인 하나의 분과로 자리매김할 수 있는 것은 도시라는 공간영역 내에서 상대적으로 자율적인 현상을 보이며 나타나는 사회적 측면, 이를테면 도시사회, 도시법, 도시문화 등이 가지는 특수성 때문이라 할 수 있다. 즉 공간은 사회적으로 규정되고 역으로 사회는 공간적으로 규정된다는 '공간과 사회의 상호규정성'이 바로 도시사 연구를 가능케 하는 인식론적 기반을 제공한다.

19세기 후반 이후 근대 산업도시는 인간의 생활방식에 심대한 변화를 가져왔다. 이전의 농촌공동체를 떠나 도시에 모여 살게 된 이주민들은 자유로운 계약에 따라 근대적인 노동관계를 만들어 갈 수 있었다. 하지만 공동체를 벗어난 개개인의 삶은 극도로 파편화되어 마치 "껍데기를 잃어버린 달팽이"와 같은 상실감과 소외감을 경험하게 된다. 도시사 연구의 선구자라 할 수 있는 마르크스, 베버, 뒤르켐과 같은 이들이 근대도시에 주목하고자 했던 이유는 다름 아닌 근대인이 겪게 되는 인간소외의 심각성을 깨닫고 이를 해결하기 위해서였다.[1] 이러한 점에서 도시사 연구는 '인간소외'로 대표되는 근대도시의 갖가지 부조리와 도시문제를 해결하기 위한 실천적 처방의 모색에서 비롯되었다고 할 수 있다. 이처럼 도시사 연구자들은 근대도시의 어두운 측면에 많은 관심이 있기 때문에 도시문제의 해결과 인간관계의 회복을 위해 '근대사회'와 '시민사회'의 성립에도 많은 주의를 기울이게 된다. 이러한 점에서 도시사 연구는 '근대성의 탐구'와 직결되는 문제영역이라 할 수 있다.

일본의 도시사 연구 역시 이러한 문제의식과 결코 무관하지 않았다. 일본에서 도시사 연구가 본격적으로 주목받기 시작한 것은 1960년대 소위 '고도경제성장기'의 산업화, 도시화로 말미암아 주택난, 교통난 등의 도시문제가 심각해지면서부터였다. 당시 일본의 도시화는 '선진적'인 구미사회와의 비교를 통해 체계적이고 계획적인 도시개발이 결여된 '후진적'인 것

1) 도시사 연구의 이론적 기초를 제공한 초기 이론가로 마르크스, 베버, 뒤르켐 등을 꼽을 수 있다. 그러나 이들이 처음부터 도시를 하나의 독자적이고 자율적인 연구 대상으로 삼은 것은 아니었다. 이들은 근대사회 전반의 문제를 인식하는 거대한 틀 속에서 도시를 부분적으로 다루었을 뿐이다. 그럼에도 불구하고 이들이 근대사회에 관한 독자적인 이론을 구성하는 과정에서 공통으로 도시를 근대사회 내의 핵심적인 문제영역으로 설정하고 기술했다는 점에 주목할 필요가 있다. 이들이 제시한 근대사회론은 제각기 그 성격이 매우 판이하지만 도시를 파악하는 데 있어 두 가지 공통점을 찾아낼 수 있다. 첫째, 도시라는 공간영역을 봉건주의에서 자본주의로 이행하는 맥락 속에서 파악하고자 했다. 둘째, 도시는 현대 자본주의 사회에서 파생되는 근본적인 사회문제를 결정하는데 단지 이차적이며 부수적인 것으로 이해했다는 점이다. 조명래, 『현대사회의 도시론』(한울아카데미, 2002). 49-71쪽. 이들의 견해가 가진 타당성은 논쟁의 여지가 있지만 도시를 어떻게 이해할 것인지에 관하여 아주 중요한 시사점을 제공하고 있다. 즉 도시를 단순한 물리적, 지리적 실체로 파악하는 것이 아니라 거기에 담겨 있는 사회적, 역사적 측면을 고려하여 이해하고자 했다는 점에서 도시사가 역사학의 한 분과로 자리매김할 수 있는 여지를 만들어주었다고 할 수 있다.

으로 인식되었다. 도시문제의 해결을 위해 주권자로서의 시민의식이 요구되는 상황하에서 하니 고로(羽仁五郎)와 같은 역사가는 베버의 도시론에 영향을 받아 도시란 본래 '중세적 공동체를 해체하고 민주주의와 시민자치를 창출해낸 장'으로 규정지었다. 하니는 『도시의 논리(都市の論理)』라는 저서를 통해 시민자치에 바탕을 둔 도시자치체가 연합한다면 국가에 대항하는 대항권력으로 국정의 변혁을 가져올 수 있을 것이라는 주장을 전개하였다.[2] 그의 주장이 웅변하듯 1960~1970년대 일본의 도시사 연구는 단순히 학문적 차원의 관심에서뿐만 아니라, 도시생활수준의 향상은 물론이고 나아가 현실 정치의 개선과 개혁을 바라는 시민운동이나 대항운동의 차원에서 시작되었다고 할 수 있다.[3]

이러한 연구풍토에 변화의 움직임이 나타나기 시작한 것은 1980년대 이후부터라 할 수 있다. 고도경제성장기 동안의 지속적인 생활향상을 바탕으로 일본사회가 점차 '성숙'과 '안정'의 단계에 접어들면서 도시지역의 혁

2) 羽仁五郎, 『都市の論理』 (勁草書房, 1968).

3) 일본은 2차 세계대전 패전 이후 천황을 중심으로 하는 제국주의를 부정하고 미국의 민주주의를 받아들이게 된다. 영구적인 전쟁방기와 전후복구를 위해 맥아더의 점령군사령부에서 추진한 민주화와 산업화 노선은 이후 일본사회의 발전방향으로 자리 잡게 된다. 이러한 상황 속에서 일본의 역사학계는 비판적 학문으로서 마르크스주의 역사인식을 계승하여 자본주의, 계급대립 등의 개념을 중시하되 여기에 막스 베버의 유형파악을 접목시켜 일본사회의 근대화, 민주화, 자본주의화를 주요 연구주제로 설정하게 된다. 역사학 내에서 이러한 작업은 서구 근대와의 비교를 통해 일본사회 내에서 시민혁명과 산업혁명의 실마리 및 시행과정을 밝혀내는 것으로 구체화한다. 그리고 이 같은 근대성의 탐구는 주로 소작관계, 토지제도와 같은 농민 농촌사회에 관한 분석을 통해 이루어졌다. 1970년대 접어들어 농촌사회 중심의 역사연구에 한계를 느낀 일군의 연구자들이 비교적 관심이 소원했던 도시에 눈길을 돌려 도시자치와 도시정책 등에 관한 연구를 시작하면서 일본의 도시사 연구는 본격화된다. 하지만 이들 역시 근대성의 탐구라는 연구인식 자체는 그 이전과 별다른 차이가 없었다. 따라서 당시의 도시사 연구는 서구 중세도시의 길드와 시민자치 등을 일본사에 투영시켜 상인조합인 가부나카마(株仲間), 행정조직인 조(町)·마치쿠미(町組) 등에 관한 분석을 주된 내용으로 삼게 된다.

신자치체와 시민운동이 퇴조하는 등 사회 전체적으로 보수화 경향이 현저해졌다.[4] 이에 따라 도시사회 및 도시주민의 자치에 대한 연구의 필요성이 제기되면서 일본의 도시가 갖는 역사적 특수성, 다시 말해 구미사회와 구분되는 일본 전통도시의 역사적 특성과 근대도시로의 유산을 고찰하려는 다양한 시도들이 이루어졌다.

일본 역사 속의 여러 전통도시 가운데 특히나 연구자의 관심이 집중된 곳은 전국시대 말기부터 근세 초기에 집중적으로 건설된 성곽도시인 '조카마치(城下町)'였다. 성 아래 도시라는 이름에 걸맞게 각 지역의 영역지배자인 다이묘(大名)의 성곽 아래에 건설된 조카마치는 중국 당나라의 수도인 장안성(長安城)을 모델로 삼아 건설된 후지와라쿄(藤原京, 694년), 헤이조쿄(平城京, 710년), 나가오카쿄(長岡京, 785년), 헤이안쿄(平安京, 794년) 등의 고대도시와 달리 16세기 후반 전국(戰國)시대라는 당시 일본의 정치 · 사회적 발전 단계에 조응하면서 만들어진 도시였다. 다시 말하면 조카마치는 일본이 조선과 중국의 문화적 영향력에서 벗어나 독자적인 발걸음을 내딛기 시작하던 시기에 건설되었으며, 이러한 독자성은 비단 도시건설에서뿐만 아니라 일본문화 전반에 걸친 움직임을 반영한 것이기에 더욱 중요한 의미가 있다 할 수 있다.

더욱이 조카마치는 메이지유신(明治維新) 이후 지방행정제도의 개편에 따라 다이묘의 거성에서 지역거점도시로 전환 · 성장해갔다. 물론 이 과정에서 대부분의 조카마치는 쇠락하는 대신 중앙정부에 의해 선택된 50여 개

4) 고도경제성장으로 말미암아 공해, 주택, 교통 등의 도시문제가 심각해짐에 따라 1960년대 후반에는 이를 해결하기 위한 주민운동이 활발하게 전개되었다. 그 결과 여당인 자민당 이외의 혁신계정당(사회 공산당 등의 혁신을 표방한 정당)이 추천한 후보가 지방자치단체의 수장으로 다수 선출되었다. 일본의 혁신자치체운동과 지방자치운동 등에 관해서는 크리스천 아카데미 한국사회교육원 편, 『일본 시민운동과 지방자치』(한울, 1996), 이시재 외 지음, 『일본의 도시사회』(서울대학교출판부, 2001) 등을 참조하기 바람.

정도만이 폐번치현(廢藩置縣) 이후의 현청 소재지로 살아남게 된다. 사토 시게루(佐藤滋)의 연구에 따르면 오늘날 일본의 대다수 주요 도시는 조카마치에 기원을 두고 변용 · 발전하여 왔다고 말할 수 있다.[5] 메이지유신 당시 급격한 근대화와 도시화에 소요되는 막대한 물적 · 재정적 지원을 충분히 공급할 수 없었던 메이지 정부 입장에서는 조카마치로부터의 유산, 예를 들자면 성곽을 파괴하고 해자를 매립해 지방관청용지나 군용지, 학교부지, 공원 등의 공공용지로 사용함으로써 근대도시의 건설에 필요한 공간과 재정을 충당할 수 있었다. 이러한 점에서 조카마치로 대표되는 근세도시에 관한 연구는 '일본적' 전통의 형성기인 근세사회에 대한 이해는 물론이고 근대도시와의 역사적 공간적 연속성에 주목함으로써 근대로의 이행과 전망까지를 내포하게 된다.

1980년대 이후 조카마치로 대표되는 근세도시의 연구경향은 다음과 같이 크게 세 가지로 나누어 정리해볼 수 있다. 첫 번째는 인간의 삶이 실제로 영위되는 도시의 장(場), 즉 '도시공간'에 대한 분석이다. 도시공간에 대해 다마이 데쓰오(玉井哲雄)는 다음과 같이 정의한 바 있다. 즉 '도시공간'은 물리적 실체로서의 도시를 총체적으로 나타내기 위한 용어로, 이는 도시 구성물의 평면 및 배치를 의미하는 '도시형태'와 도시주변의 자연경관 등을 포함해 도시의 장을 입체적으로 규정하는 '도시경관'으로 구성된다고 보았다.[6] 다마이는 도시공간이란 개념을 통해 도시의 장을 평면적이고 입체적으로 고찰할 것을 제안함과 동시에 그간 문헌역사학에서 간과해왔던 회화, 지도, 건축물, 발굴자료 등과 같은 비문헌자료의 적극적인 활용을 주장하였다. 다마이를 비롯한 역사지리학, 건축사가의 적극적인 참여와 노력으로

---

5) 佐藤滋, 『城下町の近代都市づくり』(鹿島出版會, 1995).

6) 玉井哲雄, 「都市史における都市空間研究」, 『日本都市史入門 I 空間』, 東京大學出版會, 1989; 「都市の計畫と建設」, 『岩波講座日本通史 第11卷 近世1』, 岩波書店, 1993.

도시를 구성하는 다양한 요소들, 이를테면 성곽, 해자, 가로, 거택, 사원 등의 평면과 배치가 상세히 밝혀지면서 2차 세계대전 이전 시기부터 문헌사료를 바탕으로 오랜 연구 성과를 축적해온 조카마치의 구조와 형태를 보다 입체적으로 분석하려는 시도가 활발히 이루어지고 있다.

두 번째는 도시를 구성하는 기본요소, 즉 도시행정 및 주민자치의 기초단위인 '조(町)'와 조의 거주민인 '조닌(町人)'에 대한 연구를 들 수 있다. 조는 본래 8세기 중국의 당나라 수도인 장안을 본떠 건설한 헤이안쿄(平安京)에서 대로(大路)·소로(小路)에 의해 구분된, 사방 40장(丈, 약 120미터)의 구획을 이르는 용어에서 비롯되었다. 하지만 고대도시의 해체와 함께 중세 교토에서는 대로를 사이에 둔 상공업자의 지역적 자치조직으로 그 뜻이 변용된다. 더욱이 근세 이후에는 영주권력이 건설한 조카마치 내의 말단 행정단위로 이용되면서 도시자치의 기초단위인 동시에 행정단위의 이중적 의미가 있게 된다. 이렇듯 조는 고대로부터 시작되지만 중·근세를 거치면서 도시사회의 기본요소로 전개·변용되어 근대 이후에 해체되는 역사적 산물이다. 앞서 언급했던 하니 고로의 문제제기 이래 서구 중세 자치도시와의 비교를 통해 '시민적 자치'의 전통을 일본 역사 속에서 검출해내고자 노력했던 근세사연구자, 그중에서도 신분제론에 선 이들은 도시민의 자발적인 지연조직(중세로부터의 유산)과 권력이 편성한 행정조직(근세적 속성)의 성격을 동시에 담고 있는 '조'와 '조닌'의 성립 및 변용과정에 많은 관심을 가지고 이들이 근세도시 내에서 획득한 자치와 공공성의 의의에 대해 다양한 논의를 전개해왔다.

세 번째는 도시공간에 거주하는 다양하고 복잡한 인간과 그들 사이의 사회적 관계에 대한 연구이다. 근세사회의 신분집단은 유학의 전통적인 사회직능론인 「사농공상론(士農工商論)」에 따라 크게 사무라이(侍, 사에 해당), 햐쿠쇼(百姓, 농에 해당), 조닌(町人, 공·상에 해당) 등으로 구분되어왔다. 이 가운데 조닌은 통상적인 의미로 에도시대 도시에 거주하며 상업 또는 수공업에 종사하는 자로 이해됐다. 하지만 신분제론에서 '조닌' 신분은 매우 엄격한 개념규정을 달고 정의된다. 다시 말해 '조닌' 신분이란 농촌에서 농업경영에 종사하는 햐쿠쇼(百姓)와 달리 도시, 즉 조카마치에 거주하면서 상 · 수공업에 종사하며 막번 권력이 부과한 국역(國役)을 수행하는 거택 소유자라 할 수 있다.[7] 따라서 통상적으로 사용되는 '조닌'과 신분제론에서 규정하는 '조닌' 신분 사이에는 상당한 간극이 존재하는 것이 사실이다. 더욱이 문제인 것은 조닌 신분이 실제로 조카마치에 거주했던 다양한 도시주민을 포괄하는 개념으로 사용될 수 없다는 점이다.

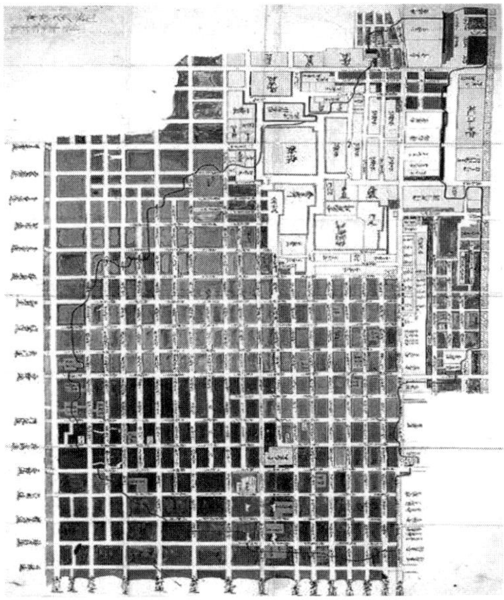

1708년 교토에서 발생한 호에이(宝永) 대화재 당시 피해지역을 나타낸 지도. 동서남북의 가도에 따라 정방형으로 구분된 조(町)의 모습을 확인할 수 있다. 지도 오른쪽 상단부분은 천황을 비롯한 공가(公家)의 거주공간이다.

도시사 연구의 진전에 따라 17세기 중반 이후 상품경제의 진전으로 농촌사회에서 방출된 하층농민의 상당수가 도시로 이주해오면서 전체 도시주

7) 통상 '도시민(towns people)'으로 번역되는 '조닌'은 흔히 조카마치의 거주자란 뜻으로 사용되지만, 햐쿠쇼와 대비되는 신분개념으로 규정될 경우는 ① 다양한 상업활동에 종사하는 상인자본 ② 지연적 공동체인 조의 주민인 동시에 구성원인 거택 소유자 ③ 막번(幕藩)권력이 설정한 역(役)의 부담을 지는 등의 조건을 갖추어야 한다. 조닌신분에 관해서는 吉田伸之, 「町人と町」, 『講座日本歴史5 近世1』(東京大學出版會, 1985) 참고하기 바람.

민 가운데 조닌의 비중이 감소하는 대신 도시 하층민의 비율이 날로 늘어났음이 밝혀졌다. 1960~1970년대 성행했던 민중운동사의 문제의식을 이어받은 일군의 연구자들은 근세 중기 이후 균질적인 조닌사회가 해체되는 대신 다양한 사회조직 및 이해집단이 이들을 대신해 도시사회를 구성하게 되는 현상에 주목하였다. 이들은 실제 조카마치의 도시주민이 조공동체의 구성원이자 거택소유자인 '조닌' 뿐만 아니라 임차인, 날품팔이, 일용노동자 등과 같이 막번 권력의 국역체계와 조공동체에서 벗어난 다양한 도시 하층민에 의해 구성되었음에도 불구하고 왜 일본에서는 도시 프롤레타리아에 의한 근대사회로의 질적 비약이 내발적으로 이루어지지 못하였는지를 해명하기 위해 도시 하층민에 관심을 두기 시작했다. 예를 들어 요시다 노부유키(吉田伸之)와 같은 이는 18세기 중반에 이미 100만의 인구를 보유했던 거대도시 에도(江戸)의 복잡한 사회구조를 분석하려면 개별 '조'에 근간을 둔 조닌공동체는 물론이고 각기 독자적으로 소세계를 형성하고 있던, 이를테면 미쓰이(三井)와 같은 거대 상인자본 및 이와 대척 관계에 위치하던 날품팔이, 일용 등의 하층민에 대한 검토를 통해 근세도시 내의 다양한 민중세계를 재구성해야 한다고 주장했다.[8)]

1989년과 1990년에 각기 '공간(空間)' '조(町)' '사람(人)'의 부제를 달고 출간된 『일본도시사입문(日本都市史入門) 全3券』[9)]은 이상에서 정리한 근세도시사의 세 가지 연구경향을 정리한 대표하는 성과물이라 할 수 있다. 도시사 연구가 아직까지 사회사의 지류 정도로 여겨지는 한국의 현실과 달리 일본에서는 이미 역사학계 내의 주류적 위치를 점하면서 『일본도시사입문』의 출간 이후 다양한 성과물들이 출간되고 있다.[10)] 한일 양국의 역사학

8) 吉田伸之, 『巨大城下町江戸の分節構造』 (山川出版社, 2000).

9) 高橋康夫 吉田伸之編, 『日本都市史入門 I-III』 (東京大學出版會, 1989, 1990).

10) 90년대 이후 출간된 근세 도시사 관련 주요 연구성과를 언급하면 다음과 같다. 우선 도시사 전반에 대한 연구성과로는 仁木宏編, 『都市: 前近代都市論の射程』 (青木書店,

계에서 도시사의 위치가 이처럼 다른 것은 일차적으로 전근대시기 한일 양국의 사회 · 경제 속에서 도시가 차지하는 역할과 비중이 달랐기 때문일 것이다. 하지만 그 이면에는 객관적인 사실의 차이뿐만 아니라 양국의 역사학자가 가진 역사인식 내지 연구방법론의 차이가 반영되어 있다고 생각된다. 이러한 점에서 일본의 도시사 연구에 대한 정리[11]는 비단 도시사 자체에 대한 이해는 물론이고 1980년대 이후 '중심사관'의 탈피와 함께 사회사의 전면적인 수용을 통해 새로운 방향을 모색하고 있는 일본사학계의 전체적인 연구방향과 문제의식을 점검하는 작업[12]이 되기도 할 것이다.

---

2002). 鈴木博之 外編, 『シリーズ 都市 建築 歷史 5: 近世都市の成立』(東京大學出版會, 2005). 鈴木博之 外編, 『シリーズ 都市 建築 歷史 6: 都市文化の成熟』(東京大學出版會, 2006) 등을 들 수 있다. 에도, 오사카, 교토를 연구대상으로 삼은 개별연구는 ① 에도: 吉田伸之, 『近世巨大都市の社會構造』(東京大學出版會, 1991). 北原糸子, 『都市と貧困の社會史: 江戶から東京へ』(吉川弘文館, 1995). 竹內誠編, 『近世都市江戶の構造』(三省堂, 1997). 吉田伸之, 『近世都市社會の身分構造』(東京大學出版會, 1998). 南和男, 『幕末都市社會の硏究』(塙書房, 1999). 吉田伸之, 『巨大城下町江戶の分節構造』(山川出版社, 2000) ② 오사카: 脇田修, 『日本近世都市史の硏究』(東京大學出版會, 1994). 中部よし子編, 『大坂と周辺諸都市の硏究』(淸文堂出版, 1994). 脇田修 マクレイン編, 『近世の大坂: 國際交流フォーラム』(大阪大學出版會, 2000). 塚田孝 吉田伸之編, 『近世大坂の都市空間と社會構造』(山川出版社, 2001). 塚田孝, 『近世大坂の都市社會』(吉川弘文館, 2006) ③ 교토: 京都町觸硏究會編, 『京都町觸の硏究』(岩波書店, 1996) 등이다. 이 외에 도시사 관련 중요 연구성과 및 정기간행물로는 다음의 것을 들 수 있다. 塚田孝, 「近世都市史硏究の課題と方法」, 『人民の歷史學』, 117 (1993). 佐藤信 吉田伸之編, 『新體系日本史6 都市社會史』(山川出版社, 2001). 都市史硏究會編, 『年報都市史硏究』, 1-15 (山川出版社, 1993-2006).

11) 한국에서 일본의 도시사 연구경향에 관해서는 김광옥, 「日本 '近世' 도시의 성립과 전개」, 동양사학회, 『역사와 도시』(서울대학교출판부, 2000). 김백영, 「서양의 모방과 전통의 변용」, 『일본연구논총』, 23 (2006) 등에서 정리된 바가 있다.

12) 1993년부터 1996년까지 4년에 걸쳐 이와나미서점에서 간행한 『岩波講座日本通史』(岩波書店, 1993-1996) 시리즈는 90년대 이후 급격히 변화하던 세계사 및 일본사회의 변화상에 조응하기 위한 일본 역사학계의 문제의식과 연구 성과를 보여주는 성과물이라 할 수 있다.

## 2. 조카마치(城下町)의 도시공간

일본의 근세도시는 크게 두 가지 유형으로 나누어 볼 수 있다. 먼저 중세 무사의 거주형태에서 기원한 이래 전국시대를 거쳐 오다 노부나가(織田信長), 도요토미 히데요시(豊臣秀吉), 도쿠가와 이에야스(徳川家康)의 '천하인(天下人)'에 의해 무가에 의한 영역지배의 거점으로 그 모습을 드러낸 조카마치(城下町)를 들 수 있다. 다음으로 도쿠가와막부(徳川幕府)의 압도적인 군사력과 경제력 아래 장기간에 걸친 평화가 지속하면서 상품경제의 진전에 따른 사회적 분업의 촉진으로 말미암아, 교통 · 운송의 결절점인 항구나 숙박지, 유명사원, 농촌지역〔在方〕에 도시적 기능과 형태를 보이면서 형성된 지방 소도시〔在郷町〕를 들 수 있다.[13] 다이묘(大名)를 중심으로 한 무가 지배의 거점인 조카마치와 상품경제 및 사회적 분업의 결과로 만들어진 지방 소도시는 각기 그 탄생배경과 성격을 달리하며, 따라서 그에 대한 충분한 고찰과 설명이 있어야 한다. 하지만 허용된 지면과 필자의 능력을 고려하여 이 글에서는 조카마치에 초점을 맞추어 근세 도시의 성격과 의의에 대해 정리하고자 한다.

조카마치의 원형은 중세 무사의 거주지에서 확인할 수 있다. 평시엔 농업경영자로 활동하면서 전시엔 전투자로 기능을 하는 중세 무사의 거주공간은 환호나 토담 등의 방어시설을 갖춘 거택을 중심으로 자신이 직접 경영하는 장원과 가신의 집락 등으로 구성되어 있었다. 무사의 거주공간은 장(莊) · 향(郷) 등의 지역사회 내에서 농업경영은 물론이고 상업, 수공업, 교통, 문화 등의 여러 방면에서 중심 기능을 가지고 도시적 요소가 집약된

---

13) 이에 관한 대표적인 연구로는 田中喜男, 『近世在郷町の研究』(名著出版, 1990). 渡辺浩一, 「在方町の都市構造を探る」, 『新視点 日本の歴史 第5巻 近世編』(新人物往來社, 1993) 등을 들 수 있다.

위에서 내려다본 히메지성(姫路城)의 전경. 현존하는 에도시대 초기의 천수각(天守閣) 가운데 가장 규모가 크고 아름다워 세계문화유산으로 등재되어 있다. 성 외벽을 흰 회칠로 칠해 '백로(白鷺)' 성으로 불리기도 한다.

역할을 수행했다는 점에서 근세의 조카마치와 기능적인 유사성을 가진다. 하지만 몇 가지 점에서 양자 사이에는 결정적인 차이가 존재했다. 먼저 중세 무사의 거주공간 내에는 상공업자의 경영 및 공동조직〔座〕이 확립되어 있지 않았다. 그뿐만 아니라 지역사회 내에 도시적 기능을 수행하는 유력 사사(寺社)세력이 병존함으로써 아직 사회적 분업에 따른 지역사회 내의 도시성은 매우 미숙한 상태였다. 따라서 다른 기능을 수행하는 사회집단을 하나의 도시공간 내에 통합, 편제시키기 위해서는 무엇보다 이들을 압도할 수 있는 군사력과 강제력을 갖춘 권력이 형성되어야 했다.[14] 결국 전국시대 동안 압도적인 무력을 바탕으로 다른 사회세력을 굴복시킨 무가 세력에 의해 이러한 문제점이 극복되면서 명실 공히 도시로서의 역할과 기능을 수행

14) 전국 다이묘가 자신의 거성 주변에 산재하고 있는 상공인의 자치적 공간, 즉 아미노 요시히코(網野善彦)가 영주권력에서 자유로운 '무연(無緣)'의 공간 중에 대표적인 예로 들었던 '시(市)'가 어떻게 조카마치 내부로 통합 편제되어 가는지에 대한 논의는 도시사 연구뿐만 아니라 중세에서 근세로의 이행에 관한 주요 논제 중의 하나이다. 이에 관해서는 仁木宏, 『空間 公 共同體』(青木書店, 1997), 202-208쪽 참조하기 바람.

17세기 초반 에도의 풍광을 담고 있는 병풍의 세부. 좌측부터 에도성 주변에 배치된 무가저택, 상공업자의 생활공간인 조(町), 절과 신사(寺社)의 모습을 살펴볼 수 있다.

하기 위해 만들어진 공간이 바로 조카마치였다.

조카마치는 16세기 후반부터 17세기 초반에 걸쳐 일본 전역에서 동시다발적으로 건설되었다. 이 시기 오다 노부나가(織田信長) 등의 '천하인(天下人)'과 전국동란을 겪으며 살아남은 각지의 '다이묘'에 의해 영역지배의 거점으로 조카마치가 거의 같은 시기에 동시다발적으로 건설된 사실은 이후 일본의 역사를 고찰하는 데 매우 중요한 의의를 가진다. 다시 말해, 이 시기에 건설된 조카마치의 대부분은 이후 근세시기 동안 각 번(藩)의 정치 · 경제는 물론이고 문화의 중심지로 기능을 했을 뿐만 아니라 이 가운데 상당수는 메이지유신(明治維新) 이후 근 현대 일본사회의 주요 중심, 지역도시로 계승 · 발전해갔다.

그런데 주목할 것은 이 시기에 건설된 조카마치의 대부분이 입지와 구조에서 상당한 유사성을 보인다는 사실이다. 먼저 입지에 관해서는 그 대부분이 평야지역의 중앙에 있거나 해안, 호수, 하천 등에 접한 항만, 또는 가도(街道)에 접하는 교통의 요지에 건설되었다. 또한 기본적인 공간구성은 덴슈각(天守閣), 야쿠라(櫓) 등의 군사시설과 영주의 거관을 중심에 놓고 주변을 해자로 둘러싼 성곽 주변에 가신단의 거주지〔武家地〕가 위치하며, 교통 및 운송의 편의를 위해 주요 가도나 항만에 면한 곳에 상공업자의 거주지〔町地〕가 이어졌다. 또한 신사와 사원의 종교시설이 위치한 공간〔寺社地〕을 도시 주변지역에 배치하는 등, 조카마치의 공간구성은 신분과 기능에 따라 거주공간이 명확히 구분된다는 특징을 갖는다.

전국 각지의 조카마치가 이처럼 같은 도시공간의 특성을 가지게 된 것은 다름 아닌 다이묘에 의한 '위로부터의 계획'에 의해 건설된 도시이기 때문이라 할 수 있다. 일본 전역의 지배를 둘러싼 전국시대의 마지막 단계에서 각 다이묘들은 치열한 전투에서 살아남기 위해 직속 가신단의 전투력을 배양하는 것은 물론이고 병참과 군수 등을 효과적으로 지원하기 위해 생산과 유통을 포함한 영국(領國) 내의 모든 자원을 종합적인 경영하는 능력이 있어야 했다. 이러한 목적을 보다 효율적으로 달성하기 위해 전장의 전투자인 병(兵)과 후방의 지원자인 농(農)을 분리시켜 먼저 가신단을 자신의 성곽 아래로 집주시킨 다음, 이들 무장병력을 유지 · 강화하기 위해 상공업자를 재지에서 분리 · 이주시킴과 동시에 영국 내의 생산 유통체제 전반을 장악하고자 했다. 바로 이러한 목적을 위해 가장 적합한 구조와 공간을 갖춘 도시로서 바로 조카마치가 계획되고 건설되었던 것이다. 따라서 조카마치의 입지 및 구성에서 나타나는 유사성은 중세와 전국시대를 거치면서 살아남은 무가 세력, 그 가운데 다이묘의 시행착오, 내지 학습의 결과로 만들어진 최종적인 도달점이라 할 수 있다.

조카마치는 오노 히토시(小野均)에 의해 문헌사료에서 확인 가능한 구체적인 사례가 광범위하게 수집, 분석된 이래 오랜 연구기간을 쌓아왔다.[15] 최근에는 앞서 언급한 건축사가, 고고학자 등의 적극적인 참여 하에 오다 노부나가의 마지막 거성인 아쓰치성(安土城)을 비롯해 각지에서 새로운 유적의 발굴성과가 보고됨에 따라 이를 바탕으로 조카마치라는 도시공간이 갖는 특징과 의의를 재평가하려는 시도가 이루어지고 있다.[16] 이러한 노력

---

15) 小野均, 『近世城下町の研究』(至文堂, 1928). 그 밖에 문헌사료에 기초한 조카마치의 대표적 연구 성과로는 豊田武, 『日本の封建都市』(岩波書店, 1952). 原田伴彦, 『日本封建都市研究』(東京大學出版會, 1957) 등을 들 수 있다.

16) 關西近世考古學研究會編, 『近世城下町の構造と特質』(關西近世考古學研究會, 1996).

의 일환에서 유럽의 중세 성곽도시를 염두에 둔 '봉건도시' '성곽도시'라는 고정관념에서 벗어나, 동시기 동아시아지역의 여타 도시들과의 비교연구를 통해 일본 고유의 도시유형으로 조카마치가 가진 특수성과 함께 도시공간이 가진 공통성을 밝히려는 작업 등이 이루어지고 있다.[17] 하지만 조카마치의 공간구성에 관한 연구가 사실상 일본에서도 극히 이례에 속하는 '에도(江戸, 에도시대 사실상 일본의 수도로 기능을 하며 인구 100만을 수용)'와 일부 도시에 제한되고 있는 것은 문제점으로 지적할 수 있다. 또한 조카마치의 형성에만 주목한 나머지, 근세 중기 이후 상품경제의 진전에 따른 도시사회와 도시주민의 변동이 도시공간에 어떠한 영향을 끼쳤는지에 대해서도 많은 고찰이 이루어져야 할 것으로 생각된다.

## 3. 조(町)와 조닌(町人)

2차 세계대전 이후 1970년대까지 일본의 도시사 연구는 주로 유럽의 중세 자유도시를 염두에 두고 동시기 일본에서 번성했던 사카이(堺), 교토 등의 도시를 자유도시론의 입장에서 바라보는 견해가 일반적이었다. 하지만 1970년대 이후 유럽과 달리 일본의 봉건사회가 가진 구조적 특질을 보다 명확히 하기 위해 막부(장군)와 번(다이묘)의 봉건적 주종관계를 근저에 두고 근세사회를 고찰하려는 「막번제구조론」, 「막번체제론」 등의 연구방법론[18]

---

17) 玉井哲雄, 「東アジアにおける江戸の都市空間」, 荒野泰典編, 『日本の時代史14 江戸幕府と東アジア』(吉川弘文館, 2003).

18) 1960년대 이후 일본의 근세사회를 서구의 역사발전단계에 조응한 봉건제적 관점에서 단순히 비교하는 것에서 벗어나 막번 권력이 가진 권력편성과 봉건적 토지소유의 특질과 의의를 구조적 입장에서 밝히려는 노력이 전개되었다. 1960년대의 『막번제구조론』와 1970~1980년대에 전개된 『막번제국가론』의 주된 연구성과와 의의에 대해서는

이 제기되면서 근세 도시사 연구 역시 많은 변화를 겪게 된다. 즉, 일본의 근세도시는 유럽과 같이 원거리 무역 또는 상업의 발전에 따른 자연스런 농·상 분리 또는 분업의 결과로 볼 수 없으며, 오히려 통일권력을 지향했던 전국 다이묘(戰國大名)와 오다·도요토미정권(織田·豊臣政權) 하에서 추진된 병농분리의 인위적 결과물로 보아야 한다는 입장이 제기되었다. 이에 따라 도쿠가와막부(德川幕府)를 중심으로 한 막번 체제의 전국시장과 유통구조 속에서 에도, 오사카, 교토의 이른바 '삼도(三都)'가 차지하는 역할과 기능 등이 중점적으로 연구되었다.[19]

이와 함께 중세 말 또는 전국시대까지 사카이, 교토 등의 도시가 누리고 있던 상당한 수준의 자유와 자치를 어떻게 평가할 수 있는지 그리고 이러한 유산이 근세도시에 어떻게 계승되어갔는지에 대한 물음이 제기되었다. 이에 대해 아사오 나오히로(朝尾直弘)는 종래의 자유도시에 관한 연구가 실은 '자유에 대한 일본사회의 동경'을 강하게 반영[20]하고 있음을 지적한 다음, 일본의 도시발전이 가진 특질은 주변의 동아시아세계와의 비교를 통해 명확해질 수 있다는 견해를 피력했다.

그에 따르면 중세 말 사카이, 교토와 같은 도시의 자유는 봉건영주에 대한 대항의식에서 비롯된 것이 아니며, 오히려 권력층으로부터 용인 받은 '자치'에 불과한 것이었다. 또한 자치의 단위 역시 도시 전체가 아닌 '조(町)', 다시 말해 도로를 마주 보고 양쪽에 있는 거택의 소유자들이 중심이 된 생활공동체에 있었다고 보았다. 이 같은 그의 시론은 중세사회의 자치적 전통이 근세사회에 어떻게 변용·계승되었는지를 밝히고자 노력했던

---

「序論」 및 「國家論の展開」, 村上直 外編, 『日本近世史研究事典』(東京堂出版, 1989) 참고하기 바람.

19) 이에 관한 대표적인 연구로는 宮本又郎, 『近世日本の市場經濟』(有斐閣, 1988). 林令子, 『近世の市場構造と流通』(吉川弘文館, 2000) 등을 들 수 있다.

20) 朝尾直弘, 「自由 自治都市堺」, 『朝尾直弘著作集 第6卷』(岩波書店, 2004), 178쪽.

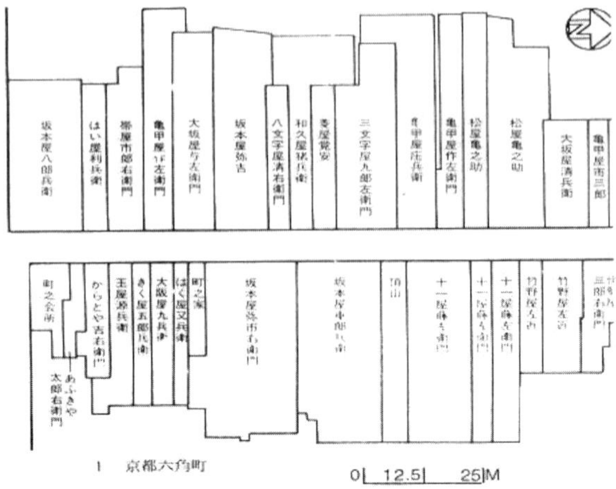


17세기 중반 교토 로쿠가쿠조(六角町)의 평면도. 도로를 마주 보고 양쪽에 위치한 거택의 소유자를 구성원으로 삼는 조공동체의 모습을 확인할 수 있다.

중 · 근세사 연구자에게 많은 반향을 불러 일으켰다. 다시 말하면 자치의 공간을 조에 한정시킴으로써 비록 사카이와 교토는 통일권력에 의해 전면적인 재편과 통합을 겪게 되지만, 중세사회와 도시에서 기원한 시민자치의 전통은 여전히 조라는 제한된 공간을 통해 근세 도시사회로 계승 · 유지될 수 있는 여지를 가지게 되었던 것이다. 아사오의 문제 제기 이래 근세도시의 연구는 도시 일반 내지 도시 전체로부터 도시의 구성요소인 개별 조에 대한 분석으로 급격히 이행되었다.[21] 조에 대한 연구는 이후 「조공동체론

21) 개별 조의 형성에 관한 사례는 사료적 한계로 말미암아 교토가 주된 연구대상이 되었다. 조의 형성에 관한 사례연구로는 하치인조(八條院町) 야마부키조(款冬町) 쓰지미카도욘조조(土御門四丁町) 등을 들 수 있다. 또한 개별 조의 상위 연합체인 마치쿠미(町組)에 관해서는 이른바 긴리로쿠조(禁裏六町)의 성립 및 전개과정이 밝혀졌다. 이러한 연구를 통해 밝혀진 중세 전국시대 조의 자치적 성격은 다음과 같이 정리해 볼 수 있다. ① 조는 중세 중엽부터 권문사사(權門寺社) 등의 도시영주가 소유한 저택 및 부지가 해체되는 과정에서 교토 시내에 거주하던 상인과 수공업자 등을 중심으로 형성된 지연적인 공동체에서 시작되어, ② 전국동란의 와중에서 가로를 사이에 두고 마주 보는 양쪽의 주민들이 검문소 역할을 겸하는 대문〔木戶〕과 목책을 세우는 등의 독자적인 방어시설을 갖추고 자치적인 활동을 벌인 단위가 되었다. 아울러 조는 이러한

(町共同體論)」으로 정리되었다. 1980년대 이후 축적되어온 연구 성과를 간략히 정리하면 다음과 같다.

근세의 기본적인 사회조직인 '무라(村)'와 '조(町)'는 중세사회의 '총촌(惣村)'에서 비롯되었으며 양자는 마치 쌍생아와 같이 동시에 분리·형성되었다. 다시 말해 근세도시의 성립은 총촌 내에 혼재되어 있던 농업적 요소와 비농업적·도시적 요소가 무라와 조라는 지연적 공동체를 통해 분화되는 과정 속에서 만들어졌다고 할 수 있다. 이처럼 도시의 모태가 되는 조는 사카이, 교토 등과 같이 영주의 용인하에 자연스럽게 근세도시로 이행되는 경우와 조카마치와 같이 영주 주도에 의해 인위적으로 건설된 경우로 나눌 수 있다. 다시 말해 근세도시의 성립은 조의 형성과정에 따라 중세 말 전국동란 속에서 도시주민에 의한 자치와 자위를 바탕으로 스스로 생명과 재산을 지켜온 사카이, 교토 등의 이른바 '자치형 도시'와 무가 지배를 위해 근세권력에 의해 만들어진 조카마치, 즉 '건설형 도시'로 나누어 볼 수 있다.[22]

이처럼 근세도시의 사회, 행정의 기초조직인 조는 다른 전통과 변용과정을 거치면서 발전해왔지만 다음과 같은 점에서 두 가지 공통점을 공유하고

---

연합체로서 마치구미(町組)를 형성하였다. 마치구미는 조의 상위 자치조직의 성격을 가지면서 더욱이 복수의 마치구미로 구성되는 상급 연합체(크게 가미쿄〔上京〕와 시모쿄〔下京〕)까지를 형성하기에 이른다. 이에 관해서는 吉田伸之 杉森哲也 伊藤毅, 「近世都市の成立」, 井上光貞 外編, 『日本歷史大系3 近世』(山川出版社, 1988). 282-284쪽 참조.

22) 교토, 나라(奈良), 사카이 등과 같이 전국동란 속에서 외부의 무력에 대항하는 가운데 자생적으로 형성된 조는 이후 막번 권력에 의해 계속해서 도시사회의 기반을 이루는 기초조직으로 공인되었다. 이에 반해 근세 초기 일본 전역에 동시다발적으로 건설된 조카마치에 조닌의 거주공간으로 설정된 조는 비교적 단일한 성격의 상인자본이나 직인집단으로 구성되거나 혹은 대규모 자본을 가진 개발업자에게 넘겨져 개발된 다음 소규모 영세업자에게 매각되는 경우도 적지 않았다. 개발업자에 의한 조의 개발과정에 관해서는 內田九州男, 「都市建設と町の開發」, 高橋康夫 吉田伸之編, 『日本都市史入門II町』(東京大學出版會, 1990)을 참고하기 바람.

있었다. 첫째, 조의 구성주체인 조닌은 소상인과 상공업이 분리되지 않은 상태의 소경영자들이었다. 이들은 거주와 점포, 작업장의 기능이 분리되지 않은 소규모 거택을 소유한 소자본가, 즉 거택 소유자라는 점에서 동질성을 가진다. 둘째, 조는 조닌으로 구성된 지연적(地緣的)·직업적 소공동체이다. 다시 말해 개별 조는 조시키모쿠(町式目)와 같은 독자적인 규약을 가지면서 고유의 재산을 기초로 치안, 소방 등의 공공기능을 수행하는 한편 공동체 내의 경비를 충당하는 자립적인 자치단체로 운용되었다는 특징을 갖는다.

하지만 개별 조에 대한 분석과 연구가 진행될수록 근세도시 내에서 주민자치의 장이 '조'라는 한정된 지연공동체를 넘어서지 못함에 따라 이를 극복하기 위해 조의 영역을 넘어선 상위 조직과 주민결합에 대한 다양한 분석이 이루어졌다. 이에 따라 '개별 조의 연합체〔組合町, 惣町〕'[23]와 함께 '도시주민 전체의 이익'을 추구하는 다양한 이익단체, 즉 '회소(會所)'[24]의 설립 움직임에 주목하는 연구 등이 진행되었다. 그러나 조공동체에서 찾아낸 자치의 모습을 조의 연합체, 나아가 도시주민의 다양한 결합체에서 찾아내려는 시도가 이루어질수록 조의 고유성, 다시 말해 지연적·직업적 소공동체 본연의 성격이 무시되는 모순을 드러냄에 따라 조공동체론은 현재 더 이상 논의의 전환이 이루어지지 못하고 있다.

아사오의 문제제기 이후 조공동체의 자립에 관한 수많은 논의가 이루어져 왔다. 이를 통해 근세사회의 구성단위로서 공동체가 가진 중요성이 연구자들 사이에 환기될 수 있었다. 하지만 막번체제 하에서 도시가 수행하

---

23) 塚本明, 「近世後期の都市の住民構成と都市政策」, 『日本史研究』, 331 (1990).

24) 에도시대 다양한 목적을 가진 사람들이 모임과 집회를 하던 곳. 이를테면 동종상인조합인 가부나카마(株仲間)의 조합사무소나 조의 행정책임자인 마치야쿠닌(町役人) 등의 사무실 등이 여기에 속한다. 회소의 설립 움직임에 관한 연구성과에 관해서는 吉田伸之, 『近世巨大都市の社會構造』(東京大學出版會, 1991) 참고하기 바람.

는 역할과 기능은 물론이고 농촌과 구분되는 도시의 독자성에 별다른 관심을 보이지 않았다는 점은 조공동체론이 가진 한계로 지적할 수 있을 것이다. 이러한 점에서 조공동체론은 실제 도시사 연구를 위한 구체적이고 실증적인 방법론으로서보다는 오히려 「자유도시론」과 같이 서구의 역사발전 모델을 도식적으로 받아들인 전후의 서구중심사관에서 탈피해 일본의 근세도시가 가진 독자성에 주목하고자 했다는 점에서 보다 중요한 연구사적 의의를 갖는다고 생각된다.[25]

## 4. 도시사회의 분절구조

요시다 노부유키(吉田伸之)는 아사오와 함께 1980년대 이후 도시사 연구를 이끌어간 대표적인 연구자로 손꼽을 수 있다. 요시다는 본인 스스로 밝혔듯이 아사오의 문제제기로부터 많은 영향을 받았다. 하지만 도시사 연구의 방법과 방향에는 매우 다른 노선을 견지했다. 아사오가 도시주민의 최소 결합조직인 조에 관심을 두고 조에 기반을 둔 조공동체를 통해 근세 도시사회를 파악하고자 했다면 요시다는 이와 달리 미쓰이(三井)와 같은 특권적 상인 고리대자본과 봉공인(奉公人), 일용(日用) 등의 대립한 사회계층을 통해 도시 내부의 특정 공간을 검출해냄으로써 결과적으로 도시 전체의 분절구조를 밝혀내고자 노력했다. 다시 말해 양자의 차이는 근세도시의 주

25) 최근 들어 아사오의 연구 성과가 『朝尾直弘著作集 全8卷』(岩波書店, 2003-2004)의 형태로 간행된 것과 관련해서 그의 연구가 갖는 의의와 앞으로의 연구동향에 관한 논의가 이루어졌다. 「朝尾直弘と近世史研究の步み - 朝尾直弘著作集刊行によせて」, 『日本史研究』, 526 (2006). 이 가운데 그의「조공동체론」이 갖는 연구사적 의의와 한계에 대해서는 今井修平, 「近世都市史 身分論の自立と朝尾史學」, 『日本史研究』, 526 (2006)을 참조하기 바람.

미쓰이가에서 운용하던 에치고야(越後屋)의 내부 전경. 수십 명의 호코닌(奉公人)이 손님맞이에 분주한 모습을 그리고 있다. 에치고야는 훗날 미쓰코시(三越) 백화점의 기원이 되었다.

된 구성 요소(조와 조닌/대상인과 봉공인 등의 특정사회집단)와 구성 원리에 대한 인식에서 비롯된다고 볼 수 있다.

그런데 주의할 사항은 양자의 다른 견해가 단순히 근세도시에 대한 인식 차이에서 비롯된 것이 아니라 보다 근본적으로 '근세사회' 내지 '근세권력'에 대한 인식에서 비롯된다는 점이다. 1980년대 이후 근세 도시사 연구에 참신한 문제의식을 불러일으킨 아사오의 논고[26]는 사실 '지배체계를 통괄하는 국가에 의해 기본 신분이 최종적으로 결정된다.'고 주장한 다카키 쇼사쿠(高木昭作)의 문제제기[27]에 대한 비판에서 준비된 것이었다. 아사오는 신분을 결정하는 제일의 요소는 국가가 아닌 '지연적 · 직업적 신분공동체' 였다는 가설하에 자신의 조공동체론을 논증하는 가운데 근세의 주요 신

26) 朝尾直弘, 「近世の身分制と賤民」, 『部落問題研究』, 68 (部落問題研究所, 1981) 후에 朝尾直弘, 『都市と近世社會を考える』 (朝日新聞社, 1995)에 수록.

27) 高木昭作, 「幕藩初期の身分と國役」, 歷史學研究會編, 『歷史學研究 別冊特集 1976年度 歷史學研究會大會報告 -幕藩制成立期における國家公權と人民支配』 (青木書店, 1976) 후에 高木昭作, 『日本近世國家史の研究』 (岩波書店, 1990)에 수록.

분인 조닌의 역사적 형성과정을 조와의 관계 속에서 검토하고자 했던 것이다. 이에 반해 요시다는 다카키와 아사오 양자의 설을 모두 수용해 근세의 신분제 사회를 통일적으로 파악하고자 했다. 이 과정에서 사회집단론을 수용해 "여러 집단 간의 관계론적 파악을 특정한 단위의 지역사회구조 내부에서 재고찰하는 작업이 필요하다."고 주장한 이래 신분을 누가 결정하는가의 문제에서 벗어나 소지역의 편성 및 통합을 실질적으로 담당하는 헤게모니 주체, 이른바 사회적 권력(구체적으로 지칭하면 미쓰이와 같은 도시의 대상인자본이나 농촌의 호농) 등에 주목해 이러한 사회적 권력을 자극(磁極)으로 삼아 형성된 자기장, 즉 지역사회 내에 설정된 작은 신분집단 내부의 모습을 구체적으로 보여주는 데 많은 노력을 기울여왔다.[28)]

여기서 요시다가 제시한 근세 도시사회(주로 에도를 소재로)의 이미지를 소략하게 스케치하면 다음과 같다. 중세 총촌에서 기원한 조닌의 동질적인 지연적 직업적 신분공동체인 조는 17세기 상품경제의 진전에 따라 기존 상층 조닌의 몰락과 새로운 상인자본의 출현으로 형해화하면서 거택소유를 기준으로 동질성을 유지하던 조에 근본적인 변화가 생겨났다. 즉 대규모 자본을 축적한 대상인이 다수의 거택을 소유하면서 일종의 대리인이자 관리인이라 할 수 있는 야모리(家守)가 이들을 대신해 조의 구성원으로 활동하는 현상이 나타나게 되었다. 18세기 중엽 이후 에도와 같은 거대도시의 조에서는 근세 초기 성립 당시부터 조에서 거주, 활동해온 혼조닌(本町人)이 쇠락하는 대신 미쓰이와 같은 거대자본이 다수의 거택을 소유함에 따라 균질적인 조공동체에 기반을 둔 도시사회는 해체되고, 이를 대신해 '일용(日用)'을 중심으로 하는 도시하층민과 거택 관리자인 야모리가 대립하는 사회가 열리게 되었다.

이처럼 요시다는 근세의 신분제 사회를 무사(사무라이), 농민(하쿠쇼), 도

---

28) 吉田伸之, 『巨大城下町江戸の分節構造』(山川出版社), 2000.

시민(조닌), 천민(히닌[非人], 에타[穢多])로 구성되는 다소 '고정된' 이미지로 파악해온 종전과 달리, 100만의 인구를 갖고 있던 에도와 같은 근세의 거대도시는 신분과 직업에 의해 분절된 수많은 사회집단으로 이루어졌다고 보았다. 그러나 요시다는 여기서 한 걸음 더 나아가 이처럼 분절된 사회집단 중에서 특히나 도시하층민에 대한 관심과 분석을 통해, 이들이 근·현대의 메갈로폴리스에 사는 도시 민중과 동질의 생활양식을 공유한다고 말할 수는 없지만, 복잡한 도시사회에 거주하면서 권력(단순히 국가권력이 아닌 거대자본)과의 사이에서 생겨난 모순 및 대항관계의 유사성을 살펴볼 수 있을 것으로 기대하였다. 이러한 점에서 요시다의 연구는 1970년대 학생운동을 비롯한 민중의 폭발적인 사회운동에 동참하기 위해 시작된 역사학계의 민중운동사의 문제의식, 즉 막말·유신기(幕末·維新期) 도시 하층민의 소요사태가 에도막부의 지배질서를 무너뜨리는 주요 기제로 작용하지 못한 사실을 지적하고 이들의 모습을 형상화하려 했던 시도를 계승, 발전시킨 것이라 할 수 있다.

## 5. 도시사 연구의 도달점과 남겨진 과제

1980년대 이후 일본의 근세 도시사 연구는 도시공간론의 시각에서 ① 조카마치라는 전통도시가 갖는 특징과 의의를 재검토하는 동시에 도시 주민의 자치와 존재양태에 대한 규명을 위해 ② 조에 근간을 둔 조공동체의 형성과 근세적 변용 ③ 도시하층민을 중심으로 한 민중세계의 실상을 밝히는 데 많은 노력을 기울여왔다고 할 수 있다. 도시공간론에서의 공간이 단순히 도로나 구획, 거주시설 등으로 구성되는 물리적 공간이 아니라 인간의 다양한 삶이 이루어지는 사회적, 인문적 장을 전제로 하는 이상, 근세 도시사의 주된 관심은 바로 도시공간에 거주하는 주민과 그들의 삶에서 비롯되었다고 할 수 있다.

도시주민에 대한 연구는 앞에서 정리한 것처럼 「조공동체론」와 「도시사회의 분절구조」라는 입장에서 주로 전개되어왔다. 하지만 두 가지 견해의 근저에는 도시주민을 바라보는 문제의식은 물론이고 연구시기와 대상지역에서 많은 차이가 존재한다. 먼저 조공동체론에서 출발한 이들은 중세적 자치의 전통이 어떻게 근세 도시사회로 계승 · 유지되었는지를 밝히고자, 무엇보다 근세 초기의 도시문서가 비교적 잘 보존된 교토 혹은 가미카타(上方)의 일부 도시지역을 연구대상으로 삼았다. 이에 반해 요시다와 같이 거대 조카마치의 분절적 구조를 밝히려 했던 이들은 근세 중 · 후기 이후 도시빈민의 증가로 골머리를 앓던 에도 혹은 오사카를 주된 연구대상 지역으로 삼았다. 문제의식에서도 조공동체론의 경우는 '(일본적)시민사회' 내지 '(시민적)자치'의 기원 및 가능성에 대한 관심과 탐색에서 비롯되었지만 도시사회의 분절구조에 대한 관심은 근세사회의 해체 내지 변혁의 요소를 도시 하층민으로부터 검출해냄으로써 1970~1980년대 민중사 연구의 성과를 계승 · 발전시킨 측면을 가진다고 볼 수 있다.[29] 앞으로 도시사 연구의 남겨진 과제는 바로 이처럼 괴리된 채 진행되어온 양자의 연구 성과를 접목, 통합시켜 조카마치의 성립기인 근세 전기와 거대 조카마치의 변용 · 해체기인 근세 중 · 후기 도시사회의 변화를 통일적으로 파악해가는 것이라

---

29) 여기서 잠깐 부언하자면 도시 하층민에 대한 관심은 근세뿐만 아니라 근대의 도시사 연구자에게도 매우 중요한 연구 주제이다. 다시 말하면 균질적인 근대 시민사회가 성립되는 과정에서 '이질적 존재'로 취급받던 도시 하층민의 배제과정은 근대 도시의 주민 공간구성 및 국민국가의 특질과 의의를 규명하기 위한 주요 문제라 할 수 있다. 成田龍一, 「近代都市と民衆」, 成田龍一編, 『都市と民衆』(吉川弘文館, 1993). 이러한 점에서 근세 근대이행기 도시 하층민의 지속과 배제의 문제는 신분제하에서의 도시사회(공간)가 가진 기본적 구성, 요시다의 표현에 따르면 '분절적이며 자립적인 공간구조'가 근대(국민국가)의 성립과 신분제의 해체로 말미암아 어떻게 소멸하고 변용되는지를 살펴보는데 매우 적합한 연구 주제로 생각된다.

할 수 있다.

이와 관련해서 근대도시로의 이행에 관한 문제는 좀 더 신중한 고찰이 이루어져야 할 과제라고 생각된다. 근세도시에서 근대도시로의 이행은 주로 단절과 연속의 차원에서 논의됐다. 1990년대 이후 근대 도시사 연구에 필요성을 주장해온 하라다 게이이치(原田敬一)[30], 나리타 류이치(成田龍一)[31] 등은 주로 단절의 입장에서 근대도시의 성립을 바라보고자 했다. 예를 들어 하라다는 "근대도시는 근세도시의 내재적 발전으로 가능한 것이 아니다. 메이지유신 이후 도시에 관한 법제도는 아래로부터의 자치적인 움직임을 반영해 실현된 것이 아니라 위로부터 강력하게 추진된 것이었다."고 하여[32] 근세도시와의 연속성을 부정하면서, 근대도시 그 자체가 근대 국민국가를 만들어가는 국가권력의 구성요소임을 전제로 한 다음, 자본주의 하에서 도시 하층민과 국가권력 간의 관계를 도시공간 속에서 파악하고자 했다. 하라다와 같이 메이지유신 이후 근대 국민국가의 성립과정 속에서 근대도시의 역할과 위치를 파악하고자 했던 이들은 (조닌에 대한 조의 연대책임 등과 같은) 근세도시의 자치적 요소와 〔마치도시요리(町年寄)를 통한 지배, 치안 및 소방 등의 행정비용 및 책임을 조가 담당하는 등의〕 행정적 요소가 근대 국민국가의 성립과 함께 폐지 철폐되면서 비로소 국가적 지배의 거점으로 근대도시가 형성되었다고 보았다.

이에 반해 근세도시 에도와 근대도시 도쿄를 하나의 일체화된 역사공간으로 설정한 다음 단일한 시간단위 속에서 살펴보려는 시도 또한 이루어졌다. 1993년 「에도도쿄박물관(江戸東京博物館)」의 개관을 계기로 '에도'에 대한 대중적 관심과 인기 속에서 이루어진 일군의 연구는 이른바 「에도도

30) 原田敬一, 『日本近代都市史研究』(思文閣出版, 1997).

31) 成田龍一, 『近代都市空間の文化經驗』(岩波書店, 2003).

32) 原田敬一, 앞의 책, 6쪽.

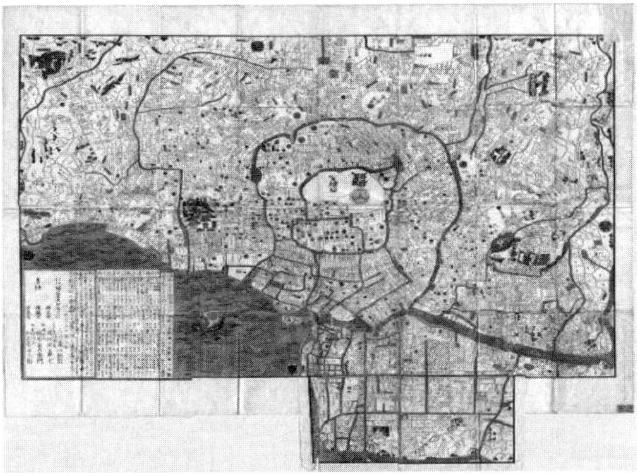

19세기 중반에 작성된 근세도시 에도전도(江戸全圖).

1878년에 작성된 근대도시 도쿄전도(東京全圖).

쿄학(江戸東京學)」이란 이름으로 정리된 바 있다.[33] 「에도도쿄학」연구의 필요성을 제기하는 측에서는 역사학계의 오랜 논쟁거리인 전시대와의 연속성 및 이행에 관한 고찰에서부터 비롯된다고 주장한다. 하지만 에도에서

33) 小木新造編, 『江戸東京學への招待 I-III』(日本放送出版協會, 1995).

도쿄로의 연속성을 과도하게 강조하면, 근대도시의 성립에서 나타나는 도시공간의 변용이 갖는 의의를 간과한 채, 단지 '에도'에 대한 향수에 빠져 근대에 대한 몰이해는 물론이고 나아가 자국의 문화와 역사를 절대화시킬 수 있는 위험성까지 내포하게 된다는 점에서 좀 더 신중한 접근이 필요할 것으로 생각된다.

이러한 점에서 (일반적으로 전근대 어느 시기보다 영주적 규제가 강한 것으로 이해되는) '근세'의 도시지배가 갖는 특성과 의의를 명확히 밝히는 작업이 필요할 것으로 생각된다. 지금까지 도시지배에 관한 연구의 대부분은 조카마치의 형성기인 근세 초기에 집중되어왔다. 이들 연구는 영주권력에 의한 강권적인 도시공간의 재편, 조닌에 대한 제역(諸役)의 부담, 근세 중기 이후의 도시폭동에 대한 대처 등과 같이 신분제 사회의 형성 및 유지에 관한 것이었다. 따라서 정작 도시공간이 갖는 특수성을 염두에 두고 도시지배의 의의를 고찰한 경우는 그리 많지 않은 것이 사실이다.

17세기 중반 이후 상품경제의 진전으로 상층 조닌의 경제력이 중 · 하층 무사계층을 능가하면서 이들의 사치적 소비가 물가상승은 물론 도시사회의 안정성을 위협하는 주요 요인으로 부각됨에 따라 사치는 도시공간의 주요 사회 문제로 비화하였다. 그 결과 막부에서는 사치 금지를 명하는 '검약령'과 같은 법령의 발령을 통해 조닌계층의 소비생활은 물론이고 도시풍의 생활양식이 농촌에까지 확산하는 상황을 강력하게 통제하고자 했다. 이처럼 근세 중기 이후 도시공간은 사회적 분업에 따른 수공업 생산 · 유통의 결절점으로서 뿐만 아니라 소비를 통한 '욕망의 분출구'이자 '여흥의 장'으로 그 중요성을 더해갔다.

사실 '사치의 제한'이란 명목 하에 일반 대중의 소비생활에까지 통제와 규제를 가하는 지배방식은 일본역사에서 17세기 이전까지 찾아볼 수 없는, 다시 말해 에도막부의 성립과 함께 시작된 근세권력의 독특한 서민 지배방식이었다. 이러한 점에서 검약령에 대한 연구의 필요성을 제기한 쓰카모토

아키라(塚本明)의 견해는 도시주민에 관한 근세권력의 지배방식이 갖는 특성을 밝혀내는 데 좋은 실마리가 될 것으로 생각된다. 쓰카모토는 덴보개혁(天保改革, 1841~1843년) 당시의 도시정책 입안과정에 대한 후지타 사토루(藤田覺)의 연구[34]를 참고하여, 근세의 도시지배는 분수에 넘는 사치를 규제하는 검약령과 함께 도시의 번성, 발전을 중시하는 도시번영책을 동시에 시행한 점에 특색이 있으며, 일견 모순되어 보이는 두 가지 법령을 동시에 발령한 것은 막부의 도시지배가 도시주민의 생활안정을 목적으로 했기 때문이라고 지적한 바 있다.[35] 다시 말해 막부의 검약령은 단순히 사치의 금지만을 목적으로 한 것이 아니라 오히려 지나친 사치로부터 주민생활을 보호하려는 도시지배책의 일환에서 발령되었다는 것이다. 그의 주장은 앞으로 많은 논의의 과정이 필요할 것으로 생각되지만, 검약령을 통해 근세권력의 도시지배가 갖는 특질, 다시 말해 민중의 소비생활까지 통제와 규제의 대상으로 삼은 점에 대해서는 좀 더 많은 관심과 주의를 기울일 필요가 있을 것으로 생각된다.[36]

이 글에서는 서구 중세 · 자치도시와의 비교연구에서 출발한 일본의 근세 도시사 연구가 조카마치라는 일본적 특수성이 반영된 도시공간을 검출해내는 과정의 이면에 감추어진 문제의식과 최근의 연구 성과와 남은 과제 등에 관해 확인해보았다. 이를 통해 한국사회에서 도시사라는 새로운 연구 영역이 자리를 잡고 발전해나가는 데 다소나마 도움이 되기를 기대하는 바이다.

---

34) 藤田覺, 「天保改革期都市支配をめぐる對立について」, 『歷史學硏究』, 450 (1977) 이후 『幕藩制國家の政治史的硏究: 天保期の秩序 軍事 外交』(校倉書房, 1987)에 수록.

35) 塚本明, 「日本近世都市史硏究のあらたな展開のために」, 『歷史評論』, 500 (1991).

36) 필자는 이러한 문제의식에 입각하여 「近世京都における町入用節儉令と町」, 『史林』, 87-3 (日本, 2004); 「享保 寬政改革期 江戶幕府의 儉約政策」, 『東方學誌』, 130 (2005)에 관한 연구 성과를 발표한 바 있다.

4부

# 비교도시사를 위하여

Warwick
Stratford
Towcester
Banbury
Buckingham
Woodstock
Aylesbury
Moreton
OXFORD
GLOCESTER
Cirencester
Abingdon
Maidenhead
Reading
Newnham
Newbury
Basingstoke
BRISTOL
BATH
Marlborough
Wells

11장

# 식민지 도시 비교연구를 위한 이론적 고찰

| 김백영 |

## 1. 식민지 도시 현상을 어떻게 독해할 것인가?

제국 일본이라는 매우 독특한 제국주의 열강의 식민 통치를 경험한 우리에게 식민지 시기에 대한 연구는 단순히 '역사학' 적 접근만으로는 해결하기 어려운 매우 복합적인 문제와 쟁점들을 제기한다. 그것은 우선 일제가 서양 열강보다 지리적으로 상대적으로 가까운 지역을 식민화했다는 근린(近隣) 제국주의적 속성이나, 시기적으로 뒤늦게 출발하여 군국주의적 성격을 강하게 띤 후발 제국주의였다는 점, 그리고 서양 백인 문명에 의해 문화적으로 식민화된 유일한 비서구 · 유색 인종 제국주의국이었다는 점에서 기인한다고 볼 수 있다. 다른 한편으로 그것은 식민지 시기가 우리 역사에서 점하는 모순적이고 양가적인 위상 때문이기도 하다. 한국사의 20세기 전반기에 포함되는 '일제강점기' 는 강압적인 식민화에 따르는 각종 사회적 모순과 부작용이 심화하여간 시기인 동시에, 사회 전반에 각양각색의 근대적 · 자본주의적 변화의 바람이 본격적으로 휘몰아치기 시작한 시기이기도 한 것이다. 최근 몇 년간 국내외 학계를 뜨겁게 달궈온 '식민지 근대화' 혹은 '식민지적 근대성'을 둘러싼 논쟁에서 잘 드러난 바와 같이, 이 시기 도시사 속의 사실(史實)들의 함의를 해석적으로 이해하는 과정에서 '근대화'와 '식민화', '근대성'과 '식민성'의 개념적 문제를 둘러싼 논란이 필연적으로 야기되는 것은 이러한 양가성과 모순성을 객관적으로 상대화하고 적절하게 이론화하여 포착해내기가 그만큼 어렵기 때문이다.

식민지기 도시사 연구에서 이러한 어려움은 더욱 극적으로 표출된다. 그것은 본질적으로 근대 도시가 자본주의적 소비문화의 전시장이자 동시에 극심한 빈부격차의 사회적 장으로서 자본주의 사회의 빛과 그림자를 극명한 대조를 통해 보여주듯이, 식민지 도시공간 또한 외래 식민자들의 '문명세계'와 토착 피식민자들의 '암흑세계'가 공존하는 이중성을 구성적 모순으로 내장하고 있기 때문이다. 식민지 도시공간은 문명의 위광을 과시하는 제국의 스펙터클이 상연되는 극장이자, 인종차별적 양극화의 처절한 드라마가 양산되는 비극적 삶의 무대이기도 한 것이다. 따라서 식민지 도시의 '진실'에 접근하려면 그 모순성과 이중성에 대한 주의 깊은 이해가 선행해야 한다. 그렇지 못하면 식민지 도시 연구는 '민족사의 암흑기'에 자행된 일제의 수탈과 착취와 민족의 수난사에 대한 암울한 스케치 혹은 그것에 반사적 대립상으로서 식민지에 대한 일제의 투자와 개발을 강변하거나 제국 일본의 '하쿠라이(舶來)' 문명에 매료된 일부 모던보이 · 모던걸들이 누렸던 경이로운 소비문화의 실태를 발굴해내는 수준의 일차원적 조감도 이상을 그려내기 어렵다.

우리 학계의 식민지기 도시사 연구가 '수탈론' 대 '근대화론'이라는 이항대립적 교착 상황을 넘어서 보다 생산적인 학문적 토론과 이론적 발전의 길로 나아가려면 '비교사적 거리 두기'가 필수적 과제로 제기된다. 우리가 식민지기 한국의 특정 도시의 변화 양상을 경험적으로 기술하는 역사학적 연구를 넘어서 '식민성'과 '근대성'이라는 일반화된 개념적 장치를 통해서 식민지기의 한국 도시사를 이론적으로 포착해내려면, 제국주의와 식민지 문제 일반에 대한 포괄적이고 비교사적인 조망하에서 제국 일본과 식민지 조선의 문제를 다루어야 함은 필수불가결한 이론적 전제라고 할 수 있다.

이 글에서는 논의를 보다 생산적인 방향으로 이끌기 위한 하나의 이론적 우회로로서 분석의 시야를 비교사적으로 확대할 것을 제안하고자 한다. 그것은 최근 여러 가지 연구 성과들을 통해 드러나기 시작한 식민지기 한국 사회변동의 양상이, 정치 · 경제사 중심의 협소한 민족사(national history)적 담론이나, 지나치게 탈맥락화된 문화사적 관점을 취하는 '모더니티'의 이론적 · 해석적 담론으로 포착해내기에는 대단히 역동적이고 복합성을 띤 것이라는 필자의 판단 때문이다. 그래서 필자는 제국주의 시대 식민통치를 경험한 다른 사회, 다른 도시들에 대한 폭넓은 비교사적 검토라는 이론적 우회로를 거쳐 조망의 우위를 확보하고, 이를 통해 '적절한 거리 두기'에 입각하여 연구문제를 설정할 때, 비로소 제국 일본의 식민통치 일반성과 특수성, 한국의 식민지적 경험의 독특성 규명에 한 걸음 더 다가서는 유의미한 이론적 문제제기가 가능할 것으로 생각한다. 결국 식민지기 한국의 도시사회에 대한 역사적 접근이 단편적인 경험적 연구의 수준을 넘어서서 보다 일반화된 개념화 · 이론화 작업으로 나아가려면 다음과 같은 두 가지 차원에서의 폭넓은 연구사적 정리 작업을 통해 식민지 도시에 대한 이론적 인식의 지평을 확대하는 작업이 필수적이라고 생각된다.

우선 첫 번째는 역사 인식에서 흔히 반복되어온 '근대성=긍정성', '식민성=부정성'이라는 대립적 문제설정으로부터 탈피하기 위하여 물화된 '근대성' 개념을 탈신화화하고 해체하는 작업이 필요하다. 19세기 이래 사회과학의 인식론적 기저에 깔린 진화론적 · 목적론적 역사관과 특히 2차 대전 이후 구조기능주의적 패러다임과 함께 전 세계 사회과학계에 지배적 영향력을 행사해온 근대화론의 발전론적 세계관은 도시 연구와 관련해서도 강력한 구조적 영향력으로 작용해왔다. 구미 선진국의 '보편적' 경험으로 환원되지 않는 제3세계 도시의 역사적 경험의 독특성을 포착하려면 '근대성/근대화'의 일반이론으로부터 일정한 이론적 거리를 확보하는 작업이 필요하다. 이를 위해 이 글에서는 식민지 도시에 대한 국외 학계의 선행 연구의 흐름을 '근대성/근대화'를 이해하는 이론적 관점에 따라 크게 세 가지로, 즉 근대화론적 접근, 세계체계론적 접근, 탈근대론적 접근으로 분류하여 각각의 유효성과 한계점들을 간단히 짚어보고자 한다.

다른 하나는 도시사회학에서 대체로 매우 모호하고 포괄적인 개념적 대상으로 설정되어온 '도시성' 개념을 보다 구체적 수준에서 파악할 필요성이다. 이를 위해 이 글에서는 탈근대론적 접근의 근대성 비판의 이론적 성과에 기대어 공간이론적 분석을 제안할 것이다. 르페브르(Lefebvre)가 말했듯이, 계산가능성과 예측가능성을 추구하는 근대적 분과학문체계를 통해 근대적 공간 개념은 '근대화'와 '발전'의 마스터플랜을 구현해내기 위한 도구로서 공학적 · 기능주의적으로 발달해왔다. 공간에 관한 기존의 지배적인 분과학문들(지리학, 법학, 인류학, 건축학, 도시계획학, 조경학 등)의 학적 담론에 의해 진행된 의미론적 게임에 의해 공간은 총체성을 상실한 채 분해되고 파편화되고 말았다.[1] 그 결과 "공간은 국가에 가장 중요한 정치적 도구가 되었다. 국가는 공간을 이용하여 장소의 지배, 그 엄밀한 위계, 전체의 균일성, 각 장소의 격리를 확립했다."[2] 이러한 편중된 개념화는 실재하는 공간을 조작적으로 해체하고 재조직화하는 과정에서 그 공간 속에 본래 배태되어 있던 풍부한 사회성과 역사성을 체계적으로 망각하고 박탈시켜왔다.

근대 과학의 투명하고 균질화된 '보편-공간' 개념의 중립화된 외양과는 달리, 실재하는 것은 언제나 권력과 역사의 오명을 뒤집어쓴 불투명한 '특

---

1) Henri Lefebvre, *The Production of Space* (Oxford, Blackwell, 1991).

2) Henri Lefebvre, "Space: social product and use value", in J. W., Freiberg, ed., *Critical Sociology: European Perspectives* (New York, Irvington Publishers, 1979), p. 288.

정–공간들' 뿐인 것이다. 푸코(Foucault)에 따르면, 근대 과학의 균질화된 '보편–공간' 개념은 근대적 규율권력의 통치를 효율화하고 정당화하는 특권적인 '지식/권력(knowledge/power)'의 담론적 장치의 하나로서, 지배권력 통제의 그물망이 촘촘하게 펼쳐지는 '가시성의 장'으로서 작동해왔다. 공간은 "권력과 지식에 관한 담론이 실제의 권력관계에 변용하는 장소"인 것이다.[3] 이러한 그의 공간관은 근대 권력에 의해 균질화된 기술주의적 '유토피아'의 이면에 감춰진 끔찍한 악몽적 현실을 고발하며, 이를 대체하는 '헤테로토피아(heterotopia)'적인 해방의 전망에 대한 제시로 이어진다. 필자는 이러한 '공간의 정치화(politicization of space)'의 관점에 근거하여 식민지 도시성(colonial urbanism)에 대한 공간사회학적 접근의 가능성을 이론적으로 탐색해볼 것이다. 궁극적으로 이 글은 근대성을 식민성에 조회하고, 도시성을 공간성에 조회함으로써 식민지 도시에 대한 역사적 연구의 지평을 확장시키고, 더 나아가 근대성 · 식민성 · 도시성을 둘러싼 이론적 쟁점들을 보다 예각화시켜 보고자 한다.

## 2. 식민지 도시 연구의 주요 경향

식민지 도시에 대한 학적 관심이 촉발되기 시작한 것은 전 세계에 걸친 광범위한 탈식민화가 이루어진 2차 대전 이후의 일이다. 이 절에서는 그동안 축적된 주요한 연구의 성과들을 크게 세 가지 흐름으로 나누어 살펴보고자 한다. 먼저 근대화론적 접근은 대체로 '근대화'에 대한 수렴론적 가설을 전제로 하여 통시적인 '발전'의 경로 또는 단계를 설정하려는 관심에 입각해있다. 그 결과 여기서는 제3세계 도시, 식민지 도시를 일종의 일탈적

3) Michel Foucault, "Space, knowledge and power", *Skyline* (March, 1982), p. 87.

유형으로서 간주하되, 그 특이성은 역사적 시간 효과에 의해 필연적으로 상쇄될 것으로 파악한다. 이에 반해 세계체계론적 접근에서는 이러한 제3세계 도시의 일탈성이 소멸하여 무화될 일시적이고 예외적인 속성을 띤 것이라기보다는, 그것을 자본주의 세계체계의 계서제의 필연적인 구조적 결과물이자 영속적이고 체계화된 특성을 띤 것으로 파악한다. 주변부 도시의 '비정상성'은 중심부 도시의 '정상성'과의 공시적인 지리적 네트워크 관계를 통해서만 설명될 수 있다는 것이다. 마지막으로 탈근대론적 접근은 '식민주의'라는 프리즘을 통해 '규율권력'으로서의 근대성의 어두운 이면을 보다 선명하게 포착해내어 비판하고자 하는 문제의식의 산물이라고 볼 수 있다. 여기서는 식민지 도시는 근대 도시의 예외적 · 일탈적 형태라기보다는 오히려 그것의 노골화되고 단순화된 본질적 형태에 가까운 것으로 개념화된다.

### 1) 근대화론적 접근: 제3세계 도시의 발전론적 유형화

식민지 도시에 대한 최초의 학적 관심은 냉전 시기 제3세계 도시에 대한 관심에서 비롯되었다. 파슨스(T. Parsons)의 구조기능주의 지배하에 있던 1950~1960년대 도시사회학은 구미의 근대화와 도시화 모델을 제3세계 사회가 따라야 할 당위적인 미래상으로 간주했는데, 이러한 구미의 경험에 입각한 모델의 '적용'에도 불구하고 구미의 도시이론으로는 '설명'되지 않는 제3세계 도시의 독특한 양상을 해석하려는 이론적 시도로부터 제3세계 도시들이 공유하는 다른 역사적 경로를 '유형화'하려는 연구가 이루어지게 되었던 것이다.

근대화론적 접근의 초기의 대표적인 두 가지 성과로는 조버그(Sjoberg)의 '전 산업도시'와 '산업도시'의 유형화와, 레드필드와 싱어(Redfield and Singer)의 '이종발생적(heterogenetic) 도시'와 '계통발생적(orthogenetic) 도시' 의 유형화를 들 수 있다.[4] 호바스(Horvath)는 여기서 한발 더 나아가 '산업도시' '전 산업도시' '식민지 도시' 의 삼분법을 제안하는데, 앞의 두 가지가 기술의 발전 속도를 변수로서 공유하는 동질적(homogeneous) 특성을 띤다면, 식민지 도시는 외래권력에 의한 지배라는 새로운 변수가 도입된 이질적(heterogeneous) 혹은 다원적(plural) 특성을 띤다.[5] 동남아시아 도시들에 대한 사례 연구를 통해 식민지 도시를 '외부로부터의 경제적 수탈' 의 관점에서 '식민지 착취의 중추신경' 으로서 최초로 본격적으로 규정한 맥기(McGee)는 제3세계 도시에 대한 추상적 유형화론을 비판하면서 동남아시아 식민지 도시들에 대한 보다 구체화한 유형론을 제시한다. '접목된 도시(the grafted city)', '계획된 식민지 도시(the planned colonial city)', '토착적 식민지 도시(the indigenous colonial city)' 의 삼분법이 그것이다.[6]

식민지 도시의 유형론은 무수한 식민지 도시의 경험적 사례들을 몇 가지 특징들로 환원해낼 수 있다는 점에서 강력한 이론적 효율성을 과시하지만, 다른 한편으로는 하나의 도시 군(群)으로 범주화하기 어려운 경험적 대상들을 근대화론의 목적론적 지평 속에서 무리하게 통합해냄으로써 각 도시의 내재적 이질성과 사회역사적 변이들을 충분히 담아내지 못한다는 치명적 결함을 내포하고 있다. 그 결과 제3세계의 '저발전' 에 대한 문제의식이 심화하면서 식민지와 제국체제, 식민지 도시와 식민모국의 도시를 분리해서는 문제의 핵심에 접근할 수 없다는 문제제기가 확산하기에 이른다. "식민지 도시는 적어도 3세기 이상, 전혀 다른 상황 속에서, 전혀 다른 지역에

---

4) Gideon Sjoberg, *The Preindustrial City: Past and Present* (Free Press, 1960). Redfield, R. and Singer, M. S., "The cultural role of cities", *Economic Development and Cultural Change*, 3 (1954).

5) R. V. Horvath, "In search of a theory of urbanization: notes on the colonial city", *East Lakes Geographer*, 5 (1969).

6) T. G. McGee, *The Southeast Asian City: A Social Geography of the Primate Cities of Southeast Asia* (New York, Frederick A. Praeger, 1967).

서 정착되고 기능했던 거주지이다. 식민지 도시 일반(the colonial city)에 대해 말하는 것은 과도한 일반화"[7]인 것이다.

### 2) 세계체계론적 접근: 부등가교환론에서 문화변용론까지

1960~1970년대 제3세계 사회과학자들의 근대화론에 대한 비판은 종속이론과 급격히 결합하게 된다. 하지만 주변부사회의 '저발전'을 중심부사회의 '발전'의 등가물로 설명하고 양자의 관계를 '부등가교환'으로 정립하는 종속이론의 이분법으로는 '세계적 규모에서의 자본축적'의 동학을 설명해낼 수 없었다. 이러한 종속이론의 이론적 궁지를 극복하면서 등장한 것이, 세계경제의 중심부와 주변부의 양자관계를 매개하는 제3항인 '반주변부'를 도입함으로써 자본주의 세계경제를 단일한 논리에 따라 작동하는 역동적 모델로서 설명해낸 세계체계론이었다.

월러스틴(I. Wallerstein)의 이론적 혁신이 근대화론과 마르크스주의에 '양날의 칼'을 휘두르며 등장한 시기는 카스텔(M. Castells)과 하비(D. Harvey)로 대표되는 비판적 관점의 '신도시사회학'이 형성된 시기와 포개진다. 하지만 양자 모두 지나치게 거시적이거나 경제주의적인 접근을 취함으로써 도시공간의 미시적 행위자의 문제나 그들에 의한 도시사회에서의 사회적·문화적·상징적 상호작용의 문제를 적절히 다루지 못한다는 비판이 제기되었다.[8] 특히 식민지 도시공간은 "서로 다른 문화가 만나서, 충돌하여 얽히고설킨 사회적 공간"[9]으로서, 장기간에 걸친 "역사적 문화변용

---

7) G. A. De Bruijne, "The colonial city and the post-colonial world", in Ross and Telkamp, eds., *Colonial Cities* (Dordrecht, Martinus Nijhoff, 1985).

8) Brenda S. A. Yeoh, *Contesting Space: Power Relations and the Urban Built Environment in Colonial Singapor* (Oxford, Oxford University Press, 1996), p. 9.

9) M. L. Pratt, *Imperial Eyes: Travel Writing and Transculturation* (London, Routledge,

(transculturalization)"[10]이 발생하는 장으로서 주목할 필요성이 새롭게 제기되기 시작했다.

식민지 도시에 대한 비교문화론적 접근의 대표자로 손꼽히는 킹(King)은 방갈로(Bungalow)의 형성 · 변형 · 확산 과정에 대한 연구로부터 출발하여 식민지 도시의 도시계획과 건축양식 전반에 대한 분석을 통해 물리적 건조환경(建造環境; built environment)이 문화적 경계를 넘어 그 의미와 용도가 전성(轉成) · 변용(變容)되는 과정과 양상을 '세계도시체계(world urban system)'의 거시적 맥락 속에서 보여준다. 방갈로는 영국의 중산층 교외 주거지역의 단층 주거양식으로 1890~1920년 사이 휴양지의 '별장(second home)'으로 영국에 도입되었지만, 그 원류는 영국 식민치하의 인도에서 형성된 것이다. 방갈로는 영국의 식민통치양식과, 열대기후에 적응한 벵골지방 인도인의 토착 건축양식이 융합되어 만들어진 대표적인 식민지 건조환경으로, 식민지 관료의 주거용 저택이나 영국군대의 병영으로 사용되었다. 이후 전형적인 탈도시적 · 농촌적 주거양식의 산물인 방갈로 문화가 영국 지배집단의 전원적 취향과 교외화 경향과 결합하면서 문화적 변용을 거쳐 영국 각지에 확산되었다.[11] 이를 통해 그가 궁극적으로 주장하고자 하는 바는 서구의 '문명'과 '근대'의 형성사가 그들의 피식민자들, 외부자들, 타자들의 공헌을 필수적 · 핵심적 구성요소로서 내장하고 있었다는 점이다.

---

1992), p. 4.

10) Stuart Hall, "When was 'the post-colonial'?: Thinking at the limit", in I. Chambers and L. Curti, eds., *The Post-Colonial Question* (London and New York, Routledge, 1996), p. 247.

11) Anthony D. King, *Colonial Urban Development: Culture, Social Power and Development* (London and New York, Routledge, 1976), Ch. 6.

### 3) 탈근대론적 접근: 근대권력에 대한 급진적 비판

1968년 '유럽혁명'을 계기로 1970년대 이후 서구 학계에서 급진적인 '근대성 비판'의 이론적 기획이 등장하면서 서구적 근대의 내부이자 외부로서, 그 극한적 속성을 드러내는 식민지에 대한 관심이 새롭게 출현하기 시작했다. 특히 푸코(M. Foucault)의 '고고학'과 '계보학'의 방법론과 그것을 제국주의시대 문학 텍스트 분석에 적용한 사이드(E. Said)의 연구는 근대성과 식민주의의 태생적인 문화적 연구에 대한 학계의 관심을 촉발시켰는데, 1980년대부터 식민지 도시를 근대성과 식민성이 착종된 권력갈등의 장으로 설정하는 연구들이 출현하기 시작한 것은 이러한 이론적 배경 속에서였다. 예컨대 래비나우(P. Rabinow)는 프랑스의 근대 도시계획 형성사의 매끈한 연속적 평면의 이면에 아로새겨진 주름과 굴곡, 균열과 단절의 계기들을 북아프리카의 프랑스령 식민지 도시의 건설과정에 대한 사례연구를 통해 드러낸다.[12)]

비슷한 문제의식에서 알사야드(AlSayyad)가 묶어낸 일련의 연구들은 역사상 존재한 다양한 식민지의 도시공간을 '유럽적 권력의 공간적 현시' 혹은 '외래집단과 토착집단 간의 권력갈등의 공간적 발현'이라는 공통분모를 토대로 해석해낸다. 식민주의가 이질적 외래집단에 의한 지배로 특징지어

---

12) 래비나우는 20세기 초 카사블랑카(Casablanca)나 라바(Rabat) 등 프랑스령 모로코에서의 식민지 도시 건설과정에 대한 사례 연구를 통해서 프랑스 근대 도시계획이 두 가지 고고학적 계기를 내포하고 있는 것으로 정식화한다. 그 하나는 '기술-세계주의(techno-cosmopolitanism)'이고, 다른 하나는 '중류 모더니즘(middling modernism)'으로서, 양자는 '산업화'와 '복지'라는 이중의 정언명법에 따라 형성된 것이다. Paul Rabinow, *French Modern: Norms and Forms of the Social Environment* (Chicago, The University of Chicago Press, 1989). Paul Rabinow, "Colonialism, modernity: the French in Morocco", in Nezar AlSayyad, ed., *Forms of Dominance: On the Architecture and Urbanism of the Colonial Enterprise* (Aldershot, Avebury, 1992).

진다면, 식민지 도시는 이들의 권력 거점, 즉 식민권력의 '컨테이너'로서 식민 통치의 정치적 · 경제적 · 군사적 · 문화적 지배의 중추로서 기능을 했다. 물론 "지배는 식민지 도시에만 배타적으로 존재하는 것은 아니지만, 식민지적 맥락에서의 지배는 특히 노골적(blunt)이다. 식민지 도시는 다른 어떤 도시보다도 지배의 표현으로 기능을 하며, 식민주의 연구는 경제적 · 지적 · 신체적 · 상징적 지배에 대한 더욱 분명한 이해를 가능하게 한다. 식민지 도시에 대한 이해가 중요한 것은 그것이 갖는 차이 때문이 아니라, 그 정책 결정이 보다 투명하기 때문이다."[13]

따라서 그 구체적 양상은 판이하지만, 16세기 스페인령 마닐라나 17세기 프랑스령 폰디체리, 20세기 이탈리아령 리비아나 영국령 뉴델리의 건설과정은 모두 식민권력에 의한 공간적 지배전략의 본질적 유사성을 보여주며, 이는 '스탈린 제국' 하의 소련과 사회주의 도시들이나 탈식민화된 제3세계 국가의 권위주의정권 하에 재건된 현대 도시들도 예외가 아니다. 식민지 도시는 도시공간이 궁극적으로 공간의 언어로 쓰인 '지식-권력'임을 보여준다. 이 점에서 지배가 그 노골적 진실성을 드러내는 식민지 도시공간은 근대 규율권력의 통제와 억압의 논리를 투명하게 보여주는 사례로서, 근대성의 '결여'의 징후가 아니라 '과잉'의 징후로서 자리매김한다.

### 4) 식민지 도시의 입지와 기능: 이론적 유효성과 한계

앞서 살펴본 근대화론적 접근과 세계체계론적 접근은 식민지 도시에 대한 외재적 접근이라고 볼 수 있다. 이들 입장은 식민지 도시를 파악함에 있어 식민지 도시의 내적 구성에 관심을 두기보다는 우선적으로 도시 외부와의 관계를 파악함에 주력한다는 점에서 공통적인 이해관심을 공유한다. 즉

---

13) Nezar AlSayyad, ed., *Forms of Dominance*, p. 5.

이들은 식민지 도시를 다른 무엇보다도 자본주의 세계경제의 거시적 구조 변동과 제국과 식민지 간의 공간적 연계라는 관점에서 파악한다. 이러한 맥락에서 식민지 도시를 이해함에 가장 중요한 요소는 입지와 기능의 문제이다.

식민지 도시의 기능적 측면은 대내적인 토착사회에의 기능성과 대외적인 제국체계에의 기능성이라는 두 가지 측면에서 파악할 수 있다. 우선 토착사회의 지역적 맥락에서 보면, 자메이카의 킹스턴(Kingston)이나 브라질의 리우(Rio)의 경우와 같이 식민지 도시의 건설에 의해 이전에 없던 도시체계가 새롭게 형성된 경우가 있는가 하면,[14] 북아프리카의 지중해 연안과 같이 신도시(알제, 튀니스, 카사블랑카 등)의 건설로 전통적 교역 루트에 자리 잡은 유서 깊은 이슬람 도시들〔메크네스(Meknes), 페즈(Fez), 틀렘켄(Tlemcen) 등〕과 토착적 커뮤니티가 전면적으로 파괴 · 해체 · 변용 · 재편된 경우도 있었다.[15]

이처럼 식민지 도시가 기능적으로 작동한 구체적 양상은 각각의 역사적 사례에 따라 다양한 편차를 띠고 있다. 예컨대 오스터헴멜(Osterhammel)은 식민지를 제국체제에의 기능에 따라 크게 수탈적(exploitation) 식민지, 제해적(制海的; maritime) 식민지, 정착적(settlement) 식민지로 유형화하고, 이

14) 클라크(Clarke)에 따르면, 카리브해 지역의 플랜테이션 경제는 식민지 도시 킹스턴의 건설과 그에 따른 '종속적 발전'에 의해 창조된 것이다. 또 카라쉬(Karasch)에 따르면, 브라질의 역사는 리우의 건설로부터 비롯된 것이다. 한마디로 '브라질이 리우를 만든 것이 아니라 리우가 브라질을 만들었다.'는 것이다. C. G. Clarke, "A Caribbean creole capital: Kingston, Jamaica, 1692-1938", in Ross and Telkamp, eds., *Colonial Cities*. M. Karasch, "Rio de Janeiro: from colonial town to imperial capital", in Ross and Telkamp, eds., *Colonial Cities*.

15) Janet Abu-Lughod, *Rabat: Urban Apartheid in Morocco* (Princeton University Press, 1980). M. A. Chaichian, "The effects of world capitalist economy on urbanization in Egypt, 1800-1970", *International Journal of Middle Eastern Studies*, 20 (1988), pp. 23-43.

에 따라 식민지 도시가 수행한 기능도 경제적 기능, 정치군사적 기능, 이민(정착)적 기능 등 세 가지로 구분한다.[16] 또 이이츠카 키요(飯塚キヨ)는 식민지 도시를 식민화의 단계별 기능에 따라 제1단계에서의 교역중심지와 군사중심지, 제2단계에서의 지역중심지, 광공업중심지, 행정중심지 등으로 범주화한다.[17] 하지만 그 중 가장 중요하고 결정적인 우선성을 갖는 것이 제국체제에의 경제적 기능임에는 이견의 여지가 없다.[18]

식민지 도시들이 대부분 해운을 통한 식민본국과의 교통 및 통신, 나아가 제국 전체의 도시 간 해외 네트워크를 염두에 두고 건설된 항구도시라는 전반적인 입지상의 공통성을 띠는데, 그 결정적 원인은 이러한 대외적 기능의 압도적 우위성 때문이라고 볼 수 있다. 대표적 해양제국인 영제국의 경우, 제국통치의 전략적 핵심을 구성한 것이 제국의 '왕관에 박힌 보석' 이라 불린 인도와 본국을 잇는 해로를 확보하고 제해권을 장악하는 이른바 '3C 정책' 이었다. 영국의 인도에 대한 배타적 지배는 각각 동부 · 서부 · 남부 인도를 지배하는 '거점도시(Presidency Town)' 인 캘커타(1690), 봄베이(1665), 마드라스(1639)라는 세 개의 거대한 항구도시 건설에서 비롯되었는데, '3C 정책' 은 제국 본국과 인도를 잇는 캘커타(Calcutta), 카이로(Cairo), 케이프타운(Cape Town)을 연결하는 삼각지역에 대한 지배권을 확보하는 정책을 일컫는 말이다. 해상 군사기지 혹은 교역의 중계창고로서 기능을 한 싱가포르, 페낭, 말라카와 같은 해협 식민지들과 홍콩과 같은 해상 결절점이 결정적 역할을 수행한 것은 식민제국이 이처럼 거대한 항만

---

16) J. Osterhammel, *Colonialism: A Theoretical Overview* (Princeton, Markus Wiener Publishers, 1997).

17) 飯塚キヨ, 『植民都市の空間形成』(東京, 大明堂, 1984).

18) T. G. McGee, *The Southeast Asian City: A Social Geography of the Primate Cities of Southeast Asia* (New York, Frederick A. Praeger, 1967). A. J. Christopher, *The British Empire at its Zenith* (London, Croom Helm, 1988)

인프라를 갖춘 항구도시 간의 연계를 핵심축으로 한 공간적 네트워크의 산물이었기 때문이다.

식민지 도시들은 항구를 기점으로 거미줄처럼 전개된 철로를 통해 식민지 내륙 각지로 촉수를 뻗친다. 식민제국에서 해운이 바다의 '거리'를 극복하는 수단이었다면, 육상에서는 철도가 그 역할을 담당했다. 영국이 인도 내륙에 대한 개발을 본격화한 것은 달하우지(Dalhousie) 총독 시대(1848~1856)부터로서 1858년 영국령 인도제국이 확립되면서 제국강화정책의 하나로 식민지 지역개발정책이 촉진되었는데, 그 핵심적 사업이 철도 건설이었다. 인도의 철도 건설은 1853년부터 시작되어 1900년까지 인도의 내륙지방 거의 전역에 걸쳐 철로가 부설되기에 이른다.[19] 영제국의 전 세계적 항만 네트워크는 이러한 육상운송의 개선과 연계되어, 철도, 운하, 도로가 항구로부터 방사상으로 퍼져 나가 배후지에 대한 경제적 개발과 수탈의 촉수를 확산시켰다. "인도와 실론의 차, 말라야의 고무, 카리브해의 설탕과 같은 플랜테이션 작물, 말라야의 광물, 북로디지아(Rhodesia)의 구리, 남아프리카의 금과 다이아몬드 등 … 몇몇 항구는 독자적인 산업을 발전시켰는데, 캘커타와 벵갈의 황마(黃麻), 봄베이의 면방직 공업은 유명했다. 영제국의 최전성기는 1931년으로, 당시 지구상 육지의 1/4, 인구의 1/4을 지배했다."[20]

19세기 영국의 산업도시화 모델에서 비롯된 '철도가 발달한 항구도시' 모델은 식민지에 이식되어 근대적 식민지 도시의 '전형'을 형성하게 된다. 예컨대 아프리카에서도 내륙지방 경제 개발의 관건이 된 것은 19세기 말~20세기 초에 급속히 확산한 철도 부설이었다. 철도는 운송비의 90% 이상

---

19) 飯塚キヨ, 『植民都市の空間形成』, 15.

20) Robert Home, *Of Planting and Planning: The Making of British Colonial Cities* (London and New York, E & FN SPON, 1997), p. 64. 당시 영제국의 총 인구는 약 5억으로 그 중 인도의 인구가 약 3/4의 비중을 차지하고 있었다.

을 절감시키고 무역체계를 재편시켜 고래의 많은 무역체계는 철도와의 경쟁에서 몰락했다. 19세기에 꽃을 피웠던 사하라 횡단무역이 쇠퇴한 것도 이 때문이었다.[21] 또한 탈식민화 이후 제3세계 각국의 대외 지향적 경제성장 과정에 있어서도 독보적인 산업기지로서의 역할을 담당하게 된다.[22] 이로부터 우리는 식민지 도시의 전형을 '철도가 발달한 항구도시'로 규정할 수 있다.

식민지 도시가 갖는 제국 도시체계 내에서의 지리적 위상학이나 현재와의 역사적 연속성이라는 측면에서 볼 때 이러한 입지와 기능에 대한 분석이 일차적인 중요성을 띤다는 점은 분명하다. 하지만 그것은 적어도 다음과 같은 두 가지 점에서 이론적 한계를 드러낸다. 첫째, 지나친 경제주의적 논리에 치우칠 위험성이다. 이것은 자본주의와 제국주의에 대한 마르크스주의적 이론에서 곧잘 드러난 문제점으로서, 계급과 경제가 사회와 역사를 설명하는 특권적인 본질적 요소라고 단언할 수는 없다. 일찍이 폴라니가 지적했듯이, 사회적 파국은 소득이나 인구의 통계로 측정할 수 있는 경제적 현상이라기보다는 주로 문화적인 현상이다. 계급 간의 충돌에서나 민족 간의 문화접촉에서나 파국의 원인은 경제적 착취가 아닌 문화적 환경의 붕괴, 즉 자존심과 규범의 상실이다. 경제주의적 편견은 착취를 강조함으로써 문화적 퇴화라는 한층 큰 문제를 은폐한다.[23]

둘째, 식민지 도시에 대한 외재적 접근이라는 비판을 면하기 어렵다. 근대화론적 접근에서는 식민지 도시는 현재로의 발전에 이르는 하나의 단계

21) 존 아일리프, 이한규 · 강인황 역, 『아프리카의 역사』 (이산, 2002), 363쪽.

22) 킹은 식민주의가 제3세계 독립국가의 공간조직과 도시체계에 남긴 두 가지 유산으로 대외 지향적인 항구도시의 발달과 정치 · 행정 · 군사 중심지의 구축을 든다. Anthony D. King, *Colonial Urban Development*.

23) 칼 폴라니, 박현수 역, 『거대한 변환: 우리 시대의 정치적 · 경제적 기원』 (민음사, 1991), 제13장.

로서 설정되므로 손쉽게 시간계열에 따른 인과적 설명의 단계 혹은 요인 분석으로 치환된다. 세계체계론적 접근에서는 자본주의 세계체계에의 (역)기능성이라는 차원으로 환원될 위험성이 크다. 즉 이들 양자의 이해방식은 식민지 도시의 내적 구성원리나 그 사회적 동학을 밝혀내기에는 턱없이 부족하다. 이를 위해서는 외재적 접근으로부터 내재적 접근으로의 관점의 전환이 필요하다. 그것은 도시사회의 내적 동학을 설명함에 있어 외부의 힘이 아니라 도시 내부의 역관계, 즉 도시 지배권력블럭 내부의 이질적 구성분자와 피식민 주체들의 복수성과 복합성에 대한 보다 입체적이고 세밀한 분석을 요구한다.

이하에서는 이러한 문제의식을 바탕으로 식민지 도시공간의 내적 구성의 분석과 관련하여 제기될 수 있는 두 가지 핵심적 연구문제들을 공간사회학적 관점에서 도출해보고자 한다. 첫째는 권력과 공간의 문제이다. 식민지 도시는 어떤 공간적 특징을 띠고 있으며 그것은 어떤 권력적 함의를 갖는가? 식민지 도시의 공간환경은 누구에 의해, 어떤 의도를 가지고, 어떤 양식으로 만들어졌으며, 그것이 가져온 사회적 · 권력적 효과는 무엇이었는가? 식민지 도시에서의 공간의 생산은 식민모국에서의 도시공간의 생산과 어떤 상호 관련성을 띠는가? 식민자들에게 있어서 식민지 도시는 무엇인가?

두 번째는 공간과 일상의 문제이다. 제국은 식민도시화 과정에서 토착사회의 조직과 문화를 어떻게 변용하였는가? 식민지 도시의 조직과 문화는 도시행위자들의 일상생활 속에서 어떻게 재생산되는가? 그 결과 식민지 도시라는 '무대' 위의 '배우'로서, 행위자들은 어떤 의도적 · 비의도적 행위를 연출하게 되는가? 이 과정에서 피식민자들을 주체화하는 공간적 실천의 규범은 무엇이며 그것은 어떻게 작동하는가? 도시공간에서 식민주체들의 저항은 어떻게 표출되며, 특히 그 일상적 양상은 어떠한가? 피식민자들에게 식민지 도시는 무엇인가?

## 3. 식민권력과 공간정치: 지배의 물질적 장치로서 도시공간

식민지 도시공간의 내적 구성을 살펴보면, 가장 확연히 드러나는 특징은 토착집단과 외래집단 간의 사회적 · 공간적 격리(segregation)이다. 무질서하고 비위생적이고 밀집된 미로 형태를 띤 토착민들의 구시가지와 광대한 직선 가로와 풍부한 녹지, 격자형 혹은 방사형 가로망에 질서정연하고 위생적인 외래 식민자들의 신시가지로 공간적으로 양분된 이중도시는 델리와 뉴델리, 이집트적 카이로와 유럽적 카이로, 무슬림적 알제와 프랑스적 알제 등 거의 모든 식민지 도시들에서 공통으로 나타나는 현상이었다.[24] 인종 간 격리로 특징지어지는 이러한 현상은 근대적인 계급 간 격리와 동형적이다. 그렇다면 인종 간 식민지적 '수탈'은 자본주의적인 계급 '착취'의 모델로 이론적으로 환원 가능한 것일까? 그것은 과연 '근대적'인 것일까? 이하에서는 이를 세 가지 사례, 즉 '간접통치'를 표방한 영국, '직접통치'를 표방한 프랑스, 그리고 파시즘국가 독일과 이탈리아를 중심으로 살펴보고자 한다.

24) 예컨대 "인도에는 두 개의 나라가 있다. 영국인의 나라인 앵글로스탄(Anglostan)과, 인도인의 나라 힌두스탄(Hindostan)이 있다". William Digby, "Prosperous British India", (London, 1911), pp. 291-292, London: 飯塚キヨ, 『植民都市の空間形成』, 14에서 재인용. 또 "유럽적 카이로는 … 카이로와 기차역과 압딘에 이르는 긴 가로로 분리되어 있다. 유럽적 카이로는 서구의 도시와 마찬가지로 큰 상점과 대형주택, 좋은 차와 잘 차려입은 사람들로 넘쳐난다. … 이곳의 동쪽에 있는 진짜 카이로는 … 것이 예전 그대로이다". Janet Abu-Lughod, "Tale of two cities: the origins of modern Cairo", p. 430. 이밖에 프랑스령 모로코의 수도 라바(Rabat)에 대한 아부루고드의 연구 Abu-Lughod, *Rabat: Urban Apartheid in Morocco*도 참조할 것.

### 1) 캘커타에서 뉴델리로: 영제국의 변환과 식민지 의례공간의 창출

식민지적 이중도시에서 '암흑세계'에 대한 '문명세계'의 권력 과시적 성격이 특히 뚜렷한 형태로 표출되기 시작하는 것은 19세기 말~20세기 전반에 이르는 제국주의의 절정기에 국제 사회에서 식민지에 대한 공식적 지배의 정치적 의미가 중요해지면서부터이다.[25] 캘커타로부터 뉴델리로의 영국령 인도제국에서의 천도(遷都)는 이를 단적으로 보여주는 사례이다. 18세기 중반 영국이 인도의 패권을 장악한 이래 캘커타는 영국의 인도 식민통치의 정치적 수도였고, 1858년 영국령 인도제국이 확립된 이후에도 제도(帝都)로서의 지위에는 변함이 없었다.

그렇다면 영국이 1911년에 가서야, 그것도 거대 항구도시가 아닌 내륙의 몰락한 전통도시로서 과거 '주의해야 할 지역(병영설치지구)'였던 델리지방에 신수도 뉴델리를 건설하고 천도를 선포한 이유는 무엇일까? 그 외형상의 이유는 캘커타의 자연환경의 열악함과 그로 말미암아 빈발해온 도시문제들의 재정적 압박 때문이다. 캘커타는 고온다습한 '열대성 악역(惡疫) 오염지대'인 갠지즈 강 삼각지의 저습지대에 있었다. 캘커타의 입지는 애초에 자연환경의 악조건에도 불구하고 경제적 · 군사적 조건을 우선적으로 고려하여 결정된 것이었고, 결과적으로 그로 인한 잦은 자연재해와 전염병 때문에 천도에 이르게 된다. 영국 당국이 뉴델리로 천도함에 사전에 현지

---

25) 물론 이것은 식민지 도시만의 현상은 아니었다. "19세기와 20세기에 유럽, 미국 등지의 지배 엘리트는 수도를 거창하고 상징적인 의례의 중심으로 변모시켰다. 그들이 시행한 도시계획의 특징은 일단 엄청난 규모에, 육중한 공공건물과 널찍한 대로를 전략적으로 배치하고, 기념비와 광장을 중심으로 방사선상의 도로를 내고서 이를 녹지로 에워싸는 것이었다. 사실 국민국가의 발흥기에 도시 건축 및 공간을 통해 국력과 국위를 과시하려는 국제적 경쟁은 파리를 비롯해 마드리드 · 상트페테르부르크 · 빈 · 베를린 · 로마 · 워싱턴을 휩쓸었다." 다카시 후지타니, 한석정 역, 『화려한 군주 – 근대일본의 권력과 국가의례』(이산, 2003), 61쪽.

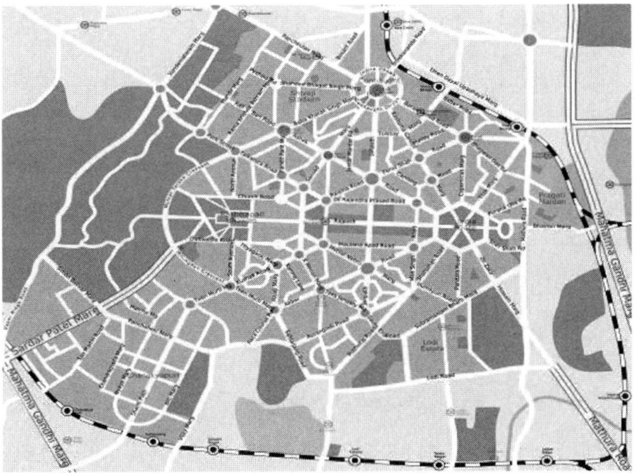


뉴델리 지도.

의 지형, 하천, 토지, 지질, 기후 등을 자세히 조사한 이면에는 구도(舊都) 캘커타에서 만성적 도시문제에 시달렸던 뼈저린 경험이 있었던 것이다. 이처럼 영국이 인도에서의 식민지 도시 건설에 있어서 위생상 안전의 확보를 중요시하게 된 것은 18세기 이후의 일이다.[26]

하지만 영국의 식민권력이 수도를 옮겨야만 했던 또 하나의 — 보다 중요한 — 요인은 제1차 독립전쟁(세포이 반란, 1857~1958) 이후 더욱 거세진 인도인들의 저항과 이로 인해 고조된 정치적 긴장에 있었다. 보다 장기적인 관점에서 본다면 영국이 '간접통치'의 의지의 표명으로 '인도제국'을 선포한 것도, 식민권력의 거점을 저항이 거센 벵갈지방의 캘커타로부터 내륙중심부의 고도(古都) 델리로 옮긴 것도 제국의 안정화 논리에 따른 일관된 정치적 행동이었다. "서양 식민제국들이 간접통치를 택하게 된 이유는 원칙이나 이데올로기가 아니라 그들의 한정된 능력과 자원 때문이었다. … 근대의 모든 제국들 가운데에서 영제국은 가장 다양하고 분산되어 있었다. … 20세기 초 영국의 식민지 관련 법은 해외 영토를 40개의 범주로 분류하

26) 飯塚キヨ, 『植民都市の空間形成』, 25-26.

였고, 그 통제를 3개의 부서—식민성, 인도청, 외무성—에 일임하였다. … 영제국이 단일한 행정적 중심을 가지지 못한 채 경영이 느슨했던 이유는 무엇보다도 영제국이 중심부의 일관된 기획이 아니라 오랜 기간에 걸쳐 상황에 따라 즉흥적으로 획득되고 확장되었기 때문이었다."[27)]

델리로의 천도, 아니 보다 정확히 말해서 신도시 뉴델리의 건설은 영국의 새로운 인도 지배전략의 일환이었다. 1910년 이후 영국에서의 도시계획에 대한 열광은 '제국'에 대한 열광과 동시대적인 것이었다. 신수도를 위한 웅장한 계획이 뉴델리, 프리토리아(Pretoria), 캔버라, 오타와에서 동시에 진행되었으며, 대제국의 수도라는 위상에 걸맞게 런던을 재구조화하려는 야심 찬 계획도 일부 진행 중에 있었으나, 1차 대전이라는 국가적 위기를 거치면서 수포로 돌아가고 말았다. 무엇보다도 뉴델리의 건설은 영제국에 대한 예찬을 가장 방대한 스케일로 표현한 것으로, 델리 거주지(Delhi Enclave)는 워싱턴 DC의 70제곱마일보다 훨씬 넓은 1290제곱마일 규모였다. 뉴델리의 전시적인 건축물들은 제국의 위엄을 과시하는 노골적으로 정치적인 메시지를 담고 있는데, 동양화된 고전주의를 통해 동양과 서양의 이상의 행복한 결합을 상징한다. 뉴델리는 "인도적인 것도, 영국적인 것도, 로마적인 것도 아니며, 그것은 제국적인 것이어야 한다."[28)]

인도제국의 출범과 함께 영국인들은 제국권력의 안정을 위해 인민들 앞에서 황제의 권위를 과시하는 무굴(Mughal)제국의 전통적 의식(儀式)인 '두르바르(durbar)'를 빌렸고, 두르바르의 제전(祭典)을 식민권력의 위상을 드높여줄 장관으로 연출해내기 위해서는 그에 걸맞은 상징성을 띤 무대공간이 필요했다. 그리하여 뉴델리는 인접한 인도인들의 도시, 형편없이 쇠락해버린 고도 델리와 극명한 대조를 이루면서, 영제국 절대권력의 찬연한

27) 박지향, 『제국주의: 신화와 현실』(서울대학교 출판부, 2000), 211쪽.

28) Robert Home, *Of Planting and Planning: The Making of British Colonial Cities*, pp. 144-145.

스펙터클을 상연할 장엄한 '무대장치'를 갖춘 광대한 의례의 공간으로 창출되었다.[29)]

그러나 19세기까지 영국을 지배한 정치이념은 자유방임주의였으며, 이 점에서는 식민정부도 예외가 아니었다. 유럽의 식민제국들 중 영국은 상대적으로 장기적인 도시발전계획에 대한 고려는 부재한 편에 속했다. 프랑스 절대주의가 식민지 항구도시 건설에서 보여준 계획성과 비교해볼 때, 영국과 미국 식민주의의 도시에 대한 무계획성은 극히 대조적인 것으로 알려져 왔다.[30)] "영국에서는 사유물과 사회질서가 너무나 긴밀하게 연계되어 있어서 정부가 개입하면 후자에 의해 전자가 망쳐지고 말 것으로 생각하고 있다. 이것은 대륙의 상황과는 너무나 다르지 않은가!"[31)] 특히 캘커타는 이러한 영국식의 극단적인 부와 빈곤이 공존한 최악의 자유방임 도시 가운데 하나였다. 캘커타는 영국의 상인 부호들에게는 휘황찬란한 '궁전의 도시'였지만, 그 이면에는 행정당국으로부터 방치된 채 너저분함의 극치를 보여주는 거리들이 널려 있었다.[32)] 이런 맥락에서 볼 때 식민권력에 의해 의도

29) Hosagrahar Jyoti, "City as Durbar: theater and power in imperial Dehli", in Nezar AlSayyad, ed., *Forms of Dominance*, p. 104.

30) Robert Home, *Of Planting and Planning*, p. 65.

31) J. V. Konvitz, *Cities and the Sea: Port City Planning in Early Modern Europe* (Baltimore, Johns Hopkins University Press, 1978). Robert Home, *Of Planting and Planning*, p. 66에서 재인용.

32) Robert Home, *Of Planting and Planning*, pp. 67-68. 물론 영국의 식민지 도시가 모두 다 이러한 방임주의의 산물은 아니다. 식민지에서의 활동을 통해 근대 도시계획사에 선구적인 발자취를 남긴 '예외적' 영국인으로 싱가포르의 래플스(Stamford Raffles: 1780-1826)와 인도의 게데스(Patrick Geddes: 1854-1932)를 들 수 있다. 1819년 래플스는 프랑스의 라이트(Francis Light)가 건설한 페낭과의 의식적 대비 속에서 싱가포르를 건설했는데, 그의 도시계획은 여러 식민지 도시들에 직간접적인 영향을 미쳤다. Brenda S. A. Yeoh, *Contesting Space*, Ch. 2. 게데스는 '인간의 욕구' 관념에 기반을 둔 혁신적 사고로, 철거주의와 파괴주의의 대안으로 개활지와 식목을 강조하는 '보존적 수술(Conservative Surgery)' 방식을 주창하여 토착 관습과 전통의 선택적 부활을

적으로 계획된 도시공간의 정치적 속성이 더 명확하게 드러나는 것은 프랑스의 식민지 도시에서이다.

### 2) 프랑스, 독일, 이탈리아의 경우: 식민지 동화주의의 모순과 동요

영국의 뿌리깊은 간접통치 방식과는 대조적으로, 프랑스는 대체로 직접통치의 방식을 선호했다. 예컨대 아프리카 식민지의 경우, 직접통치는 "특히 프랑스, 벨기에, 포르투갈 관리들에 의해 시행되었다. 그들은 중앙집권화를 확신했고, 프랑스령 서아프리카 총독인 윌리암 퐁티(William Ponty)의 말처럼 세습통치자들을 '대개 기생충에 불과한 존재'로 간주했다. 프랑스 관리와 벨기에 관리는 영국 관리보다 훨씬 많았다."[33] 프랑스 식민주의는 처음부터 야만/비문명 세계에 대한 '문명화' 사명을 강조한 '동화(assimilation)' 정책을 표방했는데, 전통적으로 프랑스가 식민지 도시 건설에서 특히 건축물의 양식과 도시공간의 형식미를 중시한 것은 이러한 통치이념과 관련이 있다. 식민지 도시의 '예술적' 건축물들과 그 집합체로서의 '미적' 도시공간은 그 자체가 프랑스적 '문명'의 힘을 과시하고, '문명화'의 미덕을 예찬하게 하고, 결국 프랑스 식민지배의 정당성에 대한 동의를 이끌어내는 중요한 정치적 도구의 하나였다. '문명화'라는 고매한 이념적 가교를 통해 '예술'과 '정치'를 정책적으로 결합시킴으로써, 프랑스의 식민지 도

---

강조했다. 예컨대 그는 위생관료들이 말라리아 퇴치를 위해 메워버리고자 한 인도의 전통적인 저수지 시스템을 옹호했다. Robert Home, *Of Planting and Planning*, Ch. 6. 스펜서의 진화론의 영향을 받아 형성된 그의 도시계획의 사상과 실천은 20세기 도시계획사에 전 세계적으로 광범위한 영향을 끼쳤다. Helen Meller, "Cities and Evolution: Patrick Geddes as an international prophet of town planning before 1914", in Anthony Sutcliffe, ed., *The Rise of Modern Urban Planning 1800-1914* (London, Mansell, 1980).

33) 존 아일리프, 이한규 · 강인황 역, 『아프리카의 역사』, 356쪽.

시 건설에는 독특한 개성을 가진 이상주의적 개인들의 힘과 열정이 강하게 작용했다. 예컨대 17세기 후반에 시작된 인도의 프랑스령 식민지 도시 폰디체리(Pondicherry)의 건설 사례는 동화정책 초기 프랑스의 식민지 도시 건설 방식을 특징적으로 보여주는 것으로, 이후 영국의 인도 식민지 도시 건설과 프랑스의 북아프리카 식민지 도시 건설에 큰 반향을 불러일으켰다.[34)]

19세기 말 동화정책이 도덕성과 실효성 양면으로부터 비판에 직면하게 되면서, 20세기 초에 이르면 프랑스의 식민지배 이념은 '동화'로부터 '협력(association)'으로 전환된다. 프랑스의 협력주의는 생시몽주의의 산물이다. '협력'은 부자와 빈자, 자본가와 노동자의 협동을 통해 사회 전체의 통합을 추구한 생시몽주의의 핵심 개념 중 하나였다. 식민지에서는 그것이 동서의 융합과 협력으로 전환된 것으로 이해된다.[35)] 동화주의가 언어, 법률, 그리고 건축양식에서까지 프랑스의 문화적 지배와 군사적 무용의 과시를 결합한 '개량'과 '협박'의 양면성을 띤 모순적이었던 반면, 협력주의는 학교나 병원과 같은 근대적인 공공서비스를 지원하되, 이를 부족회의나 역사적 기념물과 같은 전통적 지역문화의 '보수성'과 결합시키는 것이 군사적 압제보다 훨씬 더 효과적이라는, 식민통치의 비용과 효과에 대한 정책적 판단 전환의 산물이었다.

20세기 초 프랑스가 모로코와 인도차이나, 마다가스카르에서 실행한 식민지 도시계획은 이러한 식민통치정책의 전환이 어떤 양상으로 구현되었는가를 적나라하게 보여준다. 예컨대 모로코에서 식민권력은 한편으로는

---

34) Preeti Chopra, "Pondicherry: a French enclave in India", in Nezar AlSayyad, ed., *Forms of Dominance*.

35) 平野千果子, 『フランス植民地主義の歴史』(京都, 人文書院, 2002), 125-126. 프랑스령 인도차이나 지배체제를 중심으로 프랑스의 협력주의를 분석한 논문으로는 노영순, 「프랑스의 식민주의와 베트남 지배구조」, 강만길 외, 『일본과 서구의 식민통치 비교』(선인, 2004) 참조.

모로코의 라바 전경.

유럽인들을 위한 난방을 갖춘 사무실이나 표준화된 아파트의 도입 및 식민지 주민 전체의 삶과 연관된 공공장소의 기술적 · 위생적 근대화를 추진하면서도, 다른 한편으로는 위계와 소유에 대한 토착민들 기성의 감성을 보존하고자 술탄에 대한 경외와 같은 전통적 의식, 공간적 패턴, 건축적 장식의 보존을 지지하였다. 프랑스령 모로코, 인도차이나, 마다가스카르 세 곳의 사례를 비교 · 분석한 라이트(G. Wright)의 연구에 따르면, ① 모로코는 1912~1925년간 총독이던 리오티(Hubert Lyautey)의 "이중도시" 개념에 근거하여 "지리적 협력"의 형태로 도시가 건설되었다. 고대 유산, 모스크, 거리형태 등 아랍도시의 문화적 형태를 보존하면서 프랑스인 거주자를 위한 신도시를 별도로 건설하되, 양자 사이에 "건설금지(non aedificandi)" 구역을 지정함으로써 양자를 격리시켰다. 그 결과 "위생적 회랑(回廊)"이자 동시에 군사적 방어망인 이 경계선을 기준으로 지구별 구역화(zoning)가 점차로 자리 잡게 된다. ② 베트남은 1862년 사이공을 장악한 이래 '동화' 정책에 입각한 프랑스풍 공공건물의 마구잡이 건축이 이어지다가, 1차대전 이후 '협력' 관념에 의한 구역화 계획이 실현된다. ③ 마다가스카르는 1924년 총독이 된 올리비에(Marcel Olivier)가 친구인 리오티와 마찬가지로 도시계획을 정치적 전략의 핵심으로 간주하여 도시계획국을 창립하고, 1927년 싸이클론이 해안도시 타나타브(Tamatave)를 대파한 것을 계기로 즉각 대대적인 근대도시 건설계획을 수립, 공사에 착수했다. 문제는 전량 수입되는 시멘트 구매 재원 조달과 근대적 건설기술을 소화하기 위해 강제노동시스템이 필요하다는 점이었는데, 이를 해결하기 위해 말라가시의 신병으로 구성된 공병대(SMOTIG)를 창설하여 노동력을 확충하는 한편, 콘크리트 대신 값싼 토산자재인 대나무를 이용했다.[36] 이처럼 식민지 도시에서 도시계획은 근대성의 일정 측면을 도입하고 생활의 개선을 추구하면서도, 정치적 필요에 따라 토착문화적 전통의 특정 부분을 선택적으로 보호하는, 얼핏 보기에는 양가적이고 모순적인 정책의 병행 양상을 드러낸다.

식민지 도시에서의 건조환경의 권력적 속성과 정치적 기능 양상은 이탈리아와 독일의 파시즘적 식민주의에서 더욱 극명한 형태로 표출된다. 예컨대 이탈리아가 리비아(1911~1912)와 에티오피아(1935~1936)를 식민화하는 과정에서 나타난 건축과 도시계획 관련 담론을 비교분석해보면, 파시즘이 지배하는 1930년대 담론에서는 1910년대의 이탈리아 민족주의적 담론과는 현격히 구분되는 인종주의적 지배의 논리가 노골적으로 드러난다.[37] 1929~1936년간 리비아의 식민지 도시 건설을 지배한 담론이 '식민건축(colonial architecture)'에 관한 것이었다면, 1937~1940년간, 강화된 파시즘적 인종주의와 함께 에티오피아의 식민지 도시 건설을 지배한 담론은 '식민지 도시계획(colnial urbanism)'이었다. 리비아에서 이탈리아 건축가들은 남유럽과 북아프리카를 잇는 '지중해적' 고대 문명을 근대 이탈리아의 정신적 '뿌리'로 강조하면서, '유럽적' 건축과 구분되는, '근대(modernità)'

---

36) 자세한 것은 Gwendolyn Wright, *The Politics of Design in French Colonial Urbanism* (Chicago, The University of Chicago Press, 1991) 참조.

37) Mia Fuller, "Building power: Italian architecture and urbanism in Libya and Ethiopia", in Nezar AlSayyad, ed., *Forms of Dominance*.

이탈리아와 라틴적 정신에 입각한 이상적 공간을 창출하고자 했다. 그들은 리오티(Lyautey)의 모로코 건설이나 인도의 방갈로 건축과 같은 프랑스인과 영국인들이 이전 시기에 식민건축을 통해 성취한 업적을 강하게 의식했고, 적어도 수사학을 통해서 그것을 넘어서고자 노력했다.[38] 이처럼 1920년대 후반에서 1930년대 전반의 이탈리아 건축계를 지배한 관점이 모더니즘적 · 기능주의적 합리주의였다면, 1930년대 후반 에티오피아의 도시계획가들은 공간을 권력과 의도적으로 결부시킨 기념비적 공간의 창출을 선호했다.[39] 식민건축이 피식민자들의 '보는 눈'을 의식하여 식민권력의 위광을 시각적으로 과시하기 위한 물질적 장치로서 작동한 것이었다면, 식민지 도시계획은 피식민자들의 생활공간을 전면적으로 통제하고 장악하려는 공격적이고 능동적인 권력의지의 발현이었던 것이다.

### 3) 도시공간의 근대성, 지배전략의 식민성

식민지적 이중도시 속에 공존하는 외래 식민자들의 '문명세계'와 토착 피식민자들의 '암흑세계' 양자의 극명한 모순과 대조는, 식민지 지배권력의 우월성을 현시하기 위한 공간적 장치, 일종의 권력 무대장치로서 생산되고 연출되었다. 식민지 도시공간을 수놓은 '식민지형(colonial)'[40] 건축양

38) *Ibid.*, pp. 217-227.

39) *Ibid.*, p. 235.

40) 건축양식으로서의 '콜로니얼'은, 일반적으로 19-20세기 전반 공공건물의 건축에 많이 적용된, 고딕 양식과 고전주의 혹은 르네상스 양식이 절충된 권위주의적 건축양식을 지칭한다. Edward Relph, *The Modern Urban Landscape* (Johns Hopkins University Press, 1987). 도시계획으로서의 '콜로니얼'은 대개 기존 취락이 자리 잡지 않은 공간에 대한 신도시 계획에 적용된 것으로, 바둑판 모양의 격자형 도식을 지칭한다. Anthony Sutcliffe, *Towards the Planned City: Germany, Britain, the United States and France 1780-1914* (New York, ST Martin's Press, 1981). Françoise Choay, *The Modern City: Planning in the 19th Century* (New York, George Braziller, 1969).

식과 '근대적(modern)' 도시계획, 그리고 '제국적(imperial)' 의례라는 세 가지 대표적인 양식화된 실천은, 지배의 정당성이 결여된 외래 식민권력이 권력의 현시 효과를 극대화하기 위한 정치적 스펙터클로서 도입한 핵심적인 지배의 물질적 장치였다. 따라서 식민지 도시의 건조환경과 그 위에서 전개되는 의례 · 이벤트가 유럽풍이든 토착풍이든, 고딕양식이건 바로크양식이건, 아방가르드적이든 전통적 · 복고적인 것이든, 그것은 본질적으로 식민지 통치의 정치적 효용성의 논리에 따라 고안되고 채택되고 연출된 것이다. 식민지 도시공간이 '근대적' 인가 '전근대적' 인가를 논하는 것은 오히려 부차적인 문제이다. 그것은 식민지 통치의 함수관계에 따른 종속변수이며, 식민지 권력관계의 문제이다. 더 나아가 그것은 '경제적 수탈' 의 종속변수라기보다는 '정치적 지배' 의 종속변수이다. 식민지 도시의 외적 기능이 압도적으로 '경제적' 인 것이라면, 그 내적 공간을 구성하는 논리는 압도적으로 '정치적' 인 것이다. 식민지 도시는 식민권력의 공간적 구현이다.

하지만 식민지 도시공간을 '절대권력의 정치적 무대장치' 로 파악하든, '아방가르드의 문화적 실험실' 로 파악하든, 이런 류의 이해방식이 공통으로 가정하고 있는 것은 이 공간에 대한 결정권과 주도권을 장악하는 측이 식민자, 외래의 지배자, 문화적으로 이질적인 권력이라는 점이다. '하나의 도시 속의 두 개의 도시' , 극적으로 대조적인 경관을 드러내며 나란히 늘어선 구도시와 신도시, 이것만큼 외래 지배자와 토착 피식민자 간의 힘의 압도적 비대칭성과 '문명' 과 '야만' 의 문화적 불균형성을 한눈에 보여주는 것은 없다. 하지만 엄밀히 말한다면 그것은 지배권력의 의도에 따라 인위적으로 연출된 공간에 불과하다. 많은 경우 그 공간적 배치는 의도되지 않은 방식으로 활용되고 작동된다. 중요한 것은 '공간' 이 아니라 그 속의 사람들의 '삶' 인 것이다. '죽은 공간' 이 아니라 '살아있는 공간' 이 문제다.

## 4. 공간의 차별성, 문화의 혼성성: 일상적 상호작용의 장으로서의 도시공간

식민주의가 이질적 외래집단에 의한 지배로 규정되고, 식민지 도시가 식민권력의 공간적 거점으로 정의된다면, 식민지 도시의 건조환경을 식민지 지배논리의 공간적 투사로 이해하는 것에 큰 무리는 없어 보인다. 적어도 그것은 도시공간을 몰사회적인 기하학적 공간으로 파악하고 건조환경을 중립적인 기술적 산물로 바라보는 관점보다는 진일보한 해석적 관점을 보여준다. 그러나 이러한 설명방식은 우발성과 복합성이 작용하는 역사적 현실을 온전히 설명해내기에는 여전히 지나치게 단순하고 도식적이며 일면적이다. 도시 건조환경은, 건설 당시의 의도나 맥락과는 다른 방식으로, 그 속에서 살아가는 주체들의 "일상생활의 용법에 따라 끊임없이 재해석되는 복잡하고 다중코드적인 공간"[41]인 것이다.

### 1) 인종주의와 위생권력의 공간 지배

제국주의와 식민주의가 번성했던 19세기는 인종주의가 지배한 시기이기도 했다. 사이드가 주장했듯이, 불과 2만의 영국인이 3억의 인도인을 지배할 수 있었던 것은, 다른 무엇보다도, '말하는 자', '관찰자' 로서의 유럽인과 '침묵하는 자', '피관찰자' 로서의 비유럽인을 가르는 심연의 경계를 따라 구성되고 재구성되는 '오리엔탈리즘' 의 문화적 힘이었다.[42] '우리' 와 '그들' 이라는 인종 간의 인위적 이항대립은 정부 · 정책과 조직 · 기구를 통해, 분과학문과 문학의 담론을 통해, 그리고 건축과 도시형태를 통해 구체

41) Robert Home, *Of Planting and Planning*, p. 219.

42) E. W. Said, *Culture and Imperialism* (New York, Knopf, 1993), pp. 55–63.

적이고 물질화된 형태로 재생산되고 영속화되고, 마침내 '자연화' 되었다. 이처럼 19세기적 '인종' 관념이 생물학적 · 지리적 형성물인 동시에 사회적 · 역사적 형성물이었다면, 식민지적 이중도시는 도시적 일상 속에서 유럽인 · 백인종과 비유럽인 · 유색인종을 가르는 인종차별주의를 확인하고 학습하고 강화하는 사회적 장이었다.[43)]

당시 식민지 도시공간에서 인종 간 우열을 가늠하고 인종 간 격리를 조장한 가장 핵심적인 요인은 위생과 질병의 문제였다. 예컨대 19세기 말 영국령 인도는 이미 국제적으로 '콜레라 공장' 이라는 낙인이 찍혀 경쟁국 프랑스는 인도로부터의 승객과 화물에 대한 항만 폐쇄를 제안하기도 했다. 특히 19세기 말~20세기 초 영제국에게 가장 무서운 적은 페스트였다. 19세기 말 봄베이와 캘커타는 '세계 최악의 슬럼' 을 보유한 '세계 최대의 도시' 로서, 질병으로 인한 치사율이 같은 시기 영국의 3~4배에 달했다. 특히 1896~1914년간에는 철도 네트워크를 따라 봄베이와 캘커타로부터 퍼지기 시작한 페스트로 인해 약 7백만 명이 사망한 것으로 추산되며, 1904년 한 해에만 약 150만 명이 사망했다. 14세기 이래 유럽인들의 집단의식에 깊이 잠재된 '흑사병' 의 공포는 영국인들에게 제국 붕괴의 위협으로까지 인식되었고, 1890년대 전염병은 커다란 사회적 히스테리를 불러일으켰다. 페스트의 원인이 거의 밝혀지지 않은 상황에서 식민의료 당국은 식민지 항구도시의 높은 치사율의 원인을 토착민들의 생활관습에 돌렸고, '비위생적이고 부도덕한 아시아인종의 생활' 이 지탄의 대상이 되었다. 따라서 식민지 상황의 불평등과 모순, 빈곤과 경제적 궁핍은 전혀 문제시되지 않았고, 토착민 거주지의 과밀하고 열악한 거주환경은 그대로 내버려둔 채, 영국인 거주지에 대한 환기 · 급수 · 배수 · 쓰레기 문제의 해결과 인종 간 거주지 격

43) M. W. Swanson, "Urban origins of separate development", *Race*, 10 (1969), pp. 31-40.

리를 강화하는 방안이 강구되었다.[44] 이러한 질병에 대한 집단적 히스테리가 낳은 19세기의 '위생 신드롬(sanitation syndrome)'은 의사와 공공위생 전문가를 비롯한 서양의학 전문가들로 하여금 제국주의의 정책적 실천에 있어서 전방위적으로 폭넓은 역할을 수행하게끔 만들었다. 식민지 도시계획 초창기에 인종별 주거지의 공간적 격리를 구상하고 설계한 이들은 대부분 이들 의사였다.[45]

20세기 초 영국이 인도와 동남아시아 일대의 주요 식민지 도시들에서 '개량신탁(improvement trust)'을 조직하여 집중적으로 도시환경의 개선에 주력한 것은 창궐하는 페스트의 직접적 결과물이었다.[46] 이들 신탁조직은 공중보건을 위하여 질병의 진원지로 추정되는 인구과밀지역에 대한 대대적인 환경개선을 실행하고자 했다. 하지만 밀집된 슬럼지대를 일거에 철거하고 환기와 통풍을 목적으로 한 직선 대로 건설계획으로 악명이 높아진 개량신탁의 '파괴적' 활동은 토착민들의 심각한 반발에 부딪혀 곳곳에서 좌초했다. 전통적 주거 · 생활문화를 무시한 채 서구적 주거문화와 근대적 위생규율에 따라 진행된 철거와 개조는 특히 이슬람 · 힌두교도들의 사회

44) Robert Home, *Of Planting and Planning*, pp. 74-77.

45) 하나의 분과학문으로서의 열대의학은 1898-99년 런던과 리버풀에 열대의학학교가 창설되면서 영국에 도입되어 곧 여러 대학에 정규과정이 설치되었다. 식민지에서 의사들이 수행한 전염병과의 전쟁은 사회적으로 중립적인 과학의 목소리를 내는 것이라기보다는, 식민주의의 대리인의 역할을 수행하는 것이었다. 제국 의료사는 파스퇴르와 '세균(germ)이론', 모기와 말라리아의 관계에 대한 맨슨과 로스의 설명 등과 같은 질병의 원인에 대한 '위대한 발견'에 집중되어 있다. 하지만 식민정책과 식민지 도시공간에 영향을 미친 의사들의 공중보건영역에서의 활동 또한 매우 중요하다. Robert Home, *Of Planting and Planning*, pp. 42-44.

46) 1898년 봄베이 개량신탁(Bombay Improvement Trust)이 창설된 이래 이를 뒤쫓아 1912년 캘커타 개량신탁, 1920년 랑군 개발신탁(Rangoon Development Trust), 1927년 싱가포르 개량신탁, 그리고 1928년에 라고스 개발집행위원회(Lagos Executive Development Board)가 창설된다. Robert Home, *Of Planting and Planning*, p. 80.

적 · 종교적 관습과 충돌하면서 인도인들의 폭동을 유발시켰다.[47] 따라서 개량신탁의 활동은, 식민지 도시 위생환경의 전면적 개선이라는 선의의 야심에도 불구하고, 도시 과밀과 열악한 주거 등등 도시문제들에는 거의 해결책이 되지 못했다.

싱가포르 개량신탁의 활동도 이와 유사한 운명에 경험하였다. 1907년 싱가포르시 조사위원회가 결성된 이래, 이를 주도한 심슨(Simpson) 박사는 새로운 스타일의 위생 감시를 정열적으로 주창하여, 도시과밀화와 주택부족의 문제는 도외시한 채, 엄격한 건축과 계획관리를 강조했다. 특히 신작로가 환기 효과로 질병예방에 도움이 될 것이라는 믿음으로 대규모 철거가 진행되었고, 상수도를 통한 급수를 중요시하여 말라리아의 온상이 될 우려가 있는 전통적인 저수지 방식을 철저히 금지했다. 그 결과 수천 년간 기후와 풍토에 맞게 형성되어온 전통적 주거형태를 파괴하고 식민적 주거형태를 강요하면서, 토착민들의 강력한 반발에 직면하게 되었다.[48] 도시개량은 애초에 식민권력이 의도했던 서구적 원칙대로 진행되지 못하고, 중국인 · 인도인 등 타인종집단들의 전통적 주거문화에 적응하는 '타협'의 길을 택해야만 했다.[49]

위생과 청결과 질서를 추구하는 근대적 식민권력의 입장에서 볼 때 토착민들의 '비위생적'이고 '후진적'이고 '나쁜' 일상적 생활습관은 폐지하고 절멸되어야 할 '위험한' 대상이었다. 식민권력은 때로는 간헐적인 단속과 규제로, 때로는 전면적인 철거와 주거개량으로 토착민들의 전통적 주거환

---

47) 게데스(Patrick Geddes)는 개량신탁의 무모한 활동을 비판하여 '선의의 위생 광신도'들에 의한 '사생결단의 오스만주의(death-dealing Haussmannising)'라고 꼬집었다 Robert Home, *Of Planting and Planning*, p. 81.

48) Robert Home, *Of Planting and Planning*, pp. 78-79. Brenda S. A. Yeoh, *Contesting Space*.

49) Brenda S. A. Yeoh, *Contesting Space*, Ch. 3, Ch. 5.

경과 생활문화를 공격적으로 개조하고자 했다. 하지만 인도에서의 '베란다 폭동(verandah riots)' 이나 동남아시아에서의 개량신탁(improvement trust) 활동의 좌절과 타협의 사례를 통해 잘 드러나듯이, 이러한 시도는 대개 토착문화의 관성과 저항의 강력하고 격렬한 반발과 저항을 야기하였다.[50)]

이와 유사한 맥락에서 킹은 인도의 방갈로 주택을 특징짓는 베란다 공간에 대한 영국인들의 용도규제와, 이로 인한 식민권력과 토착민들 간의 문화적 갈등이 빚어낸 '베란다 폭동(verandah riots)' 의 사례를 분석한 바 있다. 벵갈인들의 전통적인 방갈로 주택에서 베란다 공간은 열대기후에 적응하여 만들어진 기온 조절과 통풍을 위한 공간이자, 다용도의 복합적 생활공간이었다. 그런데 근대 유럽의 주거문화, 특히 공적 영역과 사적 영역의 구분에 엄격했던 빅토리아시대 영국인들의 관점에서 볼 때에는, 외부에 노출된 베란다 공간은 타인에게 불쾌감을 일으키는 지저분하거나 수치스런 물건을 내놓거나 신체의 과다노출과 같은 풍속을 저해하는 행동을 해서는 안 되는 '준(準)공적인' 공간으로 규정되었다. 따라서 토착민들의 '나쁜' 생활습관은 식민당국의 강력한 규제와 단속의 대상이 되어 빈번한 마찰을 일으켰고, 급기야는 '폭동' 으로까지 확대되었다.[51)]

위생과 청결과 질서를 추구했다는 점에서 식민권력은 근대권력이었다고 할 수 있다. 하지만 식민지에서 '근대성' 은 대개 기표와 기의가 일치되지 못하거나, 발화내용과 발화방식이 모순되거나 발화장소와는 동떨어진 담론을 생산하는, 탈맥락적이고 폭력적인 발화행위의 산물이었다. 즉 식민권력은 근대성의 '계몽' 과 '해방' 과 '보편화' 의 담론적 메커니즘에 따르기보다는, 그것의 이면 논리인 '지배' 와 '억압' 과 '차별화' 의 신체적 메커니즘

---

50) Anthony D. King, *The Bungalow: The Production of a Global Culture* (London and New York, Routledge and Kegan Paul, 1984). Yeoh, Brenda S. A., *Contesting Space*. Robert Home, *Of Planting and Planning*.

51) Anthony D. King, *The Bungalow*.

에 따라 작동했다. 따라서 식민권력은, 그것이 근대권력의 보편성을 주장하려고 하면 할수록, 그 자신의 정치적·조직적 실체와 도덕적·기술적 담론 간의 모순과 괴리의 심화로 인해 식민지적 특수성의 문턱점을 넘지 못하고 되돌아오게 된다.

### 2) 이중도시에서의 지배와 저항의 일상성

다른 한편, 식민지적 이중도시를 가르는 위생과 방역의 경계선은 유사시 피식민 대중의 '봉기'나 '폭동'으로부터 '문명세계'의 '안전'과 '질서'를 사수하기 위한 군사적 방어를 공공연한 목적으로 하는 것이었다. 이중도시를 가르는 — 대로(boulevard)나 녹지대로 이루어진 — 광활한 경계 공간은, 잘 알려진 19세기 중엽 오스만(Haussmann)의 파리 대개조계획에 내포된 명백한 군사적 의도와 마찬가지로, 유사시에는 가장 위협적인 저항의 형태인 대중적 '봉기'나 '폭동'으로부터 도시의 '질서'와 시민들의 '안전'을 사수하기 위한 방어적 목적을 공공연하게 띠는 것이었다.[52)]

하지만 이 군사적 저지선이 대부분의 일상적 '평화' 상태에서 수행한 주요한 효용은 지배-피지배 인종 간의 감시와 통제의 주체와 대상을 가르는 경계선이라는 점에 있었다. 식민지 도시에서의 "공간의 물리적 분할은 통제의 극대화를 위해, 즉 '권력의 시선'에게 고정하고, 분할하고, 기록하고, 공개하는 기능을 보조하기 위해 고안되었다."[53)] 인접한 인종적 타자에 대한 감시와 통제를 통해, 그것에 대한 지적 담론의 축적을 통해, 식민지에서는 사적 문화영역에서 공적 부문으로의 기능의 점진적인 이전이 광범위하게 이루어진다. 식민모국과 비교했을 때 식민지 도시에서 국가 개입의 정

---

52) Robert Home, *Of Planting and Planning*, pp. 139-141.

53) *Ibid.*, p. 114.

도는 훨씬 광범위하다.[54] 이는 19세기 식민지 도시권력이 푸코가 말한 '사목권력(pastoral power)'으로 개념화할 수 있는 개입주의적 권력형태 모델에 근접한 것으로 볼 수 있다. 나아가 19세기 식민지에서 감시와 통제를 위해 고안된 판옵티콘적인 공간적 장치나 기술적 도구는 20세기에 세계 각국에서 다양한 방식으로 응용되어 '수용소의 세기'를 장식하게 될 것이었다. 실제로 식민지적 팽창의 과정은 후에 나치 수용소에 의해 채택될 중요한 모델들을 제공했다. 이른바 '집단수용소(concentration camps)'가 최초로 고안된 것은 1895년 스페인령 쿠바에서의 봉기, 1898년 미국령 필리핀, 그리고 남아프리카 전쟁 과정(1900~1902)에서 영국에 의해 이루어진 것으로, 대체로 19세기 후반 적대적인 식민지 민중을 통제하기 위해서였다. '집단수용소'라는 발상은 세기의 전환기에 출현했으며, 국가의 강제력이 성장하는 양차대전 전간기를 거치면서 —홀로코스트를 포함한— 수많은 상황에 응용되었던 것이다.[55]

하지만 식민권력의 외형상 압도적 일방성에만 주목하는 것은 식민지적 권력관계의 복합성을 과잉단순화하는 것이다. 피식민자들에 대한 감시와 통제의 담론과 조직과 기술이 20세기 전 세계를 '수용소의 세기'로 만들어낼 자산이 되었을 만큼 '과잉'되었다는 사실 바로 그 자체가, 역설적으로 그들의 저항이 그만큼 거세고 끈질기며 억제 불가능한 것이었음을 반증한다. 식민지 도시의 양식적 건조환경과 문명적 생활양식에서 표출된 과장된 권위주의가 보는 이의 시선을 의식하여 그 '압도적' 힘을 연출해낸 것이라면,[56] 마찬가지로 피식민자들도 '초라한' 주거형태와 '고분고분한' 행동거

54) Anthony D. *King, Urbanism, Colonialism, and the World-Economy: Cultural and spacial foundations of the world urban system* (London and New York, Routledge, 1990).

55) Robert Home, *Of Planting and Planning*, p. 194.

56) 실제로 식민관료에게는 '전문인'으로서의 지식과 능력보다는 '교양인'으로서의 외형과

지로 '압도당함'을 연출하고 연기할 수 있었다고 볼 수 있다. 지배자들이 그들의 '유럽적' 혹은 '근대적' 기호와 담론을 동원하여 그들의 힘을 과시하고 그들만의 집단 정체성을 강화하듯이, 마찬가지로 피지배자들도 그들 고유의 방식대로—토착적 담론의 구성과 재구성을 통해, 혹은 지배적 담론에 대한 해체와 재구성, '혼성(hybrid)'과 '모방(mimicry)'의 전술을 통해[57)]—끊임없이 그들의 힘과 정체성을 보존하고 강화한다는 역사적 해석이 가능해지는 것은 이 지점에서이다.[58)]

예컨대 일제하 식민지 조선과 대만에서 식민권력의 동화정책이 강압적으로 전면화되면 될수록 피식민 대중들의 반감이 더욱 증폭되어갔음은 상식적인 사실이다. 예컨대 일제하 타이페이(臺北)에서는 대만인들이 일본인 거주지구인 조나이(城內)지구와 대만인 거주지구인 조카이(城外)지구에서의 '이중생활'을 통해서, 오히려 일제에 의해 점점 더 강화되어가는 동화정

---

기품이 더 중시되었다. "영제국의 관료제는 그야말로 요지경 속이었다. … (식민관료들-인용자)의 무지는 놀랄 만했다. … 일반적으로 식민성(植民省)은 전문지식으로 훈련된 사람이 아니라 '신사의 습관과 매너'를 가진 사람을 원했기 때문에 관리들은 식민지에 대한 전문적인 지식을 결여하고 있었으며, 정책을 만들어내는 것보다는 문제를 막는데 관심이 있었다." 박지향, 『제국주의: 신화와 현실』, 216쪽.

57) Homi K. Bhabha, *The Location of Culture* (London, Routledge, 1994) 참조. 특히 피식민자들의 '모방'에 의한 식민담론의 양가화에 대해서는 제4장을, 인도인들에게 전파된 기독교의 일신론적 교리가 토착 힌두교적 다신론에 의해 어떻게 '혼성'되는가를 다룬 흥미로운 사례 연구로는 제6장을, 그리고 피식민자들의 '이해할 수 없는' 저항을 유발하게 되는 식민 담론의 '의도하지 않은' 의미 전성(轉成)에 대해서는 제10장을 각각 참조.

58) 도시적 주체의 내면심리의 복합성에 대한 이러한 설명방식을 최초로 보여준 사회학자는 근대 메트로폴리스에서의 인간 주체성의 변화에 주목한 짐멜이다. 인간의 심리는 호만스(Homans)가 가정한 것과 같이 '자극-반응'의 생물학적 모델에 따라 단순하게 작동하는 것이 아니다. 짐멜이 일찍이 지적했듯이, 인간은 자신에게 공격적인 자극과 환경으로부터 자신을 보호하기 위해 '무감각한 태도(blasé attitude)'를 취할 수 있고 '보류(reserve)'의 기술을 사용할 수 있다. Georg Simmel, "The metropolis and mental life", in Kurt H. Wolf, ed., *The Sociology of Georg Simmel* (New York, Free Press, 1950〔1905〕). 무엇보다도 인간은 훨씬 더 복잡한 의미망과 기호적 도구를 사용하여 환경의 변화에 대응할 수 있다는 것이 필자의 생각이다.

책 속에서도 그들의 민족적 정체성을 유지할 수 있었다. 일제는 두 개의 공공공간을 활용하여 식민지 도시 타이페이를 공간적으로 지배했다. 그 하나는 학교·공원·병원·시장 등 근대적 시설이 들어선 조나이지구였고, 다른 하나는 일본제국의 상징적 장소인 타이완신사(臺灣神社)가 위치한 엔야마(圓山)지구였다. 일본인이 이들 공공공간에 자신의 몸을 현시함으로써 정체성을 강화했다면, "대만인은 그 공간에 들어갈 때에는 '일본인'으로서의 정체성을 신체에 각인시켜야만 했다. 그러나 … 대만인에게는 이러한 공공공간으로부터 떨어진 곳에, 자신의 정체성을 회복할 수 있는 장소가 있었다. 그것은 식민지권력이 실제로는 침투해 들어오지 못한 사적인 공간, 즉 대만인 거주지구의 근린(近隣)과 그들 각각의 가정이었다. 거주분화는, 대만인에게 있어서, 정체성을 보호하기 위한 전략이었다."[59]

이러한 사실은 저항이 반드시 표면화된 사건을 통해서만 드러나는 것은 아니며, 일상성의 '평화'가 곧 '순응'과 '복종'을 의미하는 것이 아님을 보여준다. 푸코가 말했듯이 근대 권력이 판옵티콘의 도식(diagram)으로 요약되는 시선의 권력이라면, 그것은 주체에 대한 (자기)감시의 효과로써 작동하며, 그 투시적 시선이 무효화되는 지점에서 권력은 마비된다. 피식민 토착민들의 전통적 생활문화는 근대적 범주화와 분류의 담론에 따라 작동하는 식민권력의 통제의 시선으로 투시할 수 없는 불투명한 비가시성의 방어막을 형성한다. 식민권력이 편집증적이라면, 피식민 주체는 분열증적이다. 이중도시가 창출한, 서로 다른 두 개의 공간 속에서 서로 다른 '이중적 주체'로서 생활하는 피식민자들은 한편에서는 보호색을 띤 '근대적' 주체성의 역할을 충실히 연출하다가도, 본거지로 돌아와서는 '토착적' 자아로 복귀하는 '이중 주체성(dual-subjectivity)' 혹은 '다중 주체성(multi-sub-

---

59) 葉倩瑋, 「植民地主義と都市空間: 臺北における權力と都市形成」, 竹內啓一(編著), 『都市訴輜褻權力』(東京, 大明堂, 2001), 66-67.

jectivity)' 의 양상을 띤다.

결국 식민지적 이중도시는 지배권력 측에서는 지배의 안정화와 공고화를 도모하는 공간적 장치로서 고안된 것이지만, 피식민자 측에서는 역으로 전통문화의 보존 · 변용 · 발명과 외래 문물의 혼성 · 모방을 통해 토착 공동체의 독자성을 사수하는 일상생활 속의 '정체성의 정치(politics of identity)' 의 공간적 장치로 활용되기도 한다. 식민지 도시가 제공하는 이중공간 혹은 다중공간의 무대는, 지배와 저항이라는 식민지 권력관계의 비대칭적 스펙트럼 속에서 다양한 저항과 불복종의 전략과 전술이 혼성과 모방을 통해 엮어내는, 다중적인 의미기호들로 표출되는 복합적 권력 갈등의 장소인 것이다.

## 5. 식민지 도시 연구의 새로운 지평

식민지기에 우리가 경험한 도시성은 과연 무엇이었을까? 지금 우리는 그것을 어떻게 이해해야 할 것인가? 오늘날 한국의 독특한 도시성의 형성에 있어서 '식민지 근대' 의 역사적 경험은 과연 어떤 사회적 · 역사적 영향을 미쳤을까? 이 글은 이러한 질문들에 대한 해답을 찾아보고자 하는 이론적 탐색작업이었다. 식민지 도시에 대한 포괄적인 이론적 검토 작업은, 근대성과 도시성과 관련하여 복잡하게 전개되어온 구미 도시사회학의 이론적 자원들을 과거 식민지 경험을 가진 한국적 맥락에 적용함에 있어서 식민성에 대한 이론적 고려가 불가피하다는 문제의식의 산물이었다. 이 과정에서 필자는 근대성/도시성의 물리적 · 담론적 재현의 산물인 근대 도시공간, 즉 공간의 물질성을 연구전략상 유효한 분석 대상으로 포착하게 되었고, 식민지 도시에서 그것이 자본주의 제국 중심부 도시에서와는 유사하면서도 사뭇 다른 방식으로 형성되고 작동하고 있음에 주목하게 되었다.

도식적으로 단순화하자면, 그것은 외형상 유사한 주거의 공간적 격리 또는 이중도시화라는 현상이, 계급 · 계층적 변수를 핵심으로 전개된 본국 도시에서와는 달리, 식민지 도시에서는 인종 · 민족적 모순을 핵심 요인으로 하여 더욱 과장되고 노골적인 형태로 표출된 것이었다고 할 수 있다. 하지만 도시공간을 생산 · 공급하는 제국/식민권력 측의 논리와 전략이 상대적으로 단순하고 투명하게 드러남에 비해, 그것을 소비 · 향유하는 토착 피식민 사회/주체의 전술적 대응방식을 설명하려면 훨씬 더 복잡한 미시적 세계에 대한 해석적 이해가 선차적으로 요구된다. 그것은 한편으로는 식민지적 주체성과 그 상징계의 복잡계적(chaotic) 속성에 대한 심층적 · 해석적 연구를 통해 궁구되어야 할 과제이지만, 다른 한편으로는 훨씬 더 거시적 차원에서 식민지에서의 제국주의의 문화적 헤게모니 확보 전략과 관련된 제국의 표상체계의 작동방식(그 전략 · 설계 · 구성, 균열 · 모순 · 동요)에 대한 거대한 밑그림을 요구하는 것이기도 하다. 이러한 맥락에서 이 글은 상대적으로 지나치게 일국주의적으로 국지화된 연구전략에 편중되어온 한국의 식민지 도시 연구 경향에 '막대 구부리기' 효과를 기대하면서, 전 지구적 차원에서 진행된 제국주의와 식민주의의 도시적 실천을 포괄할 수 있는 보다 광범위한 해석적 지평에서 식민지 도시성이라는 연구문제를 재정립시켜보고자 했다.

필자가 '철도가 발달한 항구도시' 라는 식민지 도시의 입지적 특성에 대한 외면적 · 기능적 파악에 주력하기보다는 그 내적 공간에 대한 정치적 설명의 논리와 문화적 해석의 이론에 치중한 것은 이러한 문제의식에서였다. 이 글에서 '발견적(heuristic) 도구' 로서 제안한 식민지 도시공간에 대한 이중적 개념화 — 식민권력에 의한 지배의 물질적 장치이자 식민자와 피식민자 간의 일상적 상호작용의 사회적 장 — 는, 새로운 공간사회학적 문제설정을 통해 현시점의 한국 식민지 도시 연구 경향에서 드러난 이중의 편향성을 극복하는 '양날의 칼' 을 벼려 내고 '식민지 근대성' 을 둘러싼 현재의 학적 교착 상황에 하나의 이론적 돌파구를 만들어내고자 하는 목적으로 고안된 것이다.

최종적으로 이러한 이론적 문제설정을 한국 근대도시의 연구에 구체적으로 적용하려면 제국 일본과 식민지 '조선'의 역사적 특수성에 착목해야 한다. 이 점에서 일본 제국주의가 지닌, 구미 열강의 제국주의와 차별화된 몇 가지 특징적 양상들 — 유일한 비서양 · 유색인종 제국주의, 근린(近隣) 제국주의, 군사 제국주의, 구미 열강에 의해 문화적으로 식민화된 후발 제국주의 —과 이와 상관되는 제국 일본 식민지 도시의 전반적 특성들에 대한 포괄적인 역사적 · 이론적 검토 작업이 필요할 것이다.[60]

결론적으로 필자는 다음과 같은 세 가지 새로운 의제를 한국의 식민지 도시에 대한 향후의 공간사회학적 연구과제로서 제안하고자 한다. 첫째, 식민지도시의 입지와 기능의 문제와 관련해볼 때, 식민지기 한국 도시 연구에 있어서 현재와의 시간적 연속성에 입각한 통시적 접근에만 의존하기보다는 당시의 일본 제국의 지리적 판도 속에서 제국도시체제에 대한 거시적 조망에 입각한 공시적 접근의 가능성이 적극적으로 모색될 필요가 있다. 둘째, 식민지 도시의 건조환경을 식민지배의 물질적 장치로서, 당시의 양식화된 지배전략의 산물로서 분석하고 재해석하는 작업이 필요하다. 이를 통해 식민지기 도시 개발의 문제를 단순히 '근대화'와 '발전'이라는 단선적 · 목적론적 논의의 차원으로부터 해방시켜 식민권력의 지배전략의 가변성과 내적 모순의 산물로서 규명해내는 작업이 필요하다. 셋째, 식민지 도시공간에 있어서 소비자본주의의 전개와 피식민 주체들의 정체성의 정

60) 이와 관련하여, 일본 근대 도시의 특징에 대한 간략한 소개로는 김백영, 「서양의 모방과 전통의 변용: 일본 근대 도시 형성과정의 이중적 경향」, 『일본연구논총』, 23 (2006) 참조. 일본 제국주의 및 일제에 의해 건설된 식민지 도시의 전반적 특징에 대해 국내에 소개된 것으로는 하시야 히로시, 김제정 역, 『일본 제국주의, 식민지 도시를 건설하다』 (모티브북, 2005) 참조.

치의 문제를 다룰 해석적 이론 틀이 필요하다. 도시적 경험을 통한 새로운 피식민 주체성의 형성을 손쉽게 '이중적 의식' 혹은 '소외'로 규정하지 않고, 그들의 존재론적 다양성과 내면심리의 복합성, 그리고 일상적 실천의 전략과 전술을 복합적으로 고려하여 재해석하는 작업이 필요할 것이다.

오늘날 한국 사회의 독특성 ―'한국적 근대성'― 과 한국 도시의 고유성 ―'한국적 도시성'― 을 이론적으로 밝혀내는 작업은 식민지기 도시사회에 대한 보다 본격적인 역사사회학적 연구가 축적되지 않고는 이루어지기 어렵다. 현 단계에서 '식민지 근대성'은 분석의 이론적 결과물로 제시되어야 할 것이 아니라 보다 세밀한 경험적 분석의 대상으로 해체되어야 할 것이다. 근대성, 식민성, 도시성의 삼자관계를 공간사회학적 차원에서 재정립함으로써 필자가 제안하고자 한 것은 이러한 근대성에 대한 계보학적 연구의 새로운 가능성이었다. 이 글을 통해 필자는 식민지 도시성에 대한 공간사회학적 문제설정을 통해 한국적 도시성의 해명이라는 궁극적 목표에 도달하기 위한 하나의 이론적 우회로를 제시해보고자 하였다. 지금 우리의 식민지 연구에 절실히 요구되는 학술적 연구지평의 확장을 위해서는 우리 사회의 압도적인 정서적 반감을 넘어서는 이론적 조망의 우위가 필요하고, 비교사적 시야의 확대야말로 그것에 도달하기 위한 불가피한 우회로이자 지름길일 것이라는 전략적 판단이 시종 필자를 전 지구적 식민지 도시 탐사로 이끌고 간 방향타였다. 분명 21세기의 한국 도시사 연구는 지난 세기의 '민족사적' 경험에 대하여 과거의 '국수주의적' 세대들보다 더 넓은 역사적 시야와 더 많은 이론적 거리를 확보하게 될 것임은 의심의 여지가 없다. 하지만 그것이 더 심오한 이론적 성찰로 이어질 수 있을까? 부디 그 거리화와 객관화가 긴장감과 애정의 상실을 수반하지 않기를.

12장

# 프랑스와 미국에서의 비교도시사 연구 현황

| 민유기 · 박진빈 |

## 1. 비교도시사 연구의 확대

도시사 영역에서 국제적 비교연구는 1960년대 말부터 시작되었다. 지금까지 성과를 축적해 온 비교도시사 연구의 중심 테마들은 크게 다섯 가지이다.

첫째, 근대적 도시계획의 발전에 관한 포괄적인 개요 및 도시계획의 역사 연구이다. 유럽의 주요 건축사학자와 도시계획사 연구자들이 1974년에 결성한 '도시계획사 연구회(Planning History Group)'는 1993년에 '국제도시계획사학회(IPHS)'로 전환되어 많은 비교사 연구를 진행했다. 개별 연구자로는 이탈리아 건축사학자인 베네볼로(L. Benevolo)의 연구가 대표적이다.[1] 하지만 이런 연구들은 건축이나 도시계획의 역사적 변화에 집중하면

1) Leonardo Benevolo, *The Origins of Modern Town Planning* (Cambridge, 1971). 그 외에도 다음과 같은 도시계획과 관련하여 널리 알려진 비교도시사 연구가 존재한다. F.

서 도시공간의 다양한 사회적 문화적 현상을 분석하지 못한다. 베네볼로가 1993년에 출판한 『유럽사 속의 도시』는 "유럽의 도시사를 서술하는 것이 유럽사를 서술하는 것"이라 주장하며 도시사를 통해 유럽의 정체성을 확인하려고 하지만 주된 관찰지점은 도시의 물리적 형태에 머무른다.[2)]

둘째, 수도의 성장과 발전에 대한 비교연구가 많이 이루어졌다. 예를 들어 베를린, 빈, 부다페스트의 비교도시사, 베를린과 워싱턴 DC와의 비교도시사 등은 대표적 연구 성과에 속한다.[3)] 하지만 이들 연구는 기본적으로 수도의 형성 및 성장과정의 유형화, 특히 수도의 정치적인 측면에 분석의 초점이 집중된다. 따라서 수도가 아닌 거대도시, 대도시, 중소도시 등에 대한 비교연구와 도시의 정치적 기능 이외의 다양한 테마들에 대한 비교도시사 연구는 미흡한 편이다.

셋째, 장기적인 혹은 급속한 도시화 과정에 대한 비교연구가 있다. 대표적으로 브리에스(J. de Vries)는 1500～1800년 사이 러시아와 남동 유럽을 제외한 유럽 전역의 도시화를 비교하여 유럽의 도시화 과정을 지중해, 중부, 북서, 동부 도시 등 네 가지 유형으로 분류했다.[4)] 하지만 그의 연구는

---

Choay, *The Modern City: Planning in the Nineteenth Century* (New York, 1969). A. Sutcliffe, *Environmental Control and Planning in European Capitals 1850–1914: London, Paris and Berlin, in Growth and Transformation of the Modern City* (The Stockholm Conference September 1978, Stockholm, 1979); *Toward the Planned City: Germany, Britain, the United States and France* (Oxford, 1981). H. H. Golden, *Urbanisation and Cities. Historical and Comparative Perspectives on Urbanising World* (Lexington, 1981).

2) Leonardo Benevolo, *La città nella storia d'Europa; La ville dans l'histoire européenne* (Paris, Seuil, 1993), p. 1.

3) R. Banik-Schweitzer, et al., *Zeit der Metropolen. Berlin-Wien-Budapest 1850–1914* (Vienna, 1986). A. W. Daum, C. Mauch, *Berlin-Washington, 1800–2000: Capital cities, cultural representation, and national identities* (Washington D.C.: German historical institute and Cambridge University Press, 2005).

4) Van de Vries, *European Urbanisation 1500–1800* (London, Taylor & Francis Books,

완만한 도시화 과정을 장기적 근대화 과정과 등치 시킴으로써 산업혁명 이후 19세기의 급격한 도시화에 대한 역사적 분석을 결여하고 있다. 19세기 유럽의 도시화를 대상으로 하는 비교연구들은 인구, 경제적 조건, 사회적 구조의 변화를 주로 비교한다.[5] 2003년에는 유럽의 철도망과 도시 성장의 연관성에 대한 연구 성과가 나왔다.[6] 다만 도시화 과정을 주제로 하는 비교연구는 그것을 가능케 했던 조건들만을 강조한다.

넷째, 도시 대중교통의 형성, 상하수도 체계 등 도시 인프라 망의 구축에 대한 비교연구가 진행되었다. 예를 들어 유럽에서 시가전차와 시내버스를 통한 도시 대중운송의 형성을 비교 고찰한 연구, 독일과 미국, 특히 시카고와 프랑크푸르트의 도시 대중교통 발전과정을 분석한 연구, 19세기 베를린, 런던, 파리의 상하수도 체계를 비교한 연구들이 있다.[7] 그러나 이 연구들은 기술적인 인프라 구조의 변천에만 천착하는 한계를 지닌다.

다섯째 전통적인 비교연구의 테마였던 지방자치 행정에 대한 비교도시사 연구가 다시금 두드러지고 있다. 도시 자치행정에 대한 비교연구는 이미 1920~1930년대부터 이루어졌다.[8] 이는 19세기 후반 이래의 제도사 연

---

1984).

5) P. Bairoch, *Taille des villes, conditions de vie et développement économique* (Paris, 1977). M. Glettler, *Pittsburg-Wien-Budapest. Programm und Praxis der Nationalitätenpolitik bei der Auswanderung der ungarischen Slowaken nach Amerika um 1900* (Vienna, 1980). W. Rausch, ed., *Die Städte Europas im 19. Jahrhundert* (Linz, 1983).

6) R. Roth, dir., *The City and the Railroad in Europe* (Historical Urban Studies) (Ashgate, 2003).

7) J. P. McKay, *Tramways and Trolleys. The Rise of Urban Mass Transport in Europe* (Princeton, 1976). G. Yago, *The Decline of Transit. Urban Transportation in German and US Cities* (Cambridge, 1984). John von Simson, *Kanalisation und Städtehygiene im 19. Jahrhundert* (Düsseldorf, 1983).

8) F. Glum, *Die Organisation der Riesenstadt. Die Verfassungen von Paris, London, New York, Wien und Berlin* (Berlin, 1920). Goetz, *Die Verwaltungsorganisation der*

구의 연장선상에서 법률과 제도의 비교에 머물렀다. 20세기 후반 도시사 비교연구에서는 시 자치행정과 조직, 시정활동에 대한 정당들의 역할, 도시의 재정 문제 등을 정치문화적 관점에서 새롭게 조명한다. 예컨대, 빈과 프라하 유권자들의 정치적 행위에 대한 비교연구가 흥미롭다.[9)]

유럽에서 비교도시사 연구는 유럽통합의 진전과 더불어 확대되었다. 1989년 스톡홀름에서 결성된 '유럽도시사학회(European Association for Urban History)'는 유럽연합의 후원 아래 격년으로 유럽의 비교도시사 학술회의를 개최하고 있다. 도시사를 전공하는 젊은 연구자들이 증가하면서 2000년대 들어와 다양한 도시의 문화적 현상에 대한 비교사 연구가 활발히 이루어지고 있다. 최근에 이루어진 비교도시사 연구는 도시문화의 다양한 현상이나 도시 생태 · 환경사적 연구가 많다. 예를 들어 1890~1940년 시기 영국 노팅엄과 프랑스 생테티엔의 청소년 문화의 비교연구, 20세기 전반기 런던 · 파리 · 베를린의 동성애자 문화연구, 19세기 후반 이래 런던 · 스톡홀름 · 헬싱키 · 페테르부르크의 도시 녹지 공간에 대한 문화사 연구 등이 이에 해당한다.[10)]

한편 미국에서는 미국의 동부, 서부, 남부 등 지역사적 측면에서 지역 내 주요 도시들에 대한 비교사 연구가 활발해지고 있으며, 세계사적 시각에서

---

*Weltstädte Paris, London, New York, Wien. Ein Beitrag zur Berliner Verfassungsreform* (Berlin, 1931).

9) J. Havránek, *Soziale Struktur und politisches Verhalten der großstädtischen Wählerschaft im Mai 1907 – Wien und Prag im Vergleich, in Politik und Gesellschaft im alten und neuen Österreich. Festschrift für Rudolf Neck* (Vienna, 1981).

10) D. Pomfret, *Young People and the European City: Age Relations in Nottingham and Saint-Etienne, 1890–1940* (Historical Urban Studies Series) (Ashgate, 2003). F. Tamagne, *Histoire de l'homosexualité en Europe, Berlin, Londres, Paris. 1919-1939* (Paris, 2000). P. Clark, *The European City and Green Space: London, Stockholm, Helsinki and St Petersburg, 1850–2000* (Historical Urban Studies Series) (Ashgate, 2006).

전 세계 도시들을 망라하는 비교 도시사 연구도 증가하고 있다. 아래에서는 프랑스에서 나온 유럽 비교도시사의 주요 성과물과 미국에서의 비교 도시사 연구의 경향을 잘 보여주는 연구서들을 살펴볼 것이다.

## 2. 비교도시사 연구를 통한 유럽의 정체성 찾기

프랑스 근현대 도시사 연구자들은 크게 세 부류였다. 첫째는 파리I대학과 파리고등사범학교(ENS)를 중심으로 사회사에 강한 영향을 받은 그룹이다. 이 그룹은 프로(A. Prost)와 브뤼네(J.-P. Brunet)의 제자로 현재 파리I대학 교수인 아니 푸르코(A. Fourcaut)를 중심으로 20세기 전반을 주로 연구했다. 사회과학고등연구원(EHESS)의 도시사가들은 1996년에 48세로 사망한 르프티(B. Lepetit)와 그의 제자들을 중심으로 18세기와 19세기 장기적인 도시화와 도시의 사회적 문화적 변화에 관심을 기울였다. 리용II대학에서는 이브 르캥의 제자들이 장-뤽 피놀(J.-L. Pinol)을 중심으로 19세기 전반에 걸쳐 사회사와 문화사를 아우르는 연구를 진행하였다. 이들 세 그룹은 1998년 결성된 프랑스도시사학회를 통해 결합하였다. 2003년 프랑스에서 출판된 『유럽 도시사』는 고대부터 현대까지 유럽지역의 도시에 대한 최초의 성과물이다.[11] 『유럽 도시사』는 현재 프랑스 도시사학회장을 맡은 피놀이 젊은 도시사가들과 함께 1997년부터 기획하여 6년에 걸친 공동작업 끝에 내놓은 작품이다.

이 책은 먼저 서문에서 밝히듯이 최초의 유럽 비교도시사이며 유럽도시에 대한 통사이다. 프랑스에서는 1980~1983년에 조르주 뒤비(G. Duby)의

---

11) Jean-Luc Pinol, dir., *Histoire de l'Europe urbaine*, t. I, *De l'Antiquité au XVIII^e siècle*, t. II, *De l'Ancien Régime à nos jours* (Paris, Seuil, 2003).

책임 아래 전 5권으로 『프랑스 도시사』가 출판되었다.[12] 하지만 이 책은 뒤비와 왈롱(A. Wallon)이 1975~1976년에 기획한 전 4권의 『프랑스 농촌사』를 보완하기 위한 것이었다. 『프랑스 도시사』의 집필진에는 너무나 잘 알려진 르 고프, 르 로와 라뒤리, 샤르티에, 아귈롱, 르캥 등을 포함하여 22명이었는데 이 가운데 도시사가라고 할 수 있는 역사가는 드물었다. 반면 2003년에 나온 『유럽 도시사』는 12명이 집필했는데 모두 도시사가들이다. 970쪽의 I권은 기원전 8~9세기부터 기원후 7세기까지 고대도시, 8세기부터 15세기까지 중세도시, 16세기부터 18세기까지 근대도시 세 개의 책이 한 권으로 꾸려졌고, II권은 19세기부터 2차 대전까지의 현대도시, 15세기부터 20세기 전반기까지 유럽 밖의 유럽도시, 20세기 후반기 현대도시 세 개의 책으로 꾸려졌다.

『유럽 도시사』는 서문에서 이 책이 유럽 지역의 도시의 역사가 아니며, 도시계획에 관한 내용을 포함하기도 하지만 도시계획의 역사도 아니라고 밝힌다. 집필자들은 도시를 "경제와 사회, 정치와 문화, 기술과 상상력의 전체적 현상"이라고 규정하면서, "도시와 사회의 상호작용" 속에서만 도시사를 올바로 이해할 수 있다고 주장한다. 또한 이들은 "틀로서의 도시에서 대상과 주체로의 도시로 이동"해야 한다며 공간 자체를 중시하는 지리학의 연구관점과 구별되는 도시사적 관점을 제시한다. 집필자들은 유럽의 도시사 일반이자 비교사(une histoire urbaine générale et comparée)를 서술하고자 했는데, 궁극적인 목적은 "유럽도시의 특수성에 대해 고찰"하는 것이며, 이를 통해 유럽의 정체성에 대해 성찰하는 기회를 제공한다는 것이었다. 따라서 책에서 다루어지는 주요 테마들인 주택, 건축, 토지의 이용과 소유,

---

12) Georges Duby, dir., *Histoire de la France urbaine* (Paris, Seuil, 1980-1983). t. I, *La ville antique*, t. II, *La ville médiévale*, t. III, *La ville classique*, t. IV, *La ville de l'âge industriel*, t. V, *La ville aujourd'hui*.

교통, 도시 자치행정, 지역재정, 시정치, 건강과 위생, 식료품, 인구, 가족, 사회계급, 엘리트, 문화적 실천, 폭력, 갈등, 시위, 자선, 건축, 공간조직, 공간의 요구, 도시미학, 지대, 산업조직 등은 도시적인 유럽에 대한 전체적인 역사상이라는 완성된 퍼즐을 위해 필요한 하나하나의 퍼즐 조각들이다.

고대도시를 다룬 책 1은 기본적으로 도시문명이었던 그리스와 로마 문명이 이보다 더 오래된 동양의 도시들과 어떻게 달랐는가를 강조한다. 기본적으로 농촌경제였던 고대에서 도시는 정치적 · 문화적 공간이었다. 정치공간의 특성을 잘 보여주는 아테네, 문화공간의 성격을 잘 드러내는 로마는 동양의 고대도시와 구분되는 유럽적인 정체성을 내포한다.

책 2는 지역별로 세 유형의 도시, 즉 고대도시의 유산을 지닌 지중해 지역의 도시들, 상인들이 건설한 영국과 북유럽의 도시들, 서유럽의 도시를 구분하면서 상이한 규모의 다양한 도시들을 다룬다. 중세의 도시들은 처음으로 유럽적인 것이 형성되는 공간으로 파악되며, 조직된 경관, 사회적 공간, 기능적 중심지라는 세 개의 설명 틀을 통해 보편성을 찾고자 한다. 중세도시는 최소한의 설비들을 갖춘 구조적으로 조직화된 공간이며, 노동, 거주, 자치의 성격을 좌우하는 사회적 활동 공간이며, 농촌과 주변 지역과의 관계 속에서 나타나는 다양한 경제적 · 사회적 기능의 중심지이다. 전통적인 중세도시 연구자들이 주목한 경제활동과 부르주아의 탄생, 주거환경과 형태, 정치적 자율권 획득과정 역시 잘 그려진다. 중세 말 도시와 국가의 긴장관계, 즉 봉건 왕국에서 근대국가로의 전환기에 국왕과 도시들이 상호 결합하기도 하고 상호반목하기도 하는 "위험한 관계"에 대한 설명이 흥미롭다.

책 3은 16세기에서 18세기까지 장기간에 걸친 완만한 유럽의 도시화 과정과 근대국가가 도시 엘리트들을 어떻게 포섭해갔는가를 보여준다. 또한 중세도시의 유산이 아닌 새로운 근대도시들, 왕궁에서 가까운 거주도시, 군사도시, 산업도시, 관광 · 레저도시의 탄생을 근대적 제도 및 삶의 방식

변화와 함께 고찰하고 있다. 근대도시에서 강조되는 유럽적인 특성은 사회적이고 문화적인 것에 있다. 중세도시의 연속 속에서 도시 하층민에 대한 사회적 지원의 형태와 유럽 도시들 간의 문화적 교류가 특히 두드러진다.

1800년에 유럽의 도시인구는 약 2천만 명이었으나 2차 대전이 끝났을 때는 약 3억 4천4백만 명으로 증가해 있었다. 약 한 세기 반에 걸친 유럽의 도시화 과정, 산업도시와 문화도시의 발달, 이민, 출생과 사망, 질병 등 인구학적 문제, 도시위생 문제, 19세기 중반 파리의 오스만화와 비인의 도시미화운동, 간전기 소련, 이탈리아, 독일에서의 전체주의적 도시계획과 미화운동, 도시정치와 근대적 도시 인프라 망의 도입, 주로 주택문제에 할애된 도시의 일상, 도시 내부의 사회갈등 및 도시문화를 차례대로 분석하는 책 4는 유럽 각국에서 나온 19세기 도시사 성과물들을 집약적으로 압축하고 있다.

15~16세기 스페인과 포르투갈이 남미에 세운 유럽도시들, 17~18세기 영국과 프랑스가 북미와 인도, 동남아시아에 세운 유럽도시들, 19세기와 20세기 전반기의 유럽의 제국주의적 헤게모니가 수출하거나, 이식하거나, 직접 건설한 아시아, 아프리카 등지의 근대도시와 식민도시 모델을 다룬 책 5는 『유럽 도시사』에서 주목할 만한 부분이다. 필자들은 유럽중심주의에 대한 전면적인 비판은 아니더라도 다소간 비판적인 시각을 지니면서 유럽 이외 지역의 유럽도시들의 탄생과 성장, 몰락까지를 설명한다.

마지막 책 6은 2차대전 이후 오늘날까지 유럽의 도시문제를 고찰한다. 서유럽의 탈산업화와 지방분권정책으로 인한 산업도시나 대도시의 상대적 쇠퇴, 동유럽 지역의 도시성장, 그리고 무엇보다 도시의 경계가 확장되어 거대도시권이 형성되어 가는 유럽의 상황을 분석한다.

## 3. 『유럽 도시사』의 성과와 아쉬운 점

『유럽 도시사』는 장점이 많은 책이다. 형식적 측면에서, 도시색인과 인명색인, 도시사의 주요 연구 테마들인 정치, 경제, 사회, 문화 모든 측면에서의 테마색인은 필요한 정보를 빨리 구하려는 이들에게 좋은 지침이 된다. 참고문헌은 더 말할 나위 없이 훌륭하다. 고대도시 150여 개, 중세도시 770여 개, 근대도시 800여 개, 19세기에서 20세기 전반의 도시 520여 개, 해외의 유럽도시 350여 개, 20세기 후반의 도시에 대한 450여 개의 참고문헌은 일부 고전적인 연구서와 이론서를 제외하면 모두 지난 20여 년간, 특히 1990년대 이후의 연구 성과물이다. 불어문헌이 많지만 영어, 독어, 이탈리아어, 스페인어 등의 문헌들도 다수 포함되었다. 참고문헌만 검토해도 지난 20여 년간 유럽 각국의 주요 도시사 연구 성과를 확인할 수 있을 것이다.

내용에 있어서 그간 도시사 연구에서 집중적으로 연구되지 않았던 영역을 포함한다. 고대도시에서는 아테네와 로마 못지않게 알렉산드리아와 카르타고가 중요하게 다루어지고, 중세도시에 대한 기존 연구에서 상대적으로 연구가 미진했던 8세기부터 11세기 초까지의 도시를 기독교화와 함께 분석한다. 11세기에 존재했던 라틴도시, 비잔틴도시, 스페인과 시칠리아의 이슬람도시들이 12~13세기에 발전한 서유럽의 중세도시에 어떤 영향을 미쳤는지도 다루어진다. 중세에서 근대로의 이행기에 도시와 군주와의 긴장관계에 대한 설명, 19세기 도시를 산업도시로만 설명하지 않고 문화도시들의 중요성을 강조하는 점, 앞에서 이미 언급한 유럽 외부의 유럽적인 도시들의 흥망, 도시문화를 매개로 한 유럽의 정체성에 대한 고민이 장점이라 할 수 있다.

책의 목적은 유럽도시의 특성을 파악하여 유럽의 정체성을 확인하는 것이었다. 이런 의도는 책 전체에서 행간 사이에 일관되게 배어있다. 고대도시의 민주정치와 문화적 성격을 강조하고, 중세도시에서 등장하는 길거리나 광장 같은 공적 공간의 사회적 기능을 부각시키고, 근대도시의 자선 활동 같은 사회적 역할, 19세기 국가와 시정부가 주택문제와 도시위생문제에 개입하여 도시환경에 보다 사회적인 색채를 부여하고자 했던 것과 20세기 후반 쇠락한 도시의 재활성화 사업이 문화유산을 파괴하지 않는 것 등을 설명하며 이런 목적을 달성하려고 한다.

『유럽 도시사』의 집필자들은 도시를 "역사적인 경험의 총체"로 규정한다. 이들은 유럽 도시들에 단일 유형이 존재하지 않는다고 설명하면서 보통의 개설서에서 설명되는 중세도시나 근대 산업도시의 평균적인 역사상과는 다른 다양한 도시현상을 모두 설명한다. 이는 2천 8백 년에 걸친 총체적이고 비교사적인 유럽 도시사를 서술하면서 지나친 단순화나 범주화를 피하고 도시의 다양성과 역사적 연속성과 단절의 복잡한 층위를 제시하려는 장점이 있지만 동시에 단점도 된다. 도시정치, 도시사회, 도시문화의 성장이나 발전 양상이 다른 서유럽, 남유럽, 동유럽, 북유럽의 차이점에 대한 체계적인 분석을 보다 구체적으로 발전시키지 않기 때문이다.

아쉬운 점은 더 있다. 북유럽이나 동유럽의 도시들이 지닌 중요성이 다른 지역보다 상대적으로 덜하다고 해도 전체적으로 간소하게 다루어졌고, 이에 따라 슬라브 지역과 스칸디나비아 지역 언어로 된 참고문헌이 거의 빠져있다. 프랑스 도시사가들 10명과 벨기에와 스위스 도시사가 1명씩이 저술한 이 책은 다른 유럽국가의 도시사가들이 미처 시도하지 않았던 유럽 전체의 도시사를 처음으로 서술한 의미가 있다. 하지만 유럽의 다양한 국적의 도시사가들이 공동 작업을 했었다면 좀 더 나은 성과물을 도출할 수 있지 않았을까 하는 생각이 든다. 본문 주 방식의 서술과 일차사료보다 기존 연구서들의 내용에 주로 의존하는 서술은 유럽 도시에 대한 획기적이고 참신한 분석이나 새로운 역사상을 제시하지 못했다는 인상을 주기도 한다.

이런 아쉬움에도 불구하고 『유럽 도시사』는 유럽 도시사의 기본적인 텍스트로서 불어독해가 가능한 역사 연구자들이라면 한 번쯤 읽어 볼 가치가 있는 책이다. 본문만 1천7백여 쪽에 달하지만 고대에서 현대까지, 그리고 최근 20여 년간 유럽 각국의 도시사 연구 성과물을 한꺼번에 파악하게 해주기에 시간이 아깝지 않을 것이다. 또한 이 책에서 다루어진 주요 테마들에 대한 개별 연구자들의 보다 구체적인 도시사 연구와 국제적 비교도시사 연구의 활성화를 자극할 것이다.

## 4. 세계사로서의 비교도시사

최근 미국의 도시사 연구에서 눈에 띄게 증가하는 모습을 보이는 분야는 바로 세계사적인 측면에서 도시 연구이다. 이러한 연구의 증가에는 두 가지 배경이 있다. 하나는 다름 아닌 신자유주의적 세계화라는 현재진행형 사건이다. 이른바 '국가 없는 시대'의 도래라는 다소 발 빠른 예측과 더불어 학술연구의 대상 혹은 범주가 국가가 아닌 도시로 바뀌는 상황과 맥락이 닿아 있다. 국가사나 민족사가 아니라면, 이를 대체할 분석의 기본 단위는 도시라고 주장할 수 있기 때문이다. 따라서 최근의 추세에 맞추어 세계를 대상으로 하면서도 좁은 분석의 차원에서 연구를 심화시킬 수 있는 단위로서 도시는 유용하다.

다른 하나는 세계사의 유행과 관련이 있다. (물론 세계사 유행이 세계화와 무관하지 않으며 이 두 가지 배경은 서로 전혀 동떨어진 것이 아니다). 예컨대 기존에는 한 도시를 중심으로 이민사로 연구될 주제가 오늘날에는 여러 도시를 다루는 디아스포라(diaspora)의 역사로 연구되는 것과 같은 방식이다. 혹은 한 도시에서의 노동자의 문제로 연구되었을 문제가 이제는 제국주의 정책 아래 세계 도시들에서 나타나는 다르고도 비슷한 노동문제에 대한 연구로 진행되는 것과 같다. 이 경우 여러 도시, 그것도 세계사적 배경을 염두에 둔 도시 연구가 필수적일 수밖에 없다.

그런 면에서 최근 미국 도시사의 최고 화제작은 단연코 마이크 데이비스(Mike Davis)의 『슬럼의 행성(*Planet of Slums*)』이다. LA를 중심으로 한 미국 도시의 문제점과 그 역사적 기원을 파헤치는 문제작가로 활동해 온 데이비스가 2006년 5월에 출판한 신간이다. 그가 이 책에서 다루는 것은 이른바 '제3세계' 도시들이다.

마이크 데이비스는 전작인 『석영도시(*City of Quartz*)』, 『공포의 생태학(*Ecology of Fear*)』, 『문앞의 괴물: 조류독감의 세계 위협(*Monster at Our Door: The Global Threat of Avian Flu*)』 등의 성공으로 최고의 도시연구자의 반열에 올라있는 인물이다. 그는 대학에 근거를 두지 않은 자유 연구가이지만, 그의 책은 미국 전역에서 도시학과 관련 있는 모든 전공의 수업시간에 읽히는 필독서이다.

그간 데이비스의 가장 대표적인 연구서들은 거대도시 LA를 집중적으로 해부해왔다. 특히 LA가 얼마나 인종적으로 분리되고 차별적인 공간으로 발전해왔는지, 환상적인 이미지 이면에 존재하는 도시의 어두운 면을 분석했다. 또한 LA와 같은 서부 도시들이 얼마나 생태학적으로 자기모순적인 구조를 가지고 만들어지고 오늘날까지 진화하고 있는지, 도시생태학, 지리학, 역사학, 사회학, 문학을 넘나드는 문제작들을 써왔다. 그런 화제 작가이므로 그의 신간은 당연히 관심의 초점이 될 수밖에 없다.

그런데 바로 이 미국 도시사의 중요 연구자가 새로 내놓은 책은 『슬럼의 행성』이라는 제목에서 분명히 드러낸 바와 같이 그 연구대상을 전 세계로 넓히고 있다. 이 책이 주로 다루는 것은 이른바 "제3세계" 도시들, 특히 동남아시아, 남미, 아프리카, 그리고 러시아의 도시들이다. 산업화 과정에서 성장했다가 탈산업화를 겪으면서 슬럼화되었던 미국 도시들과 달리, 이들 지역의 도시들은 산업화 없이 급격하게 슬럼화되고 있다는 것이 그의 분석이다. 즉, 산업화 시대에 수많은 일자리 창출이라는 명백한 끌어당기는 요인(pulling factor) 때문에 도시화가 진행된 제1세계와 달리, 이들은 "일자리

리오데자네이루의 슬럼.

창출 없는 도시 팽창"을 겪고 있다는 것이다. 이는 봄베이, 요하네스버그, 부에노스아이레스, 모스크바, 어디나 마찬가지로 진행되는 현상이라는 것이 데이비스의 분석이다.

이러한 설명과 더불어 데이비스는 현대 도시에 대한 중요한 관점을 제시한다. 그중에 세 가지만 지적해보자. 첫 번째는 과거에는 농촌 대 도시의 불평등 구조가 존재했다면 이제는 중소도시 대 거대도시의 불평등 구조가 더 중요한 문제라는 점이다. 이는 전 세계적으로 농촌이 사라져가는 현상 때문인데, 아파트나 주상복합 건물, 획일화된 대형 유통업체들과 같은 도시의 상징물들이 농촌에 마구잡이로 들어가 외양을 도시로 바꾸는 것이다. 이를 데이비스는 "이주 없는 도시화(urbanization without migrating)"라 표현한다.[13]

---

13) Mike Davies, *Planet of Slums* (New York, Verso, 2006), pp. 7-9.

두 번째는 지구가 "슬럼의 행성"이 되어가는 이유가 바로 연성 제국주의(soft imperialism) 때문이라는 것이다. 제3세계 농촌의 피폐화와 거친 도시화는 각 국가로 하여금 이를 조장하고 주도하는 정책을 만들도록 조종하는 국제기구들의 활약 덕분이다. 이는 신자유주의 세계화 구도 내에서 IMF, 세계은행, 그리고 심지어 무고해 보이는 수많은 NGO들의 공조로 자행되는 행위들이다. 이들은 각국에서 빈민거주지를 밀어내면서 획일적인 도시개발을 유도한다.[14] 국경 없는 자유로운 세계의 건설이라는 신자유주의 세계화의 장밋빛 구호 아래 국가를 대신해서 그런 세계의 해방구가 될 것이라 믿어졌던 도시는 이런 방식으로 새로운 제국주의(국가가 아닌 자본의 지배)의 중심축이 되어 버린 것이다.

그의 여러 관찰 가운데 마지막으로 언급할 것은 바로 그러한 도시개발의 결과가 양극화된 도시 공간의 건설이라는 점이다. 이는 미국 도시에서도 문제가 되는 고급화(gentrification) 현상이 전 세계로 전파되고 있는 것으로 이해할 수 있다. 즉, 신도시 개발을 위해 밀어내어지는 빈민거주지는 표면적으로는 사라지고 멋진 건물들이 들어서지만, 그 새 공간에 발붙일 수 없는 빈민들은 오히려 살 곳을 잃는 것이다. 1980년대 이후 꾸준히 진행되고 있는 미국 대도시의 재개발(renewal) 사업의 결과는 고급화, 그리고 빈민의 더 외곽으로의 이동 현상이다. 제3세계 도시의 개발은 바로 미국의 재개발 사업을 본보기로 하고 있다.[15]

마침 도시 이론의 대가 하비(David Harvey) 역시 신자유주의 세계화 시대의 도시공간 문제를 다룬 신간을 내어 흥미롭다. 하비는 "자본의 도시화"라는 분석 틀을 가지고 자본주의 체제 내 모순과 투쟁의 공간으로서 도시를

14) *Ibid.*, pp. 75-82.

15) *Ibid.*, pp. 102-114. 데이비스가 다루는 제3세계 도시들의 철거촌과 무단거주 문제에만 천착한 신간도 지난해에 출판되었다. Robert Neuwirth, *Shadow Cities: A Billion Squatters, A New Urban World* (New York, Routledge, 2006).

분석해 온 이론가인데, 신자유주의 국가들의 정책에 기여하는 공간이 되어 버린 세계 도시들의 추이에 대한 강연을 묶어 책으로 냈다. 하비의 책 역시 현대 제3세계 도시문제와 국제기구의 폐해를 지적하면서 신자유주의 세계화의 문제를 공간화하는 노력을 보여준다.[16)]

데이비스와 하비가 공통으로 보이는 문제의식은 실은 여러 도시사 전문가들이 전부터 가져온 것이다. 세계화 시대, 다문화주의라는 포장으로 번지르르한 미국 도시 내부의 "권력의 공간화" 문제를 다뤄 온 샤론 주킨(Sharon Zukin)이나 미국 도시 내부의 문제가 실은 신자유주의 연결망에 얽혀 있는 세계적 문제라고 분석해 온 사스키아 사센(Saskia Sassen) 등의 논의를 떠올려보면 데이비스와 하비의 분석이 이들 연구에 많은 빚을 지고 있음을 알 수 있다. 또한 현대 도시사에 가장 큰 영향을 미쳤다는 데에 누구도 이의를 제기할 수 없는 이론가 마뉴엘 카스텔(Manuel Castells) 역시 그의 "정보시대" 시리즈 중에서 세계화 시대 정보화 도시의 정체성 문제를 논한 바 있다.[17)] 신자유주의 시대 세계도시에 대한 최근 연구는 바로 이러한 연장선상에 존재한다.

## 5. 지역사적 비교도시사: 미국 남부도시의 교외사

데이비스의 책만큼은 아니었을지 몰라도 매튜 래시터(Matthew Lassiter)의 신간 『침묵하는 다수: 선벨트 남부의 교외 정치(*The Silent Majority: Sub-*

---

16) David Harvey, *Spaces of Global Capitalism: Towards a Theory of Uneven Geographical Development* (New York, Verso, 2006).

17) Sharon Zukin, *The Cultures of Cities* (Cambridge, Blackwell, 1995). Saskia Sassen, *Cities in a World Economy* (Thousand Oaks, Pine Forge, 2000). Manuel Castells, *The Power of Identity* (The Informationa Age: Economy, *Society and Culture*, Vol. II) (Cambridge, Blackwell, 1997).

*urban Politics in the Sunbelt South)*』 역시 학계의 관심을 많이 받았다. 이 책은 도시사의 현황과 관련해서 시사하는 바가 많아서 여러 가지 면에서 중요한 의미를 지닌다. 우선 첫 번째로 이 책은 도시사의 새로운 지평이라 할 수 있는 남부 도시를 다루고 있다. 비교적 늦은 산업화와 도시화로 인해, 1945년 이전의 남부지역에서 도시사의 소재는 희박하다. 반면 전후 남부 발전의 신화 중심에는 도시가 존재한다. 남부와 남서부의 신흥 도시들은 동북부의 기존 대도시들이 다른 지역에 인구를 빼앗기며 축소되던 시기에 더욱 팽창하고 성장해왔다. 래시터의 책은 이처럼 오늘날까지도 남부 및 남서부 도시의 핵심어인 스프롤 현상, 즉 도시 주변과 교외의 무분별한 팽창(sprawl)이 지닌 정치적 의미를 탐구한다.[18)]

둘째로 래시터의 『침묵하는 다수』는 미국 현대 도시사의 주요 주제 가운데 하나인 교외의 역사를 다룬다. 교외 연구는 도시사의 한 부분이면서도 다양한 계층과 활동이 뒤섞여 있는 구도시와는 다른 신도시, 계획도시로서의 특성을 부각시키기도 한다. 대학교 교재로 많이 쓰이는 허프턴 미플린(Houghton Mifflin) 출판사의 "주요문제"시리즈 가운데 도시사 주요 저작과 사료를 모은 『미국 도시사의 주요문제(*Major Problems in American Urban History)*』가 초판이 나온 지 11년 만인 2005년에 개정판을 내면서 그 제목을 『미국 도시 및 교외사의 주요문제(*Major Problems in American Urban and Suburban History)*』로 바꾸었을 정도로 교외 연구는 도시사 내에서 중요하게 다루어지고 있다.

최근 급증하고 있는 교외에 대한 연구는 현대 미국 자본주의적 생활양상의 최전선으로서 교외 공간의 역사를 다룬다. 흔히 여유로운 공간과 깨끗한 환경을 지닌 중산층의 천국으로 생각되어온 교외는, 그 때문에 현대판

---

18) Matthew D. Lassiter, *The Silent Majority: Suburban Politics in the Sunbelt South* (Princeton, Princeton University Press, 2006).

"아메리칸 드림(American Dream)"의 온상이었다. 하지만 1987년 케네스 잭슨(Kenneth Jackson)의 선구적 연구에 힘입어 그와 같은 교외의 환상은 깨어지기 시작했다. 잭슨은 교외 공간이 얼마나 인위적으로 조성된 부자연스러운 공간인지, 특히 백인 중상층의 배타적인 공간 확보의 욕구와 이를 뒷받침해주는 연방정부의 이중적인 주택정책에 대한 분석을 중심으로 논증했다.[19)]

래시터의 책은 한걸음 나아가 교외를 중심으로 1960년대 말을 기점으로 전통적인 민주당 1당 지역이었던 남부를 공화당 지지로 돌아서게 했던 리차드 닉슨(Ricahrd Nixon) 대통령의 "남부전략(Southern Strategy)"에 대한 공간적 분석을 시도한다. 즉, 남부전략의 성공 배경에는 백인 중상류층의 밀집 공간이었던 교외의 발달이 작용했다는 것이다. 이를 증명하기 위해 래시터는 남부 대도시들을 중심으로 급속히 진행되던 흑인 민권운동의 회오리 속에서 "침묵하던 보수적인 다수"를 결집하는 공간으로서 형성된 교외를 역사적으로 분석한다. 래시터의 주장에 따르면 공화당의 승리는 "인종+지리=계급(race+geography=class)"이라는 공식을 성립시켰던 "교외 포퓰리즘(suburban populism)"의 산물이었다.[20)]

래시터의 책이 남부의 주요 도시들을 아우르며 전체적인 그림을 보여준다면, 케빈 크루즈(Kevin Kruse)의 『백인 대탈주(*White Flight: Atlanta and the Making of Modern Conservatism*)』는 애틀랜타의 경우에 천착하면서 비슷한 결론에 도달한다. 두 책 모두 미국 도시사에서 핵심적인 인종문제에 대한 공간적 분석이라는 점, 남부의 발전과 신흥 도시의 특수한 성격을 파헤친다는 점, 그리고 지극히 미국적인 공간으로 이해되는 교외의 보수적 문화

---

19) Kenneth Jackson, *Crabgrass Frontier: The Suburbanization of the United States* (New York, Oxford University Press, 1987).

20) Lassiter, The Silent Majority, p. 175, p. 148.

를 비판적으로 관찰한다는 점에서 중요하게 읽힌다.[21] 도시이면서도 도시와는 구별되는 교외라는 특별한 공간에 대한 증가하는 관심을 고려할 때, 래시터와 크루즈 모두 잭슨의 비판적 연구의 계보를 잇는 탄탄한 연구자로서 소중하게 생각된다.

지금까지 살펴본 미국 도시사의 최근 저작들은 현대사에 집중된 만큼, 그 시발도 결말도 오늘날의 도시가 안고 있는 문제들이다. 특히 거대도시 내부의 인종적 계급적 갈등은 늘 관심거리이다. 도시의 계획과 재개발의 주체가 누구인가, 누구를 위한 도시로 만들어져 왔는가의 문제는 거의 모든 연구자가 염두에 두고 있는 질문이다.

미국에서 도시사 연구는 비교도시사를 통해 연구 대상 도시들을 확대해 가고 있다. 예전의 도시사 연구는 특정 도시에 집중되는 경향이 강했다. 최고의 거대도시이면서 미국 금융과 문화의 상징과도 같은 뉴욕, 그보다 늦은 시기에 중부 최대 도시로 급성장한 산업과 유통의 중심지 시카고, 산업화의 선두주자인 포드 자동차회사의 거점이었던 디트로이트 등은 1980~1990년대 지나치다 할 만큼 연구가 집중되었다. 이들 도시에 대한 연구는 여전히 줄어들었다고 볼 수 없지만, 최근에는 그 밖의 도시들에도 관심이 분산되고 있다. 특히 애틀랜타, 마이애미 등의 남부 도시들과 샌프란시스코와 로스앤젤레스와 같은 서부 도시들에 대한 비교도시사 연구가 집중된다. 물론 그 외에도 중서부 다른 대도시들도 다양한 측면에서 분석되면서 미국 도시사의 폭을 넓혀나가고 있다.

---

21) Kevin M. Kruse, *White Flight: Atlanta and the Making of Modern Conservatism* (Princeton, Princeton University Press, 2005).

## 6. 비교도시사를 위하여

유럽, 미국, 동아시아 근대도시는 상이한 역사적 경험과 맥락의 산물로 도시마다 특수성을 지니지만, 도시공간의 근대적 계획과 정비, 다양한 도시문화, 도시 정체성 형성에 작용하는 문화정치 등과 같은 보편적 양상도 나타난다. 따라서 비교사적 방법으로 근대도시의 공통점과 차이점을 종합해내는 것이 필요하다. 비교사 연구는 다양한 역사적 현상들을 체계적으로 대비시킴으로써 역사적인 행위, 경험, 과정, 그리고 구조에 대한 신뢰성 있는 설명을 해주기 때문이다.

해외 도시사학계에서 비교도시사 연구는 지금까지의 축적된 성과물을 기반으로 보다 확대될 전망이다. 하지만 아직까지도 비교사 연구의 많은 경우가 연구 대상 도시의 선택에서 제한적이다. 예를 들어, 비교연구의 도시들은 영연방의 도시들, 영국과 미국의 도시들처럼 언어의 공통성에 의해 선택되거나, 서유럽의 도시들, 동유럽의 도시들처럼 지리적 인접성에서 선택되고 있다. 또한 식민도시들처럼 역사적 관계를 중심으로 선정되기도 한다. 이 글의 공동 필자는 전 세계적 차원의 비교 도시사 연구가 절실히 필요하다고 생각한다. 도시화가 가장 앞선 유럽, 북미, 동아시아의 근대도시에 대한 도시사의 주요 테마들을 비교연구함으로써 도시에 대한 종합적인 역사적 이해가 가능해질 것이라 믿어 의심치 않는다.

# 참고 문헌


## 1장: 고대도시의 기원과 건설 – 브리튼의 로마 도시를 중심으로

Augustus, *Res Gestae*.

Caesar, *Bellum Gallicum*.

Cassius Dio.

*Corpus Inscriptionum Latinarum Pars Prima (CIL)*.

Suetonius, *Claudius*.

Tacitus, *Agricola*.

Tacitus, *Annales*.

Vergilus, *Georgics*.

Altekamp, S., "The spread of monumental architecture and the romanization of Britain", *Bar International Series*, 921 (2001).

Austin, N. J. E., Rankov, N. B., *Exploratio: military and political intelligence in the Roman world* (London, 1995).

Collingwood, R. G., Myres, J. N. L., *Roman Britain and the English Settlements* (Oxford, 1937).

De la Bedoyere, G., *Roman Towns in Britain* (Stroud, 2003).

Freeman, P, W. M., "Romanisation and Roman material culture", *Journal of Roman Archaeology*, 6 (1993).

Freeman, P. W. M., "Mommsen to Haverfield: the origins of studies of Romanization in late 19th-c. Britain", Mattingly, D. J., ed., *Dialogues in Roman Imperialism: Power, discourse, and discrepant experience in the roman Empire* (Portsmouth, 1997).

Frere, S., *Britannia: A History of Roman Britain* (London, 1987).

Hanson, W. S., "Administration, urbanisation and acculturation in the Roman west", Braund, D. C.. ed., *The administration of the Roman Empire 241 BC-AD 193* (Exeter, 1988).

Haverfield, F., *The Romanization of Roman Britain* (Oxford, 1923).

Hingley, R., "Resistance and domination in Roman Britain", Mattingly, D. J., ed., *Dialogues in Roman Imperialism: Power, discourse, and discrepant experience in the roman Empire* (Portsmouth, 1997).

Mattingly, D. J., ed., *Dialogues in Roman Imperialism: Power, discourse, and dis-*

*crepant experience in the roman Empire* (Portsmouth, 1997).
Millett, M., *The Romanization of Britain* (Cambridge, 1990).
Potter, T. W., Jones, C., *Roman Britain* (Berkeley & Los Angeles, 1992).
Rivet, A. L. F., *Town and Country in Roman Britain* (London, 1964).
Salmon, E. T., *Roman Colonization under the Republic* (London, 1969).
Todd, M., "The Small Towns of Roman Britain", *Britannia*, 1 (1970).
Todd, M., "The cities of Roman Britain: after Wheeler", Greep, S., ed., *Roman Towns: The Wheeler Inheritance, CBA Res. Report 93* (1993).
Wacher, J., *The towns of Roman Britain* (London, 1995).
Wacher, J., "Britain 43 BC to AD 69", *Cambridge Ancient History*, X (1996).
Watson, G.. *The Roman Soldier* (London, 1969).
Woolf, G., "Beyond Romans and natives", *World Archaeology*, 28 (1995).
신미숙,「공화정기 로마의 제국주의」,『서양고대사강의』(한울아카데미, 1996).

## 2장: 중세 도시사 연구의 시각과 쟁점 – 프랑스를 중심으로

Barthélemy, D., *L'ordre seigneurial XI^e-XIII^e siècle* (Paris, 1990).
Bur, M., ed., *Aux origines du second réseau urbain* (Presses universitaires de Nancy, 1993).
Chédeville, A., "Etude de la Maine en valeur et peuplement du Maine au XI^e siècle", *Annales de Bretagne*, 67 (1960).
Clarke, H. B., Simons, A., eds., *The Comparative History of Urban Origins in non-Roman Europe* (Oxford, 1985).
Debord, A., "Les bourgs castraux dnas l'Ouest de la France", *Chateau et peuplement en Europe occidentale du X^e au XVII^e siècle* (Auch, 1980).
Delmeau, J.-P., *Arezo, espace et Sociétés, 715-1230* (Ecole française de Rome, 1996).
Delord, R., Logna-Prat, D., ed., *La France de l'an mil* (Paris, 1990).
Derville, A., *Saint-Omer : Des origines au début du XIV^e siècle* (Villeneuve-d'Ascq, 1995).
Desportes, P., *Reims et les Rémois aux XIII^e-XIV^e siècles* (Paris, 1979).
Despy, G., "Villes et campagnes aux IX^e et X^e siècles: l'exemple du pays mosan", *Revue du Nord* (1968).
Devailly, G., *Le Berry du X^e siècle du millieu du XIII^e siècle. Etude politique, religieuse, sociale et économique* (Paris, 1973).
Doehaerd, R., "Un Parodoxe géographique: Laon, capitale du vin au XIII^e siècle", *Annales, E.S.C.* (1950).
Doehaerd, R., *Le haut Moyen Age occidental: Economies et Sociétés* (Paris, 1971).
Duby, G., Wallon, A., dir., *Histoire de la France rurale*, I (Paris, 1975).

Duby, G., ed., *Histoire de la France urbaine*, t. I., II (Paris, 1980).

Dutour, T., *La Ville médiévale* (Paris, 2003).

Ennen, E., "Les différents types de formation des villes européennes", *Le Moyen Ages*, t. LXII (1956).

Espinas, G., "Les origines urbaines en Flandre", *Le Moyen Age*, t. LXV (1948).

Fossier, *La terre et les hommes en Picardie jusqu'à la fin du XIII^e siècle*, t. I (Paris-Louvin, 1968).

Fossier, R., *Enfance de l'Europe. Aspects économiques et sociaux* (Paris, 1982).

Fourquin, G., *Les campagnes de la région parisienne à la fin du Moyen Age* (Paris, 1964).

Ganshof, F. L., *Etude sur le développement des villes entre Loire et Rhin au Moyen Age* (Paris-Bruxelles, 1943).

Heers, J., *La ville au Moyan Age en Occident* (Paris, 1990).

Joris, A., "Le guède en Hesbaye au moyen âge(XII-XIV^e siècle)", *Le Moyen Age*, t. 59 (1964).

Joris, A., "Qe'est-ce qu'une ville?". *Revue générale belge*, t.6 (1965).

Le Goff, Jacque, Schmitt, Jean-Claude, *Dictionnaire raisonné de l'Occident Médiéval* (Fayard, 1999).

Lestocquoy, C. J., *Patriciens de Moyen Age : Les dynasties bourgeoisies d'Arras du XI^e siècle* (Arras, 1945).

Leveau, Ph., "La ville antique et l'organisation de l'espace rural: villa, ville, village", *Annales. E.S.C.* (1983).

Lombard-Jourdin, A., "Oppidum et Banlieue sur l'origine et les dimension du territoire urbain", *Annales. E.S.C.*, vol. 27, no. 2 (1972).

Michaud-Quentin, P., *Universitas: expressions du mouvement communautaire dans le Moyen Age latin* (Paris, 1970).

Nicholas, D., *The Later Medieval City 1300-1500* (London and New York, 1997).

Nicholas, D., "Structure du peuplement, fonctin urbaines et formation du capitale dans la Flandre médiévale", *Annales. E.S.C.* t. 33 (1978).

Perrin, Ch. E., "Les chartes de franchises de la France. Etat des recherches", *Revue Historique*, no. 469 (1964).

Perroy, E., "Les origines urbaines en Flandre d'après un ouvrage récent", R*evue du Nord, t. XXIX* (1970).

Pinol, Jean-Luc, dir., *Histoire de l'Europe urbaine*. t. I, *De La l'Antiquite au XVIII^e siècle* (Paris, 2003).

Pirenne, H., "The stage in the social histroy of capitalism", *The American Historical Review*, 19 (1913-1914).

Reynolds, R. V. "Town Origins", in Setten, K. M. and Winkler, H. R., eds., *Great*

*Problems in European Civilization* (Englewood Cliffs, 1954).
Reynolds, Susan, *An Introduction to the history of English Medieval Towns* (Oxford, 1977).
Schneider, J., "Les origines des chartes de franchises dans le royaume de France (XI-XII siècle)" *Les libertés urbaines et rurales du XI au XIV siècle* (Colloque international Spa 5-8 IX 1966, Burxelles, 1968).
Stephenson, C., *Borough and Town: Study of Urban Origins in England* (Cambridge, Mass, 1933).
Thierry, A., *Essai sur l'histoire de la formation et des progrès du Tieres Etast* (Paris, 1853).
Vercauteren, F., "Concepts et Methodes de l'histoire urbaine médiévale", *Cahiers bruxellois*, 12, (1967).
Vercauteren, F., *Etude sur les "civitates" de la Belgique seconde: Contribution à l'histoire urbaine du Nord de la France de la fin du III[e] à la fin du XI[e] siècle* (Bruxelles, 1934).
Verhulst, A., "The origins of town in the Low Countries and Pirenne Thesis", *Past and Present*, no. 122 (1989).
Vermeesch, A., *Essai sur les origins et la signification de la commune dans le nord de France* (Heule, 1966).
강일휴, 「서양 중세도시사의 새로운 연구동향」, 『수원대학 논문집』, 8 (1990).
강일휴, 「중세 프랑스 도시의 자치 및 농촌과의 관계」, 『서양중세사연구』, 7 (2000).
강일휴, 「봉건혁명론 논쟁」, 『서양중세사연구』, 16 (2005).
강철구, 「유럽의 중세도시와 자유」, 『이대사학연구』, 30 (2003).
고성환, 「중세독일도시성립고」, 『서양사론』, 3 (1962).
고성환, 「서양중세도시 성립에 관하여」, 『인문과학』, 32 (1974).
고성환, 「막스 베버의 도시개념론」, 『학림』, 8 (1986).
곽차섭, 「자유도시의 신화와 도시 이데올로기」, 『제40회 전국 역사학 대회 발표문』 (1997).
김병용, 「독일 마르크 브란덴브르크 농촌사회에서의 농민과 도시민의 관계(12~14세기)」, 『서양사론』, 60 (1999년 6월).
김응종, 「조르주 뒤비와 봉건혁명」, 『서양사연구』, 33 (2005).
마르크 블로크, 한정숙 옮김, 『봉건사회』 2권 (한길사, 1986).
막스 베버, 양희수 옮김, 『사회과학논총』 (을유문화사, 1981).
민유기, 「프랑스의 도시사 연구의 새 경향 - 비교도시사와 유럽 정체성의 확인」, 『서양사론』, 92 (2007).
박용진, 『아미엥을 통해서 본 코뮌의 변화: 도시와 왕권의 관계를 중심으로』, 서울대 박사학위논문 (2003).
성백용, 『14세기 후반~15세기 초 프랑스 왕정과 북부 도시들의 반란』, 서울대 박사학위논문 (2002).

아담 스미스, 유인호 역, 『국부론 』(동서문화사, 1978).
안상준, 「코뮌과 도시영주: 쾰른 코뮌 형성기 쾰른 대주교와 유력자들(Melieros)」, 『서양중세사연구』, 15 (2005).
앙리 피렌느, 강일휴 옮김, 『중세 유럽의 도시』 (신서원, 1997).
에디트 엔넨, 안상준 옮김, 『도시로 본 중세유럽』 (한울, 1997).
자크 르 고프, 유희수 옮김, 『서양중세문명』 (문학과 지성사, 1992).
페르낭 브로델, 주경철 옮김, 『물질문명과 자본주의』 I-2 (까치, 1995).
페리 앤더슨, 유재건 한정숙 공역, 『고대에서 봉건제로의 이행』 (창작과 비평사, 1990).
홍성표, 『중세 영국농민의 생활수준 연구』 (탐구당, 1987).

### 3장: 중세 말 근대 초 도시의 쇠퇴? – 바스를 통해 본 영국 도시사의 쟁점

Act Books of the Diocese of Bath and Wells, Vol. 232, f. 104 (Somerset Record Office).
Acts of the Privy Council of England, 1571-75, 1597-98.
Bath Record Office, The Chamberlain's Accounts; Registers of St. James; The Abbey Registers; Council Minutes Book.
Bodelian Library MS RAWL D945, f.32b.
*Calendar of State Papers*, Domestic, 1550, 1651-1654.
Harington, John, *The Metamorphosis of Ajax* (London, 1595).
Hearth Tax, 1664 (PRO, E179/256/16).
Jones, John, *The Benefit of the Auncient Bathes of Buckstones* (London, 1572).
Jones, John, *The Bathes of Bathes Ayde* (London, 1572).
Turner, William, *A Booke of the Natures and Properties, as well of the Bathes in England as of other Bathes in Germanne and Italye* (Cologne, 1562).
Venner, Tobias, *The Baths of Bathe* (London, 1628).
Bradford, G., ed., *Proceedings in the Court of Star Chamber in the Reign of Henry VII and Henry VIII*, Somerset Record Society, Vol. 27 (1911).
Clark, Peter, *English Provincial Society from the Reformation to the Revolution: Religion, Politics and Society in Kent 1500-1640* (Madison, 1976).
Clark, Peter, ed., *The Early Modern Town* (London, 1976).
Clark, Peter, ed., *Country Towns in Pre-Industrial England* (New York, 1981).
Clark, Peter and Slack, Paul, *Crisis and Order in English Towns 1500-1700* (London, 1972).
Clark, Peter and Slack, Paul, *English Towns in Transition 1500-1700* (Oxford, 1976).
Corfield, Penelope, "Urban development in England and Wales in the Sixteenth and Seventeenth Centuries", in Coleman, D. C. and John, A. H., eds., *Trade,*

*Government and Economy in Pre-Industrial England* (London, 1976).
Cross, F. W., *History of the Walloon and Huguenot Church at Canterbury* (London, 1898).
Dingley, T., *History from Marble* [Comp. in the reign of Charles II] vol. 1, (Camden Society Old Series Vol. 94, 1867).
Dobson, R. B., "Urban Decline in Late Medieval England", *Transactions of the Royal Historical Society*, 27 (1977).
Dyer, A., *The City of Worcester in the Sixteenth Century* (Leicester, 1973).
Dyer, A., "Growth and Decay in English Towns 1500-1700", *Urban History Yearbook 1979* (London, 1979).
Dyer, A., *Decline and Growth in English Towns 1400-1640* (Cambridge, 1995).
Fewcett, Trevor, "Chair Transportation in Bath", *Bath History*, Vol. 2 (1988).
Fewcett, Trevor, "Late 17th-Century Shops in Bath" (unpublished paper, Bath Record Office, 1990).
Fiennes, Celia, [Morris, C., ed.], *The Journey of Celia Fiennes* (London, 1947).
Green, E., "Bath Lay Subsidies, Henry IV to Henry VIII", *Bath Field Club*, Vol. 6 (1889).
Harrison, William, [Furnivall, F. J., ed.], *Harrison's Description of England*, Vol. 1 (London, 1877).
Hembry, Phyllis, *The English Spa, 1560-1815* (London, 1990).
Holland, Elizabeth, "Citizens of Bath" (unpublished typescript, Bath Record Office, 1988).
Holland, Elizabeth, "This Famous City", *The Bath Survey*, No. 1 (1994).
Hoskins, W. G., "The Rebuilding of England", *Past and Present*, Vol. 4 (1953).
Hoskins, W. G., *Provincial England* (London, 1963).
James, P. R., *The Baths of Bath in the Sixteenth and Early Seventeenth Centuries* (Bristol, 1938).
King, Austin J. and Watts, B. H., *The Municipal Records of Bath, 1189 to 1604* (London, 1885).
Leland, John, [Chandler, John, ed.], *John Leland's Itinerary* (London, 1993).
Manco, Jean, "Bath and 'the Great Rebuilding'", *Bath History*, Vol. 4 (1992).
McIntyre, Sylvia, "Bath: the Rise of a Resort Town, 1660-1800", in Clark, Peter, ed., *Country Towns in Pre-Industrial England* (New York, 1981).
McKendrick, Neil, Brewer, John and Plumb, J. H., *The Birth of a Consumer Society: The Commercialization of Eighteenth-Century England* (Bloomington, 1982).
Palliser, David, *Tudor York* (Leceister, 1980).
Patten, J., *English Towns 1500-1700* (London, 1978).
Pepys, Samuel, [Wheatley, Henry B., ed.], *The Diary of Samuel Pepys*, Vol. 2 (New York, 1946).

Petit-Dutaillis, Charles, *Studies and Notes Supplementary to Stubbs' Constitutional History*, vol. I, translated by W. E. Rhodes (Manchester, 1908).

Phythian-Adams, Charles, "Urban Decay in Late Medieval England", in Abrams, P. and Wrigley, E. A., eds., *Towns in Societies* (Cambridge, 1978).

Phythian-Adams, Charles, *Desolation of a City: Coventry and the Urban Crisis of the Late Middle Ages* (Cambridge, 1979).

Pound, J., *Tudor and Stuart Norwich* (Chichester, 1988).

Rolls, Roger, "Asylum Chronicorum Morborum: Medical Practice in Stuart Bath" (unpublished typescript, Bath Record Office, 1992).

Stephenson, Carl, *Borough and Town* (Cambridge, Mass., 1933).

Sul, Heasim, "The Tubs of Pleasure: Tudor and Stuart Spas", *The International Journal of the History of Sport*, Vol. 16.

Tait, James, *The Medieval English Borough* (Manchester, 1936).

Tittler, Bob, "Reformation, Political Culture and the Collective Memory in English Provincial Towns" (unpublished article, delivered in Pre-Modern Towns Group-Annual Conference, 18th Jan. 1997, Institute of Historical Research, London).

Wardle, F. D., ed., *The Accounts of the Chamberlains of the City of Bath 1568-1602,* Somerset Record Society, Vol. 38 (1923).

Warner, R., *The History of Bath* (1801).

Williams, C. H., ed., *English Historical Document 1485-1558*, Vol. 5 (London, 1967).

설혜심, "16 · 17세기 영국 온천장의 기원과 발달: 의술인의 경제적 동기를 중심으로", 『서양사론』, 제49호 (1996).

초오서, 김진만 옮김, 『캔터베리 이야기』 (서울, 동서문화사, 1978).

케네스 모건 엮음, 영국사학회 옮김, 『옥스퍼드 영국사』 (서울, 1997).

### 4장: 프랑스 근현대 도시사 연구의 발전과정과 특성

*Annales Economies, Société, Civilisations*, année 25, no. 4, numéro spécial (1970).

United Nations, Department of Economic and Social Affairs, *World Urbanization Prospects: The 2005 Revision Population Database* (UN, 2006).

Agulhon, Maurice, *Une ville ouvrière au temps du socialisme utopique: Toulon de 1815 à 1851* (Paris, Mouton, 1970).

Aubrun, Juliette, *La ville des élites locales: pouvoir, gestion et représentations en banlieue parisienne*, Thèse, Univ. de Lyon II (2004).

Augé, M., Duby, G., Godelier M., Veyne P., "Pour une histoire anthropologique: la notion de réciprocité", *Annales E.S.C.* $29^{e}$ année, no. 6 (novembre-décembre

1974).

Backouche, Isabelle, *La Seine et Paris 1750-1850: pratiques, aménagements, représentations*, Thèse de EHESS (1995).

Backouche, Isabelle, ed., *L'histoire urbaine en France Moyen Age-XXe siècle: guide bibliographique 1995-1996* (Paris, L'Harmattan, 1998).

Backouche, Isabelle, "L'histoire urbaine en France. Nouvel objet, nouvelles approches", *Revue d'histoire urbaine*, vol. 32, no. 1 (october 2003).

Bairoch, Paul, *Démographie urbaine: XVe-XXe siècle* (Lyon, PUL, 1977).

Balée, William L., *Advances in Historical Ecology* (Columbia University Press, 2002).

Baret-Bourgoin, Estelle, *Environnement et sensibilités: les Grenoblois et leur ville au XIXe siècle*, Thèse, Univ. de Lyon II (2002).

Baret-Bourgoin, Estelle, *La ville industrielle et ses poisons: les mutations des sensibilités aux nuisances et pollutions industrielles à Grenoble, 1810-1914* (Grenoble, Presses universitaires de Grenoble, 2005).

Barrière, Philippe, *Formes et usages du passé: Grenoble en ses aprés-guerre 1944-1964*, Thèse, Univ. de Lyon II (2000).

Baudoui, R., Faure, A., Fourcaut, A., Morel, M., Voldman, D., "Ecrire une histoire contemporaine de l'urbain", *Vingtième siècle, revue d'histoire*, no. 27 (juillet-septembre 1990).

Bédarida, François, "The growth of urban history in France: some methodological trends", in Dyos, H. J., ed., *The Study of Urban History* (London, 1968).

Bédarida, François, "The French approach to urban history. An assessment of recent methodological trends", in Fraser, D., Sutcliffe, A., *The pursuit of Urban History* (London, Edward Arnold, 1983).

Benoit, Bruno, *L'identité politique de Lyon: entre violences collectives et mémoire des élites, 1786-1905* (Paris, L'Harmattan, 1999).

Bernard, Jean-Pierre A., *Les deux Paris: les représentations de Paris dans la second moitié du XIXe siècle* (Seyssel, Champ Vallon, 2001).

Bloch, Marc, *Apologie pour l'histoire ou métier d'historien* (Paris, Armand Colin, 7e édition, 1974).

Bourillon, Florence, *Etude de la sociabilité dans un milieu pré et post-haussmannienle quartier des Art et Métiers à Paris entre 1850 et 1880*, Thèse, Univ. de Paris X (1986).

Brunet, Jean-Paul, *Saint-Denis, la ville rouge 1890-1936* (Paris, Hachette, 1980).

Brunet, Jean-Paul, *Immigration, vie politique et populisme en banlieue parisienne fin XIXe-XXe siècle* (Paris, L'Harmattan, 1995).

Burdy, Jean-Paul, *Le Soleil noir: Un quartier de Saint-Etienne, 1840-1940* (Lyon, PUL, 1989).

Burguière, André, "Anthropologique historique", in Burguière, André, dir., *Diction-*

*naire des sciences historiques* (Paris, PUF, 1986).

Butler, R., Noisette, P., *De la cité ouvrière au grand ensemble: la politique capitaliste du logement social 1815-1975* (Paris, F. Maspéro, 1977).

Castells, Manuel, *La question urbaine* (Paris, F. Maspero, 1973).

Chevalier, Louis, *Classes laborieuses et classes dangereuses à Paris pendant la première moitié du XIX^e^ siècle* (Paris, Plon, 1958).

Chevalier, B., Biget, J.-L., Derville, A., "Histoire urbaine en France X^e^-XV^e^ siècles", in Société des historiens médiévistes de l'enseignement supérieur, Balard, M., ed., *Bibliographie de l'histoire médiévale en France* (Paris, Publications de la Sorbonne, 1992).

Chevalier, Louis, *Montmartre du plaisir et du crime* (Paris, Robert Laffont, 1980).

Commaille, Laurent, *Les cités ouvrières de Lorraine, 1850-1940. Etude de la politique patronale du logement*, Thèse, Univ. de Metz (1999).

Coulanges, Fustel de, La Cité antique, étude sur le culte, le droit, les institutions de la Grèce et de Rome (Paris, Durand, 1864); 김응종 옮김, 『고대도시: 그리스 로마의 신앙, 법, 제도에 대한 연구』 (서울, 아카넷, 2000).

Crumley, Carole L., *Historical Ecology: Cultural Knowledge and Changing Landscapes* (SAR Press, 1994).

Delort, R., Walter, F., *Histoire de l'environnement européen* (Paris, PUF, 2001).

Delort, R., Beck, C., *Pour une histoire de l'environnement* (Paris, Editions du CNRS, 2007).

Dollinger, P., Wolff, P., *Bibliographie d'histoire des villes de France* (Paris, Klincksieck, 1967).

Duby, Georges, dir., *Histoire de la France urbaine*, vol. 5 (Paris, Seuil, 1980-1983), t.1. La ville antique, t.2. La ville médiévale, t.3. La ville classique, t.4. La ville de l'âge industriel, t.5. La ville aujourd'hui.

Dupâquier, J., Drouard, A., Garden, M., dir., *Histoire de la population française*, vol. 4 (Paris, PUF, 1988).

Dupeux, Georges, *Atlas historique de l'urbanisation de la France 1811-1975* (Paris, CNRS, 1982).

Eleb, M., Debarre, A., *Architectures de la vie privée: maisons et mentalités XVII^e^-XIX^e^ siècles* (Bruxelles, Archives d'Architecture Moderne, 1989).

Eleb, M., Debarre, A., *L'Invention de l'habitation moderne: Paris 1880-1914* (Paris, Hazan, Bruxelles, Archives d'Architecture moderne, 1995).

Farge, Arlette, *Délinquance et criminalité: le vol alimentaire à Paris au XVIII^e^ siècle*, Thèse, Univ. de Paris X (1972).

Farge, Arlette, *La vie fragile: violence, pouvoirs et solidarités à Paris au XVIII^e^ siècle* (Paris, Seuil, 1992).

Farge, Arlette, *Vivre dans la rue à Paris au XVIII^e^ siècle* (Paris, Gallimard, 1992).

Faure, Alain, dir., *Les premiers banlieusards. Aux origines des banlieues de Paris 1860-1940* (Paris, Créaphis, 1991).

Faure, Olivier, *La médicalisation de la société dans la région lyonnaise au XIX^e siècle, 1800-1914*, Thése, Univ. de Lyon II (1989).

Flamand, Jean-Paul, *Loger le peupleessai sur l'histoire du logement social en France* (Paris, édition La Découverte, 1989).

Foucault, Michel, *Surveiller et punir, naissance de la prison* (Paris, Gallimard, 1975); 오생근 옮김, 『감시와 처벌: 감옥의 탄생』 (나남, 1994).

Foucault, Michel, *Histoire de la sexualité, 1, La volonté de savoir* (Paris, Gallimard, 1976); 이규현 옮김, 『성의 역사 1. 앎의 의지』 (서울, 나남, 1990); *Histoire de la sexualité*, 2, *L'usage des plaisirs* (Paris, Gallimard, 1984); 문경자, 신은영 옮김, 『성의 역사 2. 쾌락의 활용』 (서울, 나남, 1900); *Histoire de la sexualité*, 3, *Le souci de soi* (Paris, Gallimard, 1984); 이혜숙, 이영목 옮김, 『성의 역사 3. 자기에의 배려』 (서울, 나남, 1990).

Fourcaut, Annie, *Bobigny, banlieue rouge* (Paris, PFNSP, 1986).

Fourcaut, Annie, dir., *Un siécle de banlieue parisienne 1859-1964, Guide de recherche* (Paris, L'Harmattan, 1988).

Fourcaut, Annie, dir., *La ville divisée: les ségrégations urbaines en question France XVIII^e-XX^e siècles* (Grâne, Creaphis, 1996).

Fourcaut, Annie, "L'histoire urbaine de la France contemporaine: Etat des lieux", *Histoire Urbaine*, no. 8 (décembre 2003).

Frey, Jean-Pierre, *La ville industrielle et ses urbanités: la distinction ouvriers-employés, Le Creusot 1870-1930* (Paris, Mardaga, 1986).

Frey, Jean-Pierre, *Le rôle social du patronat, du paternalisme à l'urbanisme* (Paris, L'Harmattan, 1995).

Gaillard, Jeanne, *Paris, la ville 1852-1870*, Thèse, Univ. de Paris X (1975); (Paris, Harmattan, 1997).

Garden, Maurice, *Lyon et les Lyonnais au XVIII^e siècle*, Thèse, Univ. de Lyon (1969); (Paris, Les Belles-Lettres, 1970; Paris, Flammarion, 1975).

Garden, M., Lequin, Y., *Construire la ville: XVIII^e-XX^e siècles* (Lyon, Presses universitaires de Lyon, 1983).

Garden, M., Lequin, Y., *Habiter la ville: XV^e-XX^e siècles* (Lyon, Presses universitaires de Lyon, 1985).

Girault, Jacques, dir., *Ouvriers en banlieue XIX^e-XX^e siècle* (Paris, Atelier, 1998).

Groux, G., Levy, C., *La possession ouvrière, du taudis á la propriété XIX^e-XX^e siècle* (Paris, édition de l'Atelier, 1993).

Guerrand, Roger-Henri, *Les origines du logement social en France* (Paris, Editions ouvrières, 1966); *Réédité Propriétaires et locataires: les Origines du logement social en France 1850-1914* (Paris, Quintette, 1987).

Hobsbawm, E. J., *Industry and Empire* (New York, 1968).

Jacquemet, Gérard, "Belleville aux XIX$^{e}$ et XX$^{e}$ siècles: une méthode d'analyse de la croissance urbaine à Paris", *Annales E.S.C.*, no. 4 (1975).

Jacquemet, Gérard, *Belleville au XIX$^{e}$ siècle : du faubourg à la ville*, Thèse, Univ. de Paris IV (1979); (Paris, Editions de EHESS, 1984).

Jenn, Jean-Marie, dir., *Paris XIX$^{e}$-XX$^{e}$ siècles, Urbanisme, Architecture, Espaces verts: Bibliographie et sources imprimées à la Bibliothèque des Archives de Paris. Guide des sources d'archives conservées aux Archives de Paris* (Paris, Archives de Paris, 1995).

Juif, Catherine, *Les polonais de Saône-et-Loire, intégration sociale, assimilation 1939-1980*, Thèse, Univ. de Lyon II (1994).

Larroque, D., Margairaz, M., Zembri, P., *Paris et ses transports XIX$^{e}$-XX$^{e}$ siècles: deux siècle de décisions pour la ville et sa région* (Paris, Editions Recherches, 2002).

Lavedan, Pierre, *Nouvelle Histoire de l'urbanisme à Paris* (Paris, Hachette, nouvelle édition, 1993).

Lefebvre, Henri, *Le droit à la ville* (Paris, Anthropos, 1968).

Lefebvre, Henri, *La révolution urbaine* (Paris, Gallimard, 1970).

Lefebvre, Henri, *La production de l'espace* (Paris, Anthropos, 1974).

Lepetit, Bernard, "La storia urbana in Francia, scenografia di uno spazio di ricerca", *Societa e Storia* (1984).

Lepetit, Bernard, *Armature urbaine et organisation de l'espace dans la France préindustrielle 1740-1840*, Thèse, Univ. de Paris I (1987), publication *Les villes dans la France moderne 1740-1840* (Paris, Albin Michel, 1988).

Lepetit, B., Pinol, J.-L., "France", in Rodger, Richard, *European Urban History: Prospect and Retrospect* (London, Leicester University Press, 1993).

Lequin, Yves, *Les ouvriers de la région lyonnaise 1848-1914* (Lyon, PUL, 1977).

Lequin, Yves, "Ouvriers dans la ville, XIXe et XXe siècles", *Le Mouvement social*, no. 118 (1982).

Loyer, François, *Paris XIX$^{e}$ siècle l'immeuble et la rue* (Paris, Hazan, 1987).

Magri, Susanna, *Politique du logement et besoins en main-d'œuvre* (Paris, Centre de sociologie urbaine, 1972).

Magri, S., Topalov, C., ed., *Villes ouvrières 1900-1950* (Paris, L'Harmattan, 1989).

Martin, Thomas S., *Greening the Past: Towards a Social-Ecological Analysis of History* (International Scholars Publishers, 1997).

McNeill, J. R., McNeill, J. R., Kennedy, P., *Something New Under the Sun: An Environmental History of the Twentieth-Century World* (W. W. Norton & Company, 2001).

Menjot, D., Pinol, J.-L., ed., *Les immigrants et la ville, insertion, intégration, discrimination XII$^{e}$-XX$^{e}$ siècles* (Paris, L'Harmattan, 1996).

Menjot, D., Pinol, J.-L., ed., *Enjeux et expressions de la politique municipale XIIe-XXe siècles* (Paris, L'Harmattan, 1997).

Menjot, D., Pinol, J.-L., ed., *Water and European Cities: From the Middle Ages to the nineteenth century* (Leicester, Scolar Press, 1997).

Milliot, Vincent, *Paris en bleu: images de la ville dans la littérature de colportage, XVIe-XVIIIe siècles* (Paris, Parigramme, 1996).

Murard, L., Zylberman, P., *Le petit travailleur infatigable ou le prolétaire régénéré: villes-usines, habitat et intimités au XIXe siècle* (Fontenay-sous-Bois, Recherches, no. 25, 1976).

Murard, L., Zylberman, P., *L'haleine des faubourgs: ville, habitat et santé au XIXe siècle* (Fontenay-sous-Bois, Recherches, no. 29, 1977).

Nugues-Bourchat, Alexandre, *Représentations et pratiques d'une société urbaine: Lyon, 1800-1880*, Thèse, Univ. de Lyon II (2004).

Perrot, Jean-Claude, "Rapports sociaux et villes au XVIIIe siècle", *Annales Economies, Société, Civilisations*, no. 1, (1968).

Perrot, Jean-Claude, *Genèse d'une ville moderne: Caen au XVIIIe siècle*, vol. 2 (Paris, Mouton, 1975).

Pérard, K., Perrot, M., *L'homme et l'environnement : Histoire des grandes peurs et géographie des catastrophes* [Actes du colloque organisé à Dijon du 16 au 18 novembre 2000], (Centre Gaston Bachelard, 2003).

Perrot, M., Pétonnet, C., "Anthropologie culturelle dans le champ urbain", *Ethnologie française*, no. 12-2 (1982).

Petit, J.-G., Marec, Y., *Le Social dans la ville en France et en Europe 1750-1914* (Paris, Editions de l'Atelier, 1996).

Pierre Goubert, "Local History", *Daedalus, Journal of the American Academy of Arts and Sciences* (Winter 1971); 신상용 역, 「지방사란 무엇인가」, 『지방사와 지방문화』, 1집 (1998).

Pinol, Jean-Luc, *Mobilités et immobilismes d'une grande ville: Lyon de la fin du XIXe siècle à la Seconde Guerre mondiale*, Thèse, Univ. de Lyon II (1989).

Pinol, Jean-Luc, *Les mobilités de la grande ville. Lyon fin du XIXe-début XXe siècle* (Paris, PFNSP, 1991).

Pinol, Jean-Luc, "L'histoire urbaine contemporaine en France", in Biget, Jean-Louis et Hervé, Jean-Claude, ed., *Panoramas urbains: situation de l'histoire des villes* (Fontenay/Saint-Cloud, E.N.S. Editions, 1995).

Pinol, Jean-Luc, dir., *Histoire de l'Europe urbaine*, t. I, *De l'Antiquité au XVIIIe siècle*, t. II, *De l'Ancien Régime à nos jours* (Paris, Seuil, 2003).

Pirenne, Henri, Les villes et les institutions urbianes (Paris, Bruxelle, 1939); 강일휴 옮김, 『중세 유럽의 도시』 (서울, 신서원, 1997).

Prost, Antoine, "Une histoire urgente: le temps présent des villes", *Vingtième Siècle, Revue d'histoire*, no. 64 (octobre-décembre 1999).

Roche, Daniel, "Ville", in Le Goff, J., ed., *La nouvelle histoire* (Paris, Retz CEPL, 1978).

Roche, Daniel, "Urban history in France: achievements, tendencies and objectives", *Urban History Yearbook* (1980).

Roche, Daniel, *Le peuple de Paris : essai sur la culture populaire au XVIII^e siècle* (Paris, Fayard, 1998).

Roncayolo, Marcel, *Croissance et division sociale de l'espace urbain, essai sur la genèse des structures urbaines à Marseile*, Thèse, Univ. de Paris I (1981); publication *Les grammaires d'une ville. Essais sur la genèse des structures urbaines à Marseille* (Paris, Editions de EHESS, 1996).

Rougeie, Jacques, *Paris libre 1871* (Paris, Seuil, 1971).

Roy, Jean Michel, *Les marchés alimentaires parisiens et l'espace urbain du XVII^e au XIX^e siècles*, Thèse, Univ. de Paris I (1998).

Temime, Emile, ed., *Histoire des migrations à Marseille*, 4 vol. (Aix-en-Provence, Edisud, 1989-1991).

Valensi, L., Wachtel, N., "L'Anthropologie historique", in Revel, Jacques et Wachtel, N., ed., *Une école pour les sciences socialesde la VI^e section à l'Ecole des Hautes Etudes en Sciences Sociales* (Paris, Editions de EHESS, 1996).

Vigarello, Georges, *Le corps redressé* (Paris, Armand Colin, 1978).

Voldman, Danièle, dir., "Région parisienne, approches d'une notion 1860-1980", *Cahiers de l'Institut d'histoire du temps présent*, no. 12 (octobre 1989).

민유기,「사회적 승인과 배제에 대한 문화사적 고찰: 프랑스 범죄사 연구동향을 중심으로」,『역사와 문화』, 13호 (2007년 3월).

민유기,『도시이론과 프랑스 도시사 연구』(서울, 심산, 2007).

이용재,「프랑스 노동사 연구의 전개와 현황」,『프랑스사 연구』, 1호 (1999).

5장: 도시의 사회사에서 도시의 문화사로? – 독일 도시사 연구의 최신 동향

Aydalot, Philippe, *Milieux Innovateurs en Europe* (Paris, 1986).

Bauer, Matthias, ed., *Berlin. Medien- und Kulturgeschichte einer Hauptstadt im 20. Jahrhundertv* (Tübingen, 2007),

Bender, Thomas, "History, Theory & the metropolis", CMS Working Paper Series, No. 005-2006.

Bernhardt, Christoph, ed., *Environmental Problems in European Cities in the 19th and 20th Century* (Münster, 2001).

Bronger, Dirk, *Metropolen, Megastäte, Global Cities. Die Metropolisierung der Erde*

(Darmstadt, 2004).

Editorial: Das Ende der Urbanisierung?, *Historisches Forum*, 8 (2006).

Farias, Ignacio, Stemmler, Susanne, "Deconstructing 'Metropolis': Critical Reflections on a European Concept", CMS Working Paper Series, No. 004-2006.

Faulstich, Werner, *Medien zwischen Herrschaft und Revolte* (Göttingen, 1998).

Feder, Gottfried, *Die Neue Stadt* (Berlin, 1939).

Florida, Richard, "The Creative Class" (2002), <www.creativeclass.com> (2006.08.23).

Föllmer, M., Knoch, H., "Grenzen und urbane Modernitöt. Überlegungen zu einer Gesellschaftsgeschichte städtischer Interaktionsräume", *Historisches Forum*, 8 (2006).

Frey, Oliver, "Ein neuer Stadttypeus in der Wissenschaft. Die amalgame Stadt der kreative Milieus", *Historisches Forum*, 8 (2006),

Friedmann, John, *The Prospect of Cities* (Mineapolis, 2002).

Fritsch, Theodor, *Die Stadt der Zukunft* (Leipzig, 1896); second edition, *Die Stadt der Zukunft: Die Gartenstadt* (Leipzig, 1912)

Gestring, N., Glasauer, H., et. al. ed., *Jahrbuch StadtRegion* (Opladen, 2003).

Heitmeyer, Wilhelm, ed., *Was treibt die Gesellschaft auseinander? Bundesrepublik: Auf dem Weg von der Konsens zur Konfliktgesellschaft*, Bd. 1 (Frankfurt am Main, 1997).

Heur, Bas vand, "The Clustering of Networked Creativity: Between Myth and Reality", CMS Working Paper Series, No. 007-2006.

Howard, Ebenezer, *To-morrow: A Peaceful Path to Real Reform* (London, 1898); second edition, *Garden Cities of To-morrow* (London, 1902); 권원용, 조재성 옮김, 『내일의 전원도시』(한울, 2006).

Huning, Sandra, Novy, Johannes, "Tourism as an Engine of Neighborhood Regeneration? Some Remarks Towards a Better Understanding of Urban tourism beyond the 'Beaten Path", CMS Working Paper Series, No. 006-2006.

Kaelble, Hartmut, *Sozialgeschichte Europas. 1945 bis zur Gegenwart* (München, 2007).

Kaschuba, Wolfgang, "Berliner Straßenleben: Szenen und Szenarien", CMS Working Paper Series, No. 003-2006.

Kaschuba, Wolfgang, "Perspektiven ethnologischer Stadtforschung", <http://www.gsu.uni-saarland.de/ims/ims.htm>(2007.11.17),

Keim, Karl-Dieter, "Der Zerfall des Urbanen", Wilhelm Heitmeyer, ed., *Was treibt die Gesellschaft auseinander? Bundesrepublik: Auf dem Weg von der Konsens zur Konfliktgesellschaft*, Bd. 1 (Frankfurt am Main, 1997).

Kellner, Katharina, *Pesthauch über Regensburg. Seuchenbekämpfung und Hygiene im 18. Jahrhundert* (Regensburg, 2005).

Krämer-Badoni, T., Petrowsky, W., ed., *Das Verschwinden der Städte. Forschungsbericht der ZWE "Arbeit und Region" der Universität Bremen* (Bremen, 1997).

Landry, Charles, *The Creative City. A Toolkit for Urban Innovators* (London, 2000).

Läpple, Dieter, "Thesen zu einer Renaissance der Stadt in der Wissensgesellschaft," Gestring, N., Glasauer, H., et. al. ed., *Jahrbuch StadtRegion* (Opladen, 2003).

Lenger, Friedrich, ed., *Towards an urban nation - Germany since 1780* (Oxford, New York, 2002).

Lindner, Rolf, *Walks on the Wild Side. Eine Geschichte der Stadtforschung* (Frankfurt am Main, 2004).

Mayer, Margit, "Metropolitan Research In Translantic Perspective", CMS Working Paper Series, No. 002-2006.

Neve, Monica, "Gesellschaft für Stadtgeschichte und Urbanisierungsforschung (GSU) Nachwuchstagung", <http://hsozkult.geschichte.hu-berlin.de/tagungsberichte/id=1038>.

O'Connor, Justin, "The Definition of 'Cultural Industries'" (1999), <www.mipc.mmc.ac. uk> (2006.08.23).

Reif, Heinz, "Metropolen. Geschichte, Begriffe, Methoden", CMS Working Paper Series, No. 001-2006.

Roeck, Bernd, ed., *Stadtbilder der Neuzeit. Die europäische Stadtansicht von den Anfängen bis zum Photo* (Ostfilbern, 2006).

Saldern, Adelheid von, ed., *Inszenierte Einigkeit. Herrschaftsrepräsentationen in DDR-Städten* (Stuttgart, 2003).

Saldern, Adelheid von, ed., *Inszenierter Stolz. Stadtrepräsentationen in drei deutschen Gesellschaften* (Stuttgart, 2005).

Schenk, T., Bromley, R., "Mass-Producing Traditional Small Cities: Gottfried Feder's Vision for a Greater Nazi Germany", *Journal of Panning HIstory*, 2-2 (2003).

Schubert, Dirk, "Gottfried Feder. Vom nationalsozialistischen Ideologen und Wirtschaftstheoretiker in der Weimarer Republik zum Städtebautheoretiker des Faschismus", *Die alte Stadt*, 3 (1986).

Schubert, Dirk, "Theodor Fritsch and the German (völkische) version of the Garden City: the Garden City invented two years before Ebenezer Howard", *Planning Perspectives*, 19 (2004).

Schubert, Dirk, *Die Gartenstadtidee zwischen reaktionärer Ideologie und pragamatischer Umsetzung* (Dortmund, 2004).

Siegel, Fred, *The future once happened here. New York, D.C. L.A., and fates of America's big cities* (New York, 1997).

Tarr, Joel, A. "Urban History and Environmental History in the United States. Complementary and Overlapping Fields", Bernhardt, Christoph, ed., *Environmental Problems in European Cities in the 19th and 20th Century* (Münster,

2001).
Tourlaine, Alain, “Das Ende der Städte?”, *Die Zeit*, Nr. 23 (1996년, 5월 31일).
Wagner, Kirsten, “Die visuelle Ordnung der Stadt. Das Bild der Stadt bei Kevin Lynch”, *Historisches Forum*, 8 (2006).
Walden, Hans, *Stadt - Wald. Untersuchungen zur Grüngeschichte Hamburgs* (Hamburg, 2002).
Winiwarter, Verena, Knoll, Martin, *Umweltgeschichte* (Köln, 2007),
Wynne, Derek, *The Culture Industry: Arts in Urban Regeneration* (Avebury, 1992).
<http://www.die-gruene-stadt.de/manifest/manifest.php>(2007.11.19).
<http://www.metropolitanstudies.de/index.php?1>(2007.11.9).
<http://www.gsu.uni-saarland.de/index.htm>(2007.11.9).
<http://www.gsz.hu-berlin.de/php/index.php>(2007.11.9).
게오르크 짐멜, 「대도시와 정신생활」, 김덕영 윤미애 옮김, 『짐멜의 모더니티 읽기』 (새물결, 2005).
남상희, 『공간과 시간을 통해 본 도시와 생애사 연구 - 독일 도시의 사례를 중심으로』 (한울아카데미, 2001).
민유기, 『도시이론과 프랑스 도시사 연구』 (심산, 2007).
박진빈, 『백색국가 건설사』 (앨피, 2007).
에디트 엔넨, 안상준 옮김, 『도시로 본 중세유럽』 (한울, 1997).
한해정, 『19세기 후반 독일 루르지역(Ruhrgebiet) 산업도시의 지역자치(Kommunalpolitik) - 에센(Essen)과 도르트문트(Dortmund) 시의 용수 및 가스공급을 통해 본 급부행정의 형성』, 고려대학교 박사학위논문 (2002).
한해정,「용수 및 가스공급을 통해 본 19세기 후반 독일 루르지역(Ruhrgebiet) 도시의 지역자치 - 에센(Essen)과 도르트문트(Dortmund) 사례」,『서양사론』, 79 (2003).

### 6장: 미국의 도시사 연구와 역사의 공간적 차원

*Radical History Review* 21 (Fall, 1979), special number, “Historians and the Spatial Imagination”,
Bailyn, Bernard, “Braudel's Geohistory- A Reconsideration”, *Journal of Economic History*, 11-3 (Summer, 1951).
Baker, Alan R. H., “Historical Geography: A New Beginning”, *Progress in Human Geography*, 3-4 (Dec., 1979).
Baker, Alan R. H., “On Ideology and Historical Geography”, Alan R. H. Baker and Mark Billinge, eds., *Period and Place: Research Methods in Historical Geography* (Cambridge, Cambridge Univ. Pr., 1982).
Baker, Alan R. H., “Reflections on the Relations of Historical Geography and the Annales School of History”, Baker, Alan R. H. and Gregory, Derek, eds.,

*Explorations in Historical Geography: Interpretative Essays* (Cambridge, Cambridge Univ, Pr., 1984).

Berger, Bennett M., *Working-Class Suburb: A Study of Auto Workers in Suburbia* (Berkeley, Univ. of California Pr., 1960).

Billinge, Mark, "Reconstructing Societies in the Past: The Collective Biography of Local Communities", Baker and Billinge, eds., *Period and Place: Research Methods in Historical Geography* (Cambridge, Cambridge Univ. Pr., 1982).

Binford, Henry C., *The First Suburbs: Residential Communities on the Boston Periphery* (Chicago, Univ. of Chicago Pr., 1985).

Blackmar, Elizabeth, *Manhattan for Rent, 1785-1850* (Ithaca, Cornell Univ. Pr., 1989).

Bochner, Salomon, "Space", *Dictionary of the History of Ideas*, vol. 4 (New York, Charles Scribner's Sons, 1973).

Braudel, Fernand, *Civilization and Capitalism*, vol. 1, *The Structures of Everyday Life: The Limits of the Possible* (New York, Harper & Row, 1979); *Civilization and Capitalism*, vol. 3, *The Perspective of the World* (New York, Harper & Row, 1984).

Braudel, Fernand, *The Mediterranean and the Mediterranean World in the Age of Philip II* (New York, Harper & Row, 1972).

Bridenbaugh, Carl, *Cities in Wilderness, The First Century of Urban Life in America, 1625-1742* (New York, Ronald, 1938).

Bridenbaugh, Carl, *Cities in Revolt: Urban Life in America, 1743-1776* (New York, Alfred A. Knopf, 1955).

Briggs, Asa, *Victorian Cities* (New York, Harper & Row, 1965).

Cannadine, David, "Residential Differentiation in Nineteenth-Century Towns: From Shapes on the Ground to Shapes in Society", Johnson and Pooley, eds., *Structure of Nineteenth-Century Cities*. (London, Croom Helm, 1982).

Castells, Manuel, *The Urban Question: A Marxist Approach* (Cambridge, Mass., MIT Pr., 1977).

Conzen, Kathleen Neils, "Patterns of Residence in Early Milwaukee", Schnore, ed., *New Urban History: Quantitative Explorations by American Historians* (Princeton, 1975).

Darby, H. C., "On the Relations of Geography and History", *Transactions and Papers of the Institute of British Geographers*, 19 (1954).

DeMarco, William M., *Ethnics and Enclaves: Boston's Italian North End* (Ann Arbor, Mich., UMI Research Pr., 1981).

Dyos, H. J., *Victorian Suburb: A Study of the Growth of Camberwell* (Leicester, Leicester Univ. Pr., 1961).

Dyos, H. J., ed., *The Study of Urban History* (London, Edward Arnold, 1968).
Dyos H. J., Wolff, M., eds., *The Victorian City: Images and Realities*, vol. 2 (London, Routledge & Kegan Paul, 1973).
Earle, Carville, *Geographical Inquiry and American Historical Problems* (Stanford, Stanford Univ. Pr., 1992).
Foster, John, *Class Struggle and the Industrial Revolution: Early Industrial Capitalism in Three English Towns* (London, Weidenfeld and Nicolson, 1974).
Frisby, David, *Simmel and Since: Essays on Georg Simmel's Social Theory* (London, Routledge, 1992).
Gans, Herbert J., *The Levittowners: Ways of Life and Politics in a New Suburban Community* (New York, Pantheon, 1967).
Giddens, Anthony, *Central Problems in Social Theory: Action, Structure and Contradiction in Social Analysis* (Berkeley, Univ. of California Pr., 1979).
Giddens, Anthony, *The Constitution of Society: Outline of the Theory of Structuration* (Berkeley, Univ. of California Pr., 1984).
Gregory, Derek, *Ideology, Science and Human Geography* (London, Hutchinson, 1978).
Gregory, Derek, "Human Agency and Human Geography", *Transactions of the Institute of British Geographers*, NS, 6-1 (1981).
Gregory, D., Urry, J., "Introduction", Gregory and Urry. eds., *Social Relations and Spatial Structures* (London, Macmillan, 1985).
Gregory, Derek, *Geographical Imaginations* (Cambridge, Mass., Blackwell, 1994).
Handlin, Oscar, "The Modern City as a Field of Historical Study", Handlin and Burchard, eds., *Historian and the City* (Cambridge, Mass., MIT Pr., 1963).
Harris, Richard, "Residential Segregation and Class Formation in the Capitalist City: A Review and Directions for Research", *Progress in Human Geography*, 8-1 (Jan., 1984).
Harsgor, Michael, "Total History: The Annales School", *Journal of Contemporary History*, 31-1 (Jan. 1978).
Harvey, David, *Social Justice and the City* (London, Edward Arnold, 1973); 최병두 역, 『사회정의와 도시』 (서울, 종로서적, 1983).
Harvey, David, "Class Structure in a Capitalist Society and the Theory of Residential Differentiation", Peel, R., Chisholm, M. and Haggett, P., eds., *Processes in Physical and Human Geography: Bristol Essays* (London, Heinemann, 1975).
Harvey, David, *The Limits to Capital* (Oxford, Basil Blackwell, 1982).
Harvey, David, *Consciousness and the Urban Experience* (Oxford, Basil Blackwell, 1985).
Harvey, David, *The Urbanization of Capital: Studies in the History and Theory of Capitalist Urbanization* (Baltimore, Johns Hopkins Univ. Pr., 1985).

Harvey, David, *The Condition of Postmodernity: An Enquiry in the Origins of Cultural Change* (Oxford, Basil Blackwell, 1989).

Hoyt, Homer, *The Structure and Growth of Residential Neighborhoods in American Cities* (Washington, D.C., Federal Housing Administration, 1939).

Jackson, Kenneth T., *Crabgrass Frontier: The Suburbanization of the United States* (Oxford, Oxford Univ. Pr., 1985).

Kornblum, William, *Blue Collar Community* (Chicago, Univ. of Chicago Pr., 1974).

Lampard, Eric E., "Urbanization and Social Changes; on Broadening the Scope and Relevance of Urban History", Handlin, Oscar and Burchard, John, eds., *The Historian and the City* (Cambridge, Mass., MIT Pr., 1963).

Lefebvre, Henri, *The Survival of Capitalism: Reproduction of the Relations of Production* (New York, St. Martin's, 1976).

Lefebvre, Henri, *The Production of Space* (Oxford, Oxford Univ. Pr., 1991).

Martins, Mario Rui, "The Theory of Social Space in the Work of Henri Lefebvre", Forrest, Ray, Henderson, Jeff and Williams, Peter, eds., *Urban Political Economy and Social Theory: Essays in Urban Studies* (Aldershot, Gower, 1982).

Merrifield, Andrew, "Place and Space: A Lefebvrian Reconciliation", *Transactions of the Institute of the British Geographers*, NS, 18 (1993).

Merriman, John, *The Margins of City Life: Explorations on the French Urban Frontier, 1815-1851* (Oxford, Oxford Univ. Pr., 1991).

Mumford, Lewis, *The Culture of Cities* (New York, Harcourt, Brace and Co., 1938).

Mumford, Lewis, *The City in History: Its Origins, Its Transformations, and Its Prospects* (New York, Harcourt, Brace & World, 1961).

Nash, Gary B., *The Urban Crucible: Social Change, Political Consciousness, and the Origins of the American Revolution* (Cambridge, Mass., Harvard Univ. Pr., 1979).

Norton, William, *Historical Analysis in Geography* (London, Longman, 1984).

Park, R. E., Burgess, E. W., McKenzie, R. D., *The City* (Chicago, Univ. of Chicago Pr., 1925).

Pooley, Colin G., "Choice and Constraint in the Nineteenth-Century City: A Basis for Residential Differentiation", Johnson, James H. and Pooley, Colin G., eds., *The Structure of Nineteenth-Century Cities* (London, Croom Helm, 1982).

Pratt, Geraldine, "Reproduction, Class, and the Spatial Structure of the City", Peet, Richard and Thrift, Nigel, eds., *New Models in Geography: The Political-Economy Perspective*, vol. 2 (London, Unwin Hyman, 1989).

Rosenzweig, Roy, *Eight Hours for What We Will: Workers & Leisure in an Industrial City, 1870-1920* (Cambridge, Cambridge Univ. Pr., 1983).

Rosenzweig R., Blackmar, E., *The Park and the People: A History of Central Park* (Ithaca, Cornell Univ. Pr., 1992).

Sack, Robert David, *Conceptions of Space in Social Thought* (Minneapolis, Univ. of Minnesota Pr., 1980).

Saunders, Peter, "Space, the City and Urban Sociology", Gregory and Urry, eds., *Social Relations and Spatial Structures* (London, Macmillan, 1985).

Schlesinger, Arthur M., *The Rise of the City, 1878-1898* (New York, Macmillan, 1933).

Schnore, Leo F., "Furthur Reflections on the 'New' Urban History: A Prefatory Note", Schnore, Leo F., ed., *The New Urban History: Quantitative Explorations by American Historians* (Princeton, N.J., Princeton Univ. Pr., 1975).

Soja E. W., Hadjimichalis, C., "Between Geographical Materialism and Spatial Fetishism", *Antipode*, 11-3 (1979).

Soja, Edward W., *Postmodern Geographies: The Reassertion of Space in Critical Social Theory* (London, Verso, 1989).

Thernstrom, Stephan, *Poverty and Progress: Social Mobility in a Nineteenth-Century City* (Cambridge, Mass., Harvard Univ. Pr., 1964).

Thernstrom S., Sennett, R., eds., *Nineteenth-Century Cities: Essays in the New Urban History* (New Haven, Yale Univ. Pr., 1969).

Thernstrom, Stephan, "Reflections on the New Urban History", *Daedalus*, 100-2 (Spring 1971).

Thrift, Nigel, "On the Determination of Social Action in Space and Time", *Environment and Planning D: Society and Space*, 1 (1983).

Timms, Duncan, *The Urban Mosaic: Towards a Theory of Residential Differentiation* (Cambridge, Cambridge Univ. Pr., 1971).

Urry, John, "Social Relations, Space and Time", Gregory, Derek and Urry, John, eds., *Social Relations and Spatial Structures* (London, Macmillan, 1985).

Wagenaar, Michael, "Conquest of the Center or Flight to the Suburbs?: Divergent Metropolitan Strategies in Europe, 1850-1914" *Journal of Urban History*, 19-1 (Nov., 1992).

Walker, Richard A., "The Transformation of Urban Structure in the Nineteenth Century and the Beginnings of Suburbanizaion", Cox, Kevin, eds., *Urbanization and Conflict in Market Societies* (London, Methuen, 1978).

Walker, Richard A., "A Theory of Suburbanization: Capitalism and the Construction of Space in the United States", Dear, Michael and Scott, Allen J., eds., *Urbanization and Urban Planning in Capitalist Society* (London, Methuen, 1981).

Wallerstein, Immanuel, *The Modern World-System I: Capitalist Agriculture and the Origins of the European World-Economy in the Sixteenth Century* (Orlando, Academic Pr., 1974).

Warner Jr. Sam Bass, *Streetcar Suburbs: The Process of Growth in Boston, 1870-1900* (Cambridge, Mass., Harvard Univ. Pr., 1962).

Warner Jr., Sam Bass, *The Private City: Philadelphia in Three Periods of Its Growth* (Philadelphia, Univ. of Pennsylvania Pr., 1968).

7장: 미국 도시사 연구의 특성과 논점

Bauman, John, *Public Housing, Race, and Renewal: Urban Planning in Philadelphia, 1920-1974* (Philadelphia, Temple University Press, 1987).

Blackmar, *Elizabeth Manhattan for Rent, 1785-1850* (Itahca, Cornell University Press, 1989).

Bodnar, John, *Transplanted: A History of Immigrants in Urban America* (Indiana University Press, 1985).

Boyle, Kevin, *Arc of Justice: A Saga of Race, Civil Rights, and Murder in the Jazz Age* (New York, Henry Holt and Com., 2004).

Chancey, George, *Gay New York: Gender, Urban Culture, and the Making of the Gay Male World, 1890-1940* (New York, Basic Books, 1994).

Davies, Mike, *Planet of Slums* (New York, Verso, 2006).

Gilfoyle, Timothy, *City of Eros: New York City, Prostitution, and the Commercialization of Sex, 1790-1920* (New York, Norton, 1992).

Green, Adam, *Selling the Race: Culture, Community, and Black Chicago, 1940-1955* (Chicago, University of Chicago Press, 2007).

Grossman, *James, Land of Hope: Chicago, Black Southerners, and the Great Migration* (Chicago, University of Chicago Press, 1989).

Handlin, Oscar, *The Uprooted* (Little, Brown and Company, 1973).

Harvey, David, *Spaces of Global Capitalism: Towards a Theory of Uneven Geographical Development* (New York, Verso, 2006).

Hershberg, Theodore, "The New Urban History: Toward an Interdisciplinary History of the City," *Journal of Urban History*, 5 (November 1978).

Hershberg, Theodore (ed), *Philadelphia: Work, Space, Family and Group Experience in the Nineteenth Century* (New York: Oxford University Press, 1981).

Higham, John, "Integrating America: The Problem of Assimilation in the Nineteenth Century," *Journal of American Ethnic History*, 1 (Fall 1981).

Hirsch, Arnold, *Making the Second Ghetto: Race and Housing in Chicago, 1940-1960* (Chicago, University of Chicago Press, 1998).

Jackson, Kenneth, *Crabgrass Frontier: The Suburbanization of the United States* (New York, Oxford University Press, 1987).

Katz, Michael (ed), *The "Underclass" Debate: Views from History* (Princeton, Princeton University Press, 1993).

Katz, M., Doucet, M. J., Stern, M. J., *The Social Organization of Early Industrial*

*Capitalism* (Cambridge, Harvard University Press, 1982).

Kruse, Kevin M. *White Flight: Atlanta and the Making of Modern Conservatism* (Princeton, Princeton University Press, 2005).

Lassiter, Matthew D., *The Silent Majority: Suburban Politics in the Sunbelt South* (Princeton, Princeton University Press, 2006).

Morawska, Ewa, *For Bread with Butter: Life-Worlds of East Central Europeans in Johnston, Pennsylvania, 1890-1940* (New York, Cambridge University Press, 1985).

Nash, Gary, *The Urban Crucible: Social Change, Political Consciousness, and the Origins of the American Revolution* (Cambridge, Harvard University Press, 1979).

O'mara, Margaret Pugh, *Cities of Knowledge: Cold War Science and the Search for the Next Silicon Valley* (Princeton, Princeton University Press, 2004).

Peiss, Kathy, *Cheap Amusements: Working Class Women and Leisure in Turn-of-the-Century New York* (Philadelphia, Temple University Press, 1986).

Radford, Gail, *Modern Housing for America: Policy Struggles in the New Deal Era* (Chicago, University of Chicago Press, 1996).

Rose, Mark, *Interstate: Express Highway Politics, 1939-1989* (Knoxville, University of Tennessee Press, 1990).

Sanches, George, *Becoming Mexican American: Ethnicity, Culture and Identity in Chicano Los Angeles, 1900-1945* (New York, Oxford University Press, 1993).

Sides, John, *LA City Limits: African American Los Angeles from the Great Depression to the Present* (Berkeley, University of California Press, 2003).

Stansell, Christine, *City of Women* (New York, Alfred A. Knopf, 1982).

Stave, Bruce, "A Conversation with Sam Bass Warner, Jr.: Ten Years Later," *Journal of Urban History*, 11 (November 1984).

Sugrue, Thomas, *The Origins of Urban Crisis: Race and Inequality in Postwar Detroit* (Princeton, Princeton University Press, 1998).

Teaford, Jon, *The Municipal Revolution in America: Origins of Modern Urban Government, 1650-1825* (Chicago, University of Chicago Press, 1975).

Teaford, Jon, *The Unheralded Triumph: City Government in America, 1870-1900* (Baltimore, Johns Hopkins University Press, 1984).

Thernstrom, Stephen, *Poverty and Progress: Social Mobility in a Nineteenth Century City* (Cambridge, Harvard University Press, 1964).

Wade, Richard, *The Urban Frontier: Pioneer Life in Pittsburgh, Cincinnati, Lexington, Louisville, and St. Louis* (Cambridge, Harvard University Press, 1959).

Warner Jr. Sam Bass, *Streetcar Suburbs: The Process of Growth in Boston, 1870-1900* (Cambridge, Harvard University Press, 1962).

Warner, Jr., Sam Bass, *The Private City: Philadelphia in Three Periods of Its Growth* (Philadelphia, University of Pennsylvania Press, 1968).
Wilentz, Sean, *Chants Democratic: New York City and the Rise of the American Working Class, 1788-1850* (New York, Oxford University Press, 1984).
Withey, Lynn, *Urban Growth in Colonial Rhode Island: Newport and Providence in the Seventeenth Century* (Buffalo, SUNY Press, 1984).
Zunz, Oliver, *The Changing Face of Inequality: Urbanization, Industrialization and Immigrants to Detroit, 1880-1920* (Chicago, University of Chicago Press, 1982).
박진빈, 「미국의 보수화와 군산복합체 신남부의 힘」, 『역사비평』, 64호 (2003).

8장: 한국 근현대 도시사 연구에 대한 비평과 전망

강경락, 「천진과 인천의 개항장 비교 연구」, 『중국학보』, 53집 (2006).
강만길, 『일제시대 빈민생활사 연구』 (창작과 비평사, 1987)
강병식, 『일제시대 서울의 토지 연구』 (민족문화사, 1994).
강심호, 「일제 식민지 치하 경성부민의 도시적 감수성 형성과정연구 - 1930년대 한국 소설에 나타난 도시적 소비문화의 성립을 중심으로」, 『서울학연구』, 21호 (2003).
고동환, 「조선후기 서울의 인구추세와 도시문제 발생」, 『역사와 현실』, 28호 (1998).
고동환, 「조선초기 한양의 형성과 도시구조」, 『지방사와 지방문화』, 8권 1호 (2005).
고동환 외, 『서울상업사』 (태학사, 2000).
고석규, 『근대도시 목포의 역사, 공간, 문화』 (서울대 출판부, 2004).
고석규, 「근대도시 목포의 대중문화를 통해 본 식민지 근대성」, 『지방사와 지방문화』, 9권1호 (2006).
김백영, 「왕조 수도로부터 식민도시로 - 경성과 도쿄의 시구개정에 대한 비교연구」, 『한국학보』, 112호 (2003).
김백영, 「러일전쟁 직후 서울의 식민도시화 과정 - 비교식민지도시사적 고찰」, 『지방사와 지방문화』, 8권 2호 (2005).
김일수, 「일제강점 전후 대구의 도시화과정과 그 성격」, 『역사문제연구』, 10호 (2003).
김주관, 「개항장 공간의 조직과 근대성의 표상」, 『지방사와 지방문화』, 9권 1호 (2006).
김진송, 『서울의 딴스홀을 許하라』 (현실문화연구, 1999)
김태영, 이광노, 「한국개항장의 외인관 연구 I - 인천 제물포항」, 『대한건축학회논문집』, 4권 2호, 통권 16호 (1988)
김태영, 이광노, 「한국개항장의 외인관 연구 II - 부산 및 마산항」, 『대한건축학회논문집』, 4권 3호, 통권 17호 (1988)
김태영, 이광노, 「한국개항장의 외인관 연구 III - 목포 및 군산항」, 『대한건축학회논문집』, 4권 5호, 통권 19호 (1988).
민유기, 『도시이론과 프랑스 도시사 연구』 (심산, 2007).

박세훈, 「동원된 근대: 일제시기 경성을 통해 본 식민지근대성」, 『한국근대미술사학』, 13집 (2004).
박은숙, 「개항기(1876~1894) 한성부 하층민의 저항운동과 그 성격」, 『한국사연구』, 105호 (1999).
박찬승, 「서울의 일본인 거류지 형성 과정 - 1880년대~1903년을 중심으로」, 『사회와 역사』, 62호 (2002)
박찬승, 「러일전쟁 이후 서울의 일본인 거류지 확정 과정」, 『지방사와 지방문화』, 5권 2호, (2002).
배성준, 「'경성' 지역 식민지 공업의 형성」, 『한국사학보』, 18호 (2004).
손정목, 「우리나라 도시연구의 현재와 방향 - 도시사학의 연구」, 『도시문제』 (1976).
손정목, 『조선시대 도시사회연구』 (일지사, 1977).
손정목, 『한국 개항기 도시사회경제사 연구』 (일지사, 1982).
손정목, 『한국 현대도시의 발자취』 (일지사, 1988).
손정목, 『일제강점기 도시화 과정연구』 (일지사, 1996).
손정목, 『일제강점기 도시사회상 연구』 (일지사, 1996).
송규진, 「일제강점 초기 '식민도시' 대전의 형성과정에 관한 연구: 일본인의 활동을 중심으로」, 『아세아연구』, 45권 2호 (2002).
연세대학교 국학연구원 편, 『일제의 식민지배와 일상생활』 (혜안, 2004).
염복규, 「1933~43년 일제의 "경성시가지계획"」, 『한국사론』, 46호 (2001).
염복규, 「일제말 京城지역의 빈민주거문제와 '시가지계획'」, 『역사문제연구』, 8호 (2002).
염복규, 「식민지근대의 공간형성 - 근대 서울의 도시계획과 도시공간의 형성, 변용, 확장」, 『문화과학』, 39호 (2004).
이태진, 「조선후기 양반사회의 변화」, 『한국사회발달사론』 (일조각, 1992).
이태진, 「18~19세기 서울의 근대적 도시발달 양상」, 『서울학연구』, 4호 (1994).
이헌주, 「개항기 군산항의 유통권 변동과 무역구조」, 『사학연구』, 55~56합집 (1998).
이현종, 『한국 개항장 연구』 (일조각, 1975).
장규식, 「서평: 한국 도시사 연구의 새로운 지평 - 근대도시 목포의 역사, 공간, 문화(고석규, 서울대 출판부, 2004)」, 『역사와 현실』, 56호 (2004).
장규식, 『서울, 공간으로 본 역사』 (혜안, 2004).
장지연, 「조선시대 도시사회사 연구의 현황과 과제」, 『명청사연구』, 17호 (2002).
전우용, 「종로와 본정 - 식민도시 경성의 두 얼굴」, 『역사와 현실』, 4호 (2001).
전우용, 「손정목 - 한국 도시개발과 도시사 연구의 개척자」, 『역사비평』, 61호 (2002).
전우용, 「한국 근대의 화교 문제」, 『한국사학보』, 15호 (2003).
최혜실, 「경성의 도시화가 1930년대 한국모더니즘 소설에 미친 영향」, 『서울학연구』, 9호 (1998).
허영란, 『일제시기의 장시 변동과 지역주민』 (서울대 박사학위논문, 2005).
AlSayyad, Nezar, ed., *Forms of Dominance: On the Architecture and Urbanism of the Colonial Enterprise* (Aldershot, Avebury, 1992).

Braudel, Fernand, *Civilisation matérielle et Capitalisme* (Paris, A. Colin, 1967); 주경철 옮김, 『물질문명과 자본주의』 (까치, 1995).

Lequin, Yves, *Les ouvriers de la région lyonnaise 1848-1914* (Lyon, PUL, 1977).

Park, R. E., Burgess, E. W., *The City* (Chicago, The University of Chicago Press, [1925]1967).

Rogers, Elizabeth Barlow, *Landscape design: a cultural and architectural history* (New York, Harry N. Abrams, 2001).

Rougerie, Jacques, *Paris libre 1871* (Paris, Seuil, 1971).

Rubenstein, J. M., Bacon, R. S., *The cultural landscape : an introduction to human geography* (St. Paul, West Pub., 1983).

Shin, Gi-Wook, ed., *Colonial Modernity in Korea* (Harvard University Press, 1999).

Weber, Max, "Die Stsdt. Eine soziologische Untersuchung", *Archiv für Sozialwissenschaft und Sozialpolitik*, vol. 47 (1921); *The City* (Chicago, Free Press, 1958).

9장: 중국 도시사 연구의 현황과 전망

Abu-Lughod, Janet., *Before European Hegemony: The World System A.D. 1250-1350* (New York, Oxford University Press, 1989).

Bray, David, *Social Space and Governance in Urban China: The Danwei System from Origins to Urban Reform* (Stanford, CA., Stanford University Press, 2005).

Buck, David D., "Railway City and National Capital: Two Faces of the Modern in Changchun", Joseph W. Esherick, ed., *Remaking the Chinese City: Modernity and National Identity, 1900-1950* (Honolulu, HI: University of Hawaii Press, 1999).

Carter, James H., *Creating a Chinese Harbin: Nationalism in an International City, 1916-1932* (Ithaca, NY: Cornell University Press, 2002).

Cartier, Carolyn, "Origins and Evolution of a Geographic Idea: The Macroregion in China." *Modern China*, 28, no. 1 (2002): 79-142.

Cochran, Sherman ed., *Inventing Nanjing Road: Commercial Culture in Shanghai, 1900-1945* (Ithaca, NY: Cornell University East Asia Papers, 1999).

Cochran, Sherman ed., *Encountering Chinese Networks: Western, Japanese, and Chinese Corporations in China, 1880-1937* (Berkeley, CA: University of California Press, 2000).

Dray-Novey, Alison, "Policing Imperial Peking: The Ch'ing Gendarmerie, 1650-1850" (PhD diss., Harvard University, 1981).

Dray-Novey, Alison. "Spatial Order and Police in Imperial Beijing" *The Journal of*

*Asian Studies,* 52, no. 4 (1993): 885-922.

Elvin, Mark & G. William Skinner eds., *The Chinese City between Two Worlds* (Stanford, CA: Stanford University Press, 1974).

Esherick, Joseph W. ed., *Remaking the Chinese City: Modernity and National Identity, 1900-1950* (Honolulu, HI: University of Hawaii Press, 1999).

Faure, David, & Tao Tao Liu eds., *Town and Country in China: Identity and Perception* (New York: Palgrave, 2002).

Finnane, Antonia, *Speaking of Yangzhou: A Chinese City, 1550-1850* (Cambridge, MA: Harvard Asia Center, 2004).

Gaubatz, Piper Rae., *Beyond the Great Wall: Urban Form and Transformation on the Chinese Frontiers* (Stanford, CA: Stanford University Press, 1996).

Gerth, Karl, *China Made: Consumer Culture and the Creation of the Nation* (Cambridge, MA: Harvard University Press, 2004).

Glosser, Susan, *Chinese Visions of Family and State, 1915-1953* (Berkeley: University of California Press, 2003).

Goodman, Bryna, *Native Place, City, and Nation: Regional Networks and Identities in Shanghai, 1853-1937* (Berkeley: University of California Press, 1995).

Grove, Linda, "Tokyo Research Group on the History of Tianjin", *Wall and Market: Chinese Urban History News* 1, no. 2 (1996): 6-7.

Henriot, Christian, *Shanghai, 1927-1937: Municipal Power, Locality, and Modernization* (Berkeley: University of California Press, 1993).

Hershatter, Gail, *The Workers of Tianjin, 1900-1949* (Stanford, CA: Stanford University Press, 1986).

Hershatter, Gail, *Dangerous Pleasures : Prostitution and Modernity in Twentieth-Century Shanghai* (Berkeley, CA: University of California Press, 1995).

Honig, Emily, *Sisters and Strangers: Women in the Shanghai Cotton Mills, 1919-1949* (Stanford, CA: Stanford University Press, 1986)

Honig, Emily, *Creating Chinese Ethnicity: Subei People in Shanghai, 1850-1980* (New Haven, CT: Yale University Press, 1992).

Johnson, Linda Cooke, *Shanghai: From Market Town to Treaty Port, 1274-1858* (Stanford, CA: Stanford University Press, 1995).

*Journal of Urban History,* 27, no. 1 (2000). Special issue.

Kohama, Masako, "Shanghai Research Group of Japan", *Wall and Market: Chinese Urban History News,* 1, no. 2 (Fall 1996): 4-6.

Kwan, Man Bun, *The Salt Merchants of Tianjin: State Making and Civil Society in Late Imperial China* (Honolulu, HI: University of Hawaii Press, 2001).

Le Blanc, Charles & Alain Rocher eds., *État, Société Civile et Sphère Publique en Asie de l'Est* (Montreal: Centre for East Asian Studies, Univeristy of Montreal, 1998).

Lewis, John Wilson ed., *The City in Communist China* (Stanford, CA: Stanford University Press, 1971).

Liu, Haiyan, "The Past and Future of Urban Histories Examining China"s Modern Period (1840-1949)", *Social Sciences in China*, 14, no. 4 (1993): 115-27.

Lu, Hanchao, *Beyond the Neon Lights: Everyday Shanghai in the Early Twentieth Century* (Berkeley, CA: University of California Press, 1999).

Lü, Junhua, Peter G. Rowe, & Zhang Jie, *Modern Urban Housing in China: 1840-2000* (Munich: Prestel, 2001).

Marmé, Michael, *Suzhou: Where the Goods of All the Provinces Converge* (Stanford, CA: Stanford University Press, 2005).

Martin, Brian G., *The Shanghai Green Gang: Politics and Organized Crime, 1919-1937* (Berkeley, CA: University of California Press, 1996).

Meyer-Fong, Tobie, *Building Culture in Early Qing Yangzhou* (Stanford, CA: Stanford University Press, 2003).

Mittler, Barbara, *A Newspaper for China? Power, Identity, and Change in Shanghai's News Media, 1872-1912* (Cambridge, MA: Harvard Asia Center, 2004).

Mote, Frederick W., "A Millennium of Chinese Urban History: Form, Time, and Space Concepts in Soochow", *Rice University Studies*, 59, no. 4 (1973): 35-65.

Mote, Frederick W., "The Transformation of Nanking" *The City in Late Imperial China*, ed. G. William Skinner, 101-53 (Stanford, CA: Stanford University Press, 1977).

Naquin, Susan, *Peking: Temples and City Life, 1400-1900* (Berkeley: University of California Press, 2000).

Naquin, Susan & Evelyn S. Rawski, *Chinese Society in the Eighteenth Century* (New Haven, CT: Yale University Press, 1987).

Perry, Elizabeth J., *Shanghai on Strike: The Politics of Chinese Labor* (Stanford, CA: Stanford University Press, 1993).

Pomeranz, Kenneth, *The Making of a Hinterland: State, Society and Economy in Inland North China, 1853-1937* (Berkeley, CA: University of California Press, 1993).

Pomeranz, Kenneth, *The Great Divergence: China, Europe, and the Making of the Modern Economy* (Princeton, NJ: Princeton University Press, 2000).

"'Public Sphere'/'Civil Society' in China?", *Modern China*, 19, no. 2 (1993). Special issue.

Rankin, Mary Backus, *Elite Activism and Political Transformation in China* (Stanford, CA: Stanford University Press, 1986).

Reed, Christopher A., *Gutenberg in Shanghai: Chinese Print Capitalism, 1876-1937* (Vancouver: University of British Columbia Press, 2004).

Rogaski, Ruth, *Hygienic Modernity: Meanings of Health and Disease in Treaty-Port*

*China* (Berkeley: University of California Press, 2004).

Rowe, Peter G. & Seng Kuan, *Architectural Encounters with Essence and Form in Modern China* (Cambridge, MA: Massachusetts Institute of Technology, 2002).

Rowe, William T., *Hankow: Commerce and Society in a Chinese City, 1796-1889* (Stanford, CA: Stanford University Press, 1984).

Rowe, William T., *Hankow: Conflict and Community in a Chinese City, 1796-1895* (Stanford, CA: Stanford University Press, 1989).

Shao, Qin, *Culturing Modernity: The Nantong Model, 1890-1930* (Stanford, CA: Stanford University Press, 2003).

Sheehan, Brett, "Urban Identity and Urban Networks in Cosmopolitan Cities: Banks and Bankers in Tianjin, 1900-1937", *Remaking the Chinese City: Modernity and National Identity, 1900-1950*, ed. Joseph W. Esherick (Honolulu, HI: University of Hawaii Press, 1999).

Shi, Mingzheng, "Beijing Transforms: Urban Infrastructure, Public Works, and Social Change in the Chinese Capital, 1900-1920" (PhD diss., Columbia University, 1993).

Shi, Mingzheng, "From Imperial Gardens to Public Parks: The Transformation of Urban Space in Early Twentieth-Century Beijing", *Modern China*, 24, no. 3 (1998): 219-54.

Sjoberg, Gideon, *The Preindustrial City* (New York: Free Press, 1960).

Skinner, G. William ed., *The City in Late Imperial China* (Stanford, CA: Stanford University Press, 1977).

Stapleton, Kristin, *Civilizing Chengdu: Chinese Urban Reform, 1895-1937* (Cambridge, MA: Harvard Asia Center, 2000).

Strand, David, *Rickshaw Beijing: City People and Politics in the 1920s* (Berkeley, CA: University of California Press, 1989).

Takatsuna, Hirofumi, "Japanese Research on Chinese Labor History", *Wall and Market: Chinese Urban History News*, 2, no. 2 (Fall 1997): 1, 12-15.

Tsin, Michael, *Nation, Governance and Modernity in China: Canton, 1900-1927* (Stanford, CA: Stanford University Press, 1999).

Wakeman, Frederic, Jr., "Models of Historical Change: The Chinese State and Society, 1839-1989", *Perspectives on Modern China: Four Anniversaries*, ed. Kenneth Lieberthal, Joyce Kallgren, Roderick MacFarquhar, & Frederic Wakeman, Jr. (Armonk, NY: M. E. Sharpe, 1991).

Wakeman, Frederic, Jr., *Policing Shanghai, 1927-1937* (Berkeley, CA: University of California Press, 1995).

Wakeman, Frederic, Jr. & Wen-hsin Yeh eds., *Shanghai Sojourners* (Berkeley, CA: Institute of East Asian Studies, University of California, Berkeley, 1992).

Wang, Di, *Street Culture in Chengdu: Public Space, Urban Commoners, and Local Politics, 1870-1930* (Stanford, CA: Stanford University Press, 2003).

Wasserstrom, Jeffrey N., “Locating Old Shanghai: Having Fits about Where It Fits”, *Remaking the Chinese City: Modernity and National Identity, 1900-1950*, ed. Joseph W. Esherick (Honolulu, HI: University of Hawaii Press, 1999).

Xiong, Victor Cunrui, “Recent Western Scholarship in the Field of Premodern ChineseUrban History to 1644”, *Wall and Market: Chinese Urban History News*, 1, no. 2 (1996): 1, 14-17.

Xiong, Victor Cunrui, “Recent Approaches to the Study of Premodern Chinese Urban History”, *Journal of Urban History*, 29, no. 3 (2003): 187-98.

Xu, Yinong, *The Chinese City in Space and Time: The Development of Urban Form in Suzhou* (Honolulu, HI: University of Hawaii Press, 2000).

Zhang, Yingjin, *The City in Modern Chinese Literature and Film: Configurations of Space, Time, and Gender* (Stanford, CA: Stanford University Press, 1996).

〈중어 문헌: 병음(pinyin)순〉

包偉民 主編,『江南市鎭及其近代命運(1840~1949)』(北京: 知識出版社, 1998).

北京大學歷史系“北京史”編寫組,『北京史』(北京: 北京出版社, 1985).

北京社科院歷史研究所,『北京通史』(北京: 燕山出版社, 1989).

蔡雲輝,「近十年來關于“近代中國衰落城市”研究綜述」,『史學理論研究』, 2003年 第2期: 130-37.

陳寶良,『飄搖的傳通: 明代城市生活長卷』(長沙: 湖南出版社, 1996).

陳從周,章明 主編『上海近代建築史稿』(上海: 三聯書店, 1988).

陳學文,『明淸時代太湖流域的商品經濟與市場網絡』(杭州: 浙江人民出版社, 2000).

『城市史硏究』, 21 (2002). 특집호.

池子華,『中國近代流民』(杭州: 浙江人民出版社, 1996).

從翰香 主編,『近代冀魯豫鄕村』(北京: 中國社會科學出版社, 1995).

戴鞍鋼,『港口, 城市, 腹地 : 上海與長江流域經濟關係的歷史考察 (1843~1913)』(上海: 復旦大學出版社, 1998).

范金民,「明淸江南城市文化硏究擧要(1976~2000年)」,『人文論叢』(2003): 482-505.

樊樹志,『明淸江南市鎭探微』, (上海: 復旦大學出版社, 1990).

傅崇蘭의『中國運河城市發展史』(成都 : 四川人民出版社, 1985).

傅衣凌,「明淸時代江南市鎭經濟的分析」,『歷史教學』, 1964年 第5期: 9-13.

傅衣凌,『明淸社會經濟史論文集』(北京: 人民出版社, 1982).

『港口 - 腹地和中國現代化進程學術硏討論文集』(上海: 復旦大學出版社, 2004).

高艷林,『天津人口硏究(1404~1949)』(天津: 天津人民出版社, 2002).

高仲林 主編,『天津近代建築』(天津: 天津科學技術出版社, 1990).

關文斌 (Kwan Man Bun),「描繪腹地: 近代中國通商口岸和區域分析」,『城市史硏究』, 13/14 (1997): 1-22.

關文斌 (Kwan Man Bun),「清末民初天津與華北的城市化: 一個網絡系統分析」,『城市史研究』, 21 (2002): 49-66.
韓大成,『明代城市硏究』(北京: 中國人民大學出版社, 1991).
韓光輝,『北京歷史人口地理』(北京: 北京大學出版社, 1996).
何漢威,『京漢鐵路初期史略』(香港: 中文大學出版社, 1979).
何一民 主編,『變革餘發展 - 中國內陸城市成都現代化硏究』(成都: 四川大學出版社, 2002).
李伯重,『江南的早期工業化(1550~1850年)』(北京: 社會科學文獻出版社, 2000).
李長莉,『晚清上海社會的變遷: 生活與倫理的近代化』, (天津: 天津人民出版社, 2002)
李競能 主編,『天津人口史』(天津: 南開大學出版社, 1990).
李明偉,『清末民初中國城市社會階層硏究(1897~1927)』(北京: 社會科學文獻出版社, 2005).
梁淼泰,『明清景德鎭城市經濟硏究』(南京: 江西人民出版社, 1991).
林滿紅,「口岸貿易與近代中國: 臺灣最近有關硏究之回顧」,『近代中國區域史硏討會論文集』, 第1輯, 中央硏究院近代史硏究所 編 (臺北: 中央硏究院近代史硏究所, 1986): 869-915;
林滿紅,「口岸貿易與中國內部的區間關係: 1860~1930 年代之經驗」,『港口 - 腹地和中國現代化進程學術硏討論文集』, (上海: 復旦大學出版社, 2004): 14-27.
劉鳳雲,『明淸城市空間的文化探析』(北京: 中央民族大學出版社, 2001).
劉海岩,「近代中國城市史硏究的回顧和展望」,『歷史硏究』, 1992年 第3期: 14-30.
劉海岩,「近代華北交通的演變與區域城市重構, 1860~1937」,『城市史硏究』 21 (2002): 24-48.
劉海岩,『空間與社會: 近代天津城市演變』(天津: 天津社會科學院出版社, 2003).
劉石吉,『明淸時代江南市鎭硏究』, (北京: 中國社會科學出版社, 1987).
羅澍偉,「試論近代華北的區域城市系統」,『天津社會科學』, 1992年 第6期: 61-5.
羅澎偉 主編,『近代天津城市史』(北京: 中國社會科學出版社, 1993).
羅一星,『明淸佛山經濟發展與社會變遷』(廣州: 廣東人民出版社, 1994).
馬　敏,『官商之間 社會劇變中的近代紳商』(天津: 天津人民出版社, 1995).
皮明庥 主編,『近代武漢城市史』(北京: 中國社會科學出版社, 1993).
曲彦斌,『中國乞丐史』(上海: 上海文藝出版社, 1990).
任　放,『明淸長江中游市鎭經濟硏究』(武漢: 武漢大學出版社, 2003).
尙克强, 劉海岩 主編,『天津租界社會硏究』(天津: 天津人民出版社, 1996).
史革新 主編,『中國社會通史(晩淸卷)』(太原: 山西敎育出版社, 1996).
史明正,『走向近代化的北京城 : 城市建設與社會變革 』(北京: 北京大學出版社, 1995).
唐振常 主編,『上海史』(上海: 上海人民出版社, 1989).
天津社會科學院歷史硏究所,『天津簡史』(天津: 天津人民出版社, 1987).
王　笛,「晩淸長江上游地區公共領域的發展」,『歷史硏究』, 1996年 第1期: 5-16.
王　笛,「二十世紀初的茶館與中國城市社會生活」,『歷史硏究』, 2001年 第5期: 41-53.
王　軍,『城記』(北京: 三聯書店, 2003).
王守中 · 郭大松,『近代山東城市變遷史』(濟南: 山東敎育出版社, 2001).
隗瀛濤 主編,『近代重慶城市史』(成都: 四川大學出版社, 1991)
隗瀛濤 主編,『中國近代不同類型城市綜合硏究』(成都: 四川大學出版社, 1998).

隗瀛濤,謝放,「近代中國區域城市研究的初步構想」,『天津社會科學』, 1992年 第1期: 81-5.
伍　江,『上海百年建築史(1840~1949)』(上海: 東濟大學出版社, 1997).
忻　平,『從上海發現歷史 - 現代化進程中的上海人及其社會生活(1927~1937)』, (上海: 上海人民出版社, 1996).
熊月之 主編,『上海通史 第5卷 - 晩淸社會』(上海: 上海人民出版社, 1999).
許　檀,『明淸時代山東商品經濟的發展』(北京: 中國社會科學出版社, 1998).
楊東平,『城市季風 - 北京和上海的文化精神』(北京: 東方出版社, 1994)에서
楊念群,「民國初年北京的生死控制與空間轉換」, 楊念群 主編,『空間・記憶・社會轉型 -"新社會史"研究論文精選集』(上海: 上海人民出版社, 2001), 131-207.
楊念群,『中層理論: 東西方思想會通下的中國史研究』(南昌: 江西教育出版社, 2001).
楊念群,「"地方性知識", "地方感"與"跨區域研究"的前景」,『天津社會科學』, 2004年 第6期: 119-25.
張海英,『明淸江南商品流通與市長體系』(上海: 華東師範大學出版社, 2002).
張利民,「近代華北城市人口發展及其不平衡性」,『近代史研究』, 1998年 第1期: 191-215.
張利民,『華北城市經濟近代化研究』(天津: 天津社會科學院出版社, 2004).
張瑞德,『平漢鐵路與華北的經濟發展, 1905~1937』(臺北: 中央研究院近代史研究所, 1987).
張仲禮 主編,『近代上海城市研究』(上海: 上海人民出版社, 1990).
張仲禮 主編,『東南沿海城市與中國近代化』(上海: 上海人民出版社, 1996).
張仲禮 主編,『長江沿江城市與中國近代化』(上海: 上海人民出版社, 2002).
趙世瑜,『腐朽與神奇: 淸代城市生活長卷』(長沙: 湖南出版社, 1996).
趙世瑜・孫冰,「市鎭權力關係與江南社會變遷 - 以近世浙江湖州雙林鎭爲例」,『近代史研究』, 2003年 第2期: 124-52.
周漢國 主編,『中國社會通史(民國卷)』(太原: 山西教育出版社, 1996).
朱　英,『轉型時期的社會與國家: 以近代中國商會爲主體的歷史透視』(上海: 華東師範大學出版社, 1997).
庄維民,『近代山東市場經濟的變遷』(北京: 中華書局, 2000).
鄒依仁,『舊上海人口變遷的研究』(上海: 上海人民出版社, 1981).

〈일어 문헌〉
千田稔 編,『東アジアの都市形態と文明史』(京都: 國際日本文化研究センター, 2002).
渡邊徹 編,『20世紀前半華北地域の都市近代化に對する日本の影響』(東京: 渡辺惇, 2002).

### 10장: 일본 근세 도시사 연구의 전개와 과제

1) 논문
김광옥,「日本 '近世' 도시의 성립과 전개」, 동양사학회,『역사와 도시』(서울대학교출판부, 2000).

김백영, 「서양의 모방과 전통의 변용」, 『일본연구논총』, 23권 (2006).
박진한, 「享保 寬政改革期 江戶幕府의 儉約政策」, 『東方學誌』, 130 (2005).
高木昭作, 「幕藩初期の身分と國役」, 歷史學硏究會編, 『歷史學硏究 別冊特集』 (1976).
年度歷史學硏究會大會報告 - 幕藩制成立期における國家公權と人民支配』 (靑木書店, 1976).
藤田覺, 「天保改革期都市支配をめぐる對立について」, 『歷史學硏究』 450 (1977).
朝尾直弘, 「近世の身分制と賤民」, 『部落問題硏究』 68 (部落問題硏究所, 1981).
吉田伸之, 「町人と町」, 『講座日本歷史5 近世1』 (東京大學出版會, 1985).
吉田伸之 · 杉森哲也 · 伊藤毅, 「近世都市の成立」, 井上光貞 外編, 『日本歷史大系3 近世』 (山川出版社, 1988).
玉井哲雄, 「都市史における都市空間硏究」, 『日本都市史入門 I 空間』 (東京大學出版會, 1989).
內田九州男, 「都市建設と町の開發」, 高橋康夫 · 吉田伸之編, 『日本都市史入門II町』 (東京大學出版會, 1990).
塚本明, 「近世後期の都市の住民構成と都市政策」, 『日本史硏究』, 331 (1990).
塚本明, 「日本近世都市史硏究のあらたな展開のために」, 『歷史評論』, 500 (1991).
玉井哲雄, 「都市の計畵と建設」, 『岩波講座日本通史 第11卷 近世1』 (岩波書店, 1993).
玉井哲雄, 「東アジアにおける江戶の都市空間」, 荒野泰典編, 『日本の時代史14 江戶幕府と東アジア』 (吉川弘文館, 2003).
塚田孝, 「近世都市史硏究の課題と方法」, 『人民の歷史學』, 117 (1993).
成田龍一, 「近代都市と民衆」, 成田龍一編, 『都市と民衆』 (吉川弘文館, 1993).
渡辺浩一, 「在方町の都市構造を探る」, 『新視点日本の歷史 第5卷 近世編』 (新人物往來社, 1993).
朝尾直弘, 「自由 · 自治都市堺」, 『朝尾直弘著作集 第6卷』 (岩波書店, 2004).
朴晋熯, 「近世京都における町入用節儉令と町」, 『史林』, 87-3 (2004).
今井修平, 「近世都市史 身分論の自立と朝尾史學」, 『日本史硏究』, 526 (2006).

⑵ 단행본

이시재 외 지음, 『일본의 도시사회』 (서울대학교출판부, 2001).
조명래, 『현대사회의 도시론』 (한울아카데미, 2002).
크리스챤 아카데미 한국사회교육원 편, 『일본 시민운동과 지방자치』 (한울, 1996).
小野均, 『近世城下町の硏究』 (至文堂, 1928).
豊田武, 『日本の封建都市』 (岩波書店, 1952).
原田伴彦, 『日本封建都市硏究』 (東京大學出版會, 1957).
羽仁五郞, 『都市の論理』 (勁草書房, 1968).
藤田覺, 『幕藩制國家の政治史的硏究: 天保期の秩序 · 軍事 · 外交』 (校倉書房, 1987).
宮本又郞, 『近世日本の市場經濟』 (有斐閣, 1988).
高橋康夫 · 吉田伸之編, 『日本都市史入門 I-III』 (東京大學出版會, 1989-1990).
村上直 外編, 『日本近世史硏究事典』 (東京堂出版, 1989).

高木昭作,『日本近世國家史の研究』(岩波書店, 1990).
田中喜男,『近世在郷町の研究』(名著出版, 1990).
吉田伸之,『近世巨大都市の社會構造』(東京大學出版會, 1991).
『岩波講座日本通史』(岩波書店, 1993-1996).
都市史研究會編,『年報都市史研究』, 1-15 (山川出版社, 1993-2006).
中部よし子編,『大坂と周辺諸都市の研究』(清文堂出版, 1994).
脇田修,『日本近世都市史の研究』(東京大學出版會, 1994).
朝尾直弘,『都市と近世社會を考える』(朝日新聞社, 1995).
小木新造編,『江戸東京學への招待 I-III』(日本放送出版協會, 1995).
北原糸子,『都市と貧困の社會史: 江戸から東京へ』(吉川弘文館, 1995).
佐藤滋,『城下町の近代都市つくり』(鹿島出版會, 1995).
關西近世考古學研究會編,『近世城下町の構造と特質』(關西近世考古學研究會, 1996).
京都町觸研究會編,『京都町觸の研究』(岩波書店, 1996).
竹內誠編,『近世都市江戶の構造』(三省堂, 1997).
仁木宏,『空間・公・共同體』(青木書店, 1997).
原田敬一,『日本近代都市史研究』(思文閣出版, 1997).
吉田伸之,『近世都市社會の身分構造』(東京大學出版會, 1998).
南和男,『幕末都市社會の研究』(塙書房, 1999).
林令子,『近世の市場構造と流通』(吉川弘文館, 2000).
吉田伸之,『巨大城下町江戸の分節構造』(山川出版社, 2000).
脇田修 マクレイン編,『近世の大坂: 國際交流フォーラム』(大阪大學出版會, 2000).
佐藤信・吉田伸之編,『新體系日本史6 都市社會史』(山川出版社, 2001).
塚田孝・吉田伸之編,『近世大坂の都市空間と社會構造』(山川出版社, 2001).
仁木宏編,『都市: 前近代都市論の射程』(青木書店, 2002).
『朝尾直弘著作集 全8卷』(岩波書店, 2003-2004).
成田龍一,『近代都市空間の文化經驗』(岩波書店, 2003).
鈴木博之 外編,『シリ-ズ 都市・建築・歷史 5: 近世都市の成立』(東京大學出版會, 2005).
鈴木博之 外編,『シリ-ズ 都市・建築・歷史 6: 都市文化の成熟』(東京大學出版會, 2006).
塚田孝,『近世大坂の都市社會』(吉川弘文館, 2006).

11장: 식민지 도시 비교연구를 위한 이론적 고찰

김백영,「서양의 모방과 전통의 변용: 일본 근대 도시 형성과정의 이중적 경향」,『일본연구논총』, 23 (2006).
노영순,「프랑스의 식민주의와 베트남 지배구조」, 강만길 외,『일본과 서구의 식민통치 비교』(선인, 2004).
다카시 후지타니, 한석정 역,『화려한 군주 - 근대일본의 권력과 국가의례』(이산, 2003).
박지향,『제국주의: 신화와 현실』(서울대학교 출판부, 2000).

존 아일리프, 존 아일리프, 이한규 · 강인황(역), 『아프리카의 역사』 (이산, 2002).
칼 폴라니, 박현수 역, 『거대한 변환: 우리 시대의 정치적 · 경제적 기원』 (민음사, 1991).
하시야 히로시, 김제정 역, 『일본 제국주의, 식민지도시를 건설하다』 (모티브북, 2005).
Abu-Lughod, Janet, "Tale of two cities: the origins of modern Cairo", *Comparative Studies in Society and History*, 7 (1965).
Abu-Lughod, Janet, *Rabat: Urban Apartheid in Morocco* (Princeton University Press, 1980).
AlSayyad, Nezar, ed., *Forms of Dominance: On the Architecture and Urbanism of the Colonial Enterprise* (Aldershot, Avebuy, 1992).
Bhabha, Homi K., *The Location of Culture* (London, Routledge, 1994).
Chaichian, M. A., "The effects of world capitalist economy on urbanization in Egypt, 1800-1970", *International Journal of Middle Eastern Studies*, 20 (1988).
Choay, Françoise, *The Modern City: Planning in the 19th Century* (New York, George Braziller, 1969).
Chopra, Preeti, "Pondicherry: a French enclave in India", in AlSayyad, Nezar, ed., *Forms of Dominance* (Aldershot, Avebuy, 1992).
Christopher, A. J., *The British Empire at its Zenith* (London, Croom Helm, 1988).
Clarke, C. G., "A Caribbean creole capital: Kingston, Jamaica, 1692-1938", in Ross and Telkamp, eds., *Colonial Cities* (Dordrecht, Martinus Nijhoff, 1985).
De Bruijne, G. A., "The colonial city and the post-colonial world", in Ross and Telkamp, eds., *Colonial Cities* (Dordrecht, Martinus Nijhoff, 1985).
Foucault, Michel, "Space, knowledge and power", *Skyline*, March (1982).
Fuller, Mia, "Building power: Italian architecture and urbanism in Libya and Ethiopia", in AlSayyad, Nezar, ed., *Forms of Dominance* (Aldershot, Avebuy, 1992).
Hall, Stuart, "When was 'the post-colonial'?: Thinking at the limit", in Chambers, I. and Curti, L., eds., *The Post-Colonial Question* (London and New York, Routledge, 1996).
Home, Robert, *Of Planting and Planning: The Making of British Colonial Cities* (London and New York, E & FN SPON, 1997).
Horvath, R. V., 1969, "In search of a theory of urbanization: notes on the colonial city", *East Lakes Geographer*, 5 (1969).
Hoselitz, B. F., 1955, "Generative and parasitic cities", *Economic Development and Cultural Change*, III (1955).
Jyoti, Hosagrahar, "City as Durbar: theater and power in imperial Dehli", in AlSayyad, Nezar, ed., *Forms of Dominance* (Aldershot, Avebury, 1992).
Karasch, M., "Rio de Janeiro: from colonial town to imperial capital", in Ross and Telkamp, eds., *Colonial Cities* (Dordrecht, Martinus Nijhoff, 1985).

King, Anthony D., *Colonial Urban Development: Culture, Social Power and Development* (London and New York, Routledge, 1976).
King, Anthony D., *The Bungalow: The Production of a Global Culture* (London and New York., Routledgc and Kegan Paul, 1984).
King, Anthony D., *Global Cities: Post-Imperialism and the Internationalisation of London* (London and New York, Routledge, 1990).
King, Anthony D., *Urbanism, Colonialism, and the World-Economy: Cultural and spacial foundations of the world urban system* (London and New York, Routledge, 1990).
Lamprakos, Michele, "Le Corbusier and Algiers: the plan obus as colonial urbanism", in AlSayyad, Nezar, ed., *Forms of Dominance* (Aldershot, Avebury, 1992).
Lefebvre, Henri, "Space: social product and use value", in Freiberg, J. W., ed., *Critical Sociology: European Perspectives* (New York, Irvington Publishers, 1979).
McGee, T. G., *The Southeast Asian City: A Social Geography of the Primate Cities of Southeast Asia* (New York, Frederick A. Praeger, 1967).
Meller, Helen, "Cities and Evolution: Patrick Geddes as an international prophet of town planning before 1914", in Sutcliffe, Anthony, ed., *The Rise of Modern Urban Planning 1800-1914* (London, Mansell, 1980).
Osterhammel, J., *Colonialism: A Theoretical Overview* (Princeton, Markus Wiener Publishers, 1997).
Pratt, M. L., *Imperial Eyes: Travel Writing and Transculturation* (London, Routledge, 1992).
Rabinow, Paul, *French Modern: Norms and Forms of the Social Environment* (Chicago, The University of Chicago Press, 1989).
Rabinow, Paul, "Colonialism, modernity: the French in Morocco", in AlSayyad, Nezar, ed., *Forms of Dominance* (Aldershot, Avebury, 1992).
Redfield, R. and Singer, M. S., "The cultural role of cities", *Economic Development and Cultural Change*, 3 (1954).
Relph, Edward, *The Modern Urban Landscape* (Johns Hopkins University Press, 1987).
Ross, Robert & Telkamp, Gerard, eds., *Colonial Cities: Essays on Urbanism in a Colonial Context* (Dordrecht. Kluwer Academic, 1985).
Said, E. W., *Culture and Imperialism* (New York: Knopf, 1993).
Simmel, Georg, "The metropolis and mental life", in Wolf, Kurt H. ed., *The Sociology of Georg Simmel* (New York, Free Press, 1950[1905]).
Sjoberg, Gideon, *The Preindustrial City: Past and Present* (Free Press. 1960).
Saunders, Peter, *Social Theory and the Urban Question* (London, Hutchinson,

1981).
Sutcliffe, Anthony, *Towards the Planned City: Germany, Britain, the United States and France 1780-1914* (New York, ST Martin's Press, 1981).
Swanson, M. W., "Urban origins of separate development", *Race*, 10 (1969).
Wright, Gwendolyn, *The Politics of Design in French Colonial Urbanism* (Chicago, The University of Chicago Press, 1991).
Yeoh, Brenda S. A., *Contesting Space: Power Relations and the Urban Built Environment in Colonial Singapore* (Oxford University Press, 1996).
飯塚キヨ,『植民都市の空間形成』(東京: 大明堂, 1984).
葉倩瑋,「植民地主義と都市空間: 臺北における權力と都市形成」, 竹內啓一(編著),『都市訴輜褻權力』(東京: 大明堂, 2001).
平野千果子,『フランス植民地主義の歴史』(京都: 人文書院, 2002).

12장: 프랑스와 미국에서의 비교도시사 연구 현황

Bairoch, P., *Taille des villes, conditions de vie et développement économique* (Paris, 1977).
Banik-Schweitzer, R., et al., *Zeit der Metropolen. Berlin - Wien - Budapest 1850-1914* (Vienna, 1986).
Benevolo, Leonardo, *The Origins of Modern Town Planning* (Cambridge, 1971).
Benevolo, Leonardo, *La città nella storia d'Europa; La ville dans l'histoire européenne* (Paris, Seuil, 1993).
Castells, Manuel, *The Power of Identity* (The Informationa Age: Economy, Society and Culture, Vol. II) (Cambridge, Blackwell, 1997).
Choay, F., *The Modern City: Planning in the Nineteenth Century* (New York, 1969).
Clark, P., *The European City and Green Space: London, Stockholm, Helsinki and St Petersburg, 1850-2000* (Historical Urban Studies Series) (Ashgate, 2006).
Daum, A. W., Mauch, C., *Berlin-Washington, 1800-2000: Capital cities, cultural representation, and national identities* (Washington D.C.: German historical institute and Cambridge University Press, 2005).
Davies, Mike, *Planet of Slums* (New York, Verso, 2006).
Duby, Georges, dir., *Histoire de la France urbaine, t. I, La ville antique, t. II,. La ville médiévale, t. III, La ville classique, t. IV, La ville de l'âge industriel, t. V, La ville aujourd'hui* (Paris, Seuil, 1980-1983).
Glettler, M., *Pittsburg - Wien - Budapest. Programm und Praxis der Nationalitätenpolitik bei der Auswanderung der ungarischen Slowaken nach Amerika um 1900* (Vienna, 1980).
Glum, F., *Die Organisation der Riesenstadt. Die Verfassungen von Paris, London,*

*New York, Wien und Berlin* (Berlin, 1920).
Goetz, Die *Verwaltungsorganisation der Weltstädte Paris, London, New York, Wien. Ein Beitrag zur Berliner Verfassungsreform* (Berlin, 1931).
Golden, H. H., *Urbanisation and Cities. Historical and Comparative Perspectives on Urbanising World* (Lexington, 1981).
Havránek, J., *Soziale Struktur und politisches Verhalten der großstädtischen Wählerschaft im Mai 1907 - Wien und Prag im Vergleich, in Politik und Gesellschaft im alten und neuen Österreich. Festschrift für Rudolf Neck* (Vienna, 1981).
Harvey, David, *Spaces of Global Capitalism: Towards a Theory of Uneven Geographical Development* (New York, Verso, 2006).
Jackson, Kenneth, *Crabgrass Frontier: The Suburbanization of the United States* (New York, Oxford University Press, 1987).
Kruse, Kevin M., *White Flight: Atlanta and the Making of Modern Conservatism* (Princeton, Princeton University Press, 2005).
Lassiter, Matthew D., *The Silent Majority: Suburban Politics in the Sunbelt South* (Princeton, Princeton University Press, 2006).
McKay, J. P., *Tramways and Trolleys. The Rise of Urban Mass Transport in Europe* (Princeton, 1976).
Neuwirth, Robert, *Shadow Cities: A Billion Squatters, A New Urban World* (New York, Routledge, 2006).
Pinol, Jean-Luc, dir., *Histoire de l'Europe urbaine*, t. I, *De l'Antiquité au XVIII^e^ siècle*, t. II, *De l'Ancien Régime à nos jours* (Paris, Seuil, 2003).
Pomfret, D., *Young People and the European City: Age Relations in Nottingham and Saint-Etienne, 1890-1940* (Historical Urban Studies Series), (Ashgate, 2003).
Rausch, W., ed., *Die Städte Europas im 19. Jahrhundert* (Linz, 1983).
Roth, R., dir., *The City and the Railroad in Europe* (Historical Urban Studies), (Ashgate, 2003).
Sassen, Saskia, *Cities in a World Economy* (Thousand Oaks, Pine Forge, 2000).
Simson, John von, *Kanalisation und Städtehygiene im 19. Jahrhundert* (Düsseldorf, 1983).
Sutcliffe, A., *Environmental Control and Planning in European Capitals 1850-1914: London, Paris and Berlin, in Growth and Transformation of the Modern City* (The Stockholm Conference September 1978, Stockholm, 1979).
Sutcliffe, A., *Toward the Planned City: Germany, Britain, the United States and France* (Oxford, 1981).
Tamagne, F., *Histoire de l'homosexualité en Europe, Berlin, Londres, Paris. 1919-1939* (Paris, 2000).
Vries, Van de, *European Urbanisation 1500-1800* (London, Taylor & Francis

Books, 1984).
Yago, G., *The Decline of Transit. Urban Transportation in German and US Cities* (Cambridge, 1984).
Zukin, Sharon, *The Cultures of Cities* (Cambridge, Blackwell, 1995).

# 찾아보기

## 인명

## 지명

## 주제어

**ㅍ**



**ㅎ**